水池效果图(第1章)

亭子效果图(第2章)

练习效果图(第2章)

某高校校门效果图(第3章)

南京财经大学校门(第3章)

重庆邮电大学校门(第3章)

某小区建筑效果图(第4章)

练习效果图(第4章)

高层建筑效果图(第5章)

练习效果图(第5章)

小区鸟瞰效果图（第6章）

练习效果图（第6章）

21世纪全国高职高专艺术设计系列技能型规划教材

3ds Max 室外建筑艺术与效果图表现案例教程

主　编　伍福军　史晓云　伍乐生
副主编　胡汉文　张巧玲　缪丽娟
主　审　张喜生

北京大学出版社
PEKING UNIVERSITY PRESS

内 容 简 介

本书是根据编者多年的教学经验和对高职高专、中等职业学校及技工学校学生实际情况(强调学生的动手能力)的了解编写的，精心挑选了 6 个案例进行详细讲解，全面介绍了室外建筑设计的基础理论、建模技术、材质贴图技术、摄影机技术、灯光技术、渲染技术和利用 Photoshop 进行后期处理技术等。

本书内容分为建筑效果图表现概述、公共设施效果图表现、某高校校门效果图表现、某小区建筑效果图表现、高层建筑效果图表现和小区鸟瞰效果图的制作 6 部分。本书将 3ds Max 9.0 的基本功能和新增的功能融入实例进行讲解，使读者可以边学边练，既能掌握软件功能，又能快速地进入案例操作的过程中。

本书不仅适用于高职高专及中等职业院校学生，也适于作为短期培训的案例教材，对于初学者和自学者尤为适合。

图书在版编目(CIP)数据

3ds Max 室外建筑艺术与效果图表现案例教程/伍福军，史晓云，伍乐生主编. —北京：北京大学出版社，2009.8

(21 世纪全国高职高专艺术设计系列技能型规划教材)

ISBN 978-7-301-15640-7

Ⅰ.3… Ⅱ.①伍… ②史… ③伍… Ⅲ.室外装饰—建筑设计：计算机辅助设计—图形软件，3ds Max—高等学校：技术学校—教材 Ⅳ.TU238-39

中国版本图书馆 CIP 数据核字(2009)第 137457 号

书　　名：3ds Max 室外建筑艺术与效果图表现案例教程
著作责任者：伍福军　史晓云　伍乐生　主编
责 任 编 辑：孙　明
标 准 书 号：ISBN 978-7-301-15640-7/J・0250
出　版　者：北京大学出版社
地　　址：北京市海淀区成府路 205 号　100871
网　　址：http://www.pup.cn　http://www.pup6.com
电　　话：邮购部 62752015　发行部 62750672　编辑部 62750667　出版部 62754962
电 子 邮 箱：pup_6@163.com
印　刷　者：北京宏伟双华印刷有限公司
发　行　者：北京大学出版社
经　销　者：新华书店
787mm×980mm　16 开本　15 印张　彩插 4　314 千字
2009 年 8 月第 1 版　2012 年 4 月第 2 次印刷
定　　价：28.00 元

前　言

本书是根据编者多年的教学经验和对高职高专、中等职业学校及技工学校学生实际情况(强调学生的动手能力)的了解编写的，精心挑选了 6 个案例进行详细讲解，全面介绍了室外建筑设计的基础理论、建模技术、材质贴图技术、摄影机技术、灯光技术、渲染技术和利用 Photoshop 进行后期处理技术等。

全书知识结构如下：

第 1 章　建筑效果图表现概述，主要介绍建筑效果图的表现要点、建筑效果图制作的基本流程、3ds Max 9.0 效果图的制作基础和 Photoshop CS3 简介。

第 2 章　公共设施效果图表现，主要通过公共设施中的喷水池和亭子的制作案例，详细介绍【编辑网格】、【挤出】、【车削】、【锥化】、【倒角】和【阵列】等命令的使用及运用不同的贴图技术来表现建筑效果。

第 3 章　某高校校门效果图表现，主要通过介绍某高校校门的创建案例，详细介绍【布尔】、【轮廓】、【镜像】、【弯曲】等命令的使用及摄影机的创建和使用 Photoshop CS3 对模型进行后期处理等知识。

第 4 章　某小区建筑效果图表现，主要介绍图样的整理及导入、分析图样、小区模型制作、贴图材质、摄影机、灯光、渲染输出和后期处理等知识点。

第 5 章　高层建筑效果图表现，主要介绍高层建筑模型的制作、摄影机和灯光的设置、高层建筑效果图渲染输出和利用 Photoshop CS3 对效果图进行后期处理。

第 6 章　小区鸟瞰效果图的制作，主要介绍小区鸟瞰图地形模型的制作、场景整合、摄影机及灯光的设置、后期渲染和后期处理。

编者将 3ds Max 9.0 的基本操作和新功能融入实例进行讲解，使读者可以边学边练，既能掌握软件功能，又能快速进入案例的操作过程中。本书内容丰富，除了可作为教材，还可以作为室内设计者和爱好者的工具书，通过本书可随时翻阅、查找建筑表现效果图的制作技法。本书的每一章都有建议学时供老师教学和学生自学时参考。同时，每一章配有案例效果文件，可登录 www.pup6.com 下载。

参与本书编写工作的有伍福军、张喜生、史晓云、伍乐生、胡汉文、张巧玲、缪丽娟，在此对各参编人员付出的辛勤劳动表示感谢！

由于编者水平有限，书中难免存在疏漏之处，敬请广大读者批评指正！联系电子邮箱025520_ling@163.com。

编　者

2009 年 5 月

目　录

第 1 章

建筑效果图表现概述

室外效果图(图 1.1)是房地产公司在开发之前向客户表达自己设计思想和设计意图的最好方法与途径，也是竞标的重要资料之一。它可以让客户在第一时间内直观地感受到整个小区的外围环境和自己所选楼层的所处位置以及采光情况。随着科学技术的发展，国内设计效果图的制作水平得到了突飞猛进的发展，效果图的质量和从业人员的制作水平也越来越高，再加上计算机软件功能的不断增强，以及房地产的迅猛发展，极大地推动了装潢设计行业的发展。制作效果图的软件非常多，如 3ds Max、AutoCAD、Lightscape、Photoshop、天正、Autodesk VIZ、Premiere Pro 等。其中以 3ds Max、Lightscape、Photoshop 相结合最为流行，制作出来的效果图可以达到照片级水平。

图 1.1

技能点

1. 建筑效果图的表现要点
2. 建筑效果图制作的基本流程
3. 3ds Max 9.0 效果图的制作基础
4. Photoshop CS3 简介

说 明

本章主要介绍建筑效果图的表现要点、建筑效果图制作的基本流程、3ds Max 9.0 效果图的制作基础和 Photoshop CS3 简介。用户重点要掌握建筑效果图的表现要点和 3ds Max 9.0 效果图的制作基础，其他知识作了解即可。

1.1 建筑效果图的表现要点

在建筑效果图中，氛围的表现不仅需要考虑光影、明暗、层次和退晕，最重要的是要烘托主题和环境。随着科技的发展和城市规划的加快，对现代建筑而言，造型趋向简单，很少有复杂的轮廓和变化的细节，因此在制作建筑效果图时需要有丰富生动的环境要素来烘托整个建筑效果。

建筑效果图的环境表现一般在后期处理中完成，主要使用平面设计软件将准备好的天空、山水、道路、地面、树木花草、人物、车辆和周围环境素材添加到效果图中。这是制作建筑效果环境的重要环节，也对一幅完美生动的建筑效果图的诞生起到举足轻重的作用。

配景是制作建筑效果图的重要步骤之一，是建筑环境及其规划的再现，在烘托建筑主体、表现空间、渲染气氛、增强画面艺术效果方面起到了很大的作用。在制作建筑效果图时，设计者需要把握好以下几个方面。

1. 透视

建筑绘画特别是效果图的制作，最基本的要求是要做到透视的基本比例、尺度和空间关系与方案内容一致，以确保画面主体形象的准确性。现代建筑基本上是由一些几何体组合而成的，如果在透视上稍有偏差，建筑效果图就会出现明显的歪曲，所以正确使用透视原理是制作建筑效果图最基本的素质修养。

在制作建筑效果图时，制作人员要熟练使用透视学的基本原理和方法，在确定建筑效果图合适的透视角度的同时，也要考虑建筑效果图的设计意图、艺术效果、实用性与欣赏性等各个方面。因为建筑效果图的任务就是要选择最合适、最能表现建筑特点的角度来展现设计意图。

2. 光影、明暗与退晕

人们是通过光影的作用，使物体呈现出一定的明暗变化来认识物体的空间关系的。因为在建筑的受光面上，由于受光强弱的不同，有的受光面亮一些，有的受光面暗一些，正是这种明暗变化使建筑物的形体转折呈现出空间关系。

退晕是指在同一明暗面上，受其他面的反光作用、距离变化和人的视觉偏差等因素的影响而呈现出光的均匀明暗变化。退晕主要用来表现光感和空气感。

3. 色彩和质感

在这里所说的色彩和质感是指建筑材料的色彩和质感的表现。在实际建筑中，建筑材料的色彩和质感直接影响到建筑的外观和整体效果，在建筑效果图的制作中也是表现的重点。所以，作为一个建筑效果图表现人员来说，研究色彩和质感的表现方法是提高制作建筑效果图质量的重要环节。

4. 正确处理虚实关系

在现实中，建筑物不是孤立存在的，而是存在于一定的自然环境中，周围环境对它的明暗色彩及其他方面会产生很大的影响。因此，建筑效果图的表现不仅要考虑建筑本身的完整统一，还要把它和周围环境看成是一个有机联系的整体。只有这样才能使所要表现的建筑融入周围的环境中，与周围环境共同形成一个和谐统一的整体。要达到上述要求，在制作建筑效果图的时候，不能把建筑的各个部分平均对待，而要有重点和虚实变化。

1.2　建筑效果图制作的基本流程

计算机建筑效果图的制作大致可以分为分析图样、创建模型、调配材质、设置摄影机、设置灯光、渲染输出和后期制作等几个部分。由于分析图样为前期的准备工作，所以在这里就不进行详细的讲解了，下面简单介绍除分析图样外其他几个阶段的主要任务。

1.2.1 创建模型

在此阶段，制作人员一定要了解整个建筑的全貌和建模工作的复杂程度。在现代建筑中把握建筑的整体形状并不困难，但是建筑的细节往往比较复杂，要合理把握建筑的细节需要花一点时间和精力。因此，在创建模型之前一定要确定表现多少复杂的细节和细节的刻画程度。

图 1.2

在细节描绘过程中，一般采取建筑物离视点较远的细节，使用贴图材质来表现。离视点比较近的细节，可以根据建筑效果表现的要求来确定建立细节模型的多少，以获得高质量的建筑效果图。

在建筑效果图制作中，增加细节模型的刻画，就意味着建模时间的增加，因此在建模过程中一定要权衡艺术效果和工作效率之间的平衡点，对一些不值得和没有必要的细节要毫不留情地省略。如图 1.2 所示为创建的建筑模型。

1.2.2 材质调配

在建模阶段只是创建了一个建筑物的形体，也就是现实生活中所说的毛坯建筑，必须经过装修才能入住，材质调配和赋予阶段就好比现实生活中的装修阶段。3ds Max 9.0 为人们提供了强大的材质编辑能力，现实中的任何材质效果都可以表现出来，但必须经过反复地实践才能达到。不过，在 3ds Max 9.0 中为用户提供了大量的标准材质，只需在标准材质的基础上进行适当的调整就可以达到用户的要求。

图 1.3

材质的表现效果不仅与材质本身属性有关系，还与灯光照明息息相关，光的强弱在一定程度上确定了材质表现的色感和质感。材质的调配是一个不断尝试与调整的过程，在本书中，为了节约篇幅，在进行材质调配过程中只给出最终调配好的材质参数，希望读者根据所学知识去仔细推敲和尝试调配过程。如图 1.3 所示为赋予了材质之后的模型效果。

1.2.3　灯光与摄影机设置

建筑效果图中的阴影和质感的体现主要是通过灯光的设置来完成的。建筑的外形和层次是通过阴影来确定的，建筑效果图的真实感在很大程度上是靠细节来刻画的，而细节又是通过灯光与阴影的关系来刻画的，从而可以看出设置灯光的重要性。

在处理效果图中的光线时一定要充分考虑阴影的方向性问题，因为在制作建筑效果图时要使用大量的灯光才能表现出人们所要的效果。为了解决此问题，一般只打开一盏聚光灯的阴影来确定阴影的方向。而其他灯光只是用来影响各个面的明暗，从而确保了阴影方向与墙面的明暗一致。

在 3ds Max 9.0 中，摄影机的作用与现实生活中摄影机的作用十分相似，使用方法也非常类似，都是通过调整摄影机的镜头尺寸和视野来确定观察对象的透视关系的。如果想夸张地表现建筑场景的景深，可以选用较小的镜头尺寸；如果想对建筑场景中的某一对象进行特写，可以使用较大的镜头尺寸来实现。

根据摄影机与建筑主体的位置关系，可以产生一点透视、二点透视和三点透视 3 种不同的透视类型。

一点透视是指摄影机平行于地面并且垂直于建筑主体，这种透视方法主要用来表现庄重、肃穆的建筑效果，如纪念碑、殿堂等。

二点透视是指摄影机与地面平行，且不与建筑的立面垂直，同时观察建筑的正立面和一个侧立面，使用该透视方法能够比较完整、细致地表达建筑结构，确保了建筑的垂直线不发生倾斜。这种透视方法主要用来表现单体建筑，如别墅、居民楼等。

三点透视是指在二点透视的基础上将摄影机的目标点向上或向下移动，从而产生仰视或俯视的效果。使用该透视方法可能会使效果图中竖直的墙面产生偏斜，但可以通过增大摄影机与目标点的距离和增大摄影机镜头的焦距来适当减小竖直墙体的倾斜程度，从而符合人们的一般视觉感受。这种透视方法主要用来表现高层建筑和鸟瞰图。图 1.4 所示为设置了摄影机和灯光之后的建筑效果图。

图　1.4

1.2.4　后期处理

后期处理阶段主要包括效果图渲染输出和利用 Photoshop 对渲染输出的效果图进行修饰两个方面。

在进行渲染输出的时候，要特别注意建筑主体的位置、画面的大小和天空与地面的协调关系等方面的问题。要仔细观察模型、材质、灯光和透视角度等各方面的效果，并对不满意的部分进行调整和修改，最后将调整好的渲染效果图进行保存，以备在 Photoshop 中进行修饰处理。

使用 Photoshop 进行后期修饰处理主要包括对建筑渲染图进行修饰、校正和周围的景观与环境的构建。环境设计主要包括天空、地面、道路、人物、灯光和汽车等人造景观的添加。在这一阶段设计人员要有整体构成意识，所谓整体构成是指将画面的各种元素进行安排，使之成为一个整体。就建筑效果图而言，是指将形式各异的主体与配景统一成整体，使主体建筑突出醒目，起到统领全局的作用；使主体与配景之间形成对比关系；使配景在构图、色彩等方面起到衬托作用。

在后期处理过程中，用户要特别注意所添加的配景，无论是人物、汽车或其他物体，都必须保证它的透视角度与建筑效果图的透视角度一致，否则，就会降低效果图的真实效果。图 1.5 所示为使用 Photoshop 进行后期配景之后的效果图。

图 1.5

1.3 3ds Max 9.0 效果图的制作基础

3ds Max 9.0 与以前版本相比，无论在建模、材质、动画和渲染方面都有了很大的改善。在本节中主要介绍 3ds Max 9.0 的相关基础知识。

1.3.1　3ds Max 9.0 界面简介

3ds Max 9.0 的工作界面主要分为菜单栏、工具栏、视图区、命令面板、信息提示栏、动画控制区和视图控制区 7 个部分，具体位置如图 1.6 所示。

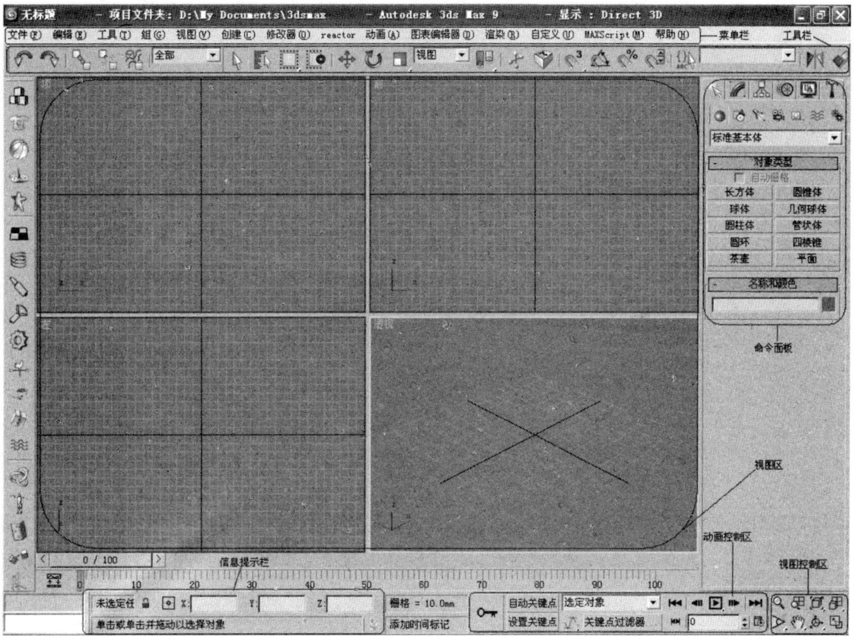

图　1.6

1. 视图区

在 3ds Max 9.0 中，默认视图为 4 个视图，即【顶】视图、【前】视图、【左】视图和【透视】视图。通过这 4 个视图可以从不同的方向或角度来观察物体。用户可以根据实际需要转到其他视图，如【底】视图、【右】视图、【后】视图等。

(1) 【顶】视图：显示物体从上往下看到的形态。

(2) 【前】视图：显示物体从前向后看到的形态。

(3) 【左】视图：显示物体从左向右看到的形态。

(4) 【透视】视图：可以从任何角度观察场景中的物体形态。

在 3ds Max 9.0 中，4 个视图的位置大小并不是固定的，用户可以根据自己的需要进行位置大小的调整。调整的方法是将光标指向视图的分隔线上，然后按住鼠标左键拖动鼠标即可改变视图的大小，如图 1.7 所示。

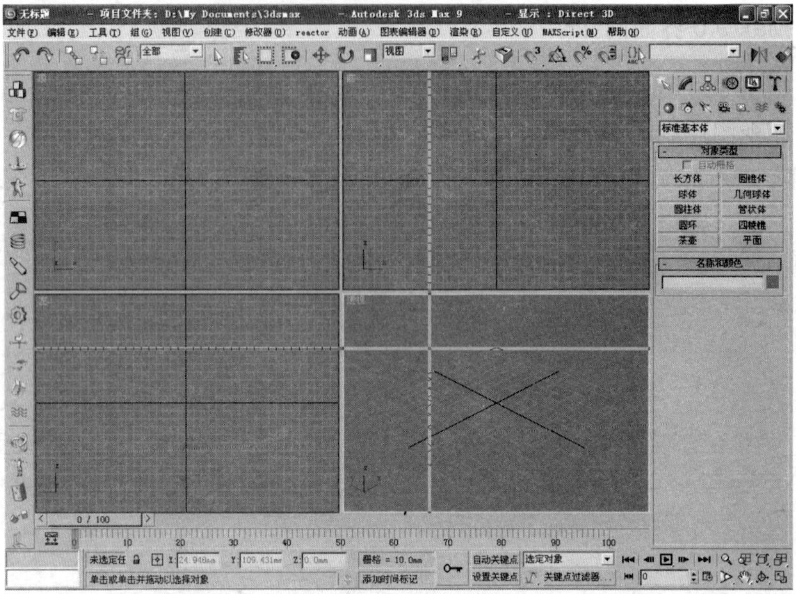

图 1.7

如果用户对自己改变的布局不满意，又想恢复到原始状态。此时，用户只要将鼠标移到 4 个视图分隔线的交点上单击鼠标右键，在弹出的快捷菜单中单击 重置布局 命令即可，如图 1.8 所示。

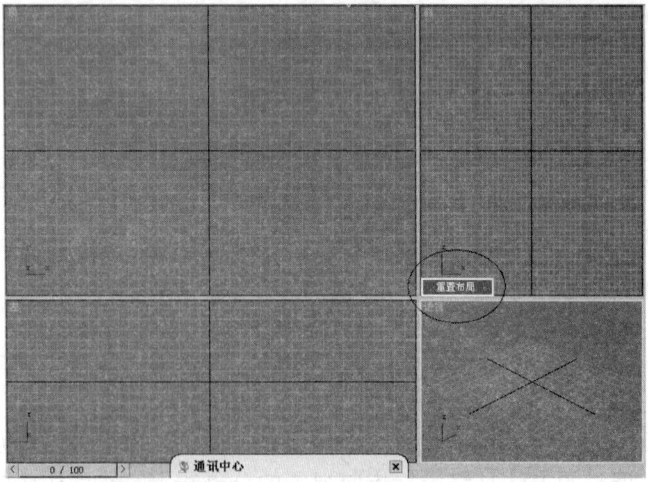

图 1.8

在这 4 个视图中，始终有且只有一个视图的边框处于黄色显示，这表明该视图处于激活状态。用户只能对被激活的视图进行编辑，如果用户想激活其他视图，只要将鼠标移到相应的视图中单击鼠标即可。在每个视图的左下角有一个世界空间坐标系统：*X* 轴为红色，*Y* 轴为绿色，*Z* 轴为蓝色。

3ds Max 9.0 为用户提供了多种多样的视图划分方式(14 种视图划分方式)，用户可以根据自己的需要进行选择。方法很简单，在任意视图左上角的视图名称上单击鼠标右键，在弹出的快捷菜单中单击 配置... 命令，即可弹出如图 1.9 所示的【视口配置】对话框。此时，用户可以单击需要的视图划分样式，再单击 确定 按钮即可。

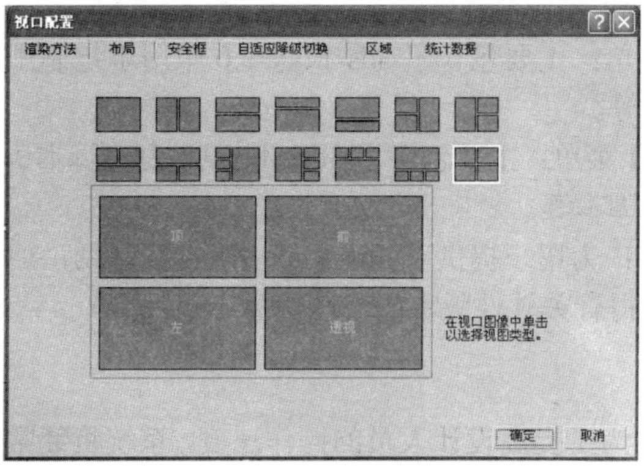

图　1.9

2. 菜单栏

在 3ds Max 9.0 中，菜单栏位于标题栏的下方，共包括了 15 个菜单栏，而且每个菜单栏的名称基本表明了该菜单的主要用途。每一个菜单栏都对应一个下拉列表菜单，使用这些菜单命令基本上可以完成大部分操作。下面简单介绍各个菜单的基本作用，以方便用户以后的操作和学习。

(1) 【文件】菜单：主要包含了与文件操作相关的命令，如打开、保存、合并等。

(2) 【编辑】菜单：主要包含了对场景中选中对象的一些公共编辑操作命令，如移动、删除、旋转等。

(3) 【工具】菜单：主要包含了用于帮助用户改变和管理位于 3ds Max 9.0 场景中对象的命令，如镜像、对齐、精确变换等。

(4) 【组】菜单：主要包含了与组操作有关的命令，如成组、打开组、分离等。

(5) 【视图】菜单：主要包含了设置和控制 3ds Max 9.0 视图的相关命令，如视口背景、显示重影等。

(6) 【创建】菜单：主要包含了创建各种几何体、基本的二维图形、灯光和粒子等命令。

(7) 【修改器】菜单：主要包含了各种变形修改器命令，如 UV 坐标、曲面等。

(8) 【reactor(反应器)】菜单：主要包含了各种高级软体和刚体动力学的全方位动力学命令，如 Create Object、Utilities 等。

(9) 【动画】菜单：主要包含了各种骨骼、IK、约束等命令，如 IK 结算器、动画层等。

(10) 【图表编辑器】菜单：主要包含了轨迹视图和图解视图有关的命令，如保存的轨迹视图、粒子视图等。

(11) 【渲染】菜单：主要包含了与渲染、视频后期处理有关的命令，如渲染、环境、效果等。

(12) 【自定义】菜单：主要包含了 3ds Max 9.0 中用于定制用户界面的命令，如自定义用户界面、单位设置等。

(13) 【MAXScript】菜单：主要包含了 3ds Max 9.0 内建脚本语言有关的命令，如新建脚本、打开脚本、创建脚本等。

(14) 【帮助】菜单：为用户提供了 3ds Max 9.0 在线帮助，通过该菜单下拉列表命令可以打开帮助文件，获得有关软件版本的一些信息。

3. 工具栏

在 3ds Max 9.0 中，为了提高设计人员的操作速度，系统将经常使用的命令以按钮的形式集成在工具栏中，在默认情况下，主工具栏位于菜单栏下面。用户也可以根据自己的需要将工具栏放置在任何位置。

在默认情况下，一些不经常使用的工具栏是被隐藏的，如【轴约束】、【层】、【附加】、【渲染快捷方式】、【捕捉】、【动画层】和【笔刷预设】等工具栏，如图 1.10 所示。

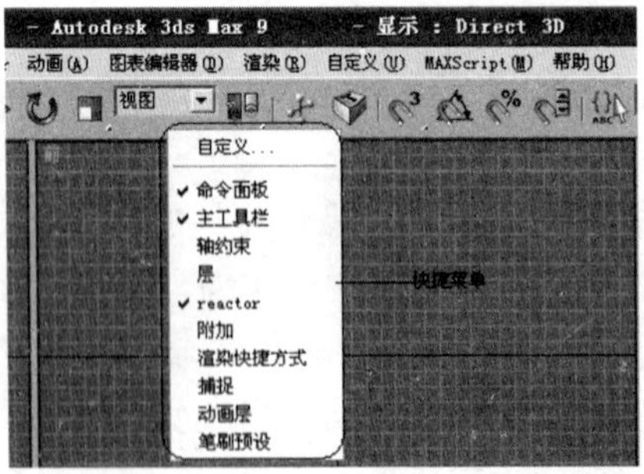

图 1.10

启用上述任意被隐藏的工具栏的方法很简单。在主工具栏的任意空白处单击鼠标右键，在弹出的快捷菜单中单击需要显示的工具栏命令即可。

主工具栏中的工具按钮只有在屏幕为 1028×800 像素的分辨率之下才能完全显示出来。而其低于这个分辨率时，有些工具就被隐藏起来。如果要使用被隐藏的工具，只要将鼠标光标移到主工具栏的空白处，按住鼠标左键不放的同时左右拖动即可。

要使用工具栏中的工具也很简单，只要在相应的工具按钮上单击即可。

4. 命令面板

在 3ds Max 9.0 默认情况下，命令面板位于工作界面的右侧，命令面板是 3ds Max 9.0 的核心部分，应用起来也比较复杂，用户的设计工作几乎都要通过该命令面板来完成。3ds Max 9.0 命令面板主要由 6 个选项组组成，如图 1.11 所示，单击不同的选项组可以进入相应的命令面板，每次只有一个面板可见。

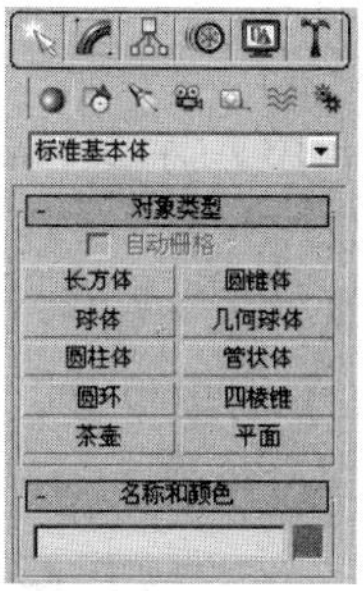

图　1.11

(1) 【创建命令】面板：主要用来创建场景中的对象，如几何、摄影机、灯光、空间扭曲等。

(2) 【修改命令】面板：主要用来对在场景中被选中的对象进行弯曲、锥化、扭曲、轮廓等一系列的修改操作。

(3) 【层次命令】面板：主要用来管理层次、关节和方向动力学中的链接等。

(4) 【运动命令】面板：主要用来设置对象的运动参数、控制物体的运动轨迹等。

(5) 【显示命令】面板：主要用来隐藏和显示对象等。

(6) 【工具命令】面板：主要用来调用其他工具程序，其中大部分是 3ds Max 9.0 的插件。

5. 状态栏、提示栏和收听器

状态栏主要显示当前场景中物体选择的状态。提示栏的作用是提示当前所选工具和命令的使用说明。收听器主要包括了两个部分：上面粉红色的框是 MAXScript 命令输入栏，主要用来输入 3ds Max 的 Script 命令；下面白色框的作用是显示 Script 命令的执行结果。状态栏、提示栏和收听器如图 1.12 所示。

图　1.12

1.3.2 单位的设置

使用 3ds Max 9.0 来制作效果图虽然对单位的要求不是那么严格，但对一个设计人员来说，正确设置单位对提高工作效率会有很大的帮助，主要有两个方面的原因：一是在制作效果图的时候经常会导入一些 CAD 图样，而 CAD 图样一般情况下以毫米为单位，如果设置好单位则便于软件之间的交流；二是用户在设计大型的场景效果图的时候，一个人是不可能完成的，必须要有一个团队的合作，此时必须使用一致的单位，才能顺利合并文件。单位设置的具体步骤如下。

(1) 在菜单栏中单击 自定义(U) → 单位设置(U)... 命令，弹出【单位设置】对话框，具体设置如图 1.13 所示。

(2) 在【单位设置】对话框中单击 系统单位设置 按钮，弹出【系统单位设置】对话框，具体设置如图 1.14 所示。

(3) 用户也可以根据自己的实际需要进行设置，设置完毕之后单击 确定 按钮，返回到【单位设置】对话框，再单击 确定 按钮，单位设置完毕。

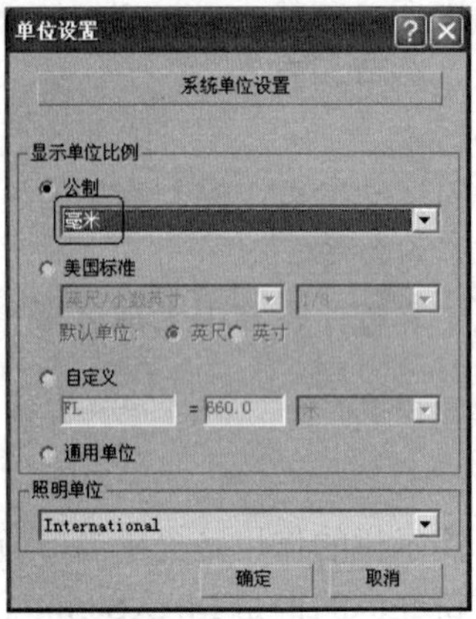

图 1.13

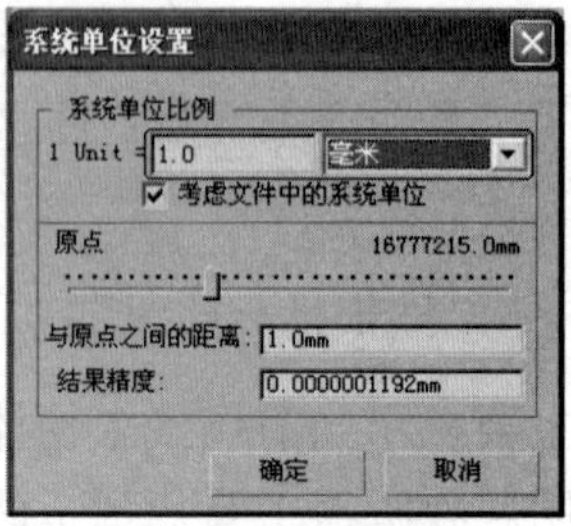

图 1.14

提示：在设置单位的时候，不一定要设置为“毫米”，系统单位比例也不一定为 1，用户要根据实际需要进行设置。

1.3.3 对象的选择操作

在 3ds Max 9.0 中，所有的操作都是建立在选择的基础之上的，这是对一个对象或多个对象进行操作的前提条件，但有时候对象很多，而且经常会出现对象相互重叠或遮掩的情况，这时完全靠鼠标单击来选择对象是没法做到的。下面具体介绍两种选择对象的方法，用户可以根据实际情况决定采用任一种。

1. 使用工具按钮来选择对象

在 3ds Max 9.0 中，一共有 8 个工具按钮具有选择对象的功能，用户可以根据实际情况决定使用哪一个。各个工具所在工具栏的位置如图 1.15 所示。

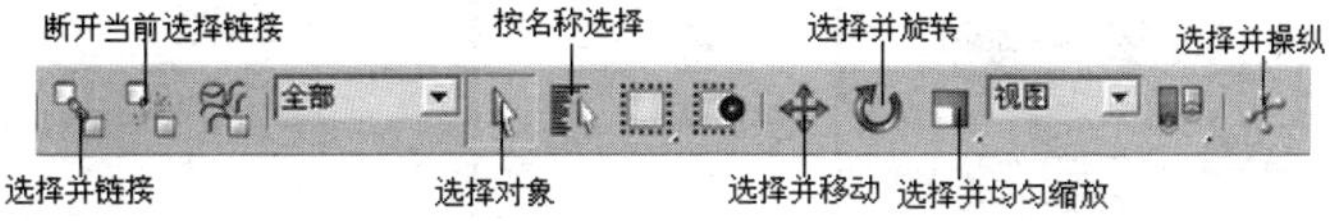

图　1.15

其实选择对象的操作方法很简单，在视图中创建对象之后，在工具栏中根据实际情况单击任意一个具有选择功能的按钮，在需要选择的对象上单击或拖动鼠标框选，即可选中对象。

在视图中用鼠标单击只能选择一个对象，如果再单击第二对象时，在选中第二个对象的同时，第一个对象的选择将被取消。不过，用户可以按住 Ctrl 键的同时再去连续单击其他对象即可选择多个对象。

如果用户选择了多个对象，此时发现其中某个对象是多选的该怎么办呢？可以通过按住 Alt 键的同时单击需要取消选择的对象，多选的对象即可取消选择。

2. 根据名称选择对象

如果用户创建了一个复杂的场景，而要选择场景中的某个对象，如果使用上面介绍的选择方法来选择对象是比较困难的。在 3ds Max 9.0 中，为用户提供了一种按名称选择对象的方法，可以轻而易举地选择需要选择的对象，具体操作步骤如下。

(1) 打开“选择对象.max”文件。

(2) 单击工具栏中的【按名称选择】按钮，弹出如图 1.16 所示的【选择对象】设置对话框。

(3) 在【选择对象】设置对话框中选择需要选择的对象名称，如图 1.17 所示。

(4) 单击按钮即可选中场景中的对象。

提示： 在【选择对象】设置对话框左侧列表的对象名称上单击鼠标，可以选择所需要的对象；按住 Ctrl 键的同时单击鼠标，可以连续选择不连续的对象；按住 Shift 键的同时单击鼠标，可以选择连续的对象。

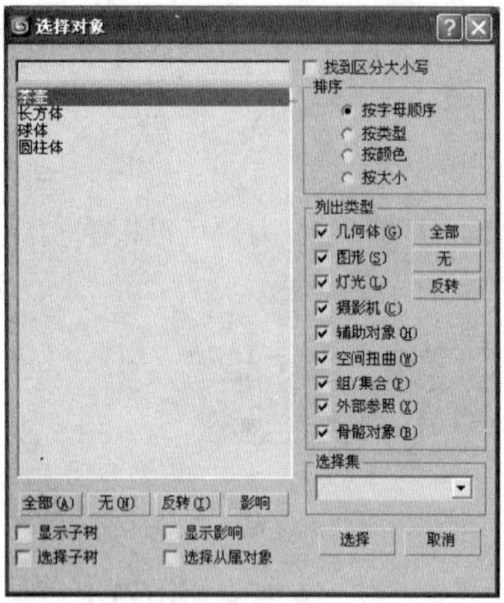

图 1.16

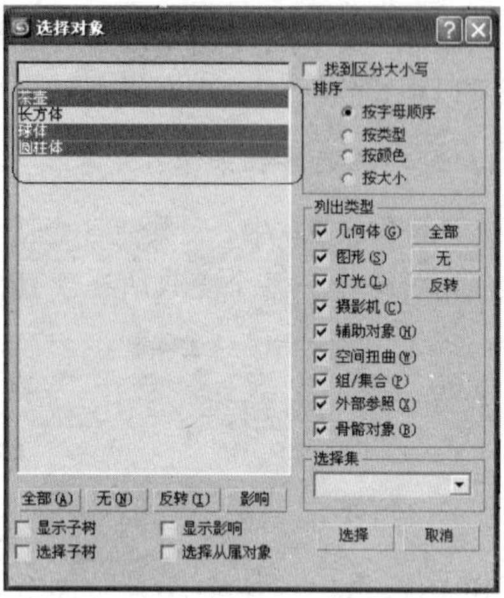

图 1.17

1.3.4 复制对象

在制作效果图时，复制操作是使用最多的，也是提高工作效率的一种方法，下面为用户介绍两种常用的复制对象的方法。

1. 利用键盘复制对象

使用键盘复制对象是提高操作速度的一种很好的方法，用户在使用键盘复制对象的时候，通常要与变换操作相结合，如移动、旋转和缩放对象工具等。

使用键盘复制对象的具体操作方法如下。

(1) 在工具栏中单击任意一个变换按钮，如【选择并移动】、【选择并旋转】或【选择并均匀缩放】按钮。

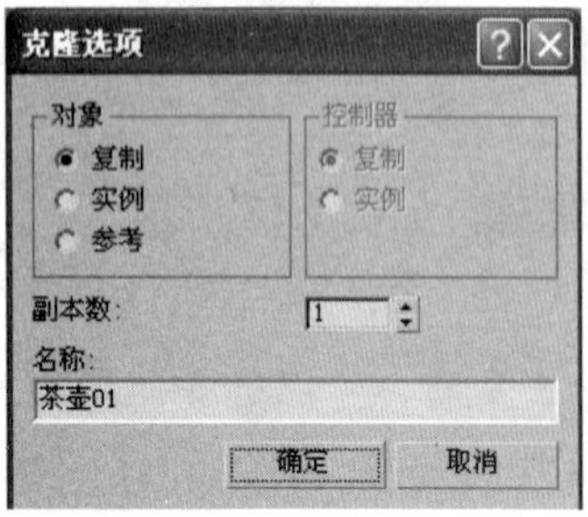

图 1.18

(2) 在视图中选择需要复制的对象(可以是一个对象、多个对象或群组对象)。

(3) 按住 Shift 键和鼠标左键的同时拖动鼠标进行变换操作，松开鼠标左键，弹出如图 1.18 所示的【克隆选项】设置对话框。

(4) 该对话框中各个选项的作用如下。

① 复制：选择该项时，将复制出一些互不关联的对象，即改变其中任意一个对象的参数，其他对象不发生变化。

② 实例：选择该项时，将复制出一些相互关联的对象，即改变其中的任意一个对象的参数，其他的对象也会随之发生变化。

③ 参考：选择该项时，将复制出一些单向关联的复制品，即改变原始对象的参数时，复制产生的对象参数也随之改变，而改变复制产生的对象参数时，则不影响原始对象的参数。

④ 副本数：在副本数右边的输入文本框中输入数值，可以复制出输入值数量的复制对象。

(5) 根据实际的需要设置【克隆选项】设置对话框，单击确定按钮即可复制相应数量的对象。

提示：使用键盘复制对象时，如果按住 Shift 键的同时单击被复制的对象，复制出来的对象位置将与被复制的对象位置重合；如果按住 Shift 键的同时将被复制的对象进行移动、旋转或缩放变换等操作，松开鼠标之后，将复制出变换后的对象。

2. 镜像复制对象

镜像复制对象在 3ds Max 9.0 中是使用比较多的一种复制方法，所谓镜像复制是指将被复制对象沿着某个轴向反转的同时进行复制。对对象进行镜像时，镜像复制出来的对象的大小、比例不发生任何变化，只是对象的方向和位置发生改变。具体操作方法如下。

(1) 在场景中选择需要镜像的对象。

(2) 在工具栏中单击【镜像】按钮，弹出如图 1.19 所示的【镜像：屏幕 坐标】设置对话框。

(3) 【镜像：屏幕 坐标】设置对话框中各项参数的意义如下。

① 镜像轴：主要用来确定镜像复制对象的轴向，而且选择轴向时视图中所选对象会立即显示出镜像效果。

② 偏移: 0.0mm：用来设置复制产生的对象与原对象之间的距离，距离值是通过两个对象的轴心点来计算的。

③ 不克隆：选择该选项，只将被镜像的对象进行镜像操作，不进行复制。

④ 复制、实例和参考3 个选项的作用同前，在这里就不再介绍了。

(4) 根据实际需要设置【镜像：屏幕 坐标】设置对话框，设置完毕单击确定按钮即可。

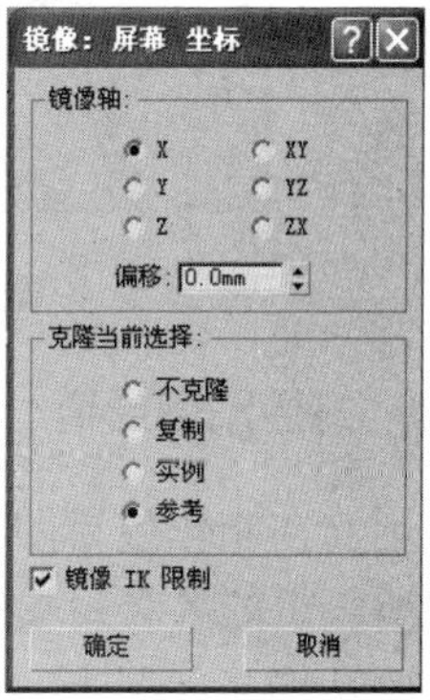

图 1.19

1.3.5 空间捕捉

在制作效果图的时候，将对象进行精确定位是一项最基本的要求。3ds Max 9.0 为用户提供了多种捕捉的方法，而最常用的捕捉有空间捕捉和角度捕捉两种。

空间捕捉主要分为二维捕捉、2.5 维捕捉和三维捕捉 3 种形式。

(1) 二维捕捉：二维捕捉只用来捕捉当前栅格平面上的点和线，主要适用于在绘制平面图时捕捉各坐标点。

(2) 2.5 维捕捉：不仅可以捕捉当前平面上的点和线，还可以捕捉到三维空间中的对象在当前平面上的投影，主要适用于描绘和勾勒三维对象轮廓。

(3) 三维捕捉：主要用来直接捕捉空间中的点和线，如为建筑模型安置门窗时经常使用三维捕捉来捕捉建筑模型的点和线。

在捕捉按钮上单击鼠标右键，弹出如图 1.20 所示的【栅格和捕捉设置】窗口，该窗口中主要包括了 12 种捕捉方式，用户可以根据实际情况选择捕捉方式。

【角度捕捉切换】按钮主要用来精确旋转对象，使用该按钮可以精确控制旋转角度，在默认情况下，物体一般以 5 度为单位进行旋转。将鼠标移到【角度捕捉切换】按钮上单击右键，弹出如图 1.21 所示的【栅格和捕捉设置】窗口，用户也可以根据实际情况来设置旋转角度的大小。

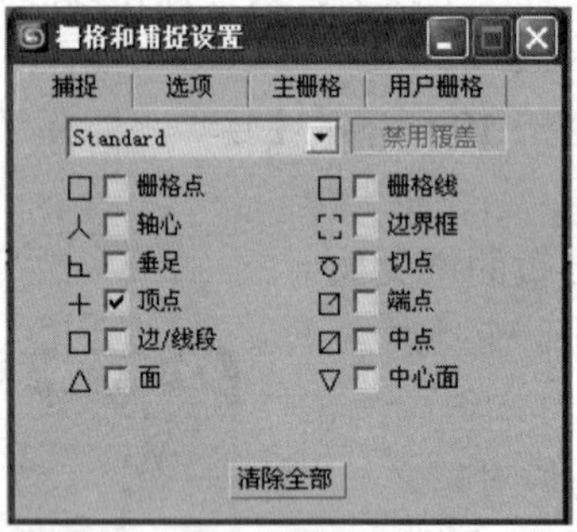

图 1.20

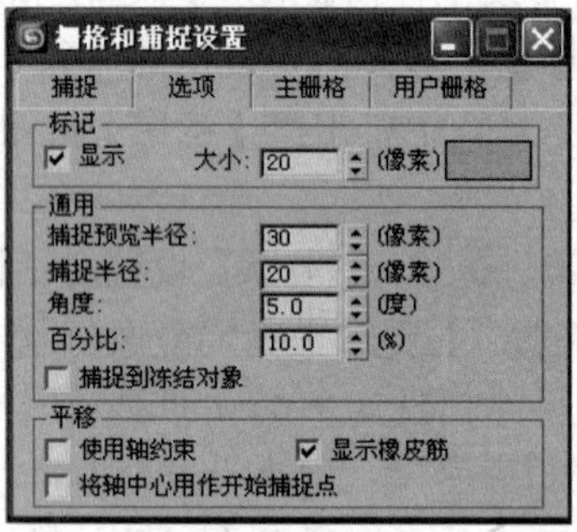

图 1.21

1.3.6 打通贴图通道

用户在制作效果图的时候，如果改变线架文件或线架中使用的贴图文件的路径之后，用户所编辑的各种材质使用的贴图就会丢失，在打开文件的时候就会弹出【缺少外部文件】设置对话框，如图 1.22 所示。

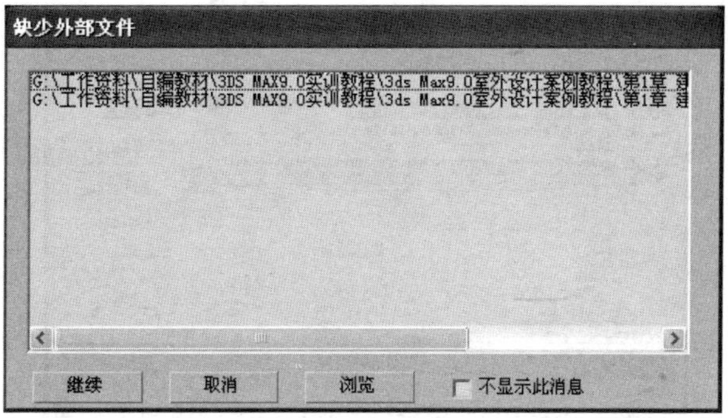

图　1.22

在【缺少外部文件】设置对话框中，用户可以清楚地了解线架文件中所使用的贴图文件以及贴图文件的原始位置和名称。如果贴图文件的路径发生改变，用户可以通过打通贴图通道的方式重新找到贴图文件，具体操作步骤如下。

(1) 在菜单栏中单击 自定义(U) → 配置用户路径(C)... 命令，弹出【配置用户路径】设置对话框。

(2) 在【配置用户路径】设置对话框中选择 外部文件 选项卡，如图 1.23 所示。

(3) 单击 添加(A)... 按钮，弹出【选择新的外部文件路径】设置对话框，在该对话框中选择贴图文件所在的位置，如图 1.24 所示。

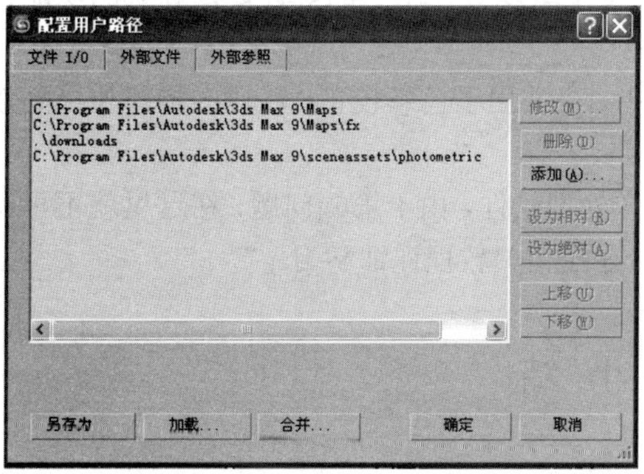

图　1.23

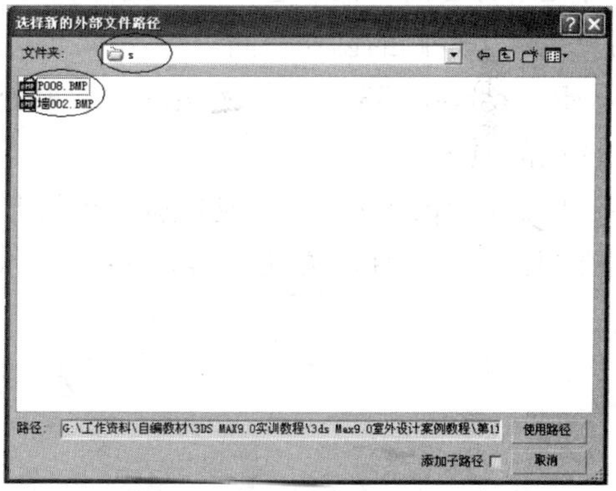

图　1.24

(4) 单击 使用路径 按钮，返回【配置用户路径】设置对话框，则新路径被添加到列表中，如图 1.25 所示。

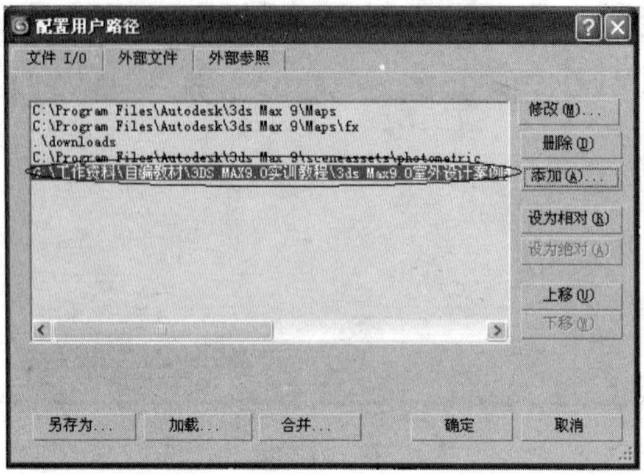

图 1.25

(5) 单击 确定 按钮，贴图文件的路径将被永久记录在“3dsmax.ini”文件中(该文件在 3ds Max 的安装路径下)，以后打开文件的时候会自动寻找该路径下的贴图。

1.4 Photoshop CS3 简介

Photoshop CS3 是 Adobe 公司推出的最新版本的专业图形图像处理软件，是全球图形图像处理行业的典范。它以简易的操作界面赢得了数以万计用户的好评，以强大的功能为用户提供了广阔的创作空间。

Photoshop CS3 在建筑效果图的后期处理中，主要用于色彩校正、环境的构建和提高效果图的品质等。

Photoshop CS3 是一个功能强大的图形图像处理软件，由于篇幅问题，在这里就不再详细介绍该软件的使用方法，感兴趣的读者可以寻找相关教程详细学习。

本 章 小 结

本章主要介绍了制作室外建筑效果图的相关知识，了解这些知识有助于对后面章节内容的学习，通过本章的学习，读者重点要掌握建筑效果图的表现要点和 3ds Max 9.0 效果图的制作基础，其他知识作了解即可。

练　　习

一、填空题

1．室外效果图是房地产公司在开发之前向客户表达自己设计思想和________的最好方法与途径，也是竞标的重要资料之一。

2．制作效果图的软件非常多，如 3ds Max、AutoCAD、Lightscape、Photoshop、天正、Autodesk VIZ、Premiere Pro 等。其中以________、Lightscape、________相结合最为流行，制作出来的效果图可以达到照片级水平。

3．建筑绘画特别是效果图的制作，最基本的要求是要做到透视的基本比例、尺度和空间关系与方案内容一致，以确保________的准确性。

4．人们认识物体的空间关系是通过________的作用，使物体呈现出一定的明暗变化来实现的。

5．在这里所说的色彩和质感是指建筑材料的________的表现。

6．在现实中，建筑物不是孤立存在的，而是存在于一定的自然环境中的，周围环境对它的________以及其他方面会产生很大的影响。

二、选择题

1．在制作建筑效果时，设计者需要把握好(　　)个方面。

A. 1　　B. 2　　C. 3　　D. 4

2．建筑效果图制作的基本流程分为(　　)个阶段。

A. 3　　B. 4　　C. 5　　D. 6

三、简答题

1．建筑效果图的表现要点主要包括哪几点？

2．简述建筑效果图制作的基本流程。

四、上机实训

1．启动 3ds Max 9.0 并设置文件单位。

2．调整 3ds Max 9.0 的视图显示方式。

3．练习打通贴图文件的路径。

第2章

公共设施效果图表现

图 2.1

3ds Max 9.0 的创建系统和修改系统的功能非常强大。同一个模型用户可以使用多种方法来创建，选择一种有效的建模方法来创建一个模型至关重要。在本章中主要通过制作喷水池和亭子两个效果图(图 2.1)来体验 3ds Max 9.0 的创建系统和修改系统的强大功能。

技能点

1. 喷水池模型的创建
2. 喷水池模型的材质调配
3. 亭子模型的创建
4. 亭子模型材质的调配
5. 3ds Max 9.0 中各种修改命令的使用

说 明

本章主要介绍公共设施中的喷水池和亭子的创建，这两个案例主要介绍了【编辑网格】、【挤出】、【车削】、【锥化】、【倒角】和【阵列】等命令的使用，以及使用不同的贴图技术来表现建筑效果。重点要掌握 3ds Max 9.0 中各种修改命令的使用和“水”材质的表现及多维子对象材质的使用原理和方法。

2.1 喷水池的制作

在各个公园、学校、住宅小区、旅游景区和城市广场都能看到喷水池。喷水池已经成为人们观赏的一个公共设施，也是比较吸引观众目光的地方，因此人们也越来越注重喷水池造型的美观。通过对本案例的学习，使用户了解【挤出】、【车削】和【倒角】命令的应用及水材质的调配方法。最终效果如图 2.2 所示。

图 2.2

2.1.1 喷水池模型的创建

1. 底层造型的创建

(1) 启动 3ds Max 9.0 并保存文件，文件名为“喷水池.max”。

(2) 设置系统单位为“毫米”(具体操作方法参考第 1 章中的单位设置)。

(3) 在命令面板中单击 圆柱体 按钮，在【顶】视图中创建一个圆柱体，具体参数设置如图 2.3 所示。

(4) 在命令面板中单击【图形】按钮，单击 矩形 按钮，在【顶】视图中创建一个矩形，具体参数设置如图 2.4 所示。

(5) 在命令面板中单击【创建】按钮，单击【图形】按钮，单击 圆 按钮，在【顶】视图中创建 4 个相同大小的圆，具体参数设置如图 2.5 所示。在【顶】视图中的位置如图 2.6 所示。

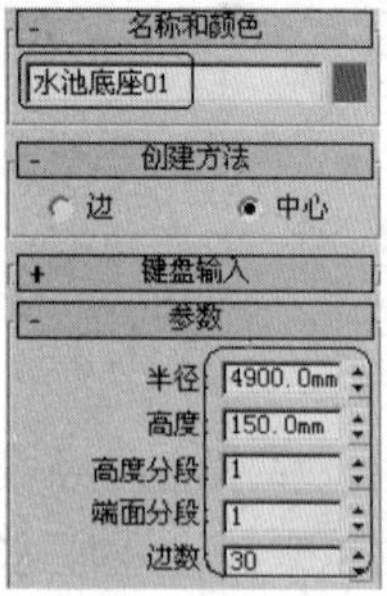

图 2.3

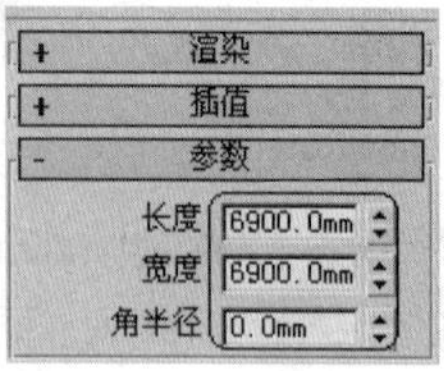

图 2.4

图 2.5

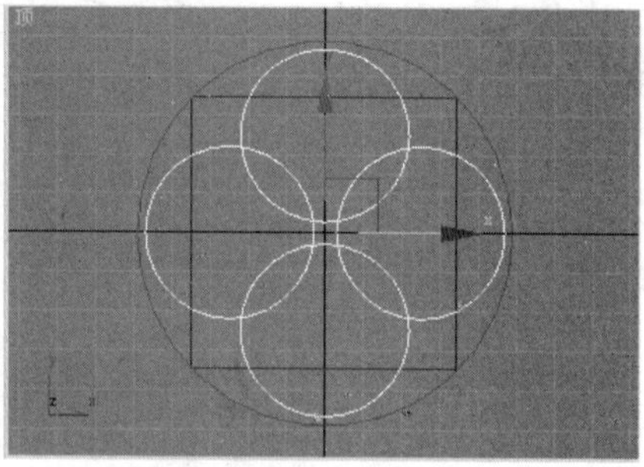

图 2.6

(6) 在【顶】视图中单选前面创建的矩形，单击【修改】按钮转到【修改命令】面板。

(7) 单击 修改器列表 右边的按钮，在弹出的下拉列表中选择 编辑样条线 选项。

(8) 在命令面板中单击【样条线】按钮，单击 附加多个 按钮，弹出如图 2.7 所示的【附加多个】设置对话框。

(9) 在【附加多个】设置对话框中单击 全部(A) 按钮，单击 附加 按钮，即可将创建的所有圆和矩形附加在一起。

(10) 在命令面板卷展栏中单击【样条线】按钮，再在【顶】视图中单选矩形。

(11) 在 几何体 卷展栏中单击【并集】按钮，单击 布尔 按钮，将鼠标移到【顶】视图中，连续单击前面创建的 4 个圆，即可得到如图 2.8 所示的图形效果。

(12) 单击 修改器列表 右边的按钮，在弹出的下拉列表中选择 挤出 选项，并命名为“水池底座 02”。具体参数设置如图 2.9 所示。在各个视图中的位置如图 2.10 所示。

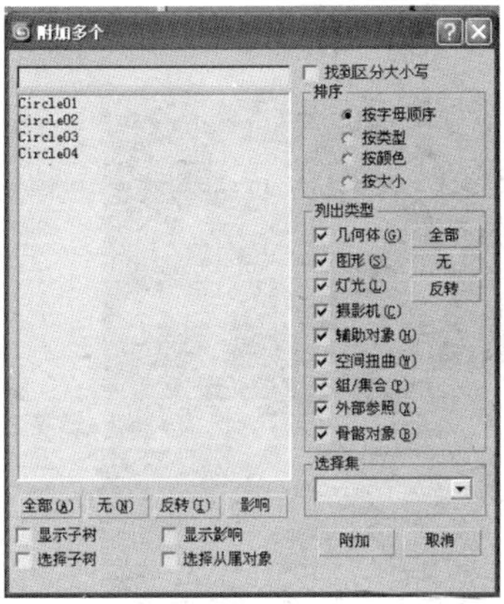

图 2.7

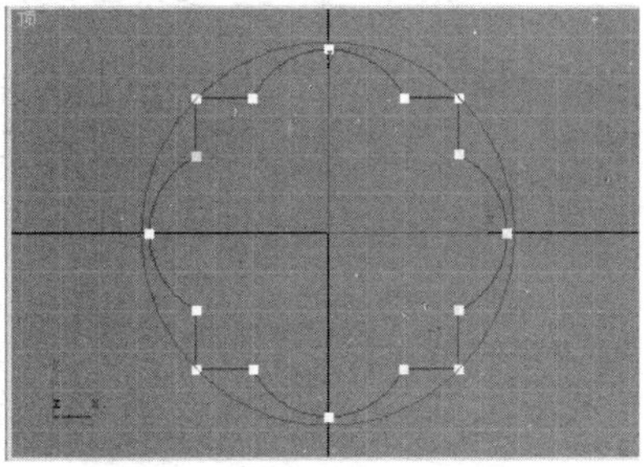

图 2.8

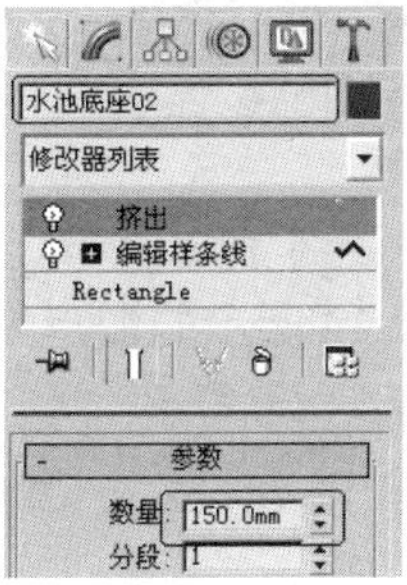

图 2.9

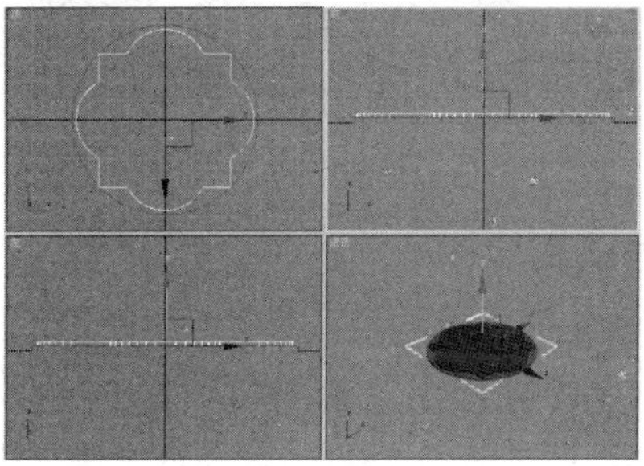

图 2.10

(13) 使用前面第(4)步到第(11)步的方法，再创建一个如图 2.11 所示的图形并命名为“水”(创建的矩形的长和宽都为 5 350，圆的半径为 1 400)。

(14) 单击【修改】按钮转到【修改命令】面板。单击 修改器列表 右边的按钮，在弹出的下拉列表中选择 挤出 选项，具体参数设置如图 2.12 所示。

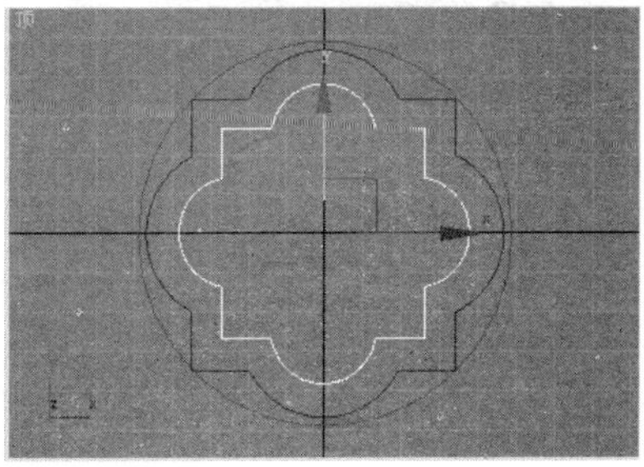

图 2.11

图 2.12

(15) 调整好“水”在各个视图中的位置，如图 2.13 所示。

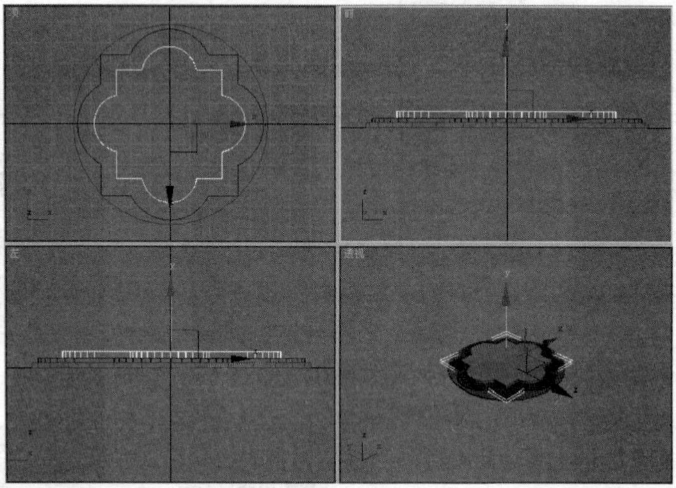

图 2.13

(16) 使用前面第(4)步到第(11)步的方法，再创建一个如图 2.14 所示的图形并命名为“水池边 01”(创建的矩形的长和宽都为 5 350，圆的半径为 1 400)。

(17) 在命令面板中单击【样条线】按钮，单击 轮廓 按钮，在 轮廓 按钮右边的文本输入框中输入-200 并按 Enter 键，即可得到如图 2.15 所示的效果。

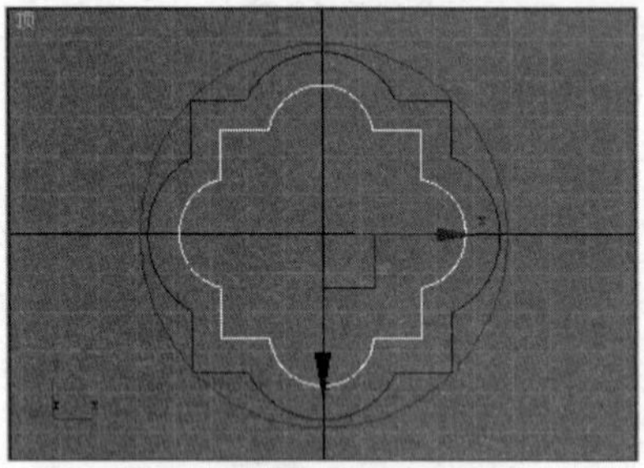

图 2.14

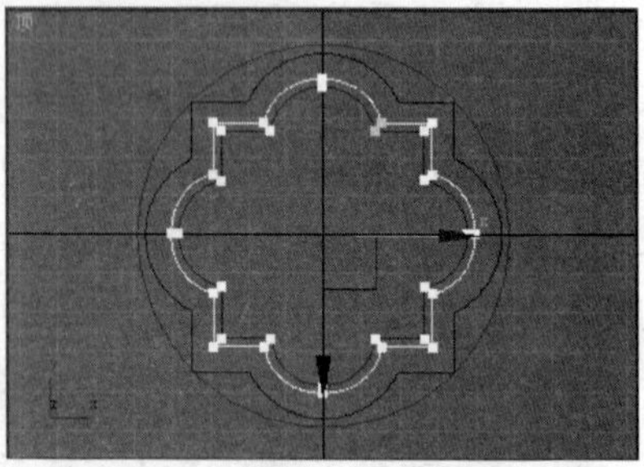

图 2.15

(18) 单击【修改】按钮转到【修改命令】面板。单击 修改器列表 右边的按钮，在弹出的下拉列表中选择 挤出 选项，具体参数设置如图 2.16 所示。

(19) 在各个视图中的位置如图 2.17 所示。

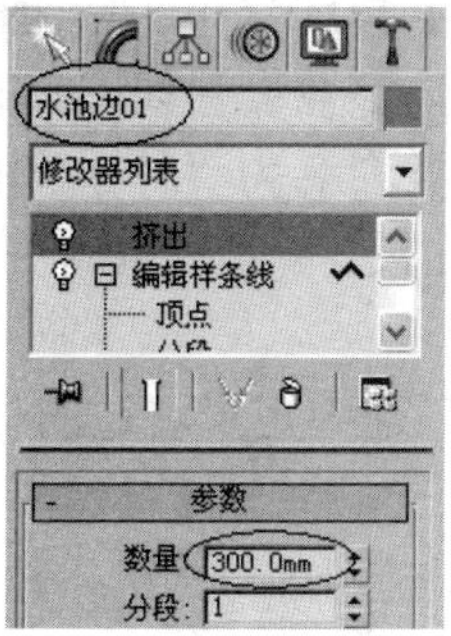

图　2.16

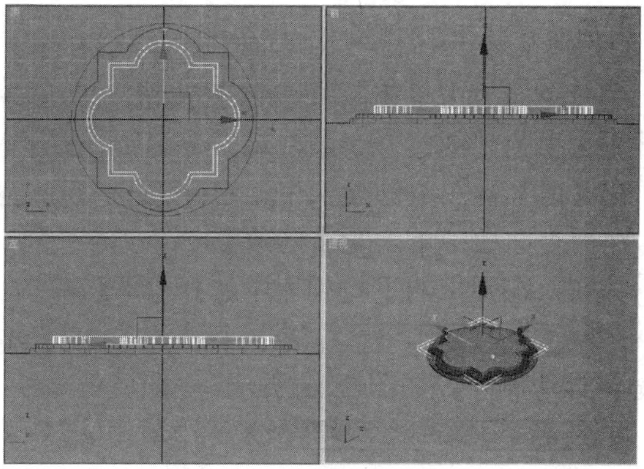

图　2.17

(20) 在【前】视图或【左】视图中选中“水池边 01”，在按住 Shift 的同时单击“水池边 01”，弹出【克隆选项】设置对话框，具体设置如图 2.18 所示。

(21) 单击 确定 按钮即可复制出一个“水池边 02”。

(22) 选择“水池边 02”，单击【修改】按钮转到【修改命令】面板。在命令面板的 挤出 上单击右键弹出快捷菜单，在弹出的快捷菜单中单击 删除 命令即可删除【挤出】修改。

(23) 单击 修改器列表 右边的按钮，在弹出的下拉列表中选择 倒角 选项，具体参数设置如图 2.19 所示。

(24) 调整好在各个视图中位置，最终效果如图 2.20 所示。

(25) 选择视图中的所有对象。在选中的对象上单击右键弹出快捷菜单，在弹出的快捷菜单中单击 冻结当前选择 命令，冻结所有对象以便制作底层立柱。

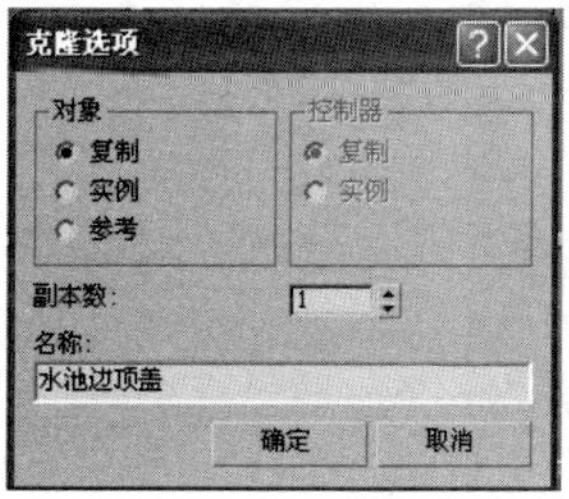

图　2.18

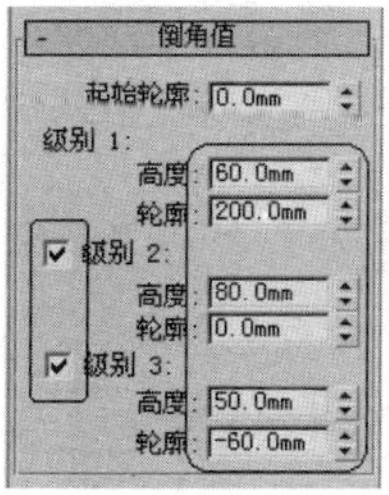

图　2.19

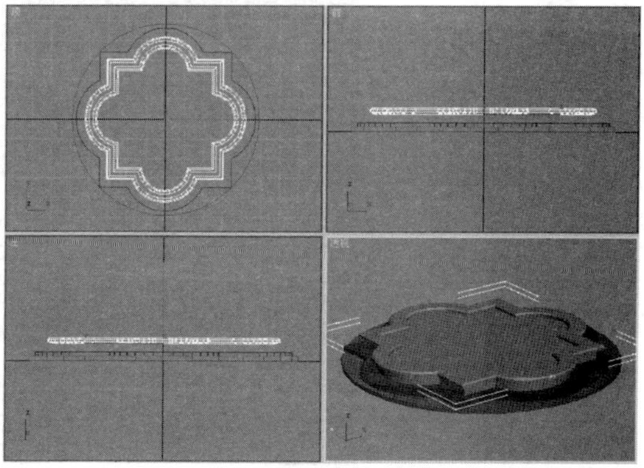

图　2.20

2. 底层立柱模型的创建

(1) 在命令面板中单击【创建】按钮，单击【几何体】按钮，单击 圆柱体 按钮，在【顶】视图中创建一个圆柱体并命名为“柱子座 01”，具体参数设置如图 2.21 所示。

(2) 在【前】视图中创建一个矩形(长度为 50，宽度为 250)并命名为“柱子座 02”。

(3) 在命令面板中单击【修改】按钮，转到【修改命令】面板。单击 修改器列表 右边的按钮，在弹出的下拉列表中选择 编辑样条线 命令。

(4) 在 选择 卷展栏中单击【分段】按钮，选中矩形右边的一条边按 Delete 键将该边删除，如图 2.22 所示。

(5) 在 选择 卷展栏中单击【顶点】按钮，单击 优化 按钮，在矩形的左侧边上单击，添加一个顶点并调整形状，最终效果如图 2.23 所示。

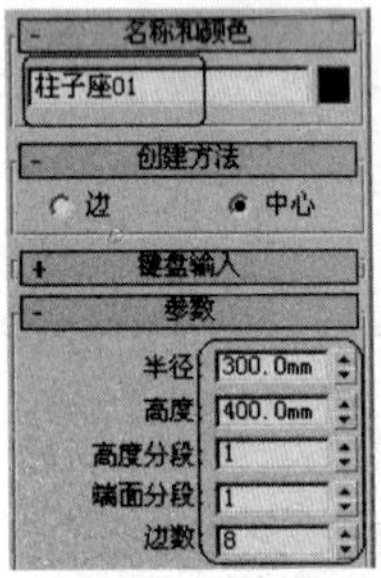

图 2.21

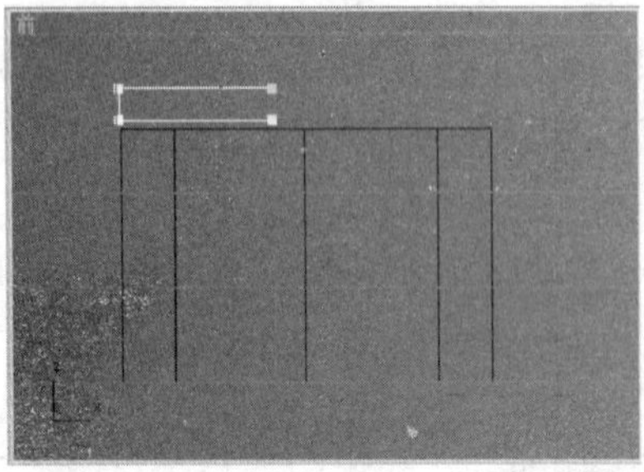

图 2.22

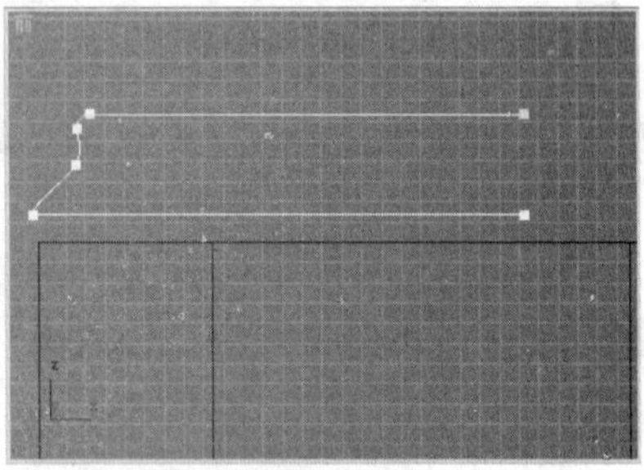

图 2.23

(6) 单击 修改器列表 右边的按钮，在弹出的下拉列表中选择 车削 选项。再在命令面板中单击 最大 按钮并调整好位置，最终效果如图 2.24 所示。

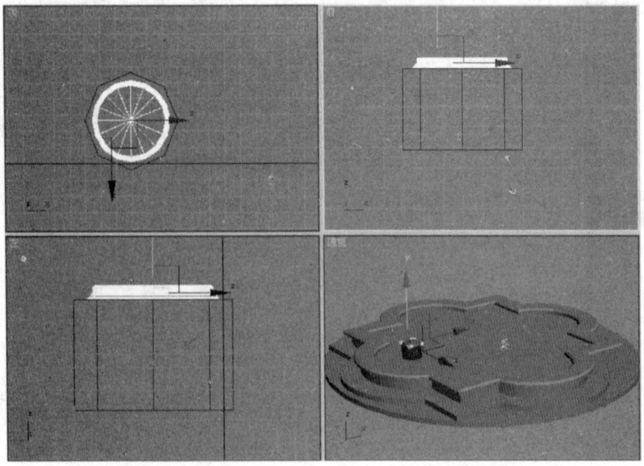

图 2.24

提示： 在图 2.23 所示中看到的是局部放大的效果。局部放大的方法很简单，单击屏幕右下角的视图操作控制命令区中的【缩放区域】按钮，然后在视图中框住需要放大的局部即可。为了操作方便，在以后的局部放大中就不再赘述。

(7) 在命令面板中单击【创建】按钮，单击【图形】按钮，单击 星形 按钮，在【顶】视图中创建一个星形并命名为“柱子柱 01”，具体参数设置如图 2.25 所示。

(8) 在命令面板中单击【修改】按钮，转到【修改命令】面板。单击 修改器列表 右边的按钮，在弹出的下拉列表中选择 挤出 选项。具体参数设置如图 2.26 所示。

(9) 单击 修改器列表 右边的按钮，在弹出的下拉列表中选择 扭曲 选项。具体参数设置如图 2.27 所示。

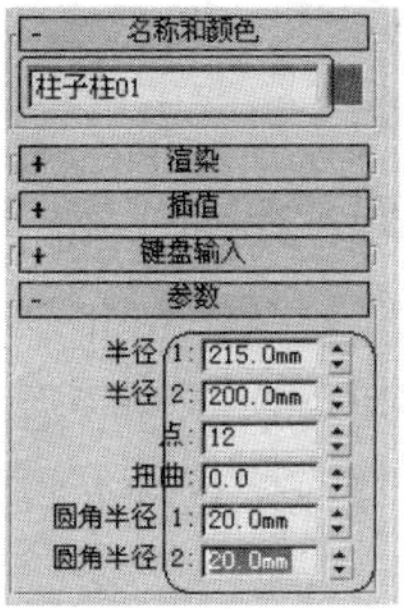

图　2.25

图　2.26

图　2.27

(10) 最终效果如图 2.28 所示。

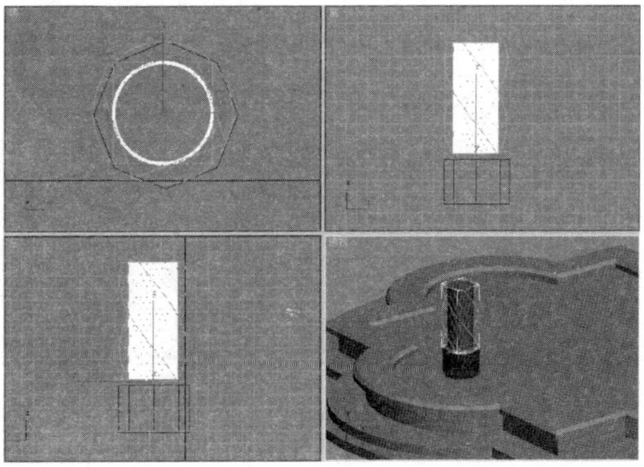

图　2.28

(11) 在【前】视图中利用第(2)步到第(5)步的方法创建如图 2.29 所示的二维图形(最大长度为 252，最大宽度为 235)，并命名为“柱子顶 01”。

(12) 单击修改器列表右边的按钮，在弹出的下拉列表中选择车削选项，再在命令面板中单击最大按钮并调整好位置，最终效果如图 2.30 所示。

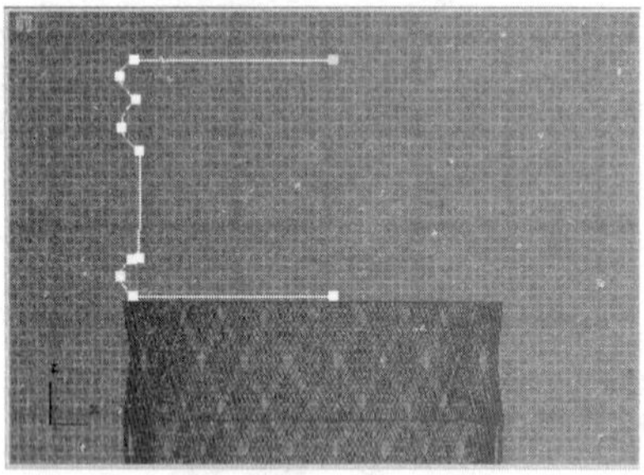

图 2.29

图 2.30

(13) 在视图中选中所有柱子的造型，在菜单栏中单击组(G)→成组(G)命令，弹出【组】设置对话框，具体设置如图 2.31 所示，单击确定按钮即可将所有柱子造型成组。

(14) 在按住 Shift 键的同时单击“柱子 01”对象，弹出【克隆选项】设置对话框，具体设置如图 2.32 所示，单击确定按钮即可。

(15) 调整好 4 根柱子的位置，最终效果如图 2.33 所示。

图 2.31

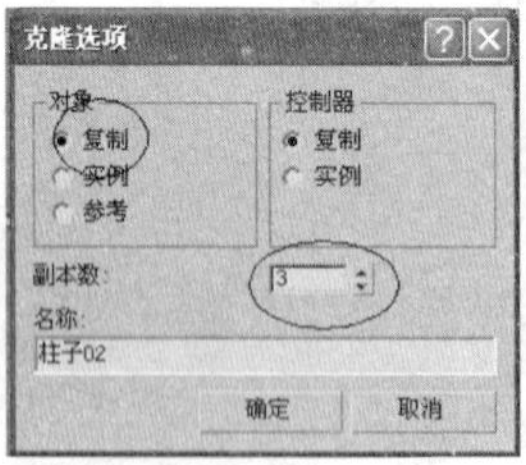

图 2.32

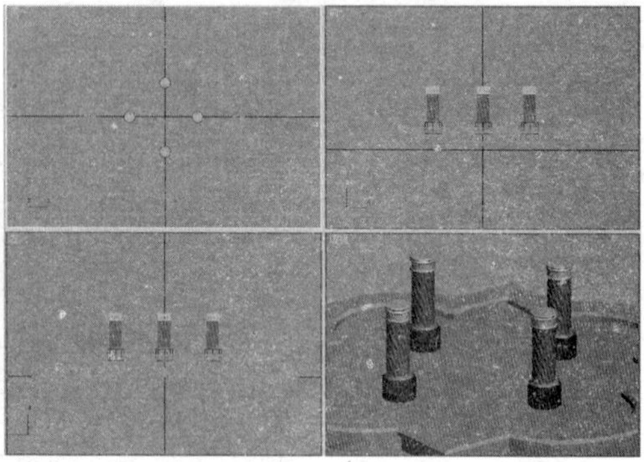

图 2.33

3. 二层模型的创建

(1) 利用前面所学知识在【前】视图中创建如图 2.34 所示的二维线形(最大长度为 150，最大宽度为 1 500)，并命名为“二层水池边 01”。

(2) 单击修改器列表右边的按钮，在弹出的下拉列表中选择车削选项，再在命令面板中单击最大按钮并调整好位置，最终效果如图 2.35 所示。

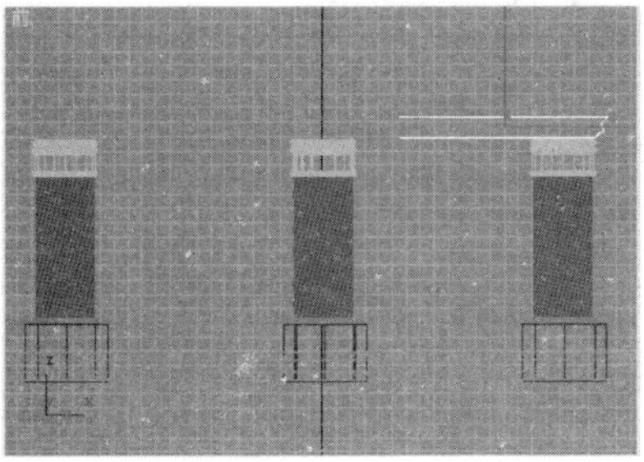

图　2.34

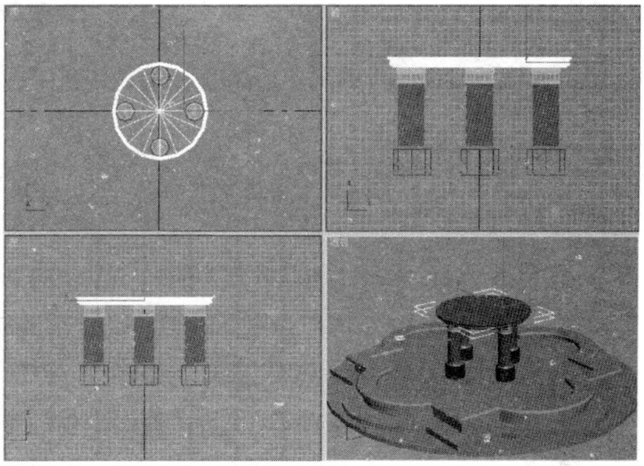

图　2.35

(3) 在命令面板中单击【创建】按钮，单击【图形】按钮，单击星形按钮，在【顶】视图中创建一个星形并命名为“二层水池边 02”，具体参数设置如图 2.36 所示。

(4) 在命令面板中单击【修改】按钮，转到【修改命令】面板。单击修改器列表右边的按钮，在弹出的下拉列表中选择编辑样条线选项。

(5) 在命令面板中单击【样条线】按钮，单击轮廓按钮，在轮廓按钮右边的文本输入框中输入 90 并按 Enter 键，即可得到如图 2.37 所示的效果。

(6) 单击修改器列表右边的按钮，在弹出的下拉列表中选择挤出选项，具体参数设置如图 2.38 所示。

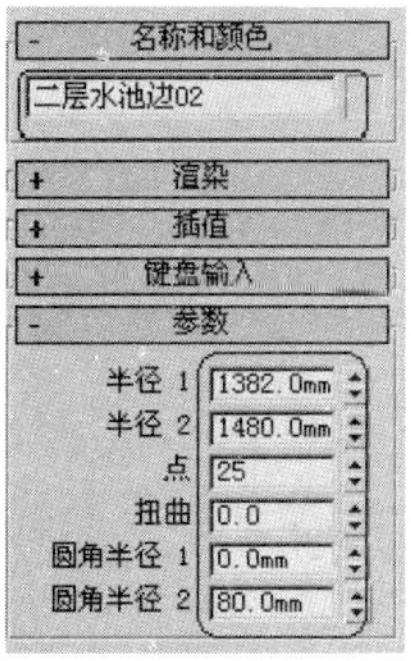

图　2.36

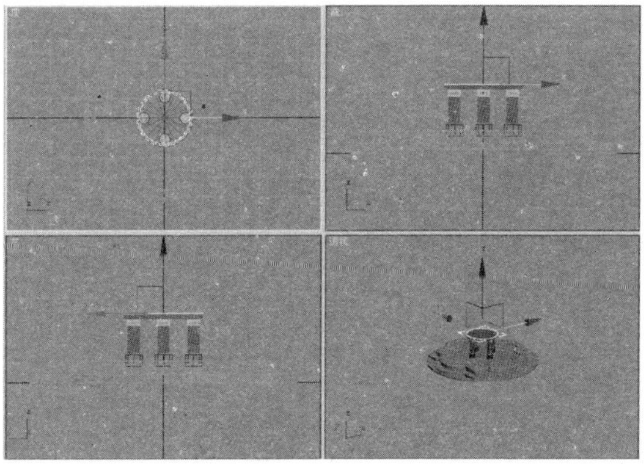

图　2.37

图　2.38

(7) 单击修改器列表右边的按钮，在弹出的下拉列表中选择锥化选项，具体参数设置如图 2.39 所示，最终效果如图 2.40 所示。

图 2.39

图 2.40

(8) 在命令面板中单击【创建】按钮，单击【几何体】按钮，单击圆柱体按钮，在【顶】视图中创建一个圆柱体并命名为“二层 01”，具体参数设置如图 2.41 所示，调整好位置如图 2.42 所示。

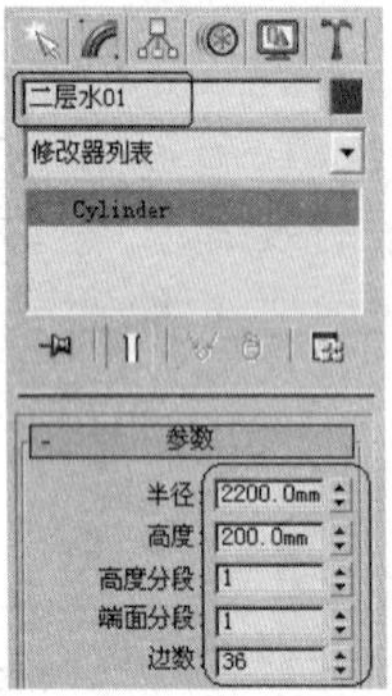

图 2.41

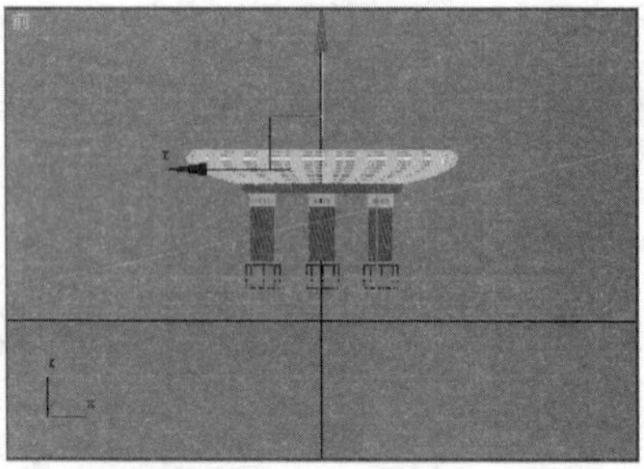

图 2.42

4. 三层模型的创建

(1) 选择“柱子 01”将其以实例的方式复制 3 根，调整好位置如图 2.43 所示。

(2) 选择“二层水 01”、“二层水池边 02”和“二层水池边 03”3 个对象并以复制的方式复制一份。

(3) 在工具栏中单击【选择并均匀缩放】按钮，对复制出来的对象进行均匀缩小并调整好位置，最终效果如图 2.44 所示。

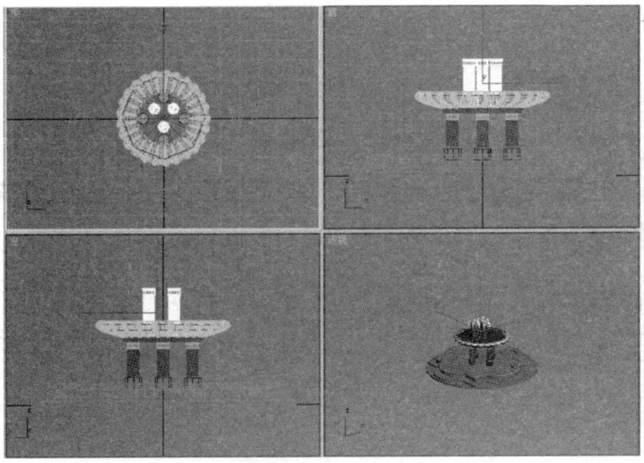

图　2.43

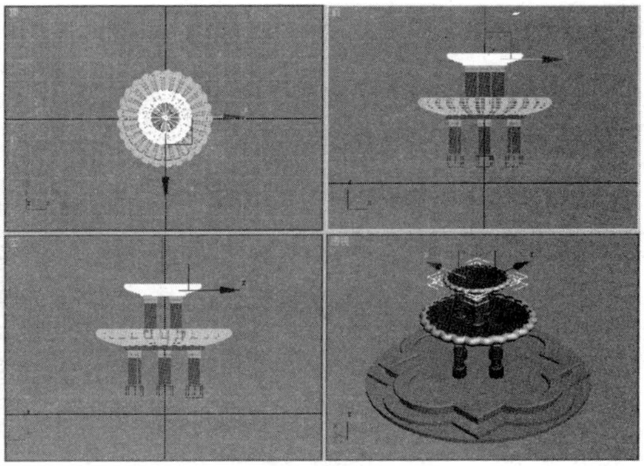

图　2.44

(4) 利用前面所学知识创建一个星形的二维图形，具体参数设置如图 2.45 所示。命名为“三层水柱 01”。

(5) 在命令面板中单击【修改】按钮，转到【修改命令】面板。单击修改器列表右边的按钮，在弹出的下拉列表中选择挤出选项，具体参数设置如图 2.46 所示。

(6) 单击修改器列表右边的按钮，在弹出的下拉列表中选择锥化选项，具体参数设置如图 2.47 所示。

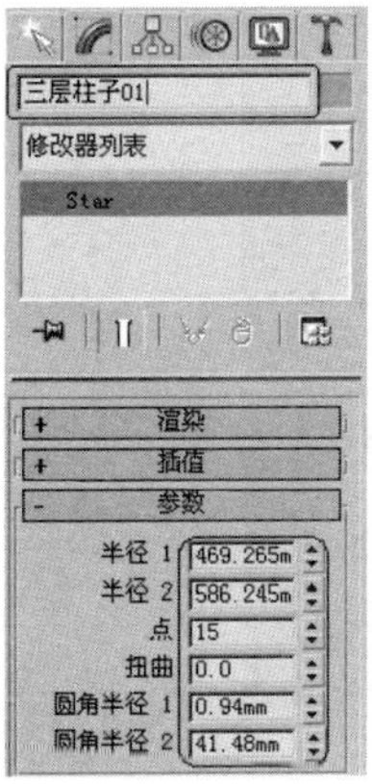

图　2.45

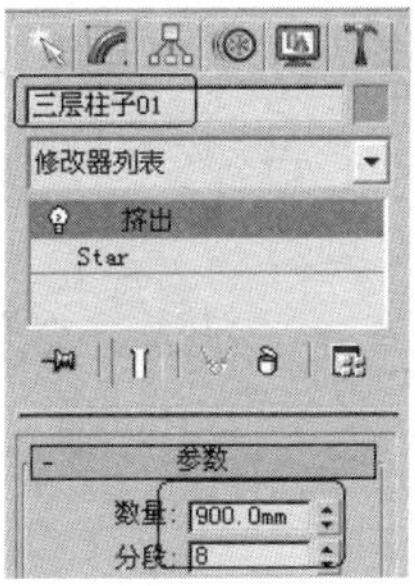

图　2.46

图　2.47

(7) 再创建一个星形的二维图形，具体参数设置如图 2.48 所示。

(8) 在命令面板中单击【修改】按钮，转到【修改命令】面板。单击修改器列表右边的按钮，在弹出的下拉列表中选择编辑样条线选项。

(9) 在命令面板中单击【样条线】按钮，单击轮廓按钮，在轮廓按钮右边的文本输入框中输入-20 并按 Enter 键。

(10) 单击修改器列表右边的按钮，在弹出的下拉列表中选择挤出选项，具体参数设置如图 2.49 所示。

(11) 单击修改器列表右边的按钮，在弹出的下拉列表中选择锥化选项，具体参数设置如图 2.50 所示。

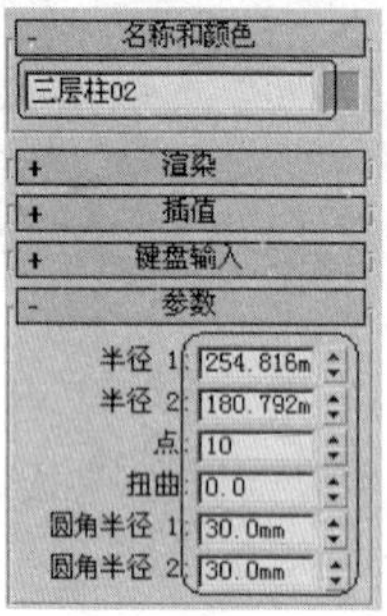

图 2.48

图 2.49

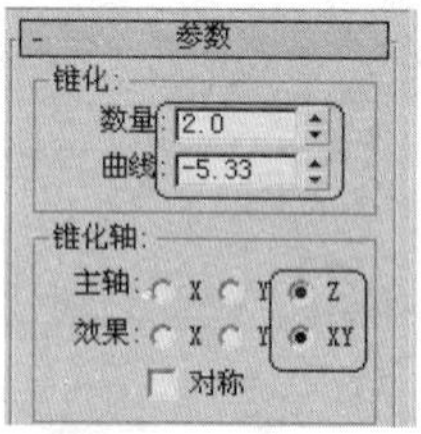

图 2.50

(12) 调整好位置，最终效果如图 2.51 所示，保存文件。

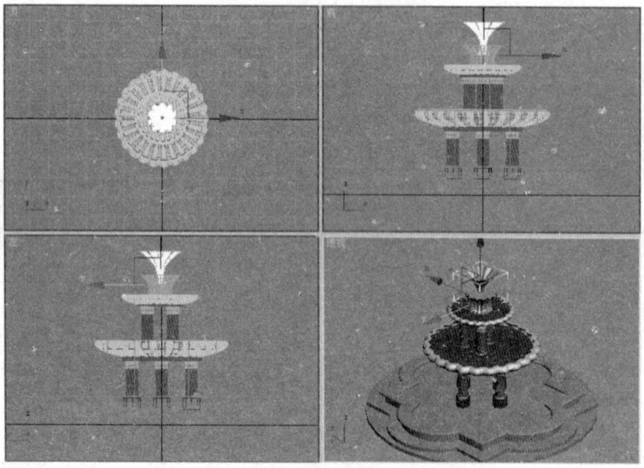

图 2.51

2.1.2 喷水池的材质调配

1. 创建水的材质

(1) 在工具栏中单击【材质编辑器】按钮，弹出【材质编辑器】窗口，在该对话框中单击第一个示例球。

(2) 材质示例球的具体参数设置如图 2.52 所示。

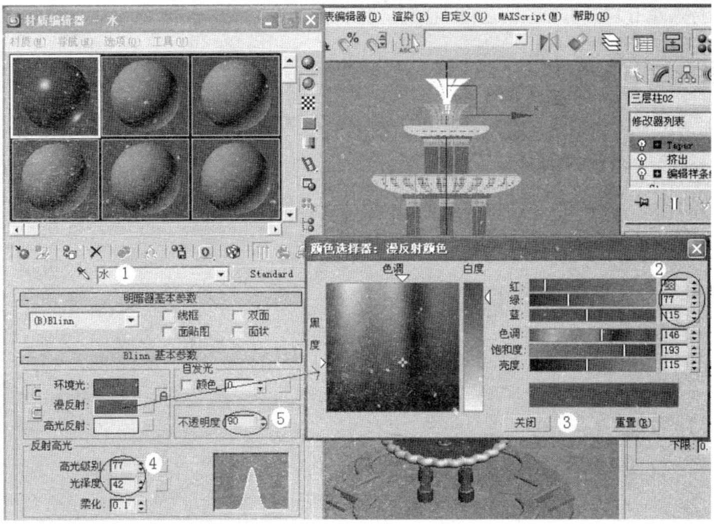

图　2.52

(3) 在贴图【贴图】卷展栏中，单击凹凸右边的 None 按钮，弹出【材质/贴图浏览器】设置对话框，在该对话框中双击噪波选项，返回到【噪波参数】设置对话框，具体参数设置如图 2.53 所示。

(4) 单击【转到父对象】按钮，返回到上一层级，在凹凸右边的文本输入框中输入数值 40。

(5) 单击反射右边的 None 按钮，弹出【材质/贴图浏览器】设置对话框，在该对话框中双击平面镜选项。返回到【平面镜参数】设置对话框，具体参数设置如图 2.54 所示。

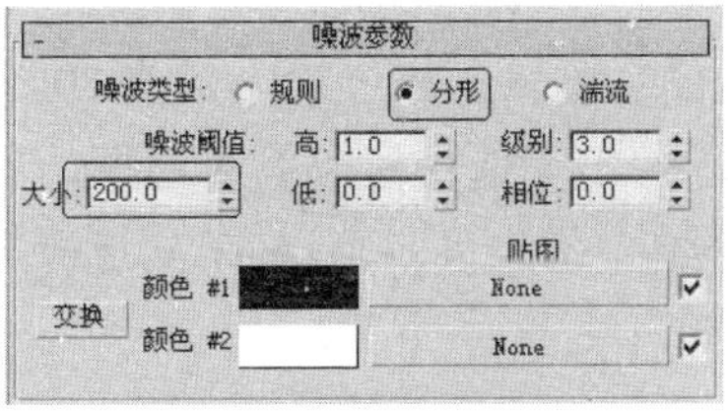

图　2.53

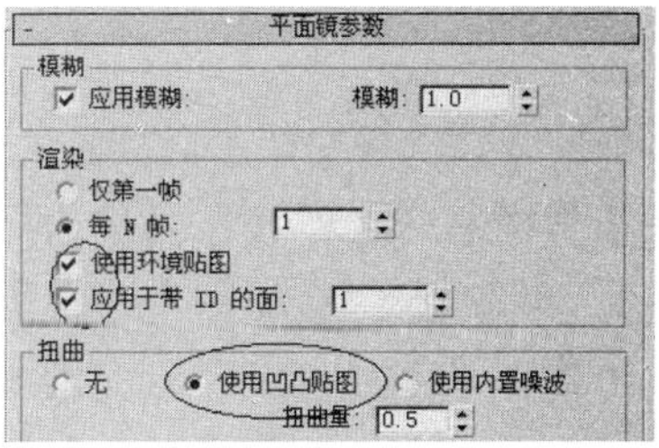

图　2.54

(6) 单击【转到父对象】按钮，返回到上一层级，在反射右边的文本输入框中输入数值 60。

(7) 选择“水”、“二层水 01”和“二层水 02”3 个对象，单击【将材质指定给选定对象】按钮即可将水的材质赋予这 3 个对象。

2. 创建大理石材质

(1) 单击第二个示例球，在【从材质拾取对象】右边的文本输入框中输入“大理石”。

(2) 单击漫反射:右边的按钮，弹出【材质/贴图浏览器】设置对话框，在该对话框中双击位图选项，弹出【选择位图图像文件】设置对话框，选择需要的材质，如图 2.55 所示。单击打开(O)按钮，返回参数设置界面，具体设置如图 2.56 所示。

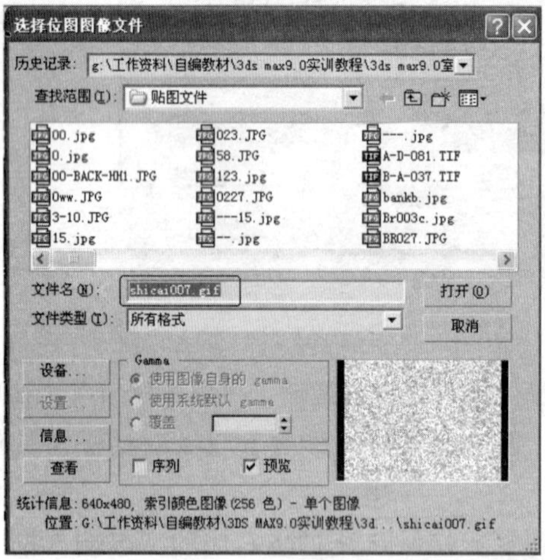

图 2.55

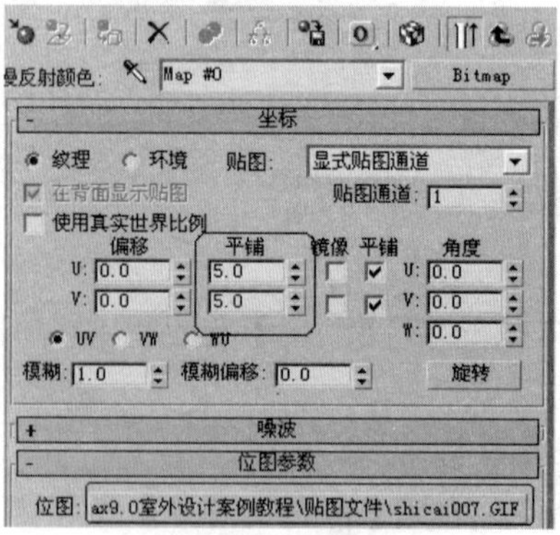

图 2.56

(3) 单击【转到父对象】按钮，返回到上一层级，在贴图【贴图】卷展栏中，单击反射右边的None按钮，弹出【材质/贴图浏览器】设置对话框，在该对话框中双击光线跟踪选项。

(4) 单击【转到父对象】按钮，在反射右边的文本输入框中输入数值 20。

(5) 在工具栏中单击【按名称选择】按钮，弹出【选择对象】对话框，具体选择如图 2.57 所示。单击选择按钮即可选择所需要的对象。

(6) 单击【将材质指定给选定对象】按钮即可赋予材质。

(7) 在命令面板中单击【修改】按钮，单击修改器列表右边的按钮，在弹出的下拉列表中选择UVW 贴图选项，具体参数设置如图 2.58 所示。

(8) 单击菜单栏中的【快速渲染】按钮，即可得到如图 2.59 所示的效果。

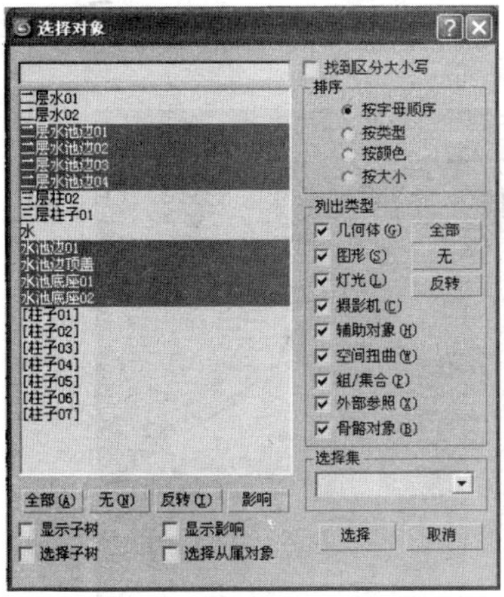

图　2.57

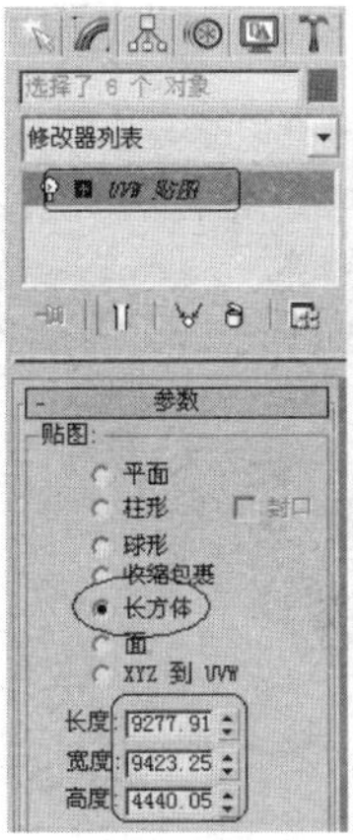

图　2.58

图　2.59

3. 创建白色乳胶漆材质

(1) 单击第三个示例球，在【从材质拾取对象】右边的文本输入框中输入“白色乳胶漆”。

(2) 材质示例球的具体参数设置如图 2.60 所示。

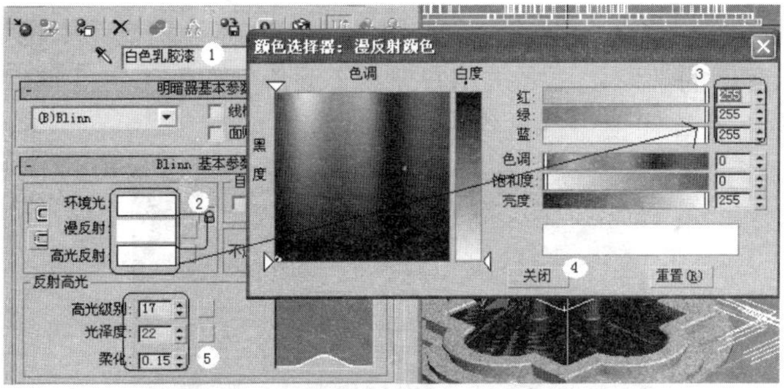

图　2.60

(3) 在贴图【贴图】卷展栏中单击反射右边的 None 按钮，弹出【材质/贴图浏览器】设置对话框，在该对话框中双击光线跟踪选项。

(4) 单击【转到父对象】按钮，在反射右边的文本输入框中输入数值 38。

(5) 在工具栏中单击【按名称选择】按钮，弹出【选择对象】选择框，具体选择如图 2.61 所示。单击选择按钮即可选择所需要的对象。

(6) 单击【将材质指定给选定对象】按钮即可赋予材质。

(7) 单击菜单栏中的【快速渲染】按钮，即可得到如图 2.62 所示的效果。

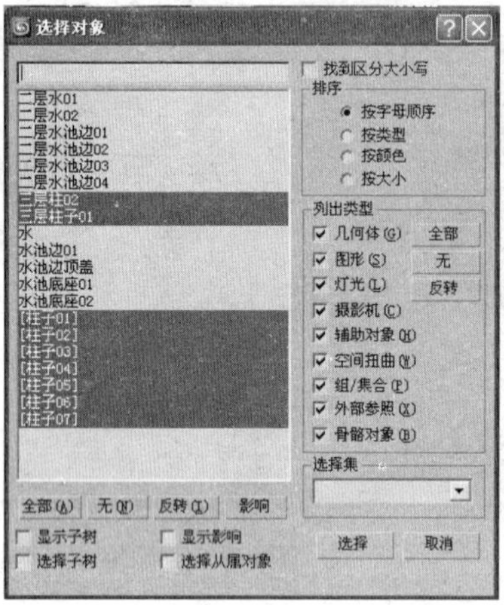

图 2.61

图 2.62

2.2 亭子的制作

亭子主要是为人们提供休闲纳凉的公共设施，在园林景观设计中也是比较常见的一种建筑造型，通过本案例的学习主要要求用户掌握【倒角剖面】命令、【编辑网格】命令和【贴图缩放器(WSM)】命令等知识点。最终效果如图 2.63 所示。

图 2.63

2.2.1　亭子基座的创建

1. 创建亭子基座模型

(1) 启动 3ds Max 9.0，设置系统单位为毫米(系统单位设置的具体步骤请参考第 1 章)。

(2) 保存文件并命名为“亭子.max”。

(3) 在命令面板中单击【创建】按钮，单击【几何体】按钮，单击 圆柱体 按钮，在【顶】视图中创建一个圆柱体并命名为“亭子基座 01”，具体参数设置如图 2.64 所示，最终效果如图 2.65 所示。

(4) 方法同上，再创建一个“亭子基座 02”，具体参数设置如图 2.66 所示，调整好位置，最终效果如图 2.67 所示。

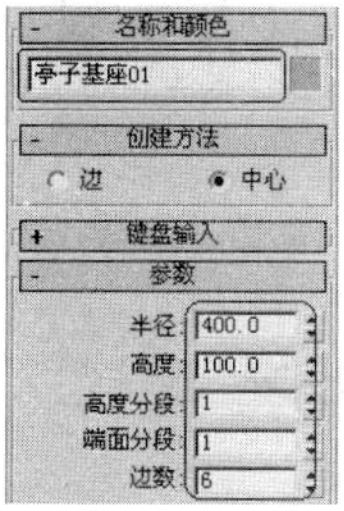

图　2.64

图　2.65

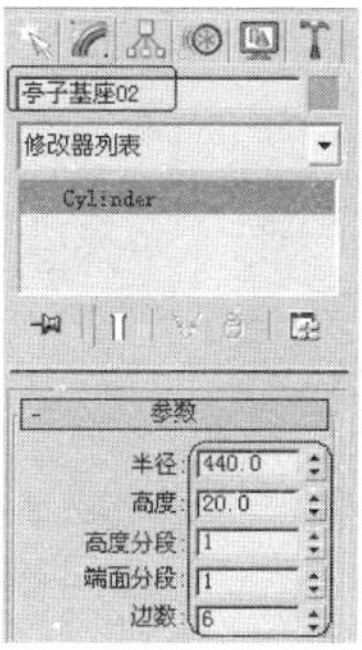

图　2.66

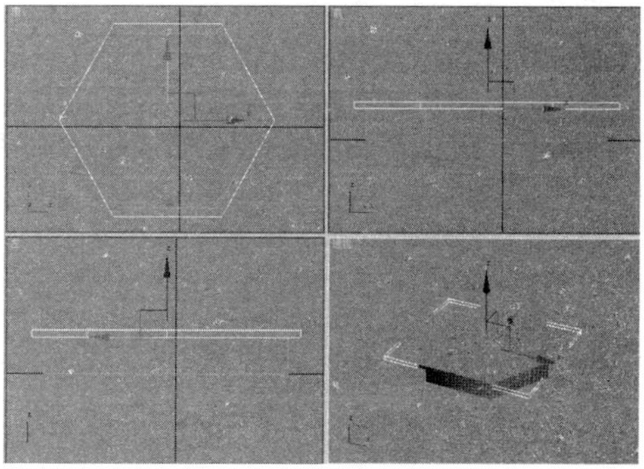

图　2.67

(5) 方法同上，再创建 6 个圆柱体并命名为“亭子基座 03、亭子基座 04……亭子基座 08”，具体参数设置如图 2.68 所示，位置如图 2.69 所示。

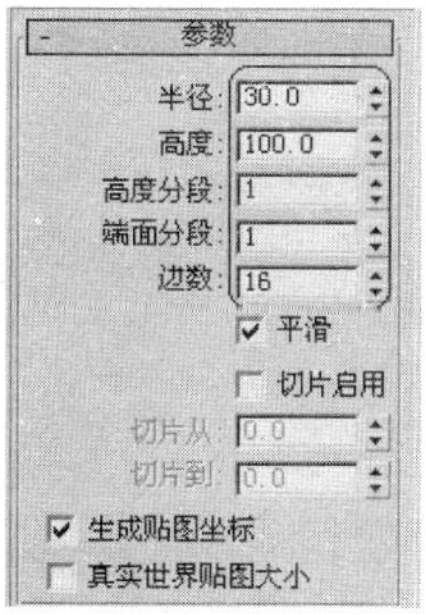

图　2.68

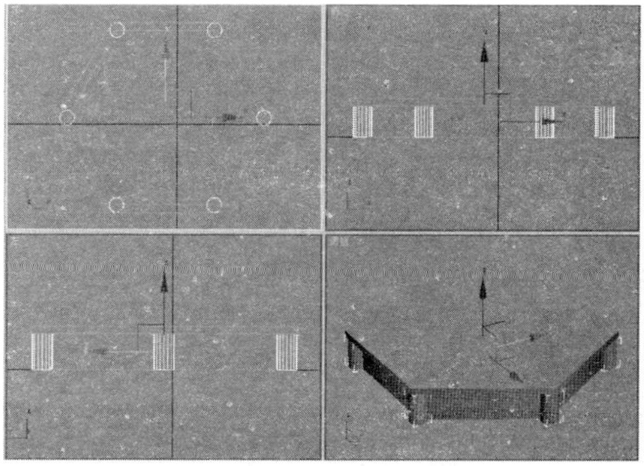

图　2.69

(6) 在命令面板中单击【创建】按钮，单击【图形】按钮，单击 线 按钮，在【前】视图中创建如图 2.70 所示的闭合曲线并命名为“亭子阶梯”。

(7) 在命令面板中单击【修改】按钮，转到【修改命令】面板。单击 修改器列表 右边的按钮，在弹出的下拉列表中选择 挤出 选项，具体参数设置如图 2.71 所示。

(8) 单击【选择并旋转】按钮，【顶】视图中对“亭子阶梯”进行顺时针旋转 30 度并调整位置，最终效果如图 2.72 所示。

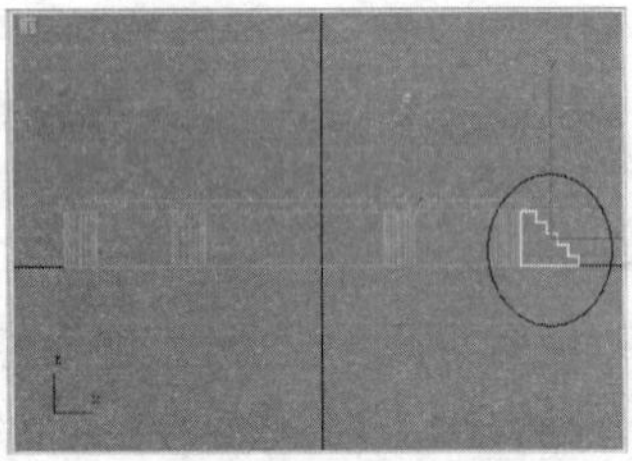

图 2.70

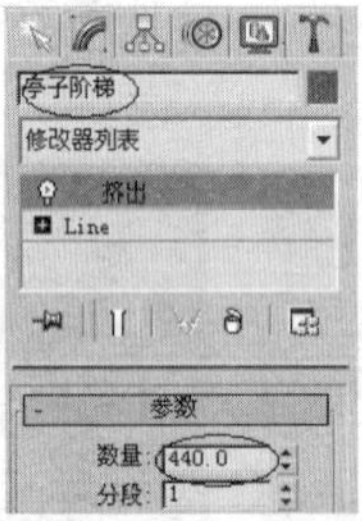

图 2.71

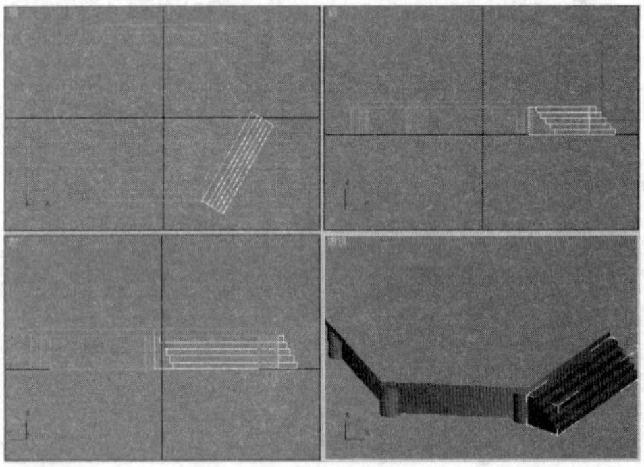

图 2.72

(9) 在命令面板中单击【创建】按钮，单击【图形】按钮，单击 线 按钮，在【前】视图中创建如图 2.73 所示的闭合曲线并命名为“亭子阶梯边 01”。

(10) 在命令面板中单击【修改】按钮，转到【修改命令】面板。单击 修改器列表 右边的按钮，在弹出的下拉列表中选择 挤出 选项，具体参数设置如图 2.74 所示。

(11) 单击【选择并旋转】按钮，在【顶】视图中对“亭子阶梯边 01”进行顺时针旋转 30 度并调整位置，最终效果如图 2.75 所示。

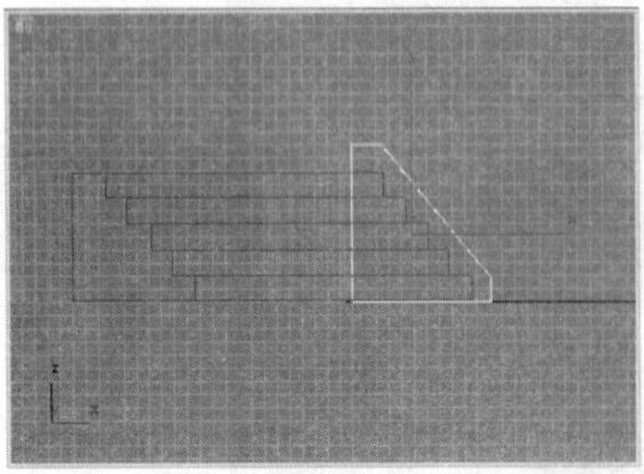

图 2.73

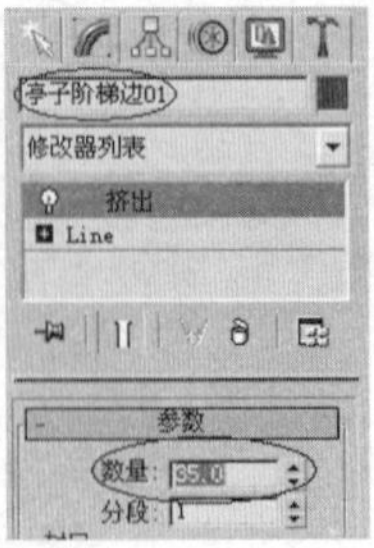

图 2.74

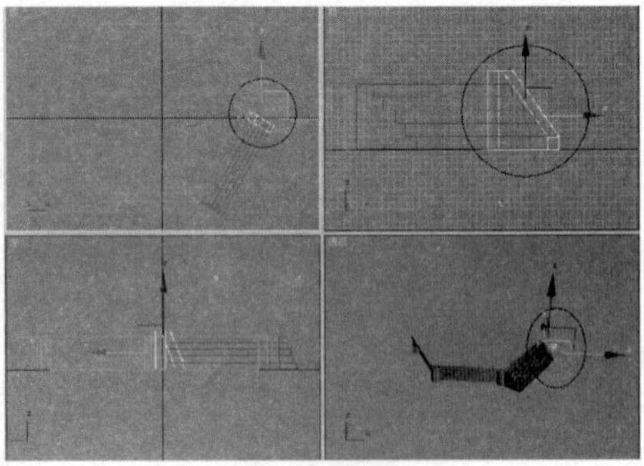

图 2.75

(12) 再以【实例】的方式复制“亭子阶梯边 01”，系统自动将复制的对象命名为“亭子阶梯边 02”，调整好位置如图 2.76 所示。

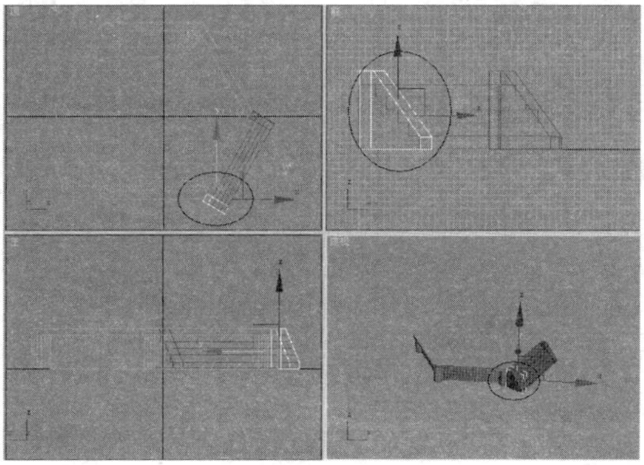

图　2.76

2. 创建亭子的大望柱

(1) 在命令面板中单击【创建】按钮，单击【几何体】按钮，单击 圆柱体 按钮，在【顶】视图中创建一个圆柱体并命名为“大望柱 01”，具体参数设置如图 2.77 所示。

(2) 在命令面板中单击【修改】按钮，转到【修改命令】面板。单击 修改器列表 右边的按钮，在弹出的下拉列表中选择 编辑网格 选项。

(3) 在【前】视图和【左】视图中单击【缩放区域】按钮将“大望柱 01”放大。

(4) 在命令面板中单击【顶点】按钮，使用【选择并移动】工具对“大望柱 01”的顶点进行移动，最终效果如图 2.78 所示。

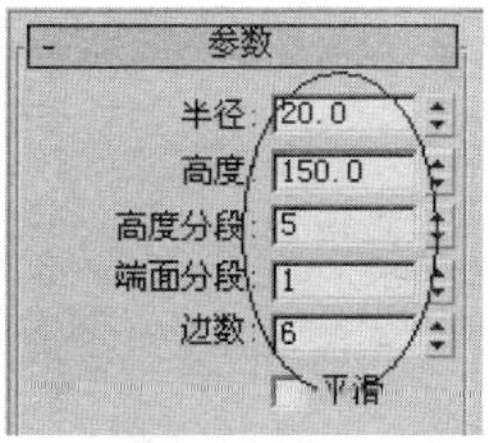

图　2.77

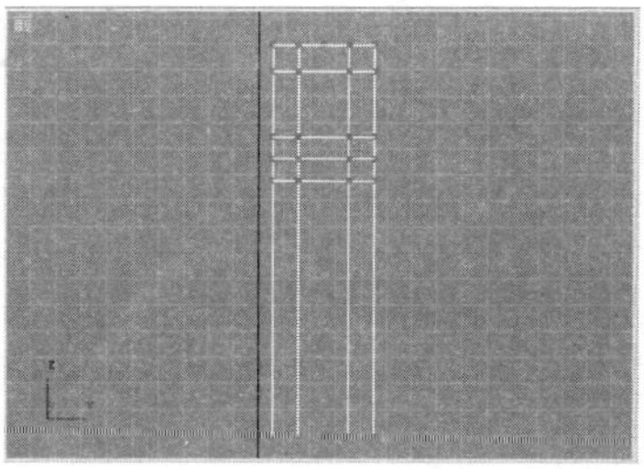

图　2.78

(5) 在工具栏中单击【选择并均匀缩放】按钮，在【前】视图和【左】视图中对顶点进行缩放操作。最终效果如图 2.79 所示。

(6) 使用【选择并旋转】工具，将“大望柱 01”顺时针旋转 30 度，再以【实例】

的方式将“大望柱 01”复制 5 个，系统将自动将其命名为“大望柱 02”、“大望柱 03”……“大望柱 06”。调整好位置，最终效果如图 2.80 所示。

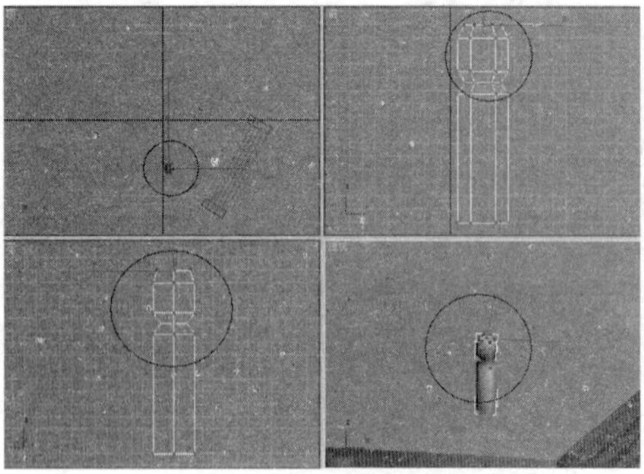

图 2.79

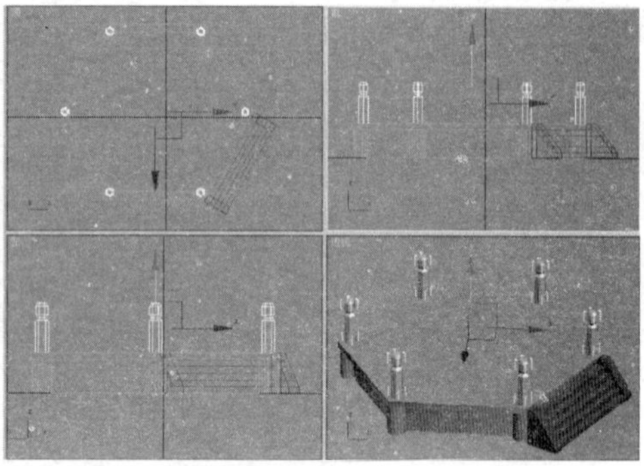

图 2.80

3. 创建亭子的小望柱

(1) 在命令面板中单击【创建】按钮，单击【几何体】按钮，单击 长方体 按钮，在【顶】视图中创建一个圆柱体并命名为“小望柱 01”，具体参数设置如图 2.81 所示。

(2) 在命令面板中单击【修改】按钮，转到【修改命令】面板。单击 修改器列表 右边的按钮，在弹出的下拉列表中选择 编辑网格 选项。

(3) 在【前】视图和【左】视图中单击【缩放区域】按钮将“小望柱 01”放大。

(4) 在命令面板中单击【顶点】按钮，使用【选择并移动】工具对“小望柱 01”的顶点进行移动，最终效果如图 2.82 所示。

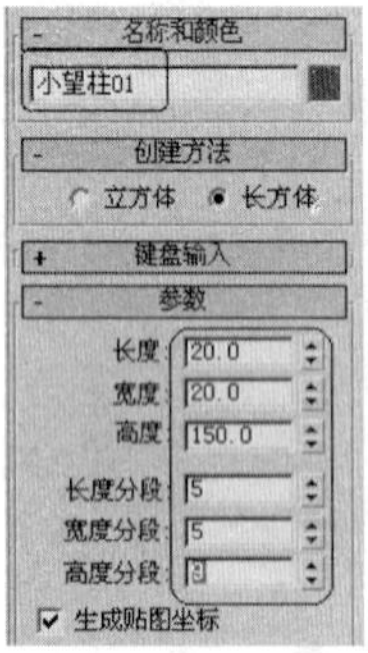

图 2.81

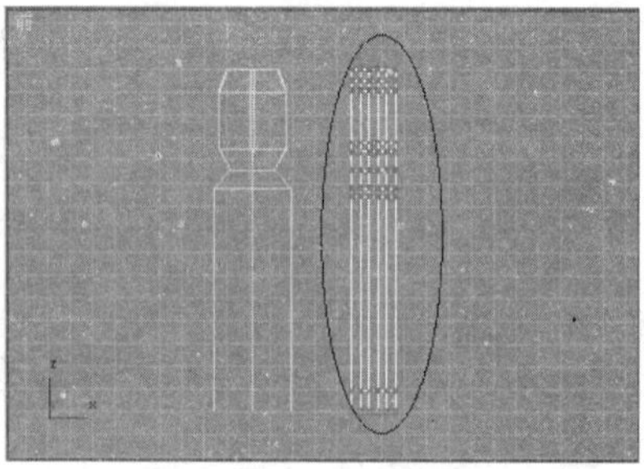

图 2.82

(5) 在工具栏中单击【选择并均匀缩放】按钮，在【前】视图和【左】视图中对顶点进行缩放操作。最终效果如图 2.83 所示。

(6) 在命令面板中单击■【多边形】按钮，使用【选择对象】工具和 Ctrl 键相结合来选择需要的 4 个面，如图 2.84 所示。

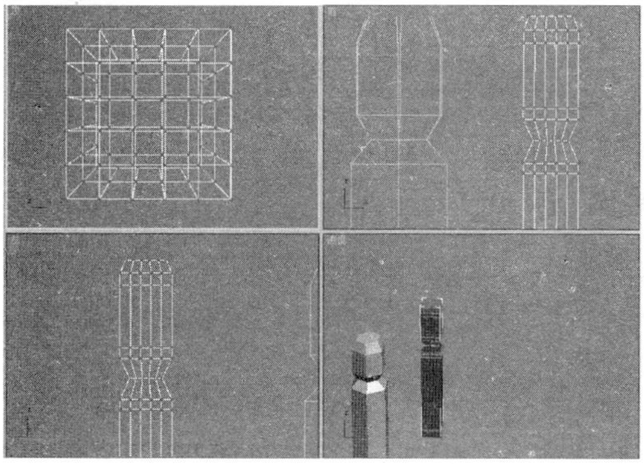

图　2.83

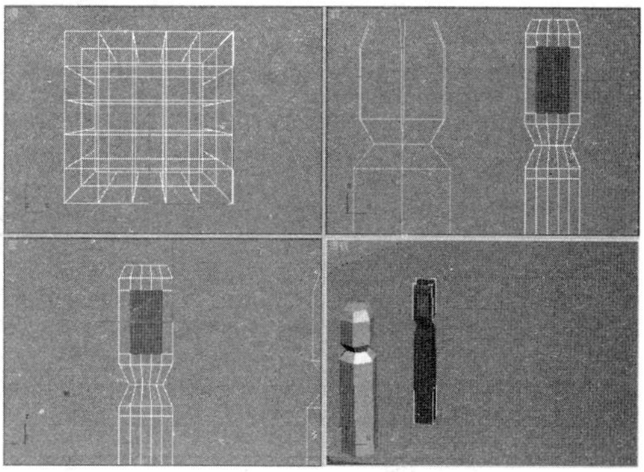

图　2.84

(7) 在 挤出 按钮右边的文本输入框中输入数值-5，在 倒角 按钮右边的文本输入框中输入数值 1.5。最终效果如图 2.85 所示。

(8) 再使用【选择对象】工具和 Ctrl 键相结合来选择需要的 4 个面，如图 2.86 所示。

图　2.85

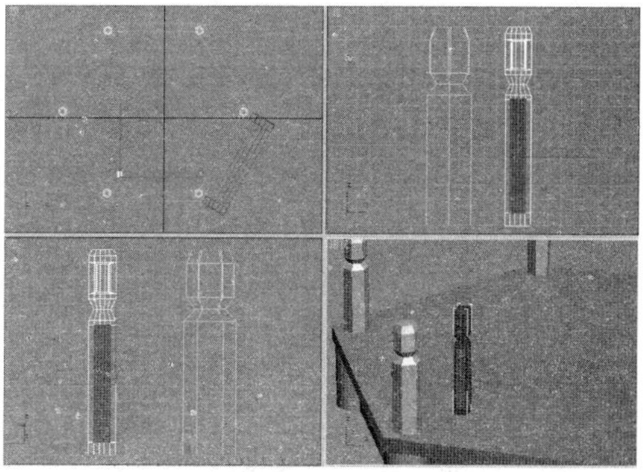

图　2.86

(9) 在 挤出 按钮右边的文本输入框中输入数值-5，在 倒角 按钮右边的文本输入框中输入数值 1.5。最终效果如图 2.87 所示。

(10) 在【前】视图中创建一个长方体并命名为“小望柱横 01”，具体参数设置如图 2.88 所示。

(11) 在命令面板中单击【修改】按钮，转到【修改】命令面板。单击 修改器列表 右边的按钮，在弹出的下拉列表中选择 编辑网格 选项。

(12) 在【前】视图和【左】视图中单击【缩放区域】按钮将“小望柱横 01”放大。

(13) 在命令面板中单击【顶点】按钮，使用【选择并移动】工具对“小望柱横 01”的顶点进行移动，最终效果如图 2.89 所示。

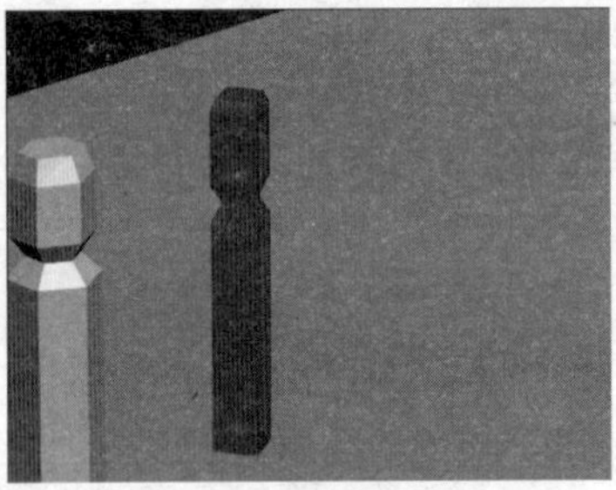

图 2.87

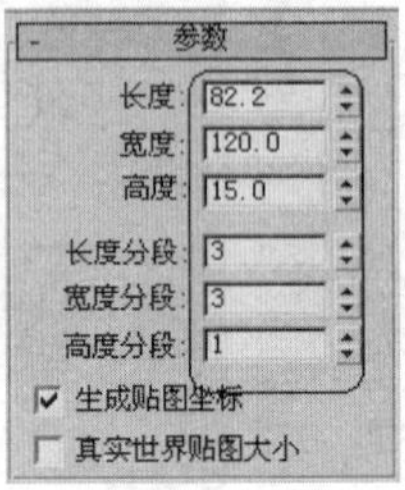

图 2.88

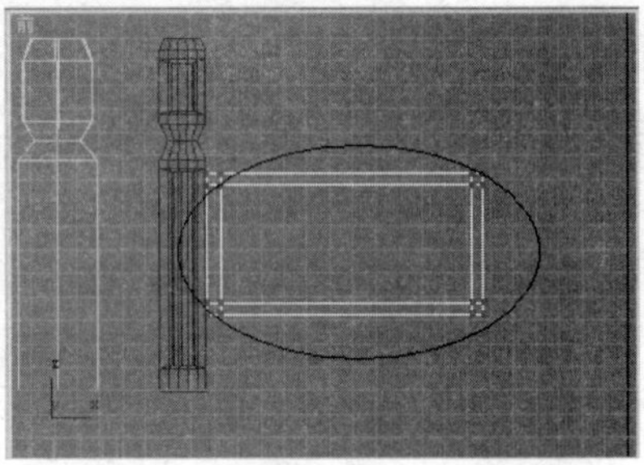

图 2.89

(14) 在命令面板中单击【多边形】按钮，使用【选择对象】工具和 Ctrl 键相结合来选择前后两个面。

(15) 在 挤出 按钮右边的文本输入框中输入数值-3，在 倒角 按钮右边的文本输入框中输入数值-3。最终效果如图 2.90 所示。

(16) 在命令面板中设置材质 ID 号为 2，如图 2.91 所示。

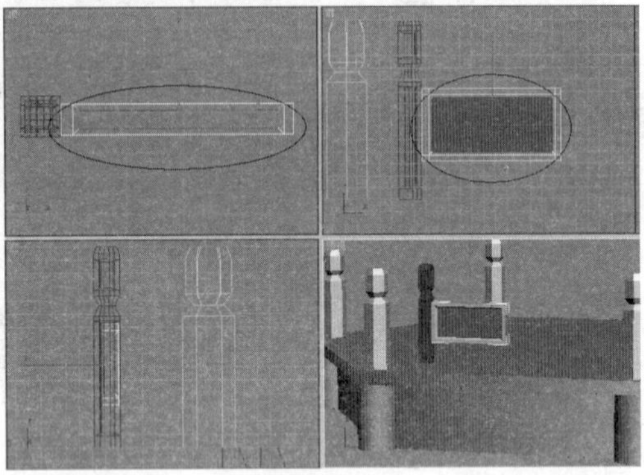

图 2.90

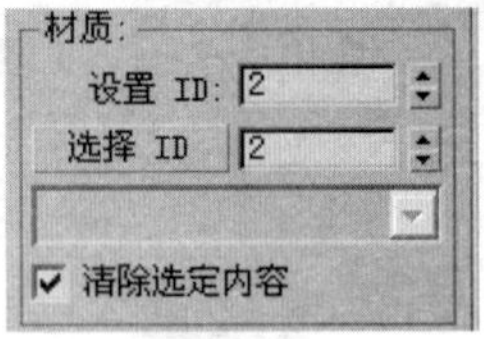

图 2.91

(17) 将“小望柱 01”以【实例】的方式复制 9 个，系统将自动命名为“小望柱 02”、“小望柱 03”……“小望柱 10”，将“小望柱横 01”以【实例】的方式复制 14 个，系统将自动命名为“小望柱横 02”、“小望柱横 03”……“小望柱横 15”。

(18) 使用【选择并移动】工具和【选择并旋转】工具对复制的对象进行位置调整，最终效果如图 2.92 所示。

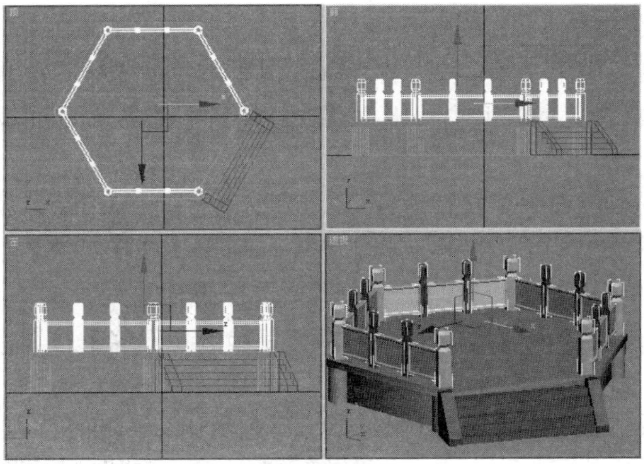

图　2.92

4. 创建凉亭基座材质

1) “大理石材质”的创建

(1) 在工具栏中单击【材质编辑器】按钮，弹出【材质编辑器】设置对话框，在该对话框中单击第一个示例球。

(2) 在【从材质拾取对象】右边的文本输入框中输入“大理石材质”。

(3) 在Blinn 基本参数卷展栏中单击漫反射:右边的按钮，弹出【材质/贴图浏览器】设置对话框，在该对话框中双击位图选项，弹出【选择位图图像文件】设置对话框，具体设置如图 2.93 所示。单击打开(O)按钮，返回参数设置对话框，具体设置如图 2.94 所示。

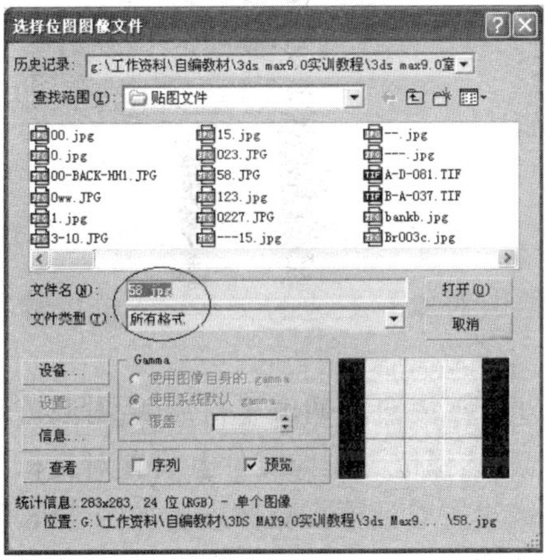

图　2.93

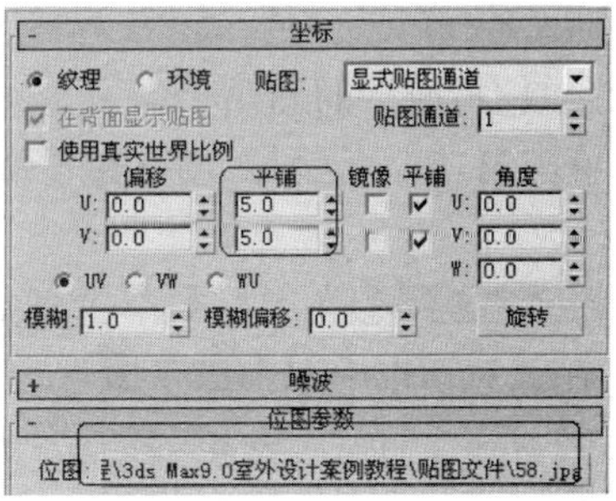

图　2.94

(4) 单击【转到父对象】按钮返回上一级。

(5) 在贴图卷展栏中单击反射右边的 None 按钮，弹出【材质/贴图浏览器】设置对话框，在该对话框中双击光线跟踪命令返回【光线跟踪】参数设置面板，该设置采用默认设置。

(6) 单击【转到父对象】按钮返回上一级并设置【光线跟踪】数量为 15。

(7) 在工具栏中单击【按名称选择】按钮，弹出【选择对象】设置对话框，具体设置如图 2.95 所示，单击选择按钮即可选中需要选择的对象。

(8) 在【材质编辑器】中单击【将材质指定给选定对象】按钮，即可将材质赋予给所选择的对象。

(9) 在命令面板中单击【修改】按钮，转到【修改命令】面板。单击修改器列表右边的按钮，在弹出的下拉列表中选择 UVW 贴图选项，具体参数设置如图 2.96 所示。

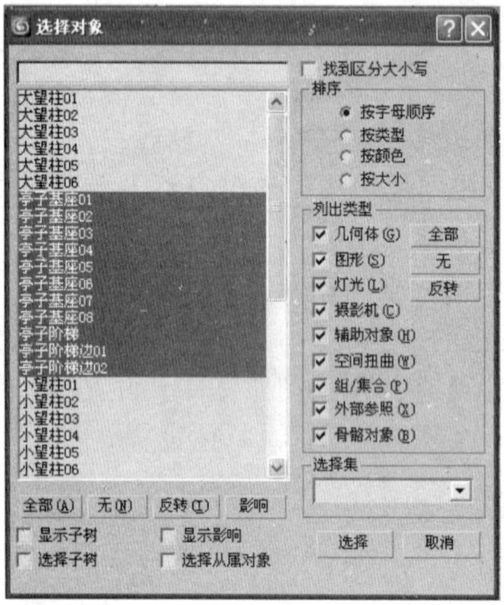

图 2.95

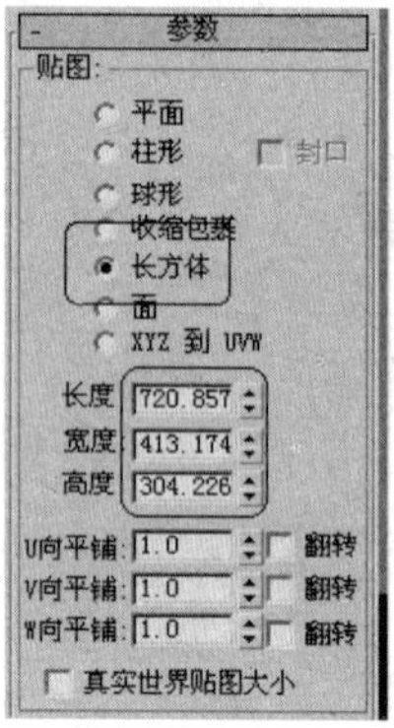

图 2.96

2) “望柱材质”的创建

(1) 单击第二个示例球，在【从材质拾取对象】右边的文本输入框中输入“望柱材质”。

(2) 在 Blinn 基本参数卷展栏中单击漫反射右边的按钮，弹出【材质/贴图浏览器】设置对话框，在该对话框中双击位图选项，弹出【选择位图图像文件】设置对话框，具体设置如图 2.97 所示。单击打开(O)按钮，返回参数设置对话框，具体设置如图 2.98 所示。

图 2.97

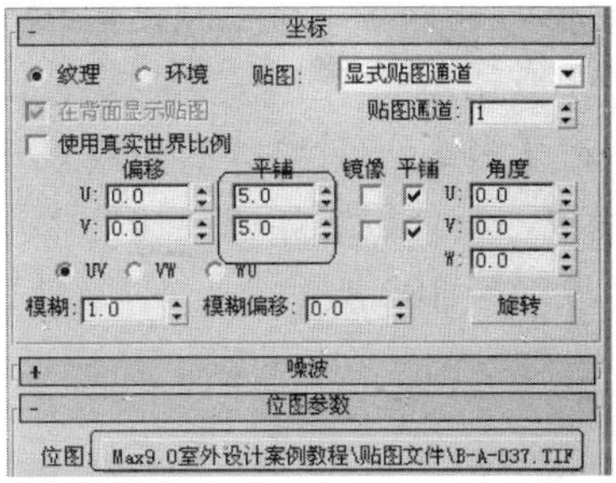

图 2.98

(3) 单击【转到父对象】按钮返回上一级。

(4) 在工具栏中单击【按名称选择】按钮，弹出【选择对象】设置对话框，具体设置如图 2.99 所示，单击 选择 按钮即可选中需要选择的对象。

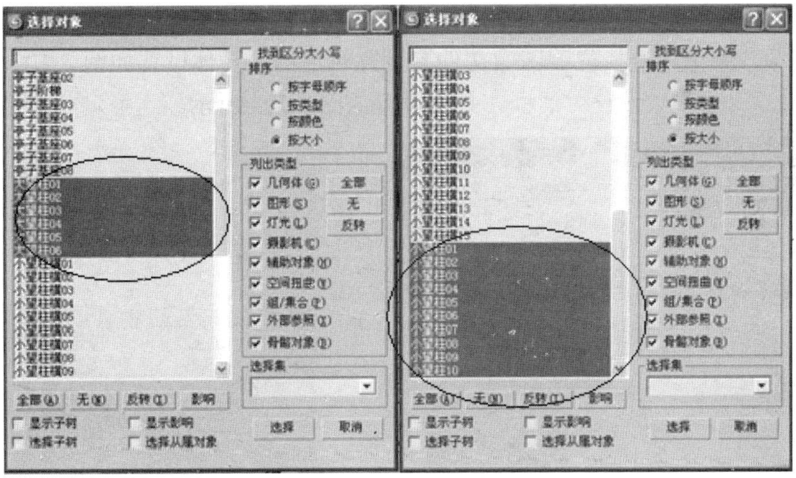

图 2.99

(5) 在【材质编辑器】中单击【将材质指定给选定对象】按钮，即可将材质赋予所选择的对象。

3) “浮雕材质”的创建

(1) 单击第三个示例球，在【从材质拾取对象】右边的文本输入框中输入“浮雕材质”的创建。

(2) 单击【从材质拾取对象】右边的在 Standard 按钮，弹出【材质/贴图浏览器】设置对话框，在该对话框中双击多维/子对象选项。弹出【替换材质】设置对话框，具体设置如图 2.100 所示。单击 确定 按钮，返回到【多维/子对象基本参数】设置卷展栏。

(3) 在【多维/子对象基本参数】卷展栏中单击 设置数量 按钮，弹出【设置材质数量】设置对话框，具体设置如图 2.101 所示。单击 确定 按钮返回【多维/子对象基本参数】卷展栏，如图 1.102 所示。

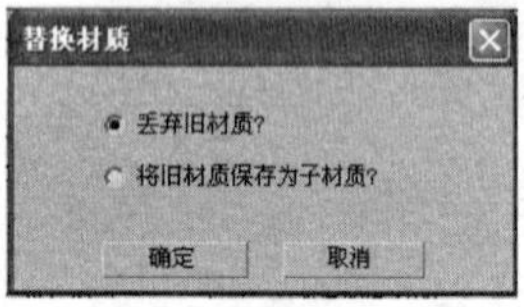

图 2.100

图 2.101

图 1.102

(4) 单击 rial #2 (Standard) 按钮，转到第一个材质球的参数设置对话框，在该参数设置对话框中单击漫反射:右边的 按钮，弹出【材质/贴图浏览器】设置对话框，在该对话框中双击位图选项，弹出【选择位图图像文件】设置对话框，具体设置如图 2.103 所示。单击 打开(O) 按钮，返回参数设置对话框，具体设置如图 2.104 所示。

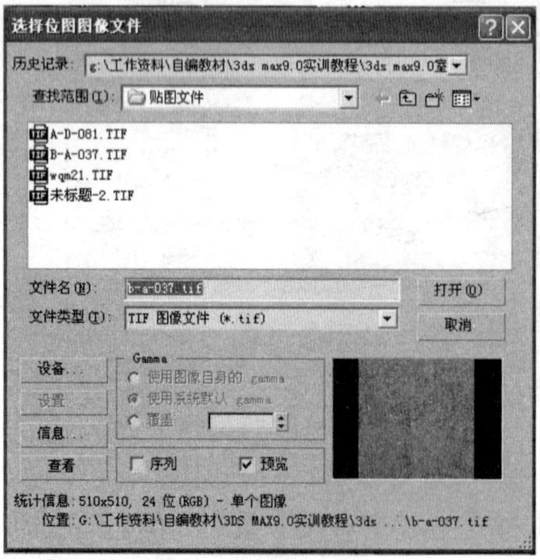

图 2.103

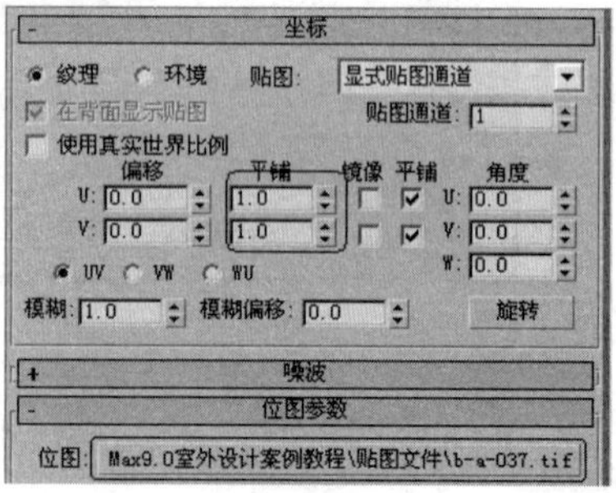

图 2.104

(5) 连续单击两次【转到父对象】按钮返回。

(6) 单击rial #3 （Standard）按钮，转到第二个材质球的参数设置对话框，在该对话框中单击贴图 卷展栏中凹凸右边的 None 按钮，弹出【材质/贴图浏览器】设置对话框，在该对话框中双击位图选项，弹出【选择位图图像文件】设置对话框，具体设置如图 2.105 所示。单击打开(O)按钮，返回参数设置对话框，具体设置如图 2.106 所示。

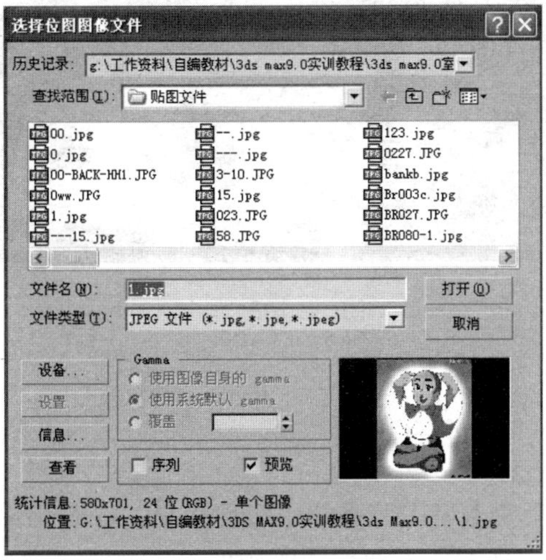

图 2.105

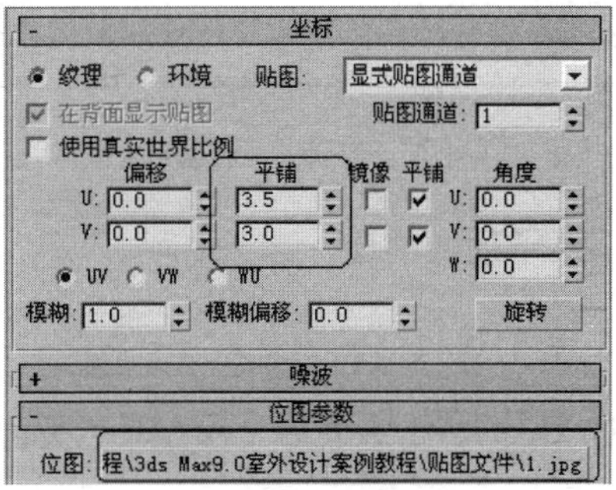

图 2.106

(7) 单击【转到父对象】按钮返回并设置凹凸的数量为 120。

(8) 单击贴图 卷展栏中反射右边的 None 按钮，弹出【材质/贴图浏览器】设置对话框，在该对话框中双击光线跟踪选项返回参数设置对话框。

(9) 单击【转到父对象】按钮返回并设置反射的数量为 15。

(10) 在工具栏中单击【按名称选择】按钮，弹出【选择对象】设置对话框，具体设置如图 2.107 所示，单击选择按钮即可选中需要选择的对象。

(11) 在【材质编辑器】中单击【将材质指定给选定对象】按钮，即可将材质赋予所选择的对象。

(12) 单击菜单栏中的【快速渲染】按钮，即可得到如图 2.108 所示的效果。

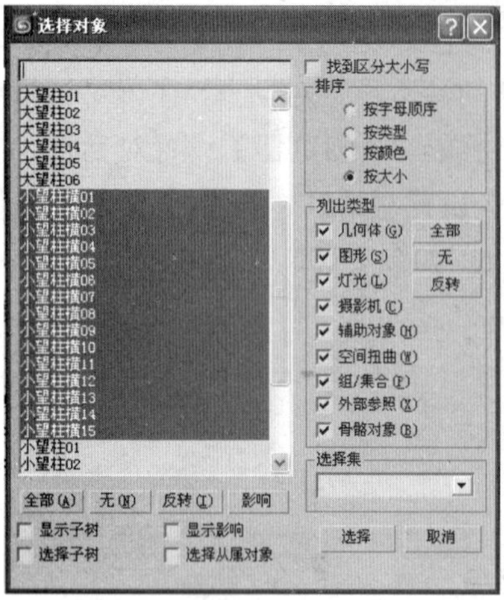

图 2.107

图 2.108

2.2.2 亭子顶的创建

1. 亭子顶模型的创建

(1) 选中所有亭子基座模型，在选中的模型上单击右键弹出快捷菜单，在弹出的快捷菜单中单击 冻结当前选择 命令，将亭子基座冻结，方便后面的操作。

(2) 在命令面板中单击【创建】按钮，单击【图形】按钮，单击 线 按钮，在【前】视图中创建如图 2.109 所示的闭合曲线，并命名为“亭子顶棚盖 01”(闭合曲线在【前】视图中，最大宽度为 500，最大高度为 150)。

(3) 在命令面板中单击【层次】按钮，单击 仅影响轴 按钮，使用【选择并移动】工具将轴移动到如图 2.110 所示的位置。

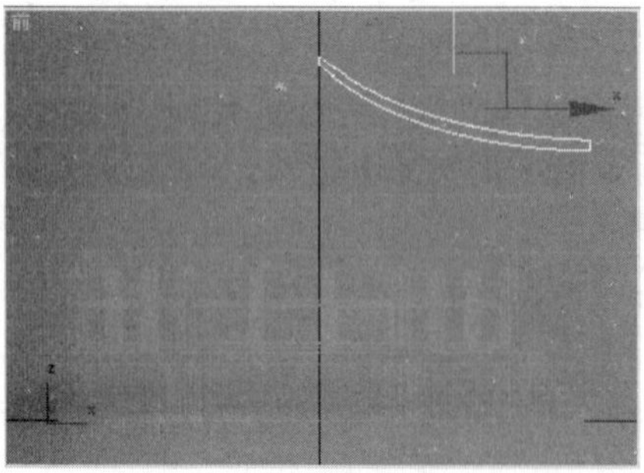

图 2.109

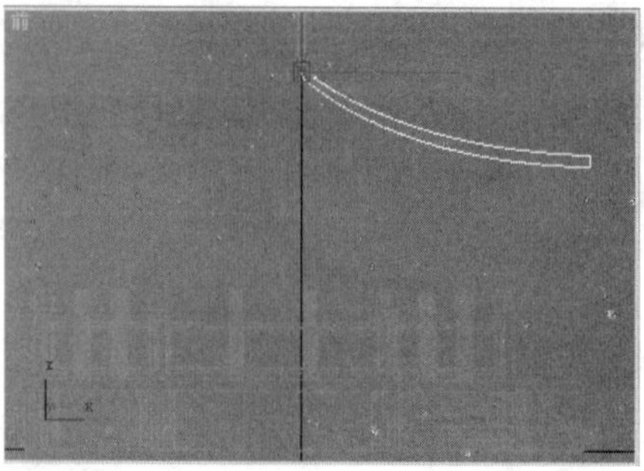

图 2.110

(4) 在命令面板中单击【修改】按钮，转到【修改命令】面板。单击修改器列表右边的按钮，在弹出的下拉列表中选择车削选项，具体参数设置如图 2.111 所示，最终效果如图 2.112 所示。

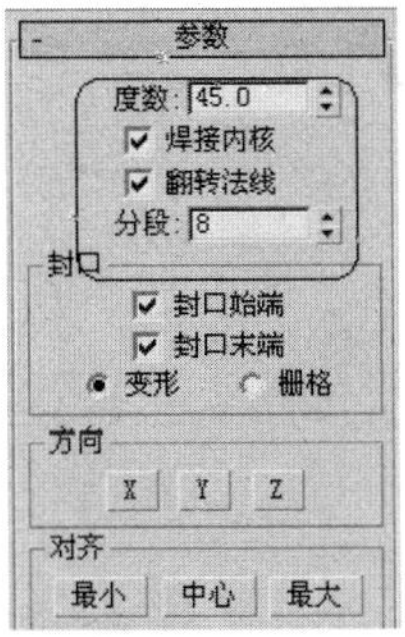

图　2.111

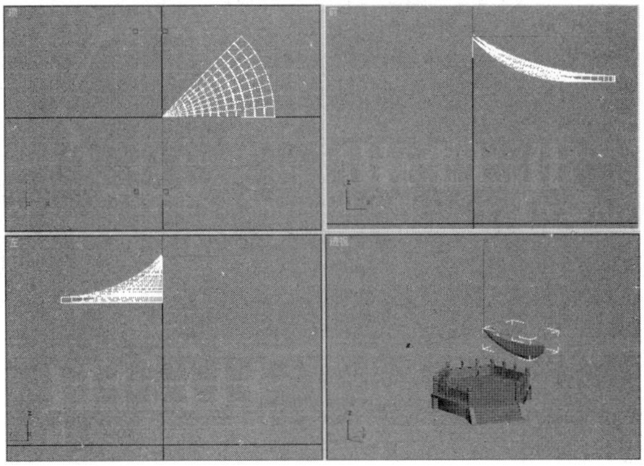

图　2.112

(5) 单击修改器列表右边的按钮，在弹出的下拉列表中选择编辑网格选项，在选择卷展栏中单击【顶点】按钮，在【顶】视图中调整点的位置，最终效果如图 2.113 所示。

(6) 在工具栏中单击工具(T)→阵列(A)...命令，弹出【阵列】设置对话框，具体设置如图 2.114 所示。

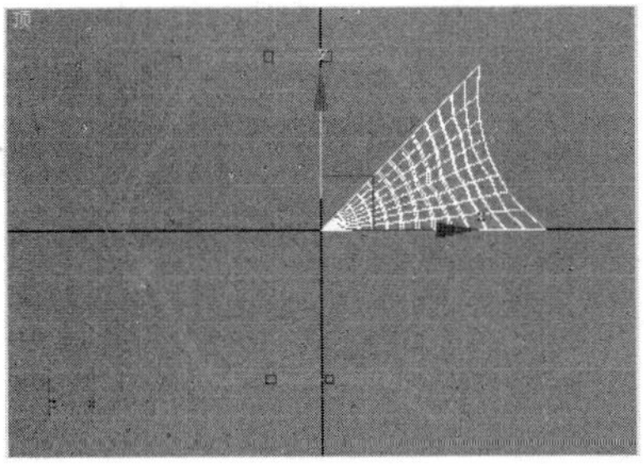

图　2.113

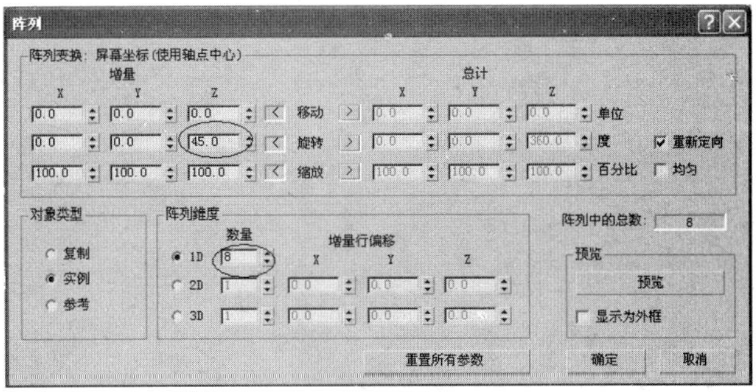

图　2.114

(7) 单击确定按钮，即可得到如图 2.115 所示的效果。

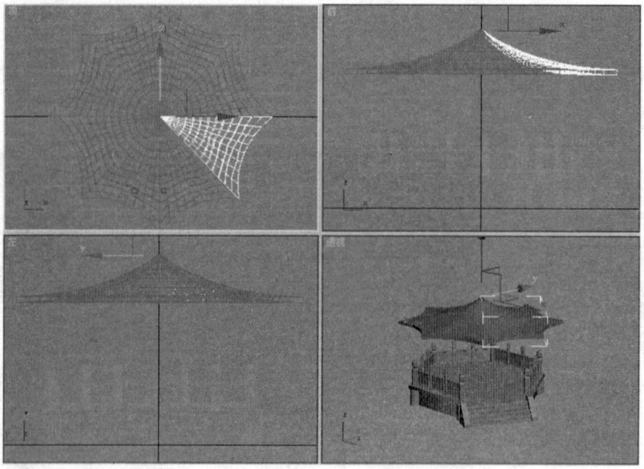

图 2.115

(8) 在命令面板中单击【创建】按钮，单击【图形】按钮，单击 线 按钮，在【前】视图中创建如图 2.116 所示的闭合曲线并命名为“亭子顶棚盖压条 01”(闭合曲线在【前】视图中，最大宽度为 520，最大高度为 150)。

(9) 单击 修改器列表 右边的按钮，在弹出的下拉列表中选择 倒角 选项，具体参数设置如图 2.117 所示。

(10) 在命令面板中单击【层次】按钮，单击 仅影响轴 按钮，使用【选择并移动】工具将轴移动到如图 2.118 所示的位置。再单击 仅影响轴 按钮取消对轴的影像。

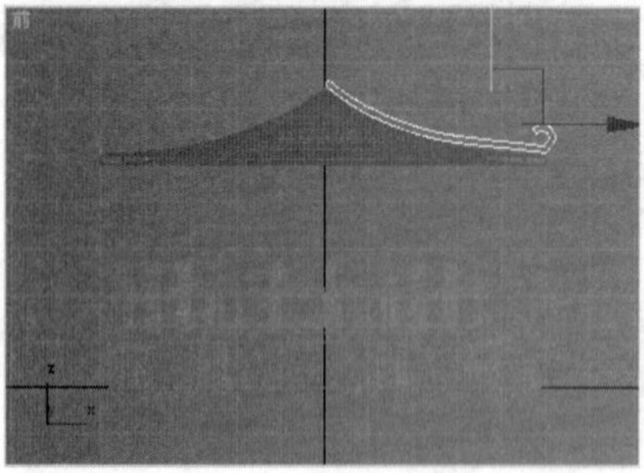

图 2.116

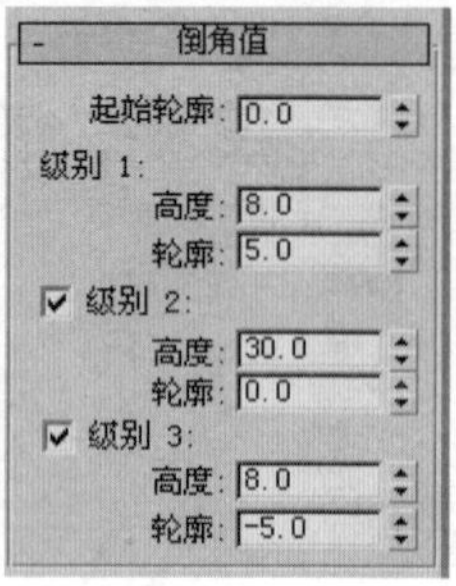

图 2.117

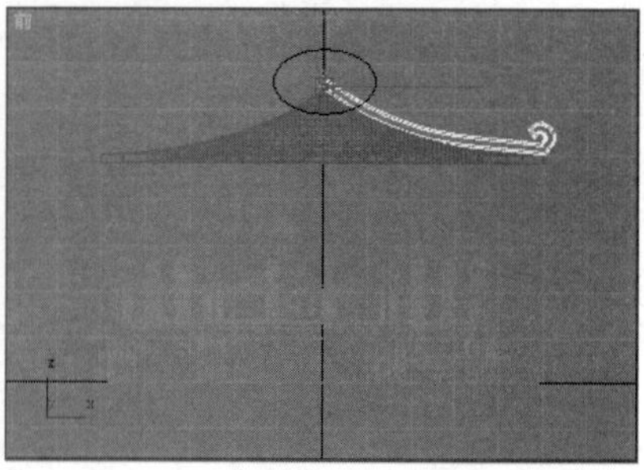

图 2.118

(11) 在工具栏中单击 工具(T) → 阵列(A)... 命令，弹出【阵列】设置对话框，具体设置如图 2.119 所示。单击 确定 按钮即可得到如图 2.120 所示的效果。

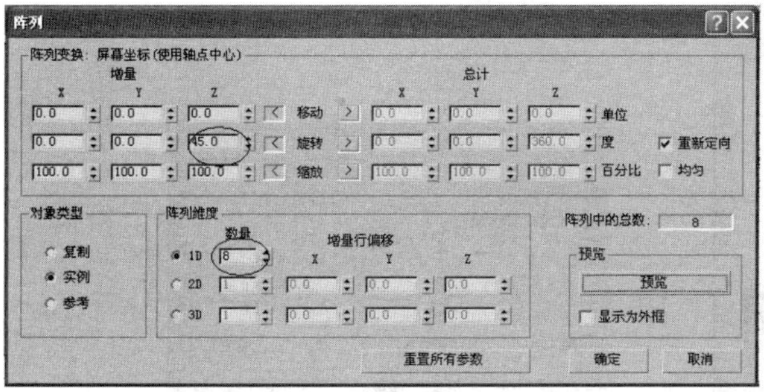

图　2.119

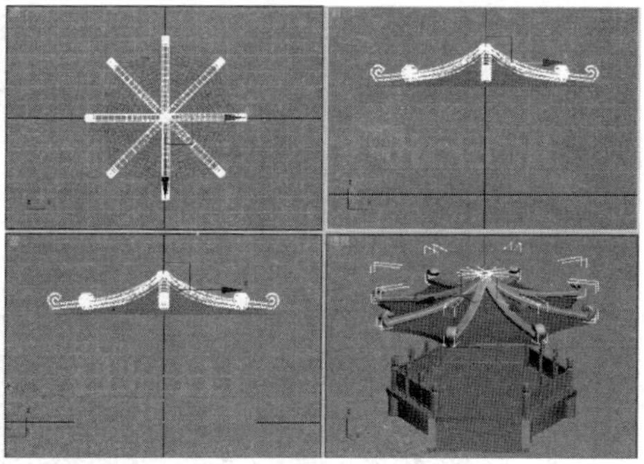

图　2.120

(12) 在命令面板中单击【创建】按钮，单击【图形】按钮，单击 线 按钮，在【前】视图中创建如图 2.121 所示的曲线并命名为“顶棚装饰”。

(13) 单击 修改器列表 右边的按钮，在弹出的下拉列表中选择 车削 选项，再单击 最小 按钮，具体参数设置如图 2.122 所示。

(14) 调整好位置，最终效果如图 2.123 所示。

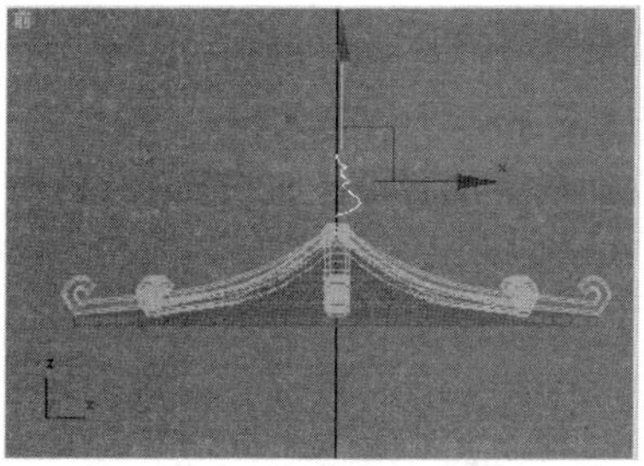

图　2.121

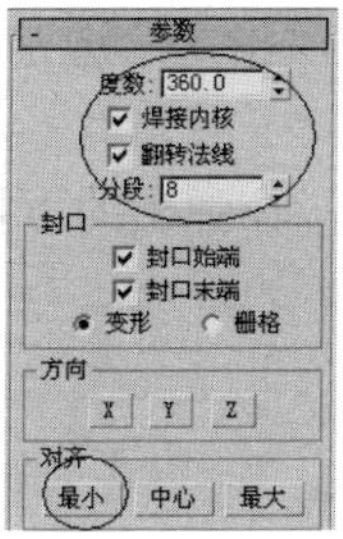

图　2.122

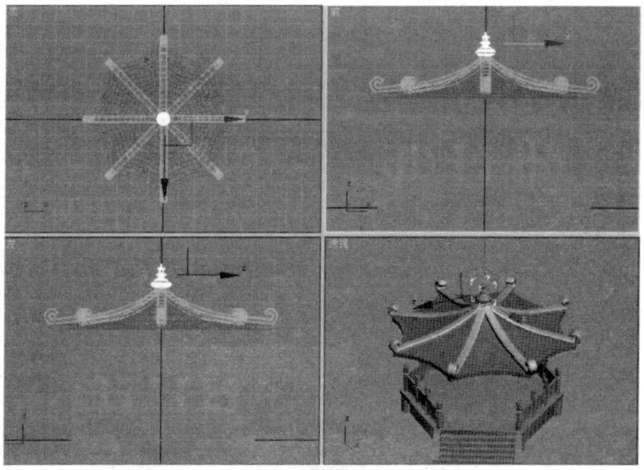

图　2.123

2. 亭子顶模型材质的创建

1) 创建亭子顶“瓦”的材质

(1) 单击第 4 个示例球，在【从材质拾取对象】右边的文本输入框中输入“瓦”。

(2) 在 Blinn 基本参数 卷展栏中单击 漫反射: 右边的按钮，弹出【材质/贴图浏览器】设置对话框，在该对话框中双击 位图 选项，弹出【选择位图图像文件】设置对话框，具体设置如图 2.124 所示。单击 打开(O) 按钮，返回参数设置对话框，具体设置如图 2.125 所示。

(3) 单击【转到父对象】按钮返回。

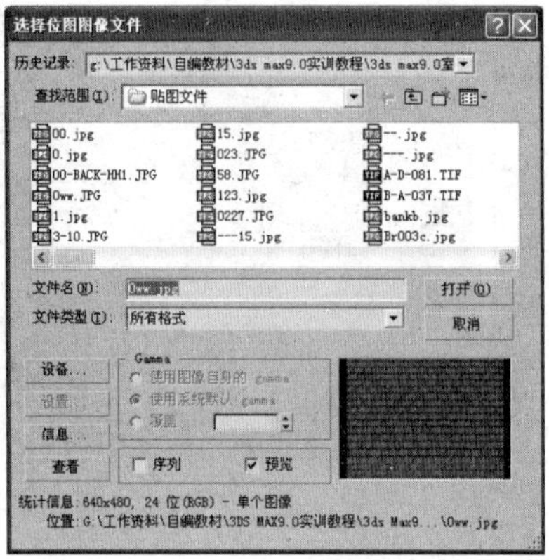

图 2.124

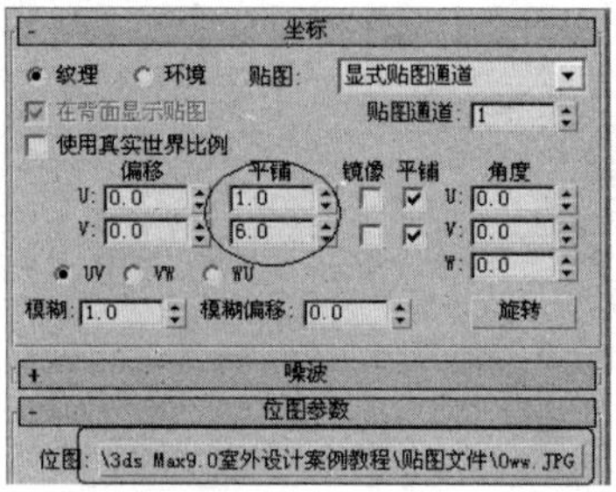

图 2.125

(4) 在贴图卷展栏中单击反射右边的 None 按钮，弹出【材质/贴图浏览器】设置对话框，在该对话框中双击光线跟踪选项，返回【光线跟踪】参数设置面板，该设置采用默认设置。

(5) 单击【转到父对象】按钮返回上一级并设置【光线跟踪】数量为 30。

(6) 在工具栏中单击【按名称选择】按钮，弹出【选择对象】设置对话框，具体设置如图 2.126 所示，单击选择按钮即可选中需要选择的对象。

(7) 在【材质编辑器】中单击【将材质指定给选定对象】按钮，即可将材质赋予给所选择的对象。

(8) 单击修改器列表右边的按钮，在弹出的下拉列表中选择UVW 贴图选项，具体参数设置如图 2.127 所示。

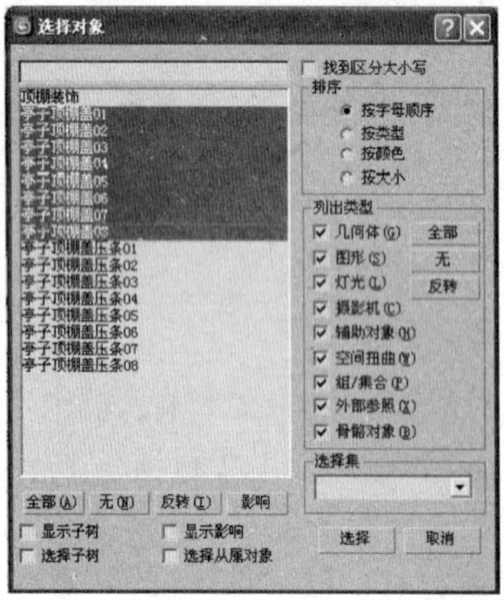

图 2.126

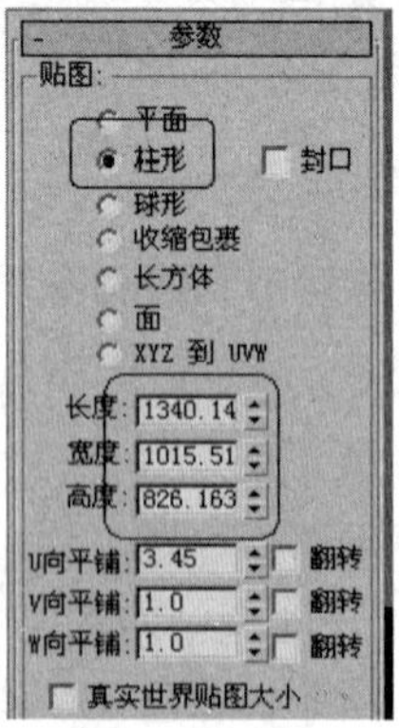

图 2.127

2) 创建亭子顶“压条及装饰”的材质

(1) 单击第 5 个示例球，在【从材质拾取对象】右边的文本输入框中输入“压条及装饰”。

(2) 在 Blinn 基本参数 卷展栏中，单击 漫反射: 右边的 按钮弹出【材质/贴图浏览器】设置对话框，在该对话框中双击 位图 选项，弹出【选择位图图像文件】设置对话框，具体设置如图 2.128 所示。单击 打开(O) 按钮，返回参数设置对话框，具体设置如图 2.129 所示。

图　2.128

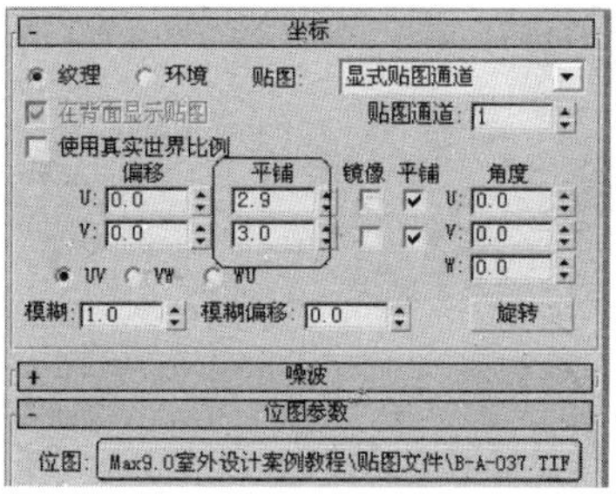

图　2.129

(3) 单击【转到父对象】按钮返回。

(4) 单击 贴图 卷展栏中 凹凸 右边的 None 按钮，弹出【材质/贴图浏览器】设置对话框，在该对话框中双击 位图 选项，弹出【选择位图图像文件】设置对话框，具体设置如图 2.130 所示。单击 打开(O) 按钮，返回参数设置对话框，具体设置如图 2.131 所示。

图　2.130

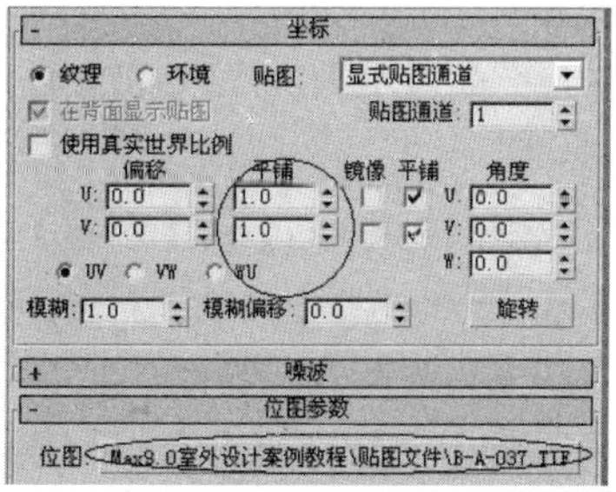

图　2.131

(5) 单击【转到父对象】按钮返回并设置 凹凸 的数量为 147。

(6) 在工具栏中单击【按名称选择】按钮，弹出【选择对象】设置对话框，具体设置如图 2.132 所示，单击 选择 按钮即可选中需要选择的对象。

(7) 在【材质编辑器】中单击【将材质指定给选定对象】按钮，即可将材质赋予所选择的对象。

(8) 在工具栏中单击【快速渲染(产品级)】按钮，即可得到如图 2.133 所示的效果。

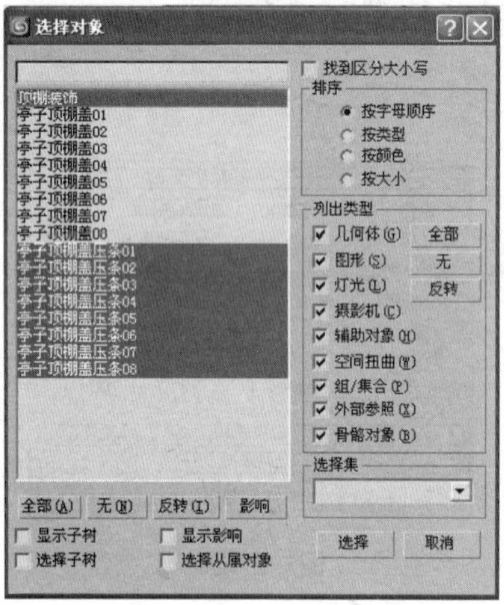

图 2.132

图 2.133

2.2.3 亭身的创建

1. 创建亭身的模型

(1) 将前面创建的亭子基座和亭子顶盖对象全部选中，在选中的对象上单击右键，弹出快捷菜单，在快捷菜单中单击 隐藏当前选择 命令将其所有对象隐藏，以方便后面的操作。

(2) 在命令面板中单击【创建】按钮，单击【几何体】按钮，单击 管状体 按钮，在【顶】视图中创建一个圆柱体并命名为“檐坊 01”，具体参数设置如图 2.134 所示。

(3) 在命令面板中单击【创建】按钮，单击【几何体】按钮，单击 圆柱体 按钮，在【顶】视图中创建一个圆柱体并命名为“亭柱 01”，具体参数设置如图 2.135 所示。

(4) 再以【实例】方式复制 3 根亭柱，系统自动命名为“亭柱 02”、“亭柱 03”和“亭柱 04”，并调整好位置，如图 2.136 所示。

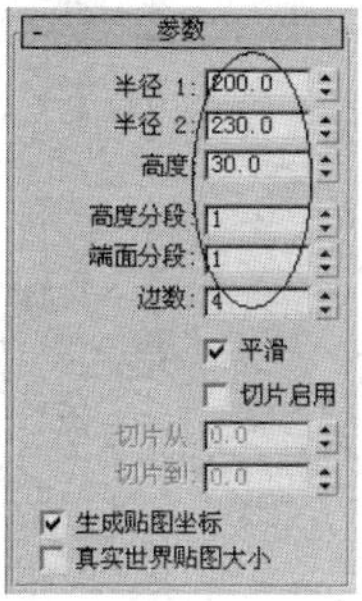

图　2.134

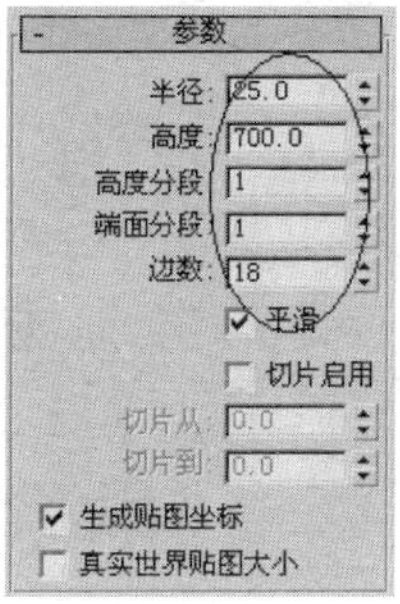

图　2.135

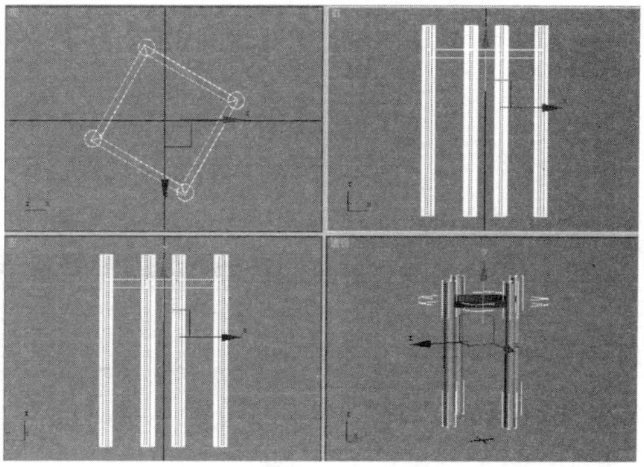

图　2.136

(5) 在命令面板中单击【创建】按钮，单击【几何体】按钮，单击 管状体 按钮，在【顶】视图中创建一个圆柱体并命名为“檐坊 02”，具体参数设置如图 2.137 所示。在各个视图中的位置如图 2.138 所示。

(6) 在命令面板中单击【创建】按钮，单击【几何体】按钮，单击 长方体 按钮，在【顶】视图中创建一个圆柱体并命名为“檐坊横 01”，具体参数设置如图 2.139 所示。

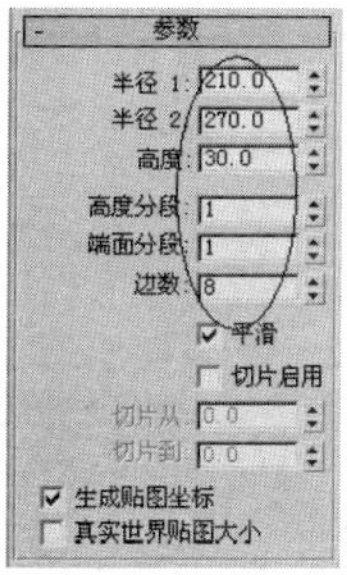

图　2.137

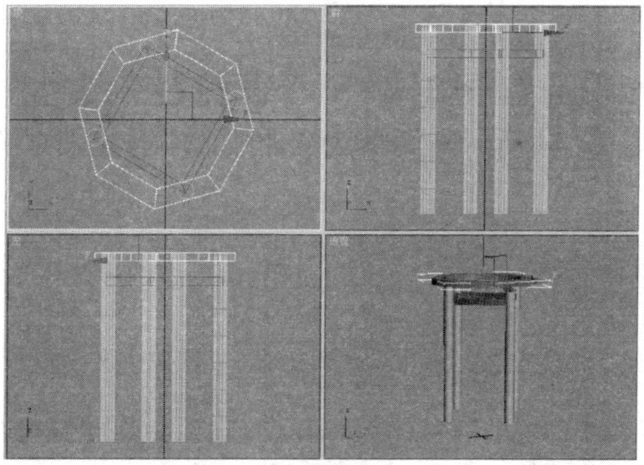

图　2.138

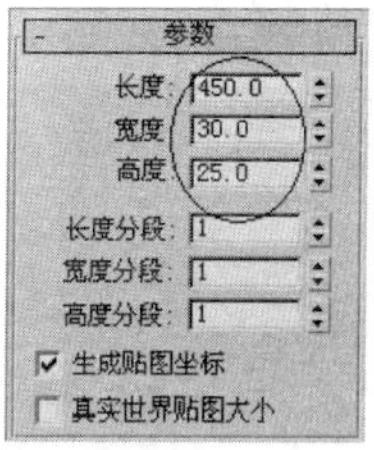

图　2.139

(7) 在工具栏【角度捕捉切换】按钮上单击右键，弹出【栅格和捕捉设置】窗口，具体设置如图 2.140 所示。单击按钮将该窗口关闭。

(8) 确保“檐坊横 01”被选中，单击【角度捕捉切换】按钮，再单击【选择并旋转】按钮。

(9) 按住 Shift 键的同时对“檐坊横 01”进行旋转，松开鼠标弹出【克隆选项】设置对话框，具体设置如图 2.141 所示，单击 确定 按钮即可对“檐坊横 01”进行旋转并复制 3 个，调整好位置，最终效果如图 2.142 所示。

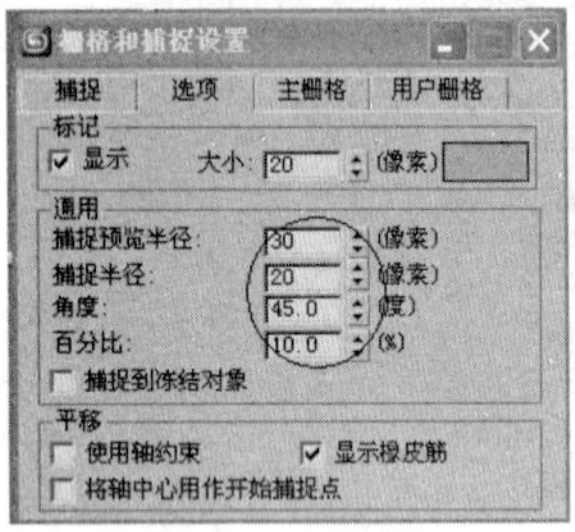

图 2.140

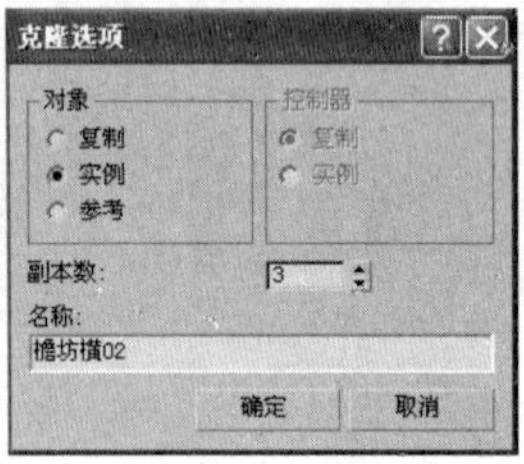

图 2.141

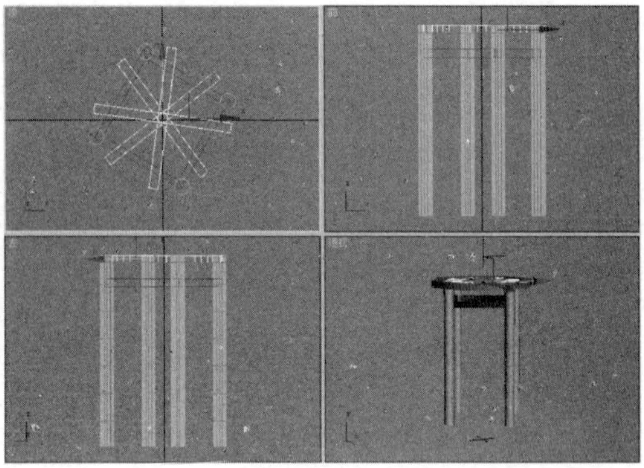

图 2.142

(10) 在任意视图中单击右键，弹出快捷菜单，在快捷菜单中单击全部取消隐藏命令，将前面隐藏的对象全部显示出来。

(11) 选中所有对象并使用【选择并旋转】工具对其进行旋转，在各个视图中的位置，如图 2.143 所示。

(12) 再将所创建的亭子基座和亭子顶盖对象进行隐藏，方面后面的操作。

(13) 在命令面板中单击【创建】按钮，单击【图形】按钮，单击 线 按钮，在【前】视图中创建如图 2.144 所示的两个闭合曲线，并分别命名为“装饰大 01”和“装饰小 01”。

图 2.143

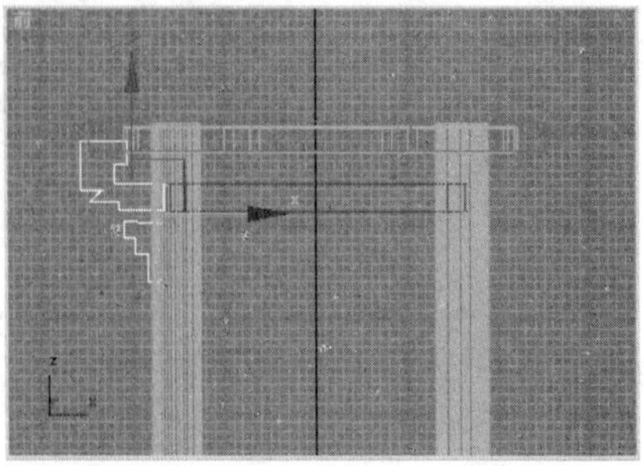

图 2.144

(14) 在命令面板中单击【修改】按钮转到修改命令面板，选中“装饰大 01”并单击【顶点】按钮进入点级别，对该曲线进行适当的圆角处理，最终效果如图 2.145 所示。

(15) 方法同第(14)步，对“装饰小 01”进行圆角处理。最终效果如图 2.146 所示。

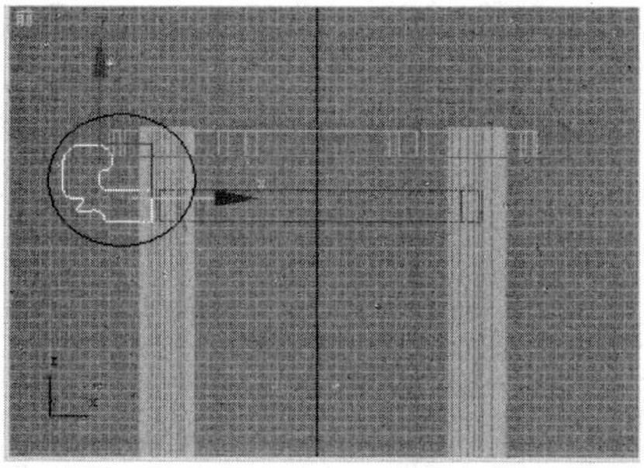

图　2.145

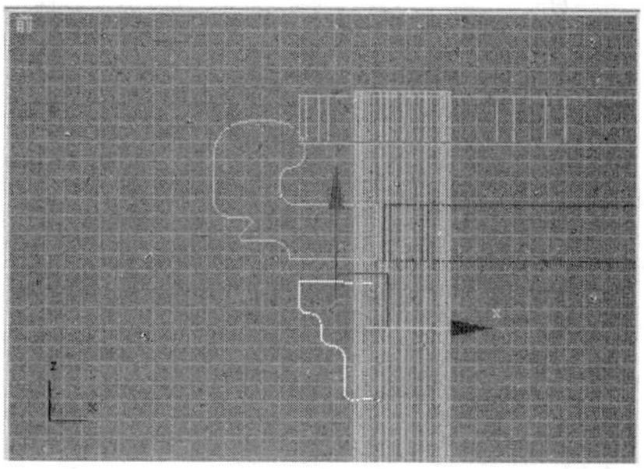

图　2.146

(16) 选中“装饰大 01”和“装饰小 01”，单击修改器列表右边的按钮，在弹出的下拉列表中选择挤出选项，具体参数设置如图 2.147 所示。

(17) 将“装饰大 01”和“装饰小 01”以【实例】的方式复制 7 个并调整好位置，最终效果如图 2.148 所示。

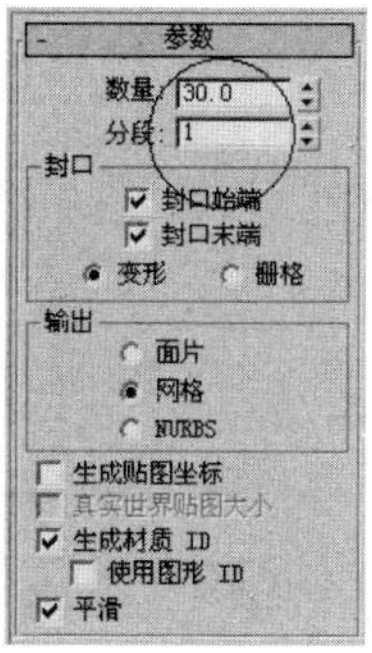

图　2.147

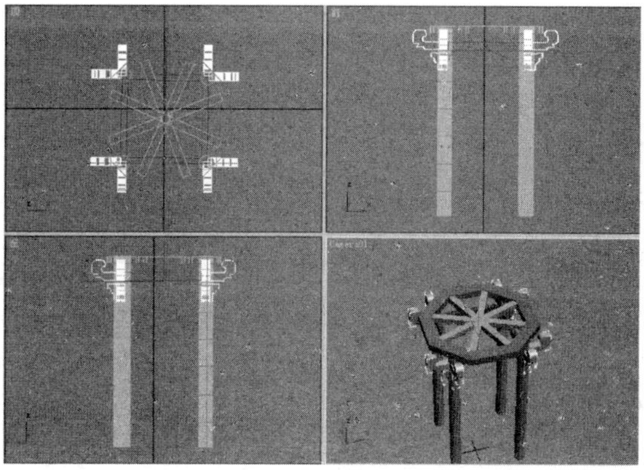

图　2.148

(18) 在命令面板中单击【创建】按钮，单击【图形】按钮，单击矩形按钮，在【前】视图中创建 8 个矩形，在【前】视图中的位置如图 2.149 所示。

(19) 在命令面板中单击【创建】按钮，单击【图形】按钮，单击圆环按钮，具体参数设置如图 2.150 所示。

(20) 确保创建的圆环被选中，在命令面板中单击【修改】按钮转到【修改命令】面板，单击修改器列表右边的按钮，在弹出的下拉列表中选择编辑样条线选项，在【选择】卷展栏中单击【顶点】按钮，在【前】视图中选中圆环中所有的顶点，在选中的顶点上单击右键，弹出快捷菜单，在快捷菜单中单击角点命令。最终效果如图 2.151 所示。

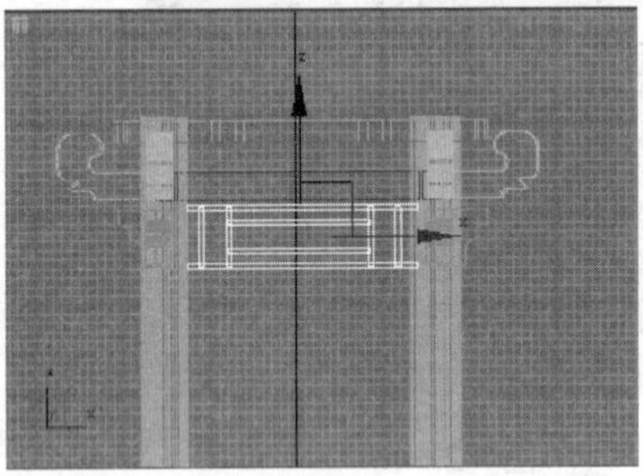

图 2.149

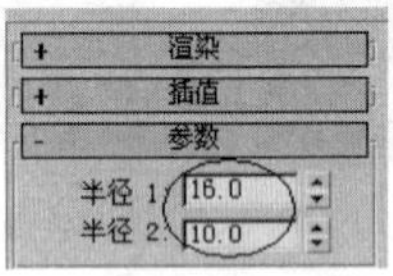

图 2.150

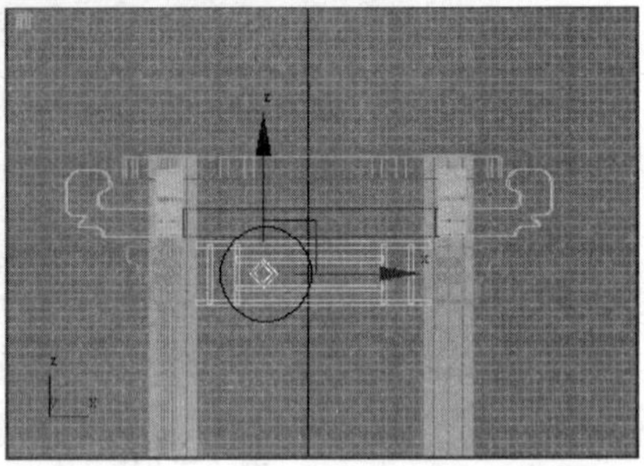

图 2.151

(21) 将创建的圆环再以【实例】的方式复制 4 个并调整好位置，如图 2.152 所示。

(22) 选中创建的所有圆环和前面创建的 8 个矩形，单击修改器列表右边的按钮，在弹出的下拉列表中选择挤出选项，具体参数设置如图 2.153 所示。最终效果如图 2.154 所示。

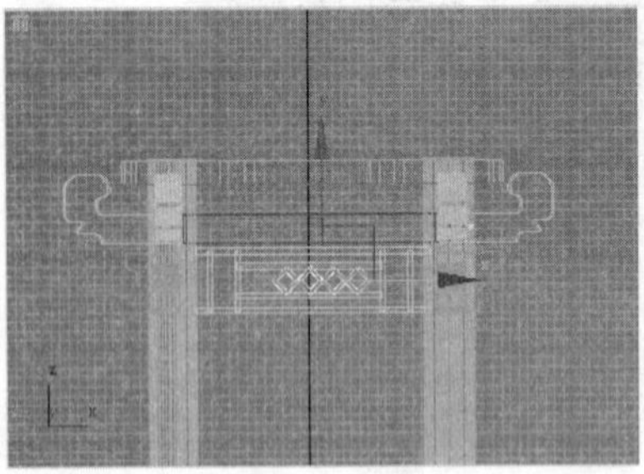

图 2.152

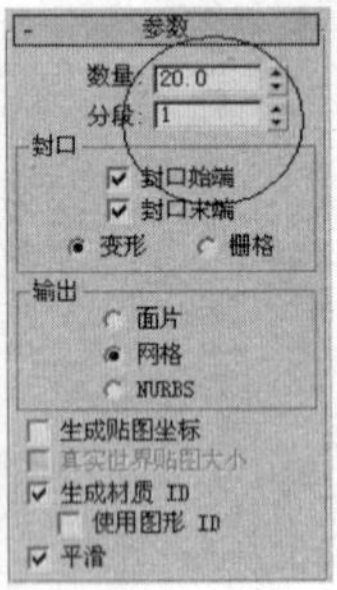

图 2.153

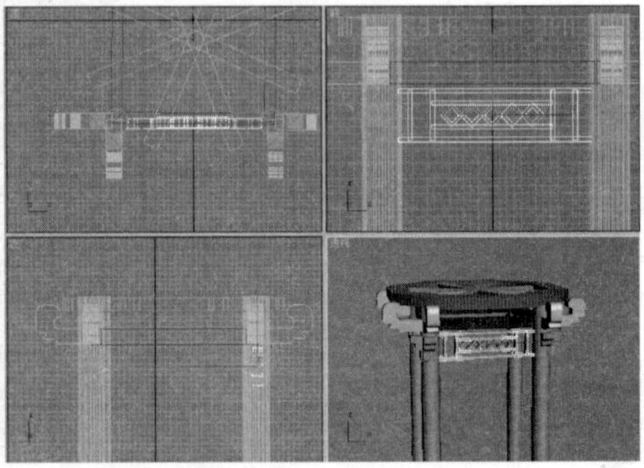

图 2.154

(23) 在菜单栏中单击组(G)→成组(G)命令，弹出【组】设置对话框，具体设置如图 2.155 所示，单击确定按钮即可将所选中的对象成组。再将“装饰框 01”以【实例】的方式复制 3 个并调整好位置，最终效果如图 2.156 所示。

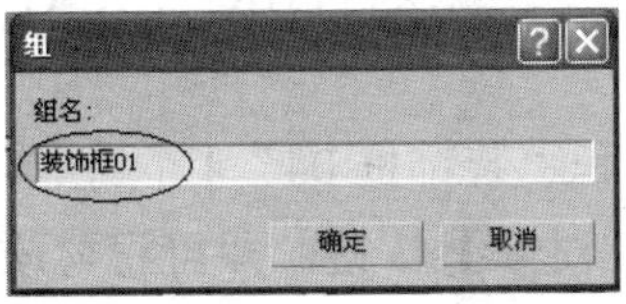

图　2.155

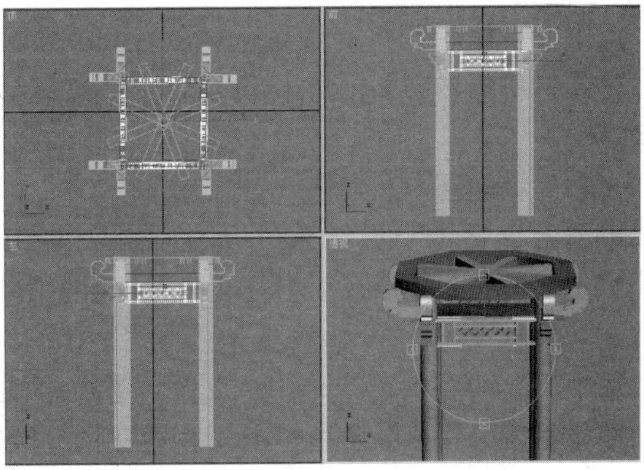

图　2.156

2. 创建亭身的材质

1) 创建“仿古浮雕”材质

(1) 单击第 6 个示例球，在【从材质拾取对象】右边的文本输入框中输入“仿古浮雕”。

(2) 在 Blinn 基本参数 卷展栏中，单击 漫反射: 右边的按钮弹出【材质/贴图浏览器】设置对话框，在该对话框中双击 位图 选项，弹出【选择位图图像文件】设置对话框，具体设置如图 2.157 所示。单击 打开(O) 按钮，返回参数设置对话框，具体设置如图 2.158 所示。

(3) 单击【转到父对象】按钮返回父级。

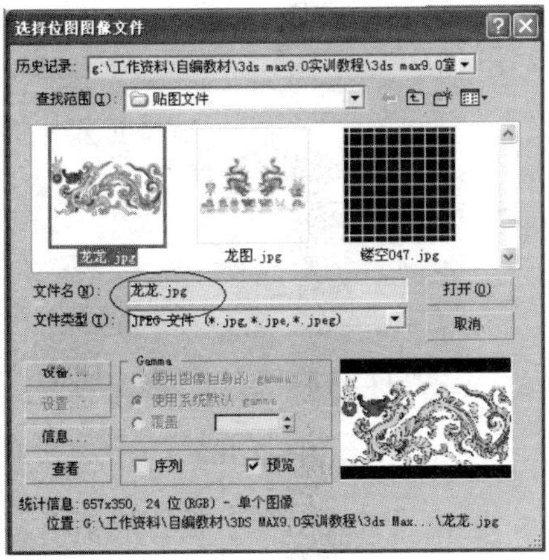

图　2.157

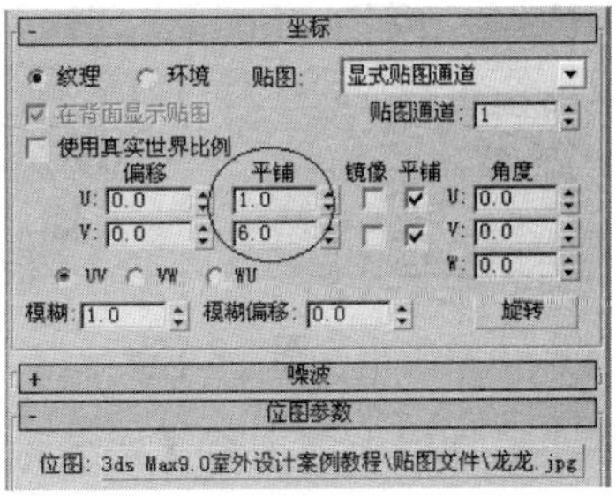

图　2.158

(4) 选中“亭柱 01”、“亭柱 02”、“亭柱 03”和“亭柱 04”4 个对象。

(5) 在【材质编辑器】中单击【将材质指定给选定对象】按钮，即可将材质赋予所选择的对象。

2) 创建“深蓝色”材质

(1) 单击第 7 个示例球，在【从材质拾取对象】右边的文本输入框中输入“深蓝色”。

(2) 将【环境光】、【漫反射】和【高光反射】的颜色设置为深蓝色(R：23、G：122、B：137)。

(3) 选中“装饰框 01”、“装饰框 02”、“装饰框 03”和“装饰框 04”4 个对象。

(4) 在【材质编辑器】中单击【将材质指定给选定对象】按钮，即可将材质赋予所选择的对象。

3) 创建“花纹”材质

(1) 单击第 8 个示例球，在【从材质拾取对象】右边的文本输入框中输入“花纹”。

(2) 在 Blinn 基本参数 卷展栏中，单击 漫反射 右边的按钮弹出【材质/贴图浏览器】设置对话框，在该对话框中双击 位图 选项，弹出【选择位图图像文件】设置对话框，具体设置如图 2.159 所示。单击 打开(O) 按钮，返回参数设置对话框，具体设置如图 2.160 所示。

(3) 单击【转到父对象】按钮返回父级。

图 2.159

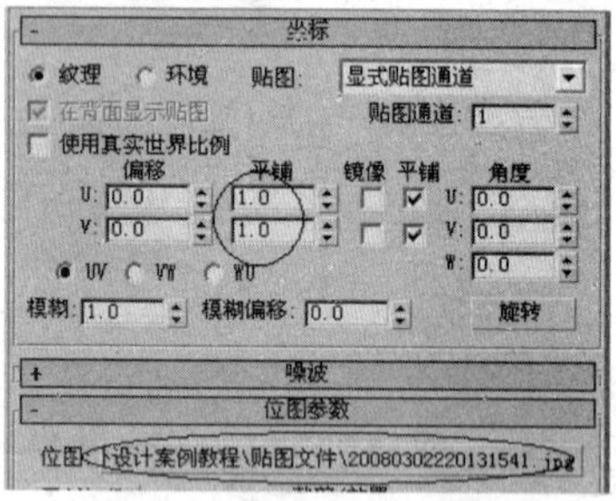

图 2.160

(4) 在工具栏中单击【按名称选择】按钮，弹出【选择对象】设置对话框，具体设置如图 2.161 所示，单击 选择 按钮即可选中需要选择的对象。

(5) 在【材质编辑器】中单击【将材质指定给选定对象】按钮，即可将材质赋予给所选择的对象。

(6) 在工具栏中单击【按名称选择】按钮，弹出【选择对象】设置对话框，具体设置如图 2.162 所示，单击 选择 按钮即可选中需要选择的对象。

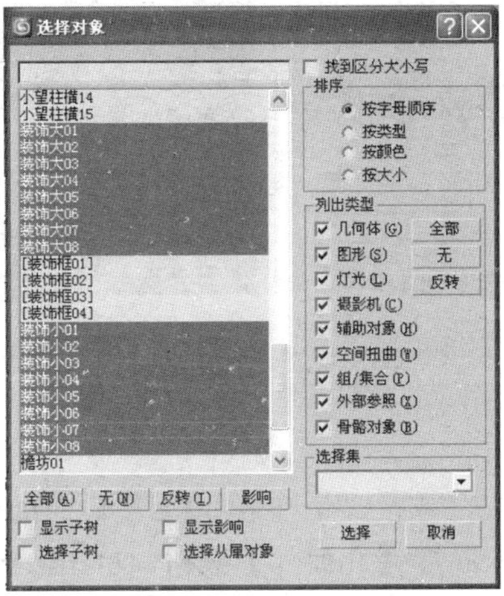

图　2.161

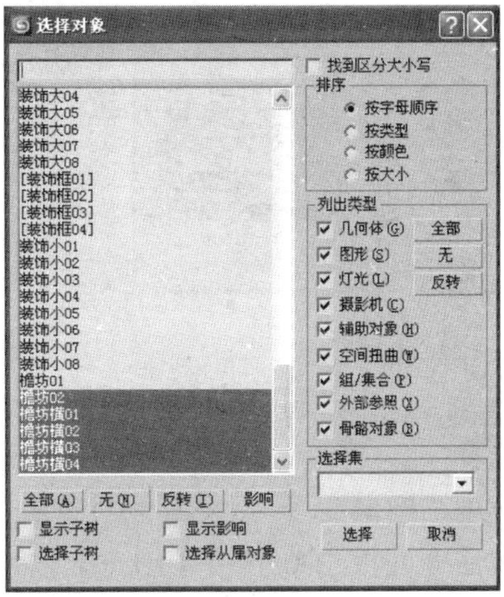

图　2.162

(7) 单击第 5 个示例球，在【材质编辑器】中单击【将材质指定给选定对象】按钮，即可将材质赋予所选择的对象。

4) 创建“横条装饰”材质

(1) 单击第 9 个示例球，在【从材质拾取对象】右边的文本输入框中输入“横条装饰”。

(2) 在 Blinn 基本参数 卷展栏中单击 漫反射: 右边的 按钮弹出【材质/贴图浏览器】设置对话框，在该对话框中双击 位图 选项，弹出【选择位图图像文件】设置对话框，具体设置如图 2.163 所示。单击 打开(O) 按钮，返回参数设置对话框，具体设置如图 2.164 所示。

(3) 单击【转到父对象】按钮返回父级。

(4) 选中“檐坊 01”，在【材质编辑器】中单击【将材质指定给选定对象】按钮，即可将材质赋予所选择的对象。

(5) 在工具栏中单击【快速渲染(产品级)】按钮，即可得到如图 2.165 所示的效果。

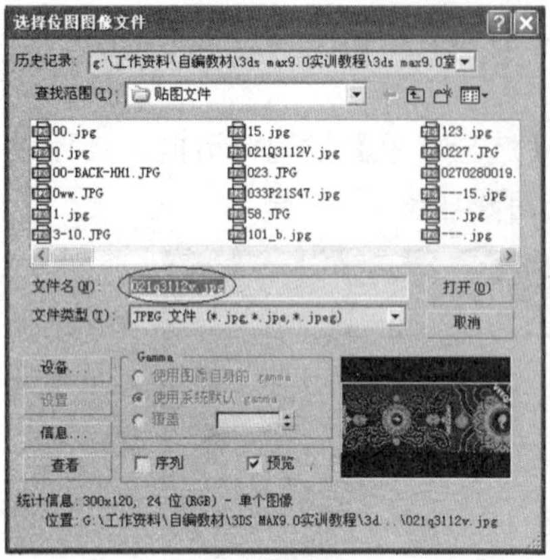

图 2.163

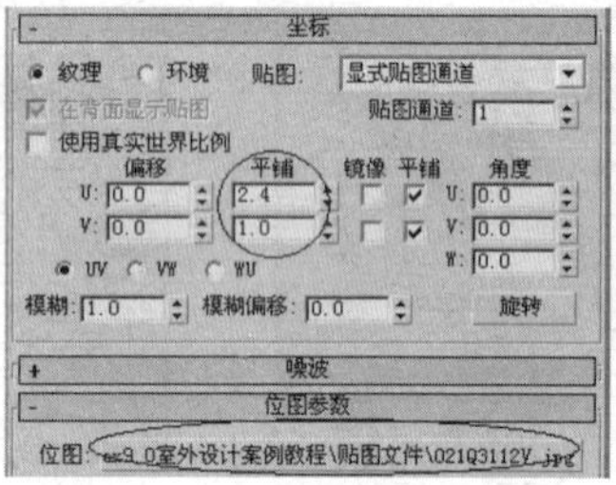

图 2.164

图 2.165

2.2.4 亭子中“凳子”的创建

(1) 使用“隐藏命令”，将其他对象隐藏，显示 4 根“亭柱”，以方便后面操作。

(2) 在命令面板中单击【创建】按钮，单击【几何体】按钮，单击 长方体 按钮，在【顶】视图中创建一个长方体并命名为“凳子条”，具体参数设置如图 2.166 所示，在各个视图中的位置如图 2.167 所示。

(3) 在命令面板中单击【创建】按钮，单击【图形】按钮，单击 线 按钮，在【前】视图中创建如图 2.168 所示的曲线并命名为“凳子靠背竖 01”。

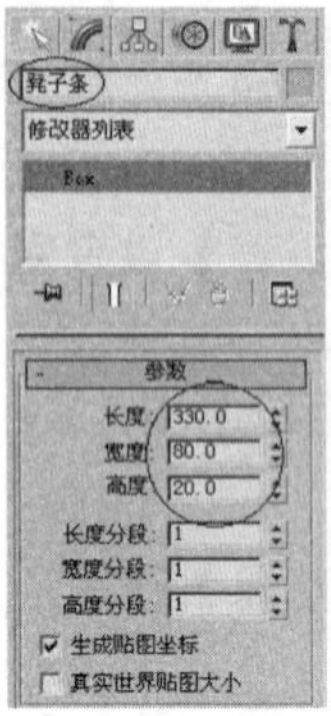

图 2.166

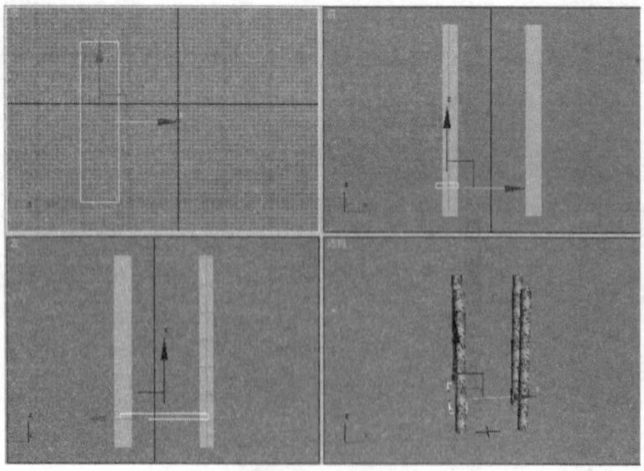

图 2.167

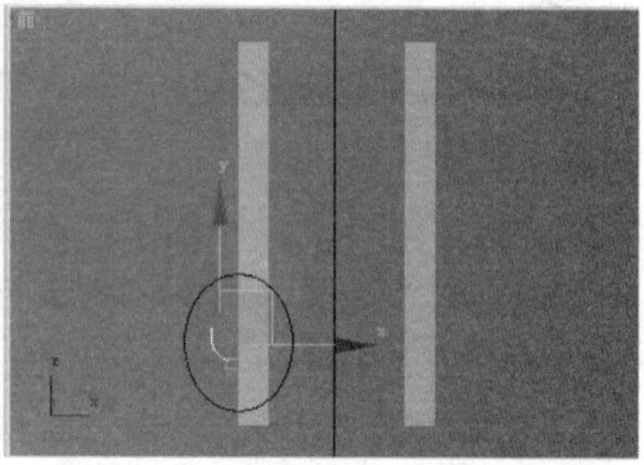

图 2.168

(4) 在命令面板中单击【修改】按钮转到修改命令面板，单击【样条线】按钮，在 轮廓 右边的文本框中输入数值“6”并按 Enter 键。

(5) 单击 修改器列表 右边的按钮，在弹出的下拉列表中选择 倒角 选项，具体参数设置如图 2.169 所示。

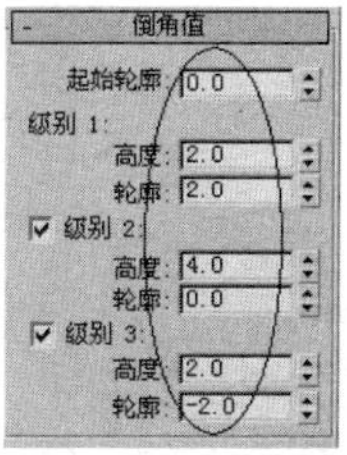

图　2.169

(6) 以【实例】的方式复制“凳子靠背竖 01”12 条，并进行位置调整，在各个视图中的位置如图 2.170 所示。

(7) 在命令面板中单击【创建】按钮，单击【图形】按钮，单击 线 按钮，在【顶】视图中创建如图 2.171 所示的曲线并命名为“凳子上横条 01”。

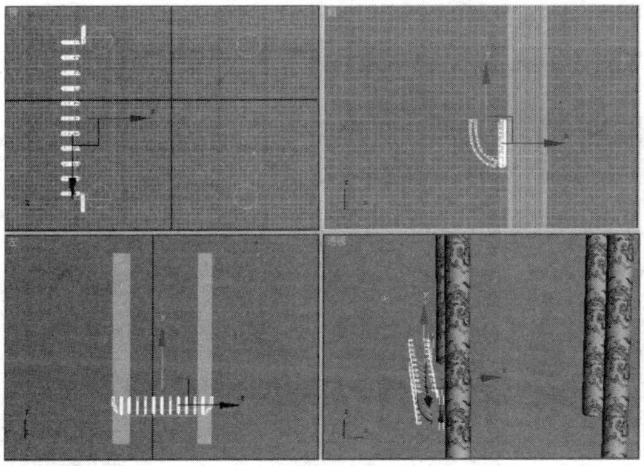

图　2.170

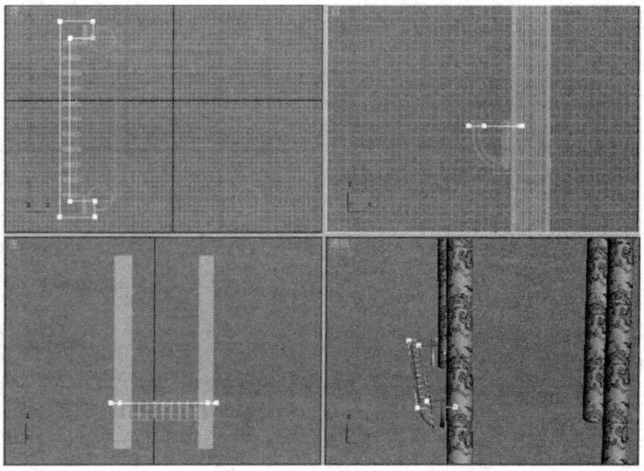

图　2.171

(8) 单击 修改器列表 右边的按钮，在弹出的下拉列表中选择 倒角 选项，具体参数设置如图 2.172 所示。

(9) 在各个视图中的位置和效果如图 2.173 所示。

(10) 选中“凳子条”、“凳子上横条 01”和所有“凳子靠背竖”，在菜单栏中单击 组(G) → 成组(G) 命令，弹出【组】设置对话框，具体设置如图 2.174 所示，单击 确定 按钮即可将所选中的对象成组。

(11) 将“亭子凳”以【实例】的方式复制一个并调整好位置，如图 2.175 所示。

(12) 在工具栏中单击【材质编辑器】按钮，弹出【材质编辑器】设置对话框，选中“亭子凳”和“亭子凳 01”，单击“压条及装饰”材质示例球，在【材质编辑器】中单击【将材质指定给选定对象】按钮，即可将材质赋予所选择的对象。

(13) 取消所有隐藏，在工具栏中单击【快速渲染(产品级)】按钮，即可得到如图 2.176 所示的效果。

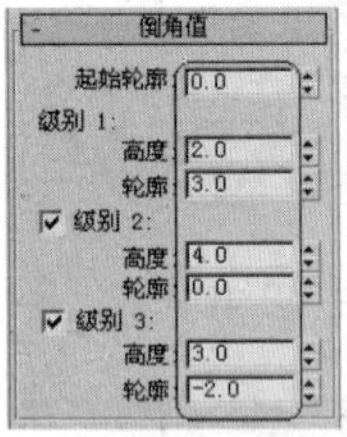

图 2.172

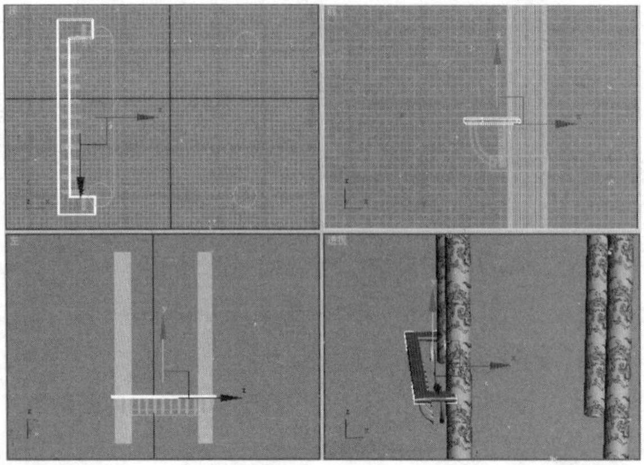

图 2.173

图 2.174

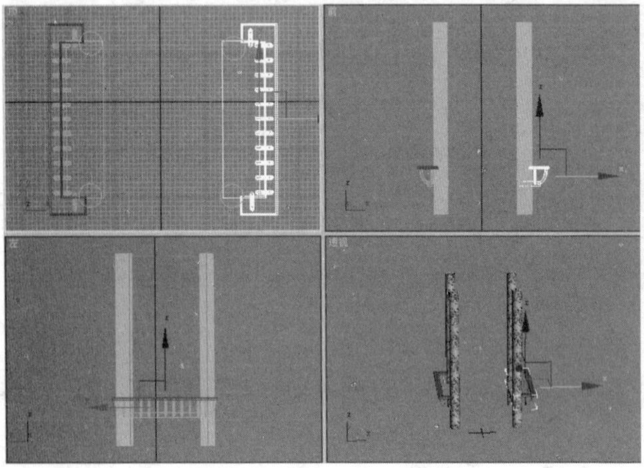

图 2.175

图 2.176

本 章 小 结

本章主要介绍了公共设施中的喷水池和亭子的创建，通过这两个案例主要介绍了编辑网格、挤出、车削、锥化、倒角和阵列等命令的使用，以及使用不同的贴图技术来表现建筑效果。重点要掌握 3ds Max 9.0 中各种修改命令的使用。

练　　习

1．根据前面所学知识创建如下效果图。

2．根据前面所学知识制作如下效果图。

提示： 主要用到了前面所学的编辑样条线、轮廓、倒角、挤出和点的缩放等知识点，效果图中的树木可以通过“不透明度贴图”的方法来制作。

第 3 章 某高校校门效果图表现

对于一所高校来说，校门就是该校的一张脸和一个标志，校门的设计不仅讲究雄伟、高大，更重要的是注重内涵，能够体现出一个学校的人文精神。该案例主要介绍怎样使用 3ds Max 9.0 来表现建筑效果的方法和创作流程，以及玻璃材质的创建、各种贴图技术和室外环境的表现。校门效果图如图 3.1 所示。

图 3.1

技能点

1. 校门值班室的制作
2. 校门支柱的制作
3. 校门顶面的创建
4. 校门其他装饰的创建
5. 文件的合并
6. 校门效果的渲染输出
7. 校门效果图后期处理

说　明

本章主要介绍某高校校门的创建。该案例主要介绍了【布尔】、【轮廓】、【镜像】、【挤出】、【倒角】、【弯曲】等命令的使用及摄影机的创建和使用 Photoshop CS3 软件对模型进行后期处理等知识点。重点要掌握 3ds Max 9.0 中各种【修改器】的灵活运用。

对于 Photoshop CS3 的使用，本章只介绍一些基本的操作，要想详细了解该软件的使用，读者可自己查找相关资料。

3.1　校门值班室的制作

3.1.1　校门值班室的模型创建

(1) 启动 3ds Max 9.0 软件并保存为“某高校校门.max”。

(2) 设置系统单位为毫米，显示比例也为毫米。具体操作方法可参考第 1 章中“单位的设置”这一节。

(3) 在命令面板中单击【图形】按钮，单击 矩形 按钮，在【顶】视图中创建一个矩形并命名为“墙体 01”，具体参数设置如图 3.2 所示。

(4) 单击【修改】按钮转到【修改命令】面板，单击 修改器列表 右边的按钮，在弹出的下拉列表中选择 编辑样条线 选项。

(5) 在命令面板中单击【样条线】按钮，在 轮廓 右边的文本输入框中输入数值“240”并按 Enter 键。在【顶】视图中的效果如图 3.3 所示。

(6) 单击 修改器列表 右边的按钮，在弹出的下拉列表中选择 挤出 选项，具体参数设置如图 3.4 所示。

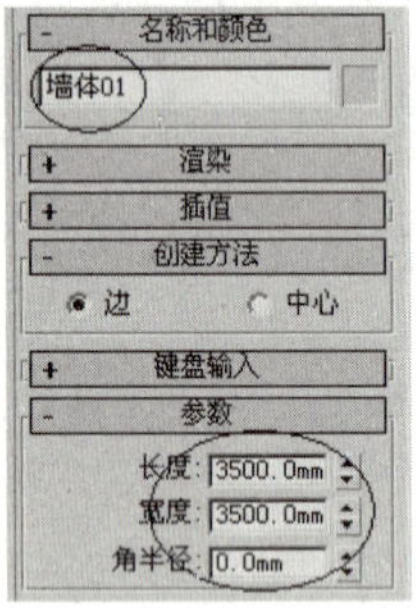

图 3.2

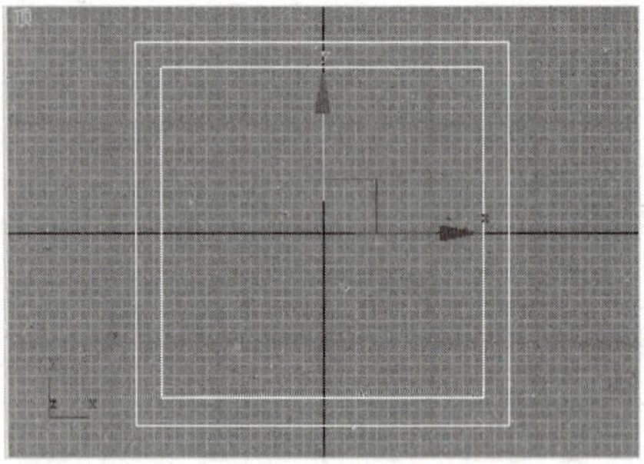

图 3.3

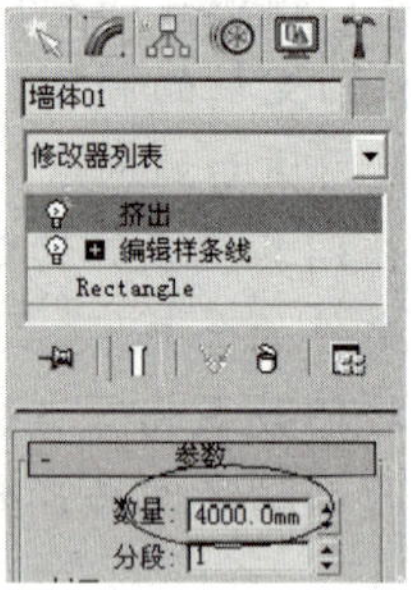

图 3.4

(7) 在命令面板中单击【创建】按钮，单击【几何体】按钮，单击 长方体 按钮，在【顶】视图中创建 3 个长方体，分别命名为“门布尔”、“窗户布尔 01”、“窗户布尔 02”和“窗户布尔 03”，具体参数设置如图 3.5 所示。

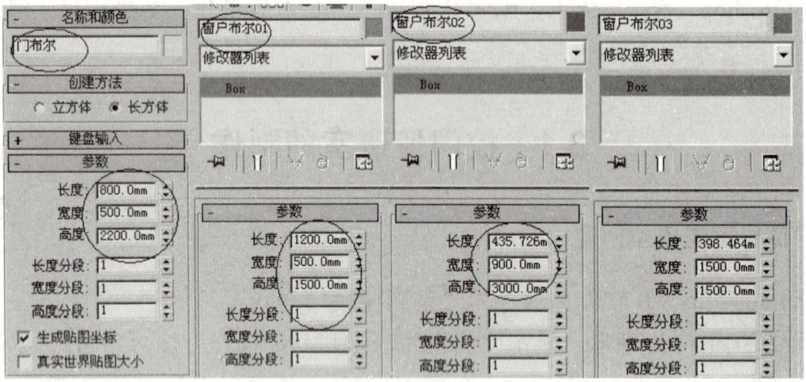

图 3.5

(8) 调整好位置，在各个视图中的位置如图 3.6 所示。

(9) 在命令面板中单击【创建】按钮，单击【几何体】按钮，单击 标准基本体 右边的按钮，在弹出的下拉列表中选择 复合对象 选项。

(10) 选中“墙体”。单击 布尔 → 拾取操作对象 B 命令，单击“门布尔”对象，即可制作出门洞来。

(11) 方法同第(10)步，分别对“窗户布尔 01”、“窗户布尔 02”和“窗户布尔 03”进行【布尔】运算，最终效果如图 3.7 所示。

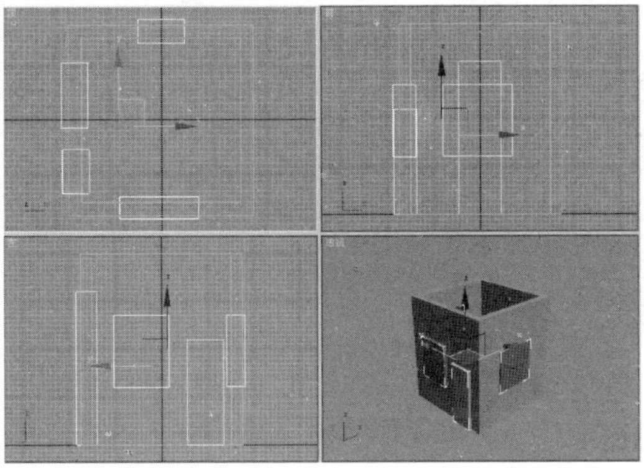

图　3.6

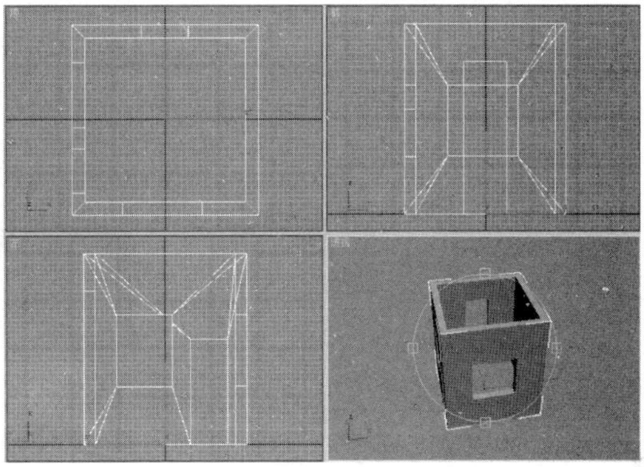

图　3.7

(12) 创建地板。在命令面板中单击【创建】按钮，单击【几何体】按钮，单击 长方体 按钮，在【前】视图中创建一个长方体，具体参数设置如图 3.8 所示。在各个视图中的位置如图 3.9 所示。

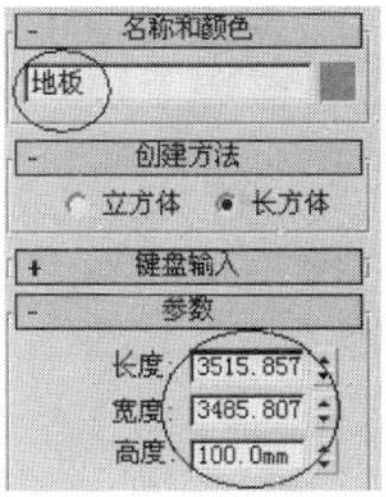

图　3.8

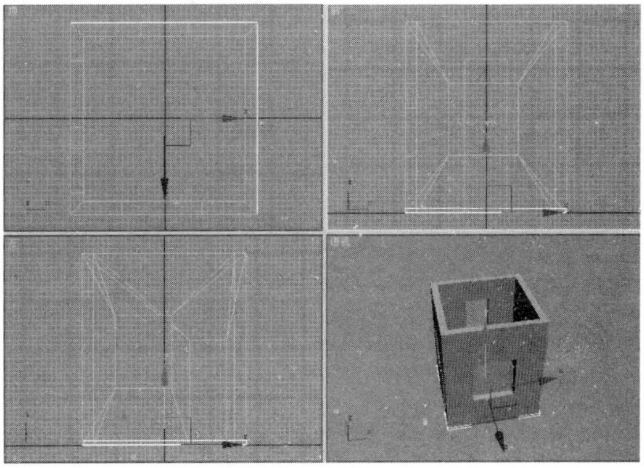

图　3.9

(13) 再在【顶】视图中创建两个完全相同的长方体，并分别命名为“天花板 01”和“天花板 02”，具体参数设置如图 3.10 所示。

(14) 调整好位置，在各个视图中的位置如图 3.11 所示。

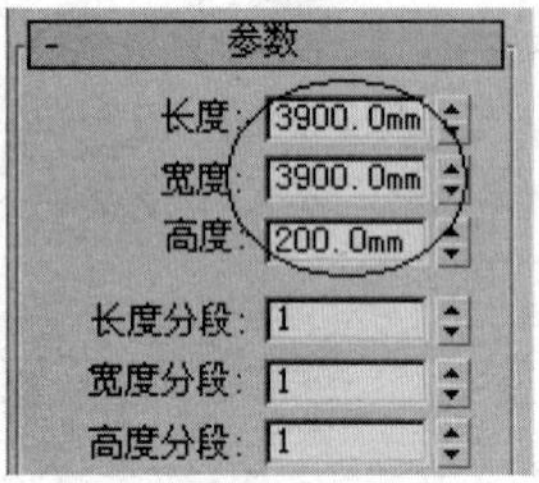

图 3.10

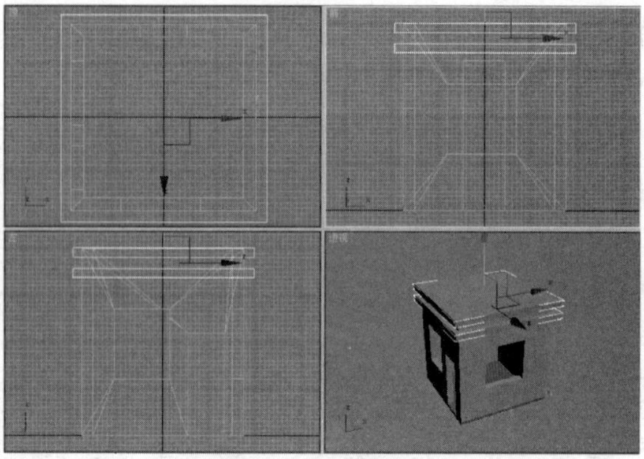

图 3.11

(15) 创建地板。在命令面板中单击【创建】按钮，单击【几何体】按钮，单击 长方体 按钮，在【前】视图中创建一个长方体，具体参数设置如图 3.12 所示，在各个视图中的位置如图 3.13 所示。

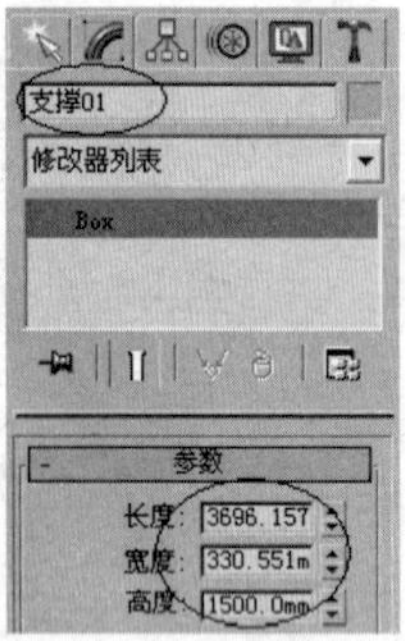

图 3.12

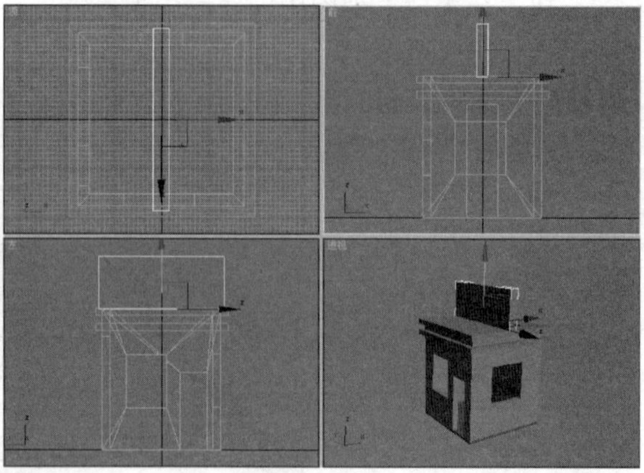

图 3.13

(16) 在命令面板中单击【创建】按钮，单击【图形】按钮，单击 线 按钮，在【前】视图中创建如图 3.14 所示的曲线并命名为“支撑装饰 01”。

(17) 单击【修改】按钮转到【修改命令】面板，单击【样条线】按钮，在 轮廓 右边的文本输入框中输入数值“150”并按 Enter 键。在【前】视图中效果如图 3.15 所示。

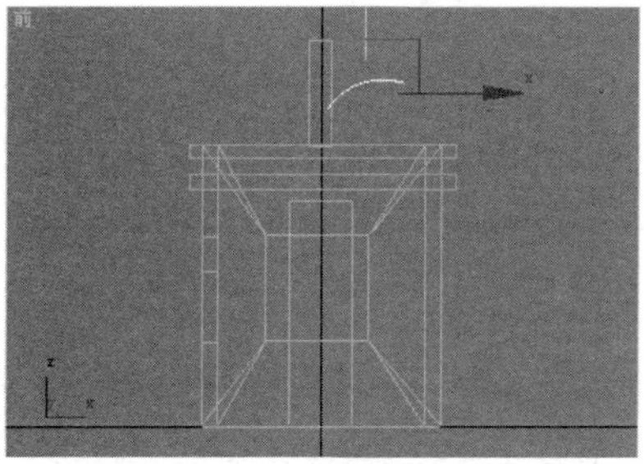

图　3.14

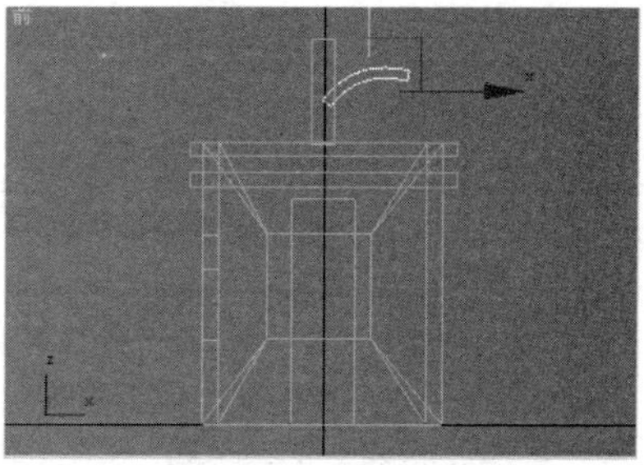

图　3.15

(18) 单击 修改器列表 右边的 按钮，在弹出的下拉列表中选择 挤出 选项，具体参数设置如图 3.16 所示。

(19) 选中“支撑装饰 01”，在工具栏中单击【镜像】按钮弹出【镜像：世界 坐标】设置对话框，具体设置如图 3.17 所示。单击 确定 按钮，调整好位置，在各个视图中的位置如图 3.18 所示。

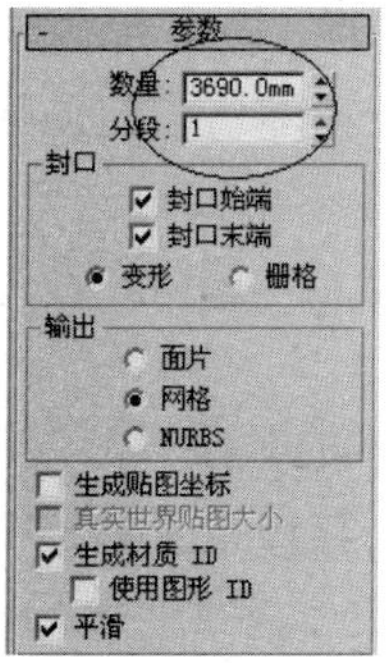

图　3.16

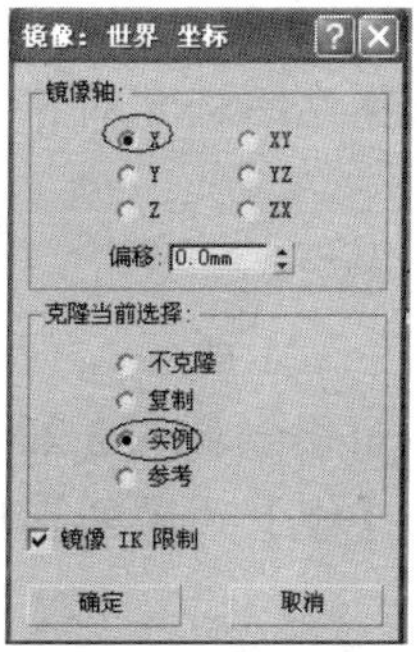

图　3.17

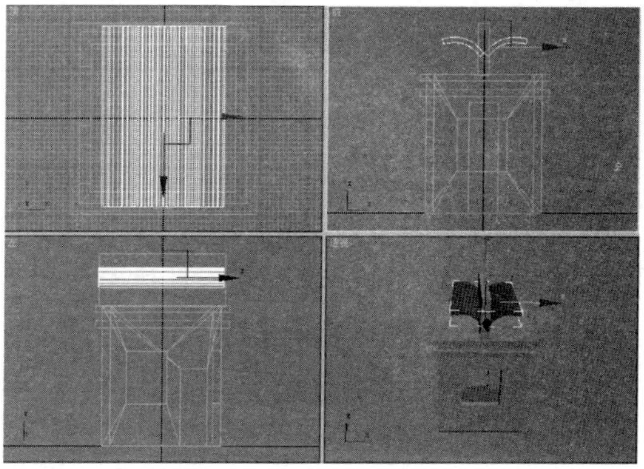

图　3.18

3.1.2　校门值班室模型材质的创建

(1) 在工具栏中单击【材质编辑器】按钮，弹出【材质编辑器】设置对话框，在该对话框中单击第 1 个示例球，并在【从对象拾取材质】的右边文本输入框中输入“大理石”。

(2) 单击 漫反射: 右边的 按钮，弹出【材质/贴图浏览器】设置对话框，在该对话框中双击 位图 选项，弹出【选择位图图像文件】设置对话框，选择需要的材质，如图 3.19 所示。单击 打开(O) 按钮，返回参数设置界面，具体设置如图 3.20 所示。

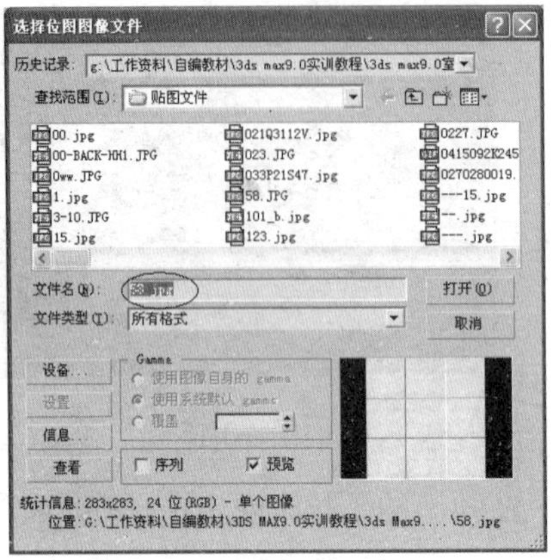

图 3.19

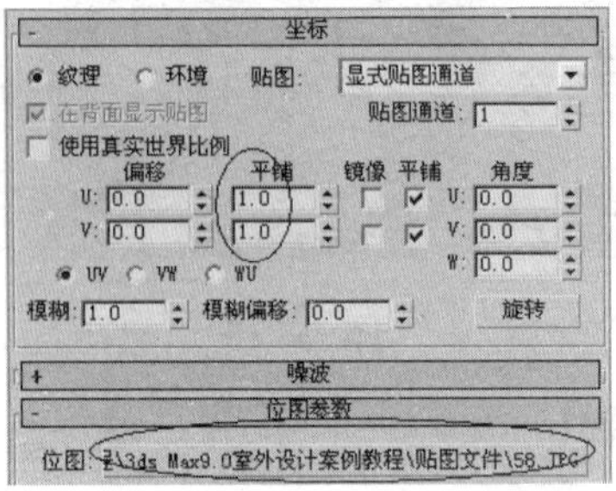

图 3.20

(3) 单击【转到父对象】按钮，返回到上一层级，在贴图【贴图】卷展栏中单击反射右边的 None 按钮，弹出【材质/贴图浏览器】设置对话框，在该对话框中双击光线跟踪选项。

(4) 单击【转到父对象】按钮，在反射右边的文本输入框中输入数值 15。

(5) 选中视图中的所有对象，单击【将材质指定给选定对象】按钮即可将材质赋予所选择的对象。

(6) 在命令面板中单击【修改】按钮，单击修改器列表右边的按钮，在弹出的下拉列表中选择UVW 贴图选项，具体参数设置如图 3.21 所示。

(7) 单击菜单栏中的【快速渲染】按钮，即可得到如图 3.22 所示的效果。

(8) 在工具栏中单击组(G)→成组(G)命令，弹出【组】设置对话框，具体设置如图 3.23 所示，单击确定按钮即可完成成组。

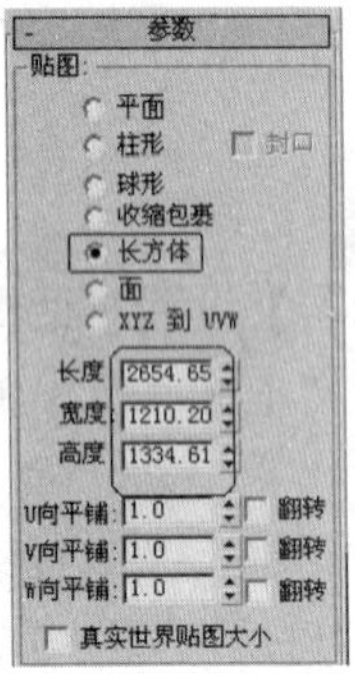

图 3.21

图 3.22

图 3.23

3.1.3　校门值班室门和窗户的创建

1. 门的创建

(1) 在命令面板中单击【创建】按钮，单击【几何体】，单击标准基本体右边的按钮，在弹出的下拉列表中选择门选项，弹出系统提供的所有门的类型，在对象类型卷展栏中单击枢轴门按钮，在【顶】视图中创建一扇门并命名为“门 01”。具体参数设置如图 3.24 所示。在各个视图中的位置如图 3.25 所示。

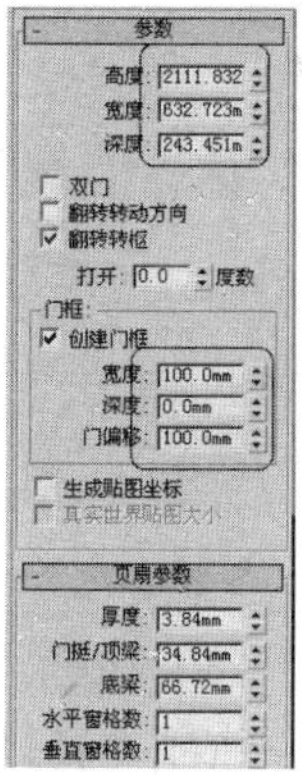

图　3.24

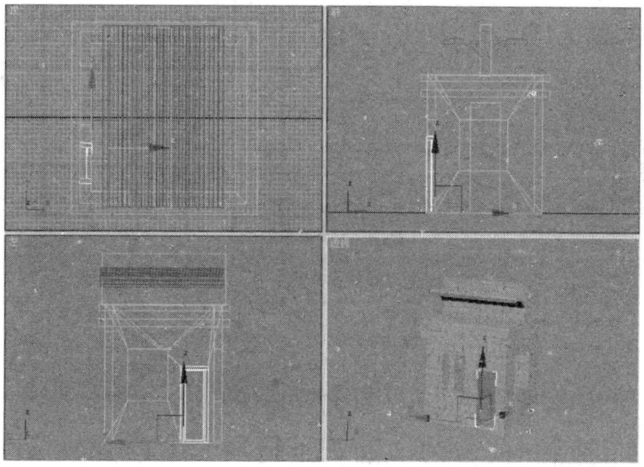

图　3.25

(2) 在工具栏中单击【材质编辑器】按钮，弹出【材质编辑器】设置对话框，在该对话框中单击第 2 个示例球，并在【从对象拾取材质】右边的文本输入框中输入“门材质”。

(3) 单击 Standard 按钮弹出【材质/贴图浏览器】设置对话框，在该对话框中双击多维/子对象选项，弹出【替换材质】设置对话框，具体设置如图 3.26 所示，单击确定按钮返回多维/子对象基本参数卷展栏。

(4) 在【多维/子对象基本参数】卷展栏中单击设置数量按钮，弹出【设置材质数量】设置对话框，具体设置如图 3.27 所示，单击确定按钮返回【多维/子对象基本参数】卷展栏，如图 3.28 所示。

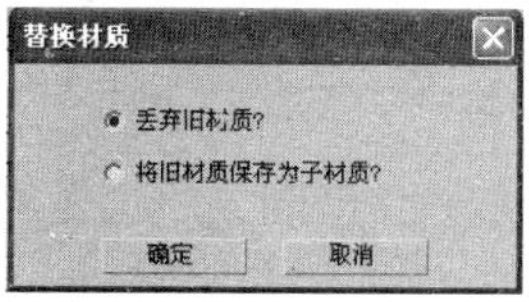

图　3.26

图　3.27

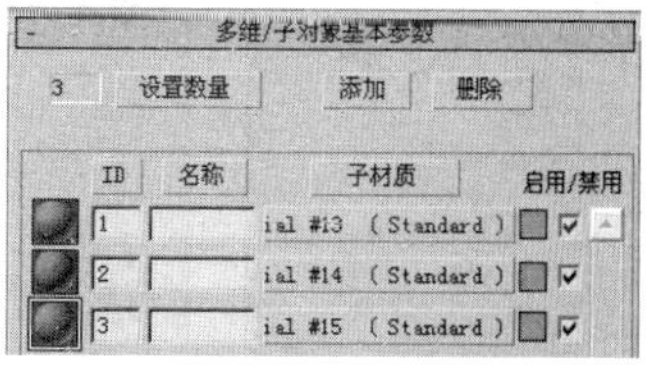

图　3.28

(5) 单击ial #13 （Standard）按钮，单击漫反射右边的按钮，弹出【材质/贴图浏览器】设置对话框，在该对话框中双击位图选项，弹出【选择位图图像文件】设置对话框，选择需要的材质，如图 3.29 所示。单击打开(O)按钮，返回参数设置界面，具体设置如图 3.30 所示。

图 3.29

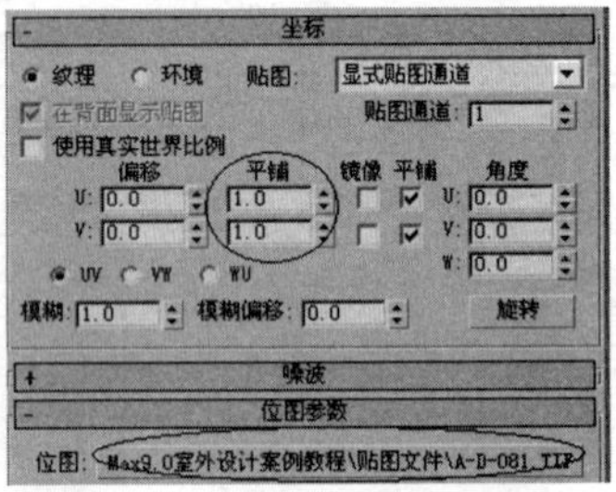

图 3.30

(6) 连续单击【转到父对象】按钮两次，将鼠标放到ial #13 （Standard）按钮上，按住鼠标左键不放，拖到 ID 号为 2 的“子材质”上松开鼠标弹出【实例(副本)材质】设置对话框，具体设置如图 3.31 所示。单击确定按钮即可将 ID 号为 1 的材质以【实例】的方式复制给材质号为 2 的材质。

(7) 单击ial #14 （Standard）按钮，单击漫反射右边的按钮，弹出【材质/贴图浏览器】设置对话框，在该对话框中双击位图选项，弹出【选择位图图像文件】设置对话框，选择需要的材质，如图 3.32 所示。单击打开(O)按钮，返回参数设置界面，具体设置如图 3.33 所示。

图 3.31

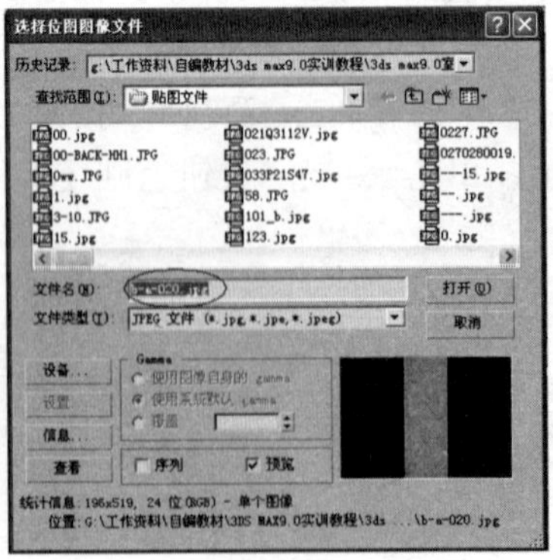

图 3.32

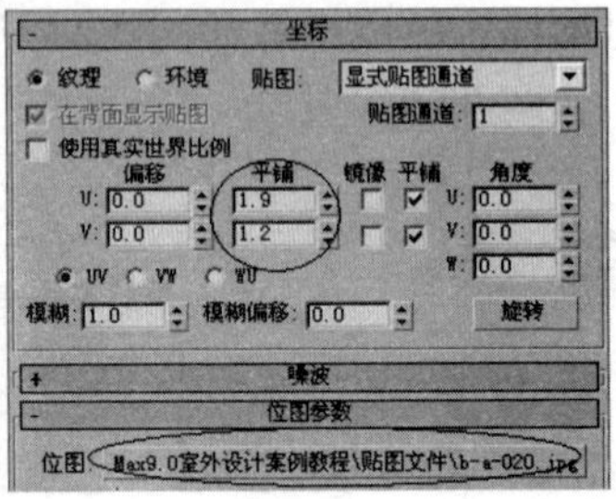

图 3.33

(8) 单击【转到父对象】按钮返回上一级。

(9) 选中“门 01”。单击【将材质指定给选定对象】按钮即可将材质赋予所选择的对象。

2. 窗户的创建

(1) 在命令面板中单击【创建】按钮，单击【几何体】按钮，单击 标准基本体 右边的按钮，在弹出的下拉列表中选择 窗 选项，弹出系统提供的所有窗的类型，在 对象类型 卷展栏中单击 推拉窗 按钮，在【顶】视图中创建一扇窗户并命名为“窗户 01”。具体参数设置如图 3.34 所示。在各个视图中的位置如图 3.35 所示。

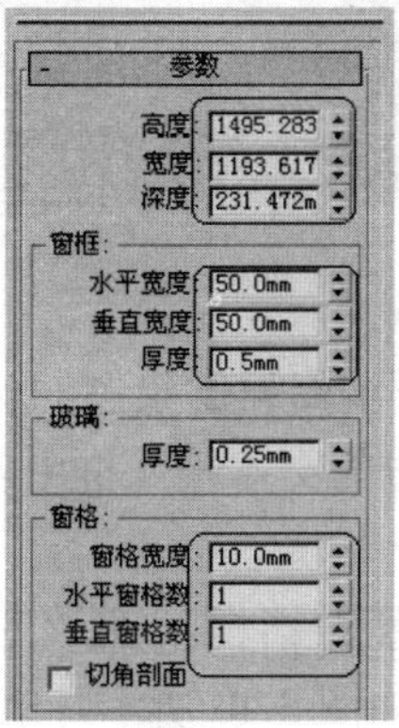

图　3.34

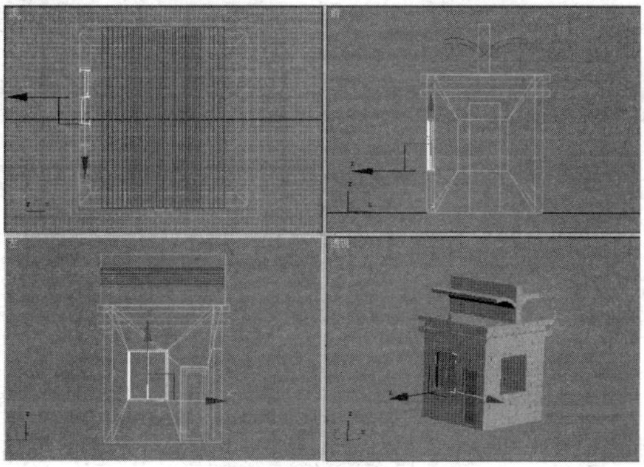

图　3.35

(2) 在【顶】视图中创建一个窗户并命名为“窗户 02”，具体参数设置如图 3.36 所示。在各个视图中的位置如图 3.37 所示。

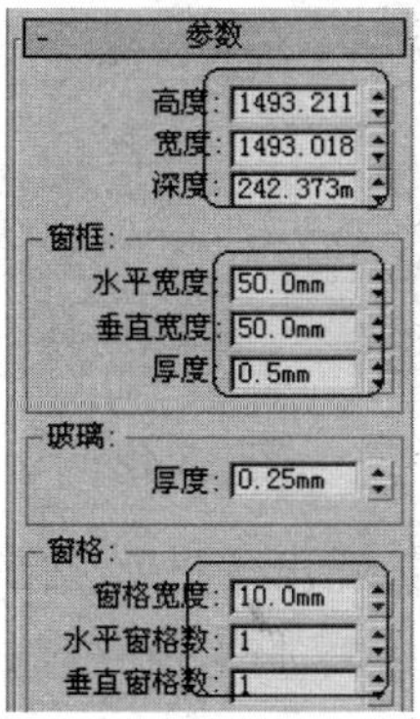

图　3.36

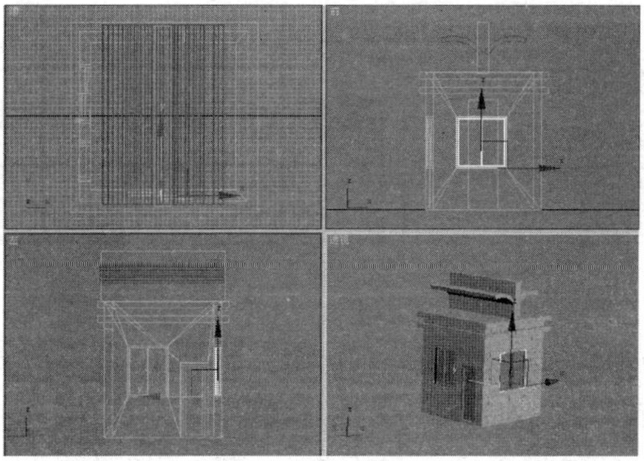

图　3.37

(3) 在【顶】视图中创建一个窗户并命名为“窗户 03”，具体参数设置如图 3.38 所示，在各个视图中的位置如图 3.39 所示。

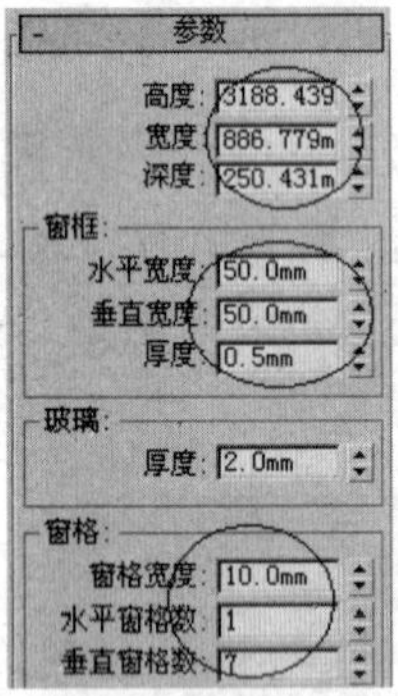

图 3.38

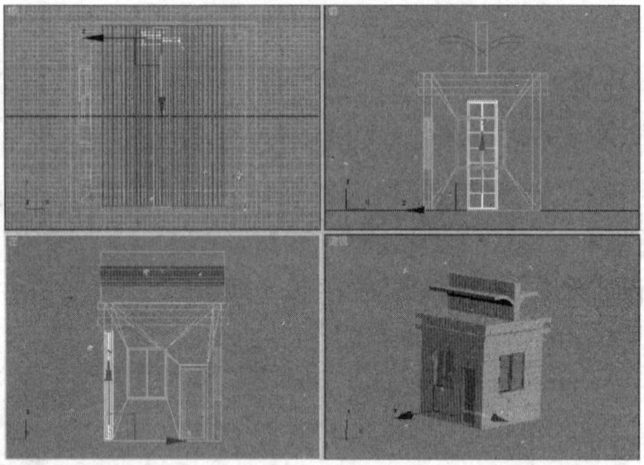

图 3.39

(4) 在工具栏中单击【材质编辑器】按钮，弹出【材质编辑器】设置对话框，在该对话框中单击第 3 个示例球，并在【从对象拾取材质】右边的文本输入框中输入“窗户材质”。

(5) 单击 Standard 按钮弹出【材质/贴图浏览器】设置对话框，在该对话中双击 多维/子对象 选项，弹出【替换材质】设置对话框，具体设置如图 3.40 所示，单击 确定 按钮返回 多维/子对象基本参数 卷展栏。

(6) 在【多维/子对象基本参数】卷展栏中单击 设置数量 按钮，弹出【设置材质数量】设置对话框，具体设置如图 3.41 所示。单击 确定 按钮返回【多维/子对象基本参数】卷展栏，如图 3.42 所示。

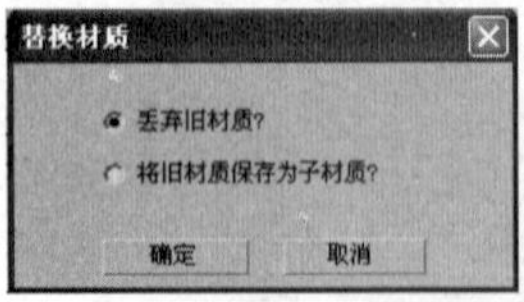

图 3.40

图 3.41

图 3.42

(7) 单击 ial #24 (Standard) 按钮，单击 漫反射: 右边的 按钮，弹出【材质/贴图浏览器】设置对话框，在该对话框中双击 位图 选项，弹出【选择位图图像文件】设置对话框，选择需要的材质，如图 3.43 所示。单击 打开(O) 按钮，返回参数设置界面，具体设置如图 3.44 所示。

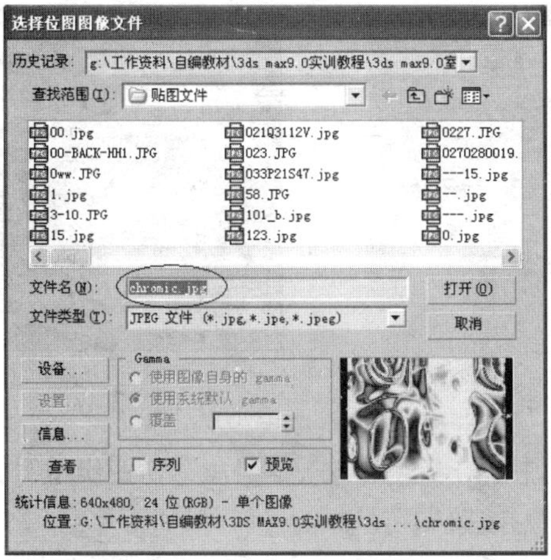

图　3.43

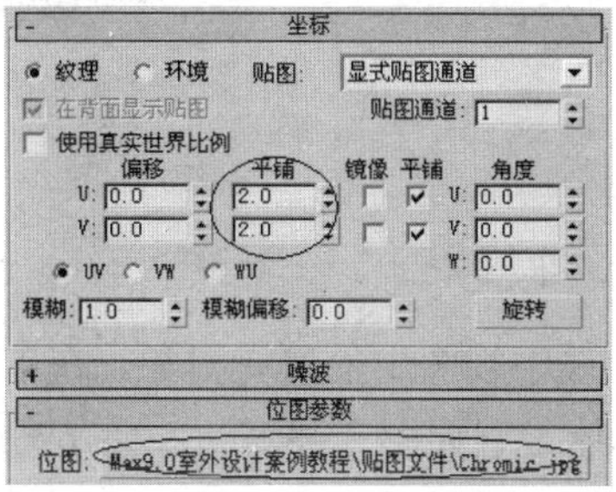

图　3.44

(8) 单击【转到父对象】按钮返回上一级。

(9) 在贴图卷展栏中单击反射右边的 None 按钮，弹出【材质/贴图浏览器】设置对话框，在该对话框中双击光线跟踪选项返回【光线跟踪】设置界面。

(10) 单击【转到父对象】按钮返回上一级并将【反射】的数量设置为 20，再单击【转到父对象】按钮返回上一级。

(11) 将鼠标放到ial #24 (Standard)按钮上，按住鼠标左键不放，拖到 ID 号为 2 的“子材质”上松开鼠标弹出【实例(副本)材质】设置对话框，具体设置如图 3.45 所示。单击确定按钮即可将 ID 号为 1 的材质以实例的方式复制给材质号为 2 的材质。

(12) 单击ial #26 (Standard)按钮，将“环境光”、“漫反射”和“高光反射”的颜色设置为“深蓝色”(R：25、G：151、B：175)。参数面板的具体设置如图 3.46 所示。

(13) 在贴图卷展栏中单击反射右边的 None 按钮，弹出【材质/贴图浏览器】设置对话框，在该对话框中双击光线跟踪选项返回【光线跟踪】设置界面。

(14) 单击【转到父对象】按钮返回上一级并将【反射】的数量设置为 36，再单击【转到父对象】按钮返回上一级。

(15) 在视图中选中“窗户 01”、“窗户 02”和“窗户 03”。单击【将材质指定给选定对象】按钮即可将材质赋予所选择的对象。

(16) 单击菜单栏中的【快速渲染】按钮，即可得到如图 3.47 所示的效果。

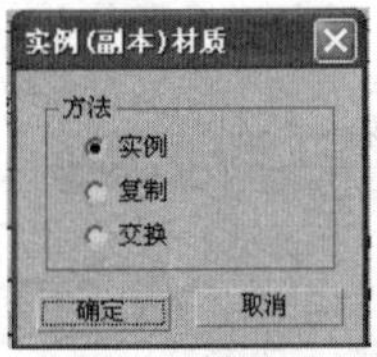

图 3.45

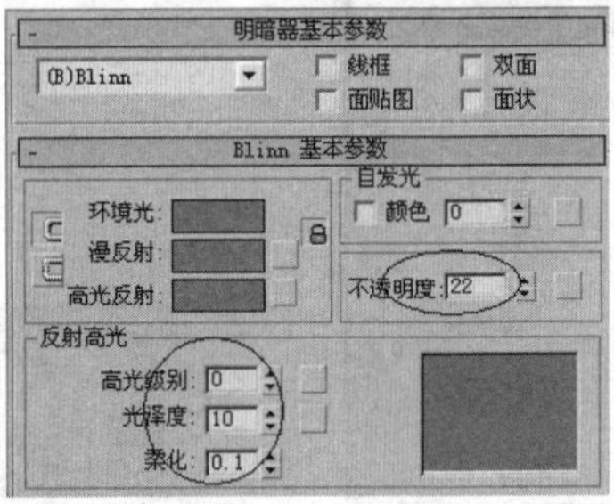

图 3.46

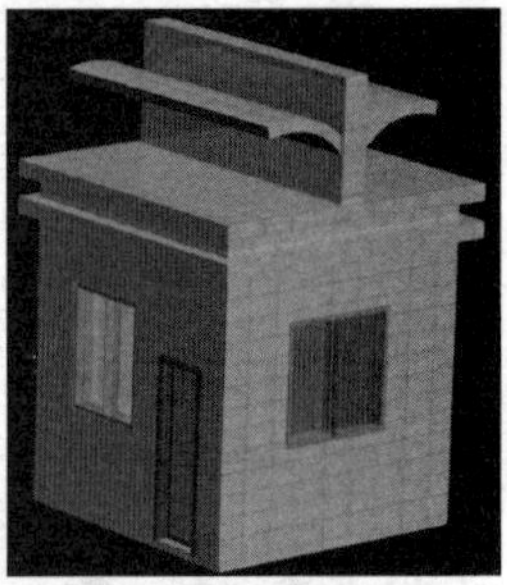

图 3.47

(17) 选中视图中的所有对象，在工具栏中单击组(G)→成组(G)命令，弹出【组】设置对话框，具体设置如图 3.48 所示。单击确定按钮即可完成成组。

(18) 选中“校门值班室完整”对象组，在工具栏中单击【镜像】按钮弹出【镜像：世界 坐标】设置对话框，具体设置如图 3.49 所示，单击确定按钮，调整好位置，在各个视图中的位置如图 3.50 所示(两个对象组之间的距离为 13 米)。

图 3.48

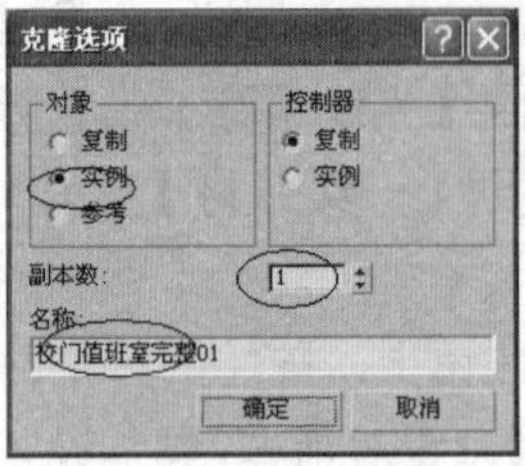

图 3.49

图 3.50

3.2 校门支柱的制作

3.2.1 校门支柱模型的创建

1. 校门支柱基座的创建

(1) 冻结前面创建的所有对象，以方便后面的操作。

(2) 在命令面板中单击【图形】按钮，单击矩形按钮，在【顶】视图中创建一个矩形并命名为“支柱基座 01”，具体参数设置如图 3.51 所示。

(3) 单击【修改】按钮转到【修改命令】面板，单击修改器列表右边的按钮，在弹出的下拉列表中选择挤出选项，具体参数设置如图 3.52 所示。

(4) 在命令面板中单击【图形】按钮，单击 矩形 按钮，在【顶】视图中创建一个矩形并命名为“支柱基座装饰 01”，具体参数设置如图 3.53 所示。

(5) 单击【修改】按钮转到【修改命令】面板，单击 修改器列表 右边的按钮，在弹出的下拉列表中选择 倒角 选项，具体参数设置如图 3.54 所示。

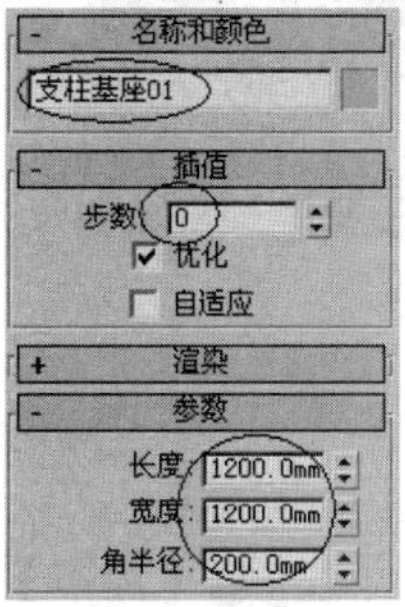

图 3.51

图 3.52

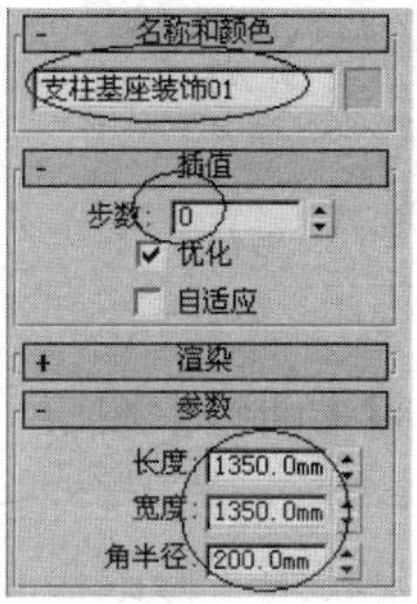

图 3.53

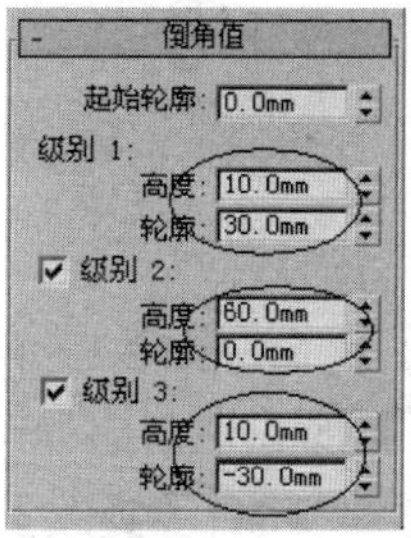

图 3.54

(6) 调整好“支柱基座 01”和“支柱基座装饰 01”在各个视图中的位置，如图 3.55 所示。

(7) 在命令面板中单击【创建】按钮，单击【几何体】按钮，单击 圆柱体 按钮，在【顶】视图中创建一个圆柱体并命名为“校门支柱主体 01”，具体参数设置如图 3.56 所示，在各个视图中的位置如图 3.57 所示。

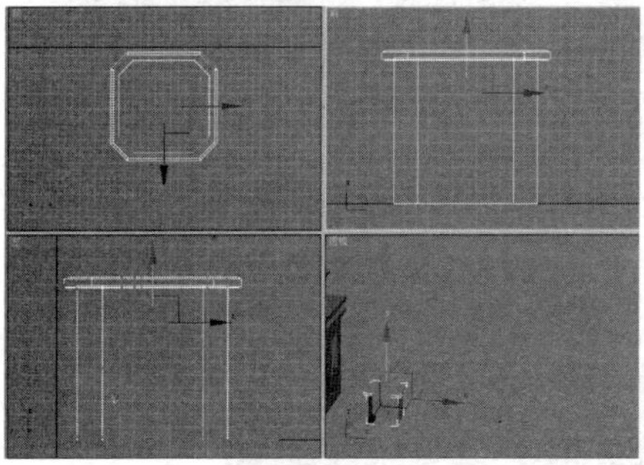

图 3.55

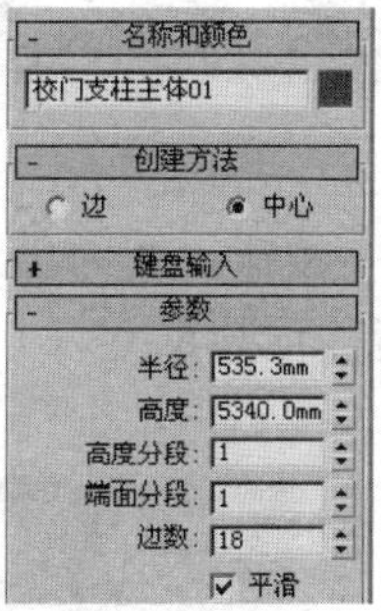

图 3.56

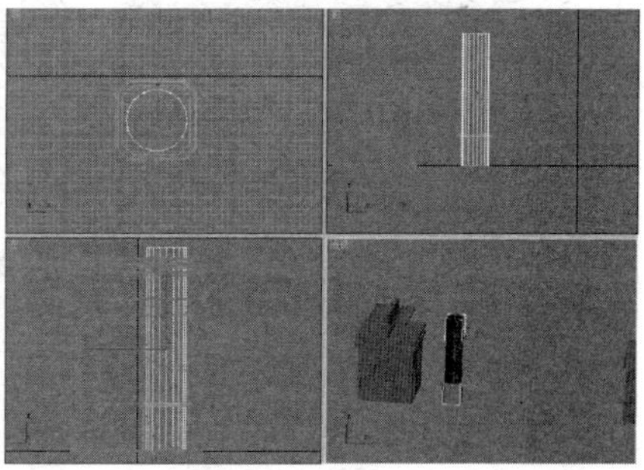

图 3.57

2. 校门支柱顶装饰的创建

(1) 在命令面板中单击【创建】按钮，单击【几何体】按钮，单击 圆柱体 按钮，在【顶】视图中创建两个圆柱体并命名为“校门支柱顶装饰 01”和“校门支柱顶装饰 02”，具体参数设置如图 3.58 和图 3.59 所示。

(2) 再调整好位置，在各个视图中的位置如图 3.60 所示。

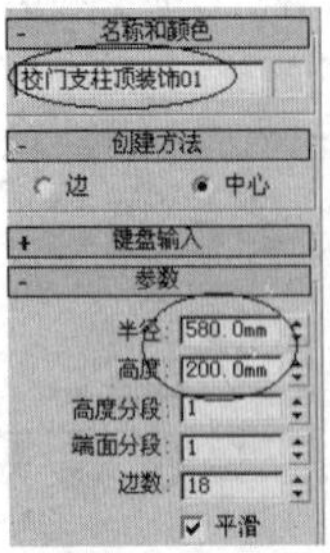

图 3.58

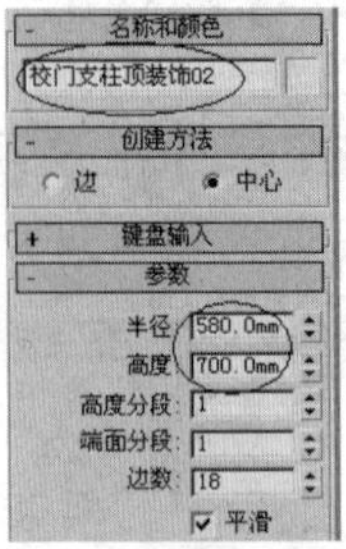

图 3.59

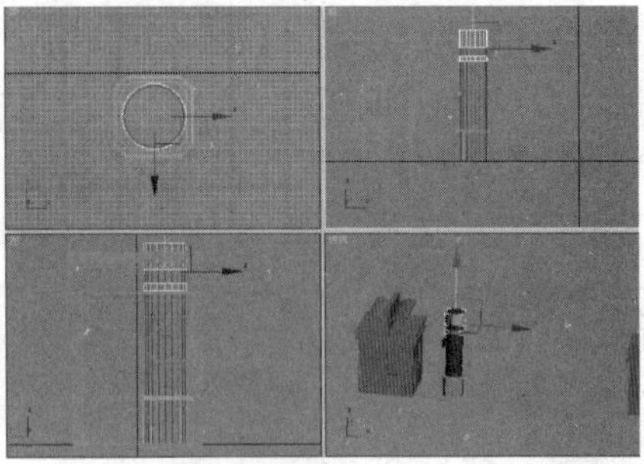

图 3.60

(3) 在命令面板中单击【创建】按钮，单击【图形】按钮，单击 线 按钮，在【前】视图中创建如图 3.61 所示的闭合曲线并命名为“校门支柱顶装饰 03”。

(4) 单击【修改】按钮转到【修改命令】面板，在该面板中单击【顶点】按钮，在【前】视图中选择如图 3.62 所示的点，再在 圆角 右边的文本输入框中输入数值“435”，并按 Enter 键，即可得到如图 3.63 所示的效果。

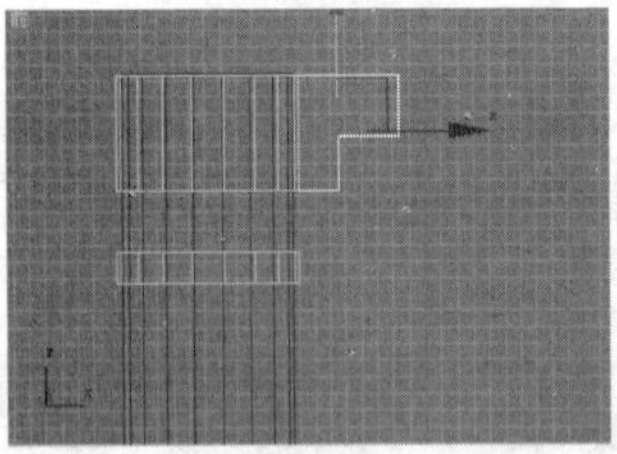

图 3.61

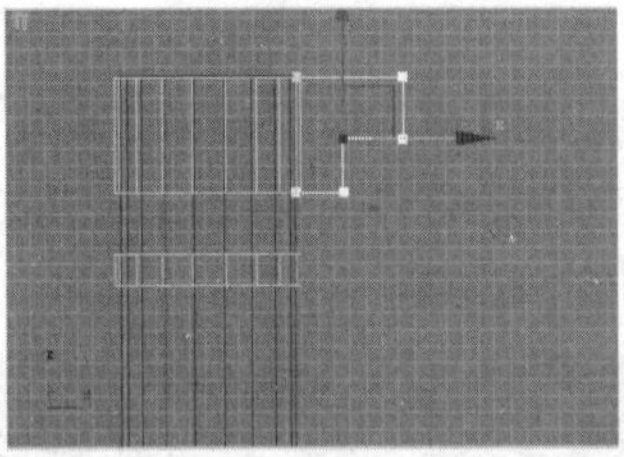

图 3.62

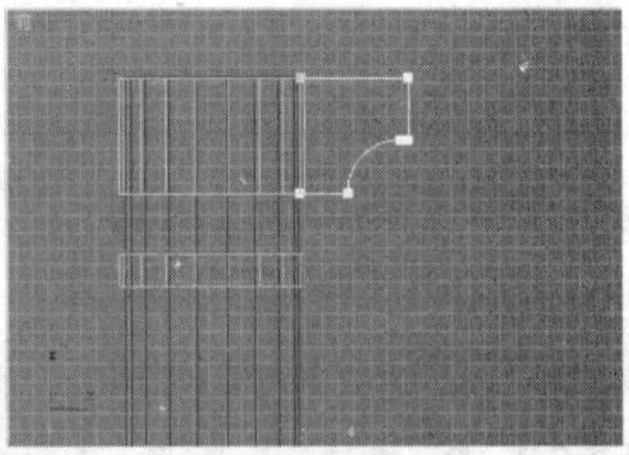

图 3.63

(5) 单击 修改器列表 右边的按钮，在弹出的下拉列表中选择 倒角 选项，具体参数设置如图 3.64 所示。再将“校门支柱顶装饰 03”以【实例】的方式复制 3 个并调整好位置，最终效果如图 3.65 所示。

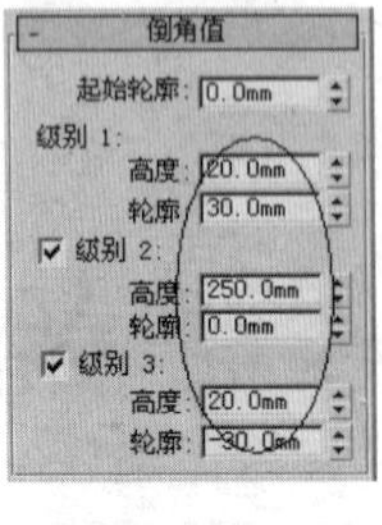

图 3.64

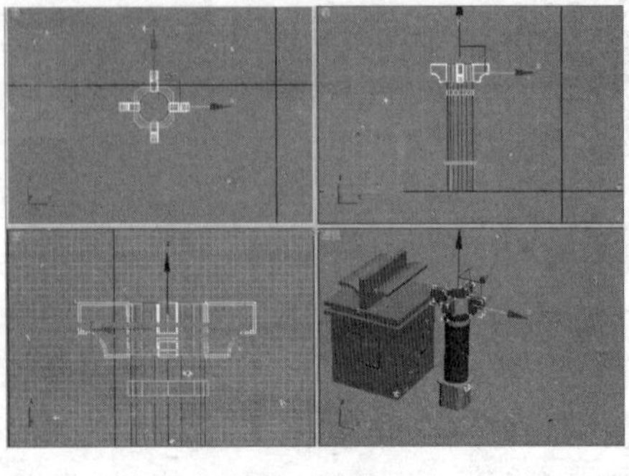

图 3.65

3.2.2　校门支柱模型材质的创建

1. 创建“校门支柱”材质

(1) 在工具栏中单击【材质编辑器】按钮，弹出【材质编辑器】设置对话框，在该对话框中单击第 5 个示例球，并在【从对象拾取材质】右边的文本输入框中输入“校门支柱”。

(2) 单击 漫反射: 右边的按钮，弹出【材质/贴图浏览器】设置对话框，在该对话框中双击 位图 命令，弹出【选择位图图像文件】设置对话框，选择需要的材质，如图 3.66 所示。单击 打开(O) 按钮，返回参数设置界面，具体设置如图 3.67 所示。

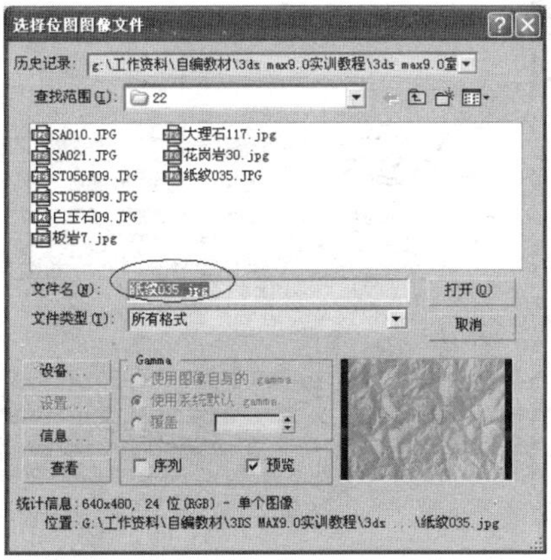

图　3.66

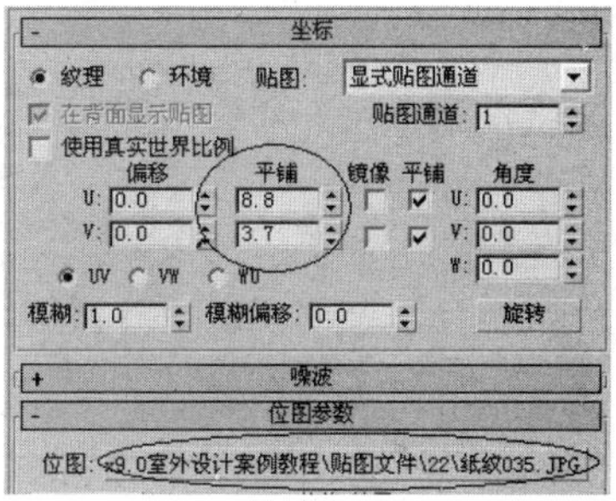

图　3.67

(3) 单击【转到父对象】按钮返回上一级，具体参数设置如图 3.68 所示。

(4) 在任意视图中选中“校门支柱主体 01”，单击【将材质指定给选定对象】按钮即可将材质赋予所选择的对象。

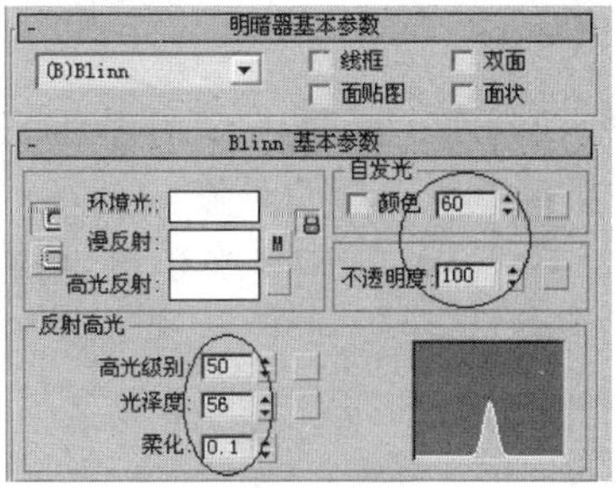

图　3.68

2. 创建“校门支柱基座”材质

(1) 在工具栏中单击【材质编辑器】按钮，弹出【材质编辑器】设置对话框，在该对话框中单击第4个示例球，并在【从对象拾取材质】右边的文本输入框中输入“校门支柱基座”。

(2) 单击漫反射右边的按钮，弹出【材质/贴图浏览器】设置对话框，在该对话框中双击位图选项，弹出【选择位图图像文件】设置对话框，选择需要的材质，如图3.69所示。单击打开(O)按钮，返回参数设置界面，具体设置如图3.70所示。

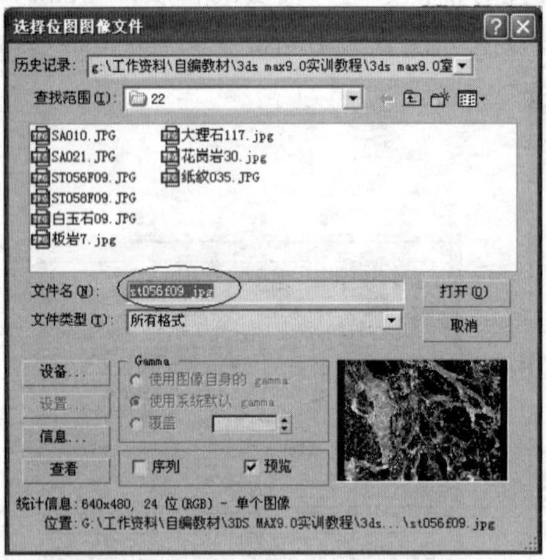

图 3.69

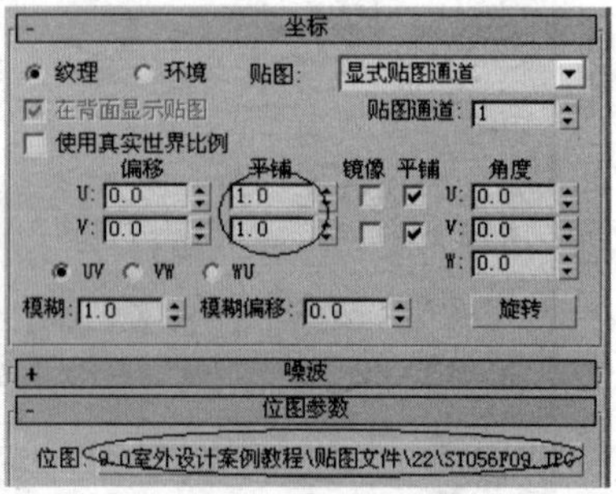

图 3.70

(3) 单击【转到父对象】按钮返回上一级。

(4) 在贴图卷展栏中单击反射右边的 None 按钮，弹出【材质/贴图浏览器】设置对话框，在该对话框中双击光线跟踪选项返回【光线跟踪】设置界面。

(5) 单击【转到父对象】按钮返回上一级并将【反射】的数量设置为10，再单击【转到父对象】按钮返回上一级。

(6) 在任意视图中选中“校门基座 01”和“支柱基座装饰 01”，单击【将材质指定给选定对象】按钮即可将材质赋予所选择的对象。

(7) 分别对“校门基座 01”和“支柱基座装饰 01”进行【UVW 贴图】，具体参数设置如图3.71和图3.72所示。

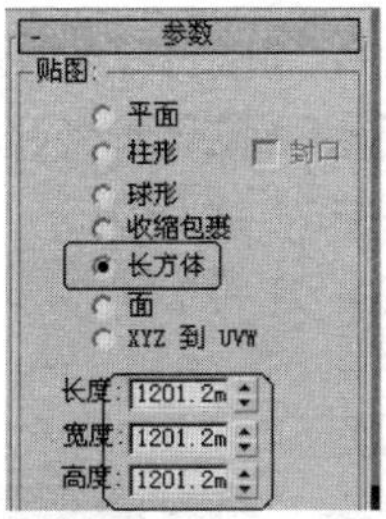

图　3.71

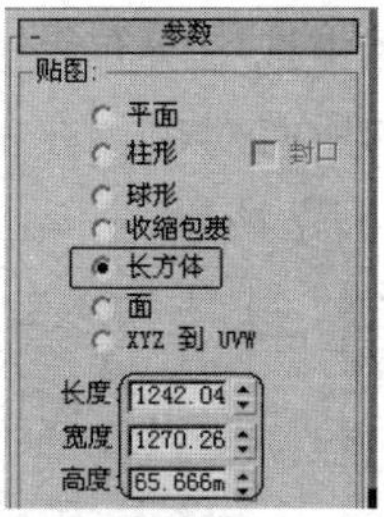

图　3.72

3. 创建“校门支柱顶装饰”材质

(1) 在工具栏中单击【材质编辑器】按钮，弹出【材质编辑器】设置对话框，在该对话框中单击第 6 个示例球，并在【从对象拾取材质】右边的文本输入框中输入“校门支柱顶装饰”。

(2) 单击漫反射:右边的按钮，弹出【材质/贴图浏览器】设置对话框，在该对话框中双击位图选项，弹出【选择位图图像文件】设置对话框，选择需要的材质，如图 3.73 所示。单击打开(O)按钮，返回参数设置界面。

(3) 单击【转到父对象】按钮返回上一级。

(4) 在工具栏中单击【按名称选择】按钮弹出【选择对象】设置对话框，具体设置如图 3.74 所示，单击选择按钮即可选中所有对象。

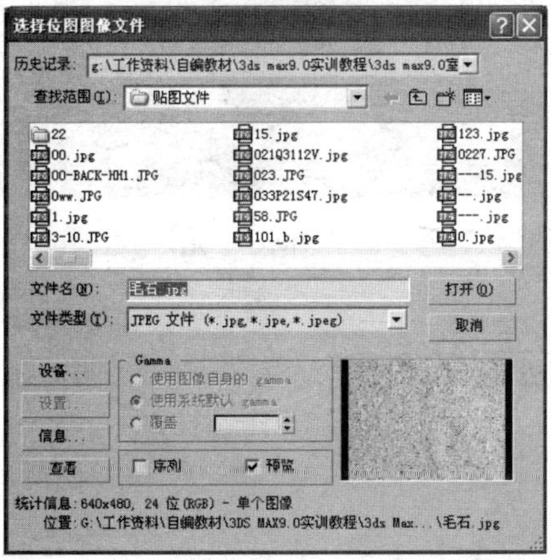

图　3.73

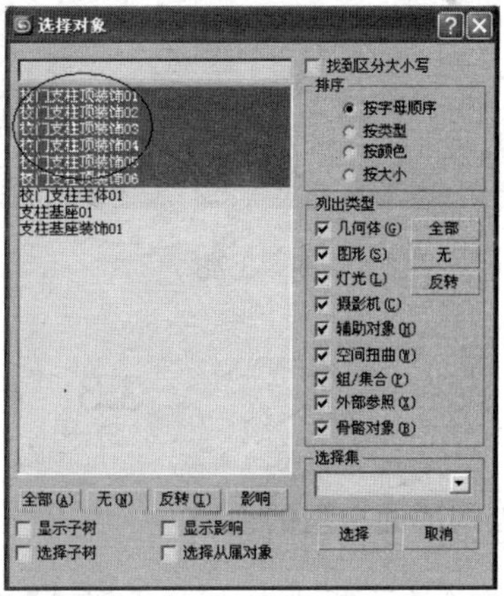

图　3.74

(5) 单击【将材质指定给选定对象】按钮即可将材质赋予所选择的对象。

(6) 对刚赋予了材质的对象进行【UVW 贴图】，具体参数设置如图 3.75 所示。

(7) 在【前】视图中选中所有“校门支柱的对象”，如图 3.76 所示。

(8) 选中视图中的所有对象，在工具栏中单击组(G)→成组(G)命令，弹出【组】设置对话框，具体设置如图 3.77 所示。单击确定按钮即可完成成组。

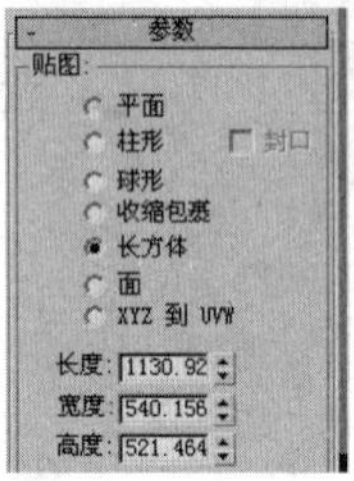

图 3.75

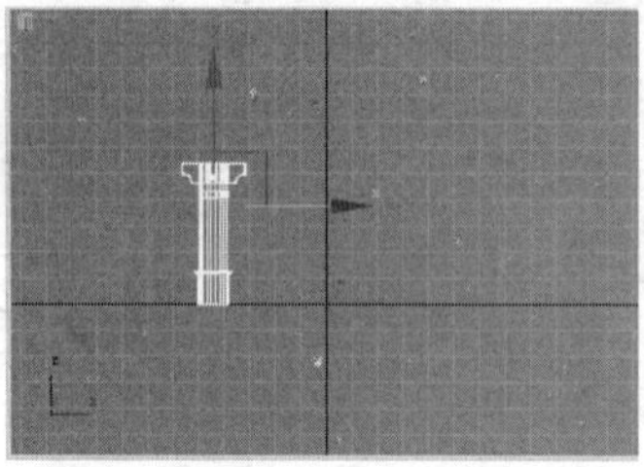

图 3.76

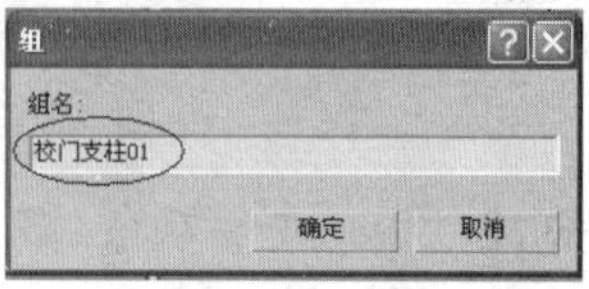

图 3.77

(9) 将“校门支柱 01”以【实例】的方式再复制 3 个，并调整好在各个视图中的位置，在各个视图中的位置如图 3.78 所示。

(10) 单击菜单栏中的【快速渲染】按钮，即可得到如图 3.79 所示的效果。

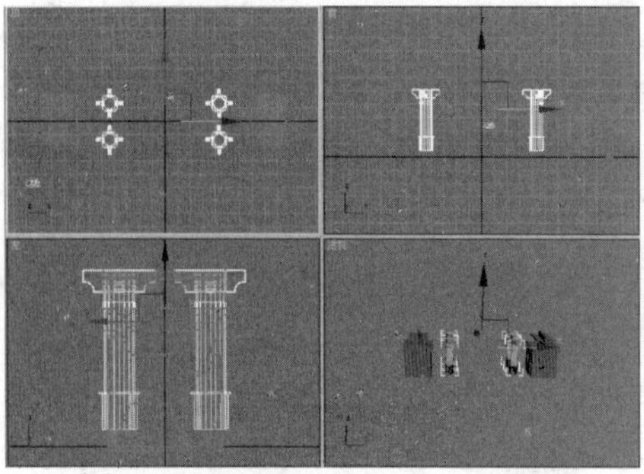

图 3.78

图 3.79

3.3 校门顶面的创建

3.3.1 校门顶面模型的创建

(1) 在命令面板中单击【创建】按钮，单击【几何体】按钮，单击长方体按钮，在【顶】视图中创建两个长方体并命名为“校门顶面 01”和“校门顶面 02”，具体参数设置如图 3.80 和图 3.81 所示。

(2) 在各个视图中调整好位置，如图 3.82 所示。

图　3.80

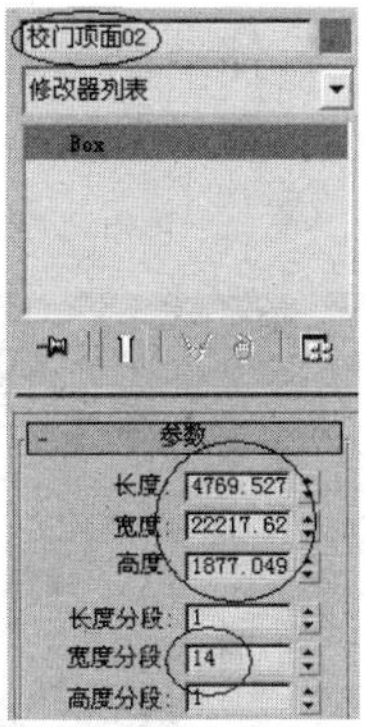

图　3.81

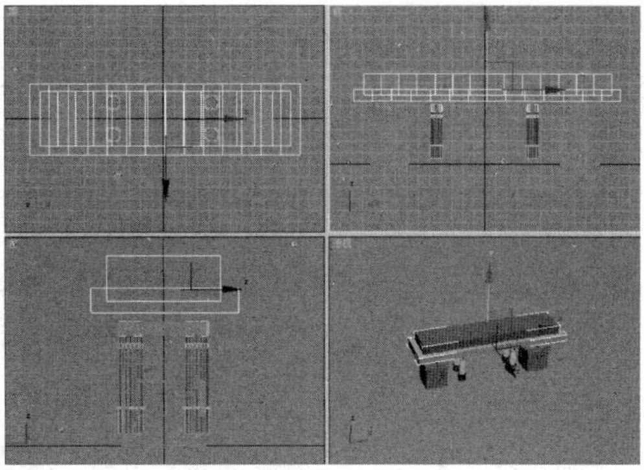

图　3.82

(3) 单选“校门顶面 01”对象，单击【创建】按钮转到【创建命令】面板，单击标准基本体右边的按钮，在弹出的下拉列表中选择复合对象选项。

(4) 在【复合对象】命令面板中单击布尔按钮，单击拾取操作对象 B按钮，再在任意视图中单击“校门顶面 02”对象即可进行布尔运算。最终效果如图 3.83 所示。

(5) 单击【修改】按钮转到【修改命令】面板，单击修改器列表右边的按钮，在弹出的下拉列表中选择弯曲选项，具体参数设置如图 3.84 所示。

(6) 在各个视图中调整好位置，最终效果如图 3.85 所示。

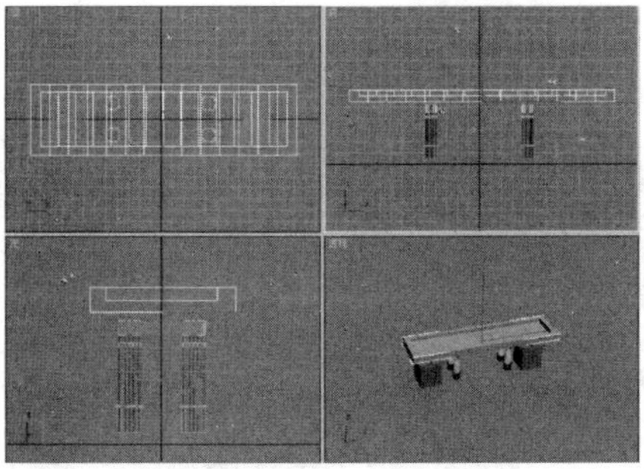

图　3.83

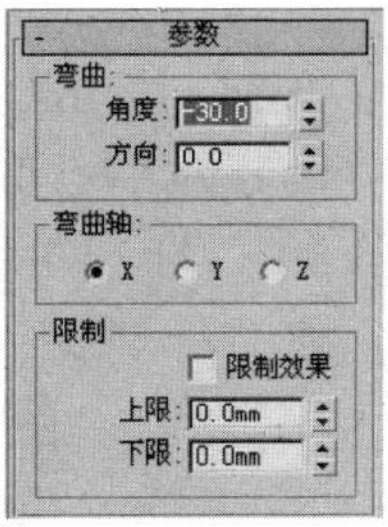

图　3.84

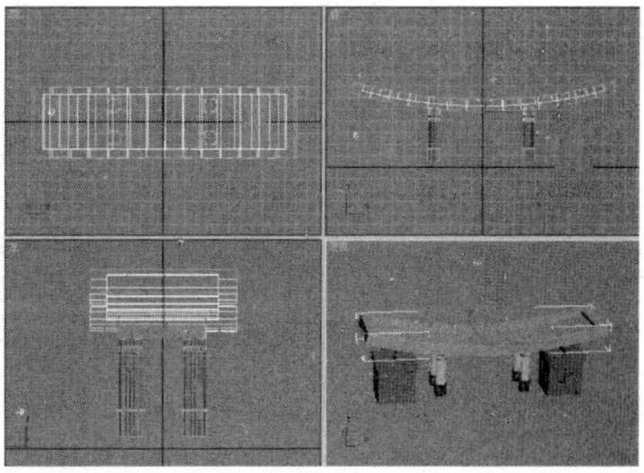

图　3.85

3.3.2　校门顶面模型贴图

(1) 单选“校门顶面 01”对象。

(2) 在工具栏中单击【材质编辑器】按钮，弹出【材质编辑器】设置对话框，在该对话框中单击第一个示例球。

(3) 单击【将材质指定给选定对象】按钮即可将材质赋予所选择的对象。

(4) 对刚赋予了材质的对象进行【UVW 贴图】，具体参数设置如图 3.86 所示。

(5) 单选【透视】视图，单击菜单栏中的【快速渲染】按钮，即可得到如图 3.87 所示的效果。

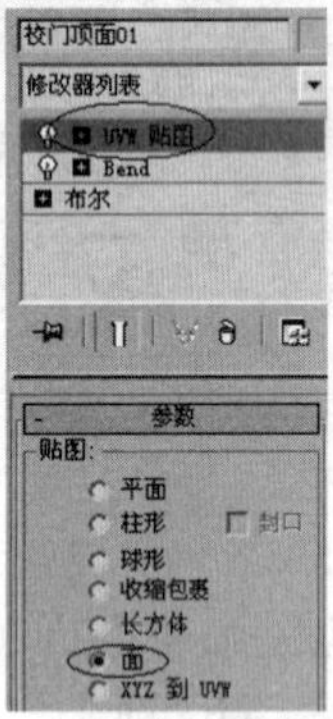

图 3.86

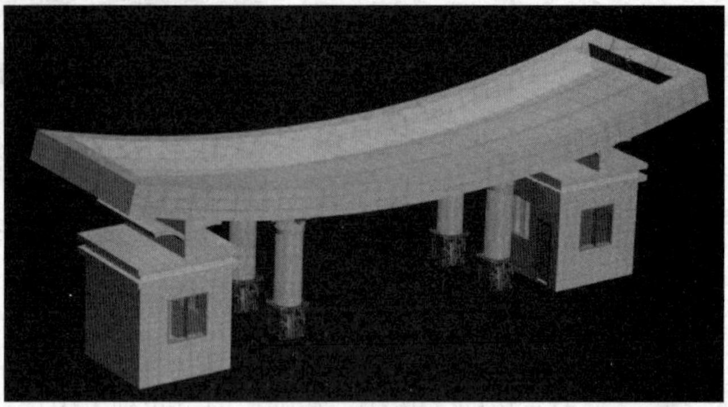

图 3.87

3.4 校门其他装饰的创建

3.4.1 校门围墙的创建

1. 校门围墙模型的创建

(1) 在命令面板中单击【创建】按钮，单击【几何体】按钮，单击 长方体 按钮，在【顶】视图中创建 3 个长方体并命名为“校门围墙 01”、“校门围墙 02”和“校门围墙 03”，具体参数设置如图 3.88、图 3.89 和图 3.90 所示。进行旋转 30 度操作，并调整好位置，最终效果如图 3.91 所示。

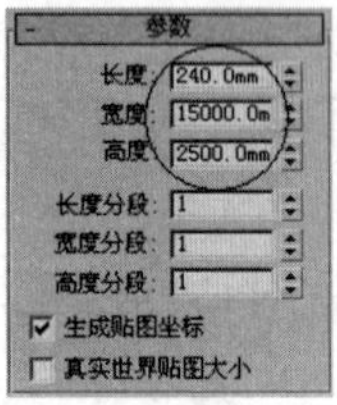

图 3.88

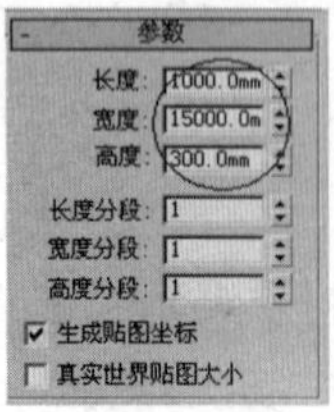

图 3.89

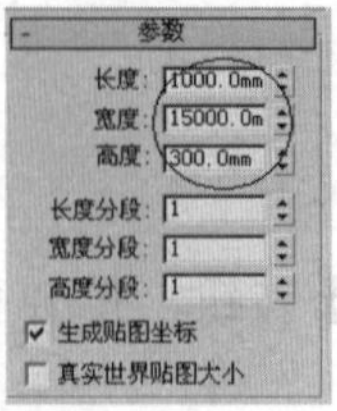

图 3.90

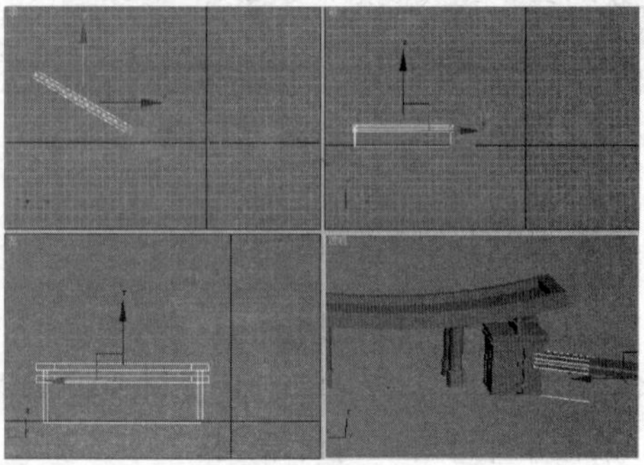

图 3.91

(2) 选中“校门围墙 01”、“校门围墙 02”和“校门围墙 03”并进行成组操作，组名为“围墙 01”。

(3) 对“围墙 01”以【实例】方式【镜像】出“围墙 02”组对象，调整好位置，最终效果如图 3.92 所示。

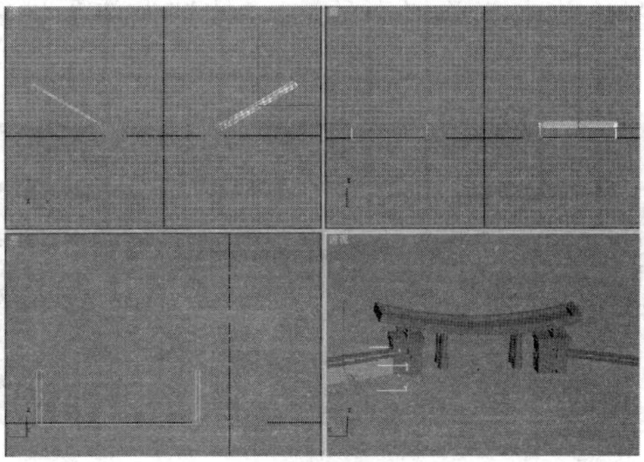

图　3.92

2. 对校门围墙模型进行贴图

(1) 在工具栏中单击【材质编辑器】按钮，弹出【材质编辑器】设置对话框，在该对话框中单击第 7 个示例球，在【从对象拾取材质】右边的文本输入框中输入“围墙贴图”。

(2) 单击漫反射右边的按钮，弹出【材质/贴图浏览器】设置对话框，在该对话框中双击位图选项，弹出【选择位图图像文件】设置对话框，选择需要的材质，如图 3.93 所示。单击打开(O)按钮，返回参数设置界面，具体设置如图 3.94 所示。

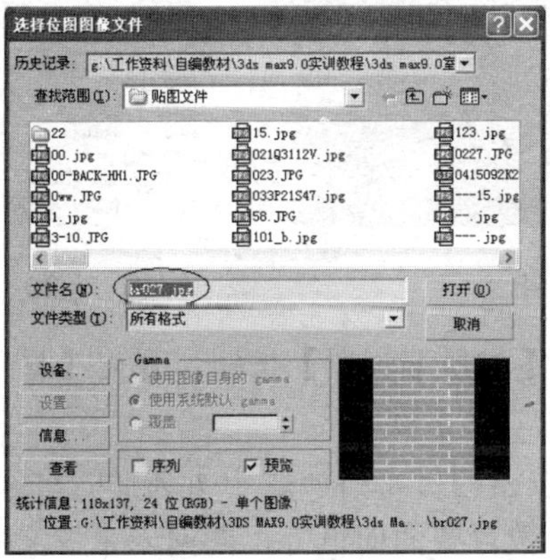

图　3.93

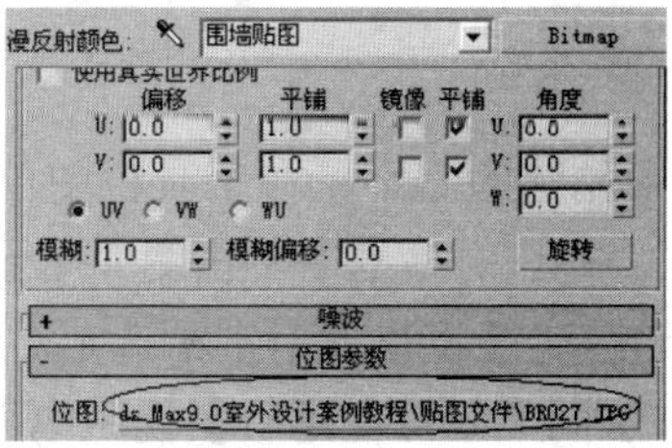

图　3.94

(3) 单击【转到父对象】按钮返回上一级。

(4) 选中“围墙 01”和“围墙 02”，单击【将材质指定给选定对象】按钮即可将材质赋予所选择的对象。

(5) 对刚赋予了材质的对象进行【UVW 贴图】，具体参数设置如图 3.95 所示。

(6) 单选【透视】视图，单击菜单栏中的【快速渲染】按钮，即可得到如图 3.96 所示的效果。

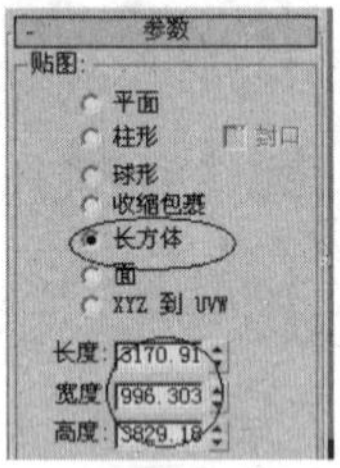

图 3.95

图 3.96

(7) 在命令面板中单击【创建】按钮，单击【图形】按钮，单击 文本 按钮，在【后】视图中创建“广东省岭南工商第一技师学院”的文字，具体参数设置如图 3.97 所示，在【顶】视图中将创建的文字旋转 30°，调整好位置，如图 3.98 所示。

(8) 单击【修改】按钮转到【修改命令】面板，单击 修改器列表 右边的按钮，在弹出的下拉列表中选择 倒角 选项，具体参数设置如图 3.99 所示。

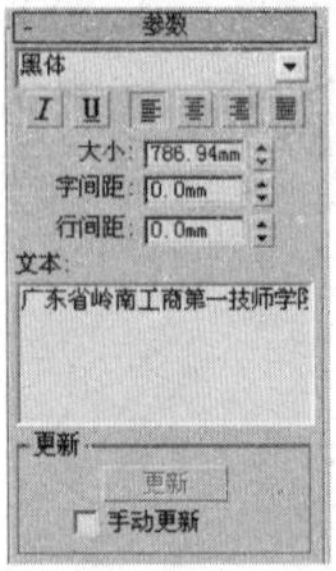

图 3.97

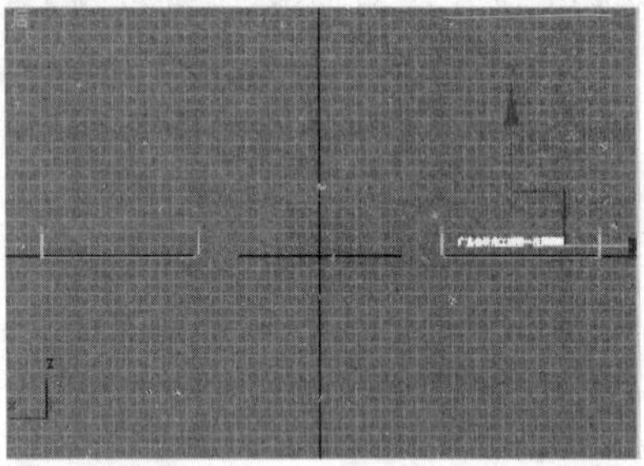

图 3.98

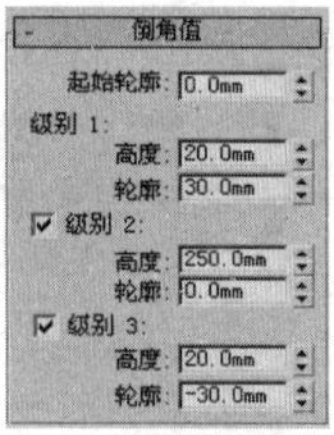

图 3.99

(9) 选中创建的文字，在工具栏中单击【材质编辑器】按钮，弹出【材质编辑器】设置对话框，在该对话框中单击第 4 个示例球。

(10) 单击【将材质指定给选定对象】按钮即可将材质赋予所选择的对象。

(11) 方法同上，再在【后】视图中创建“教育要面向世界，面向未来”文字，并赋予第 4 个材质实例球的材质，调整好位置，在各个视图中的位置如图 3.100 所示。

(12) 单选【透视】视图，单击菜单栏中的【快速渲染】按钮，即可得到如图 3.101 所示的效果。

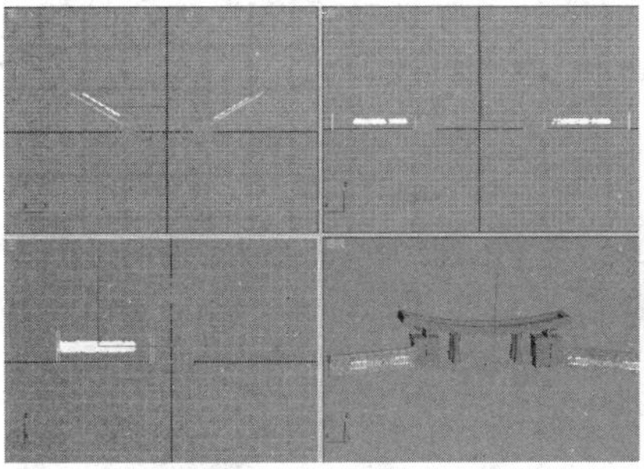

图　3.100

图　3.101

3.4.2　校门电动门及侧门的创建

1. 电动门模型的创建

(1) 启动 3ds Max 9.0 并设置系统单位为“毫米”，保存文件，文件名为“电动门.max”。

(2) 在命令面板中单击【创建】按钮，单击【图形】按钮，单击 矩形 按钮，在【左】视图中创建一个矩形并命名为“电动门 01”，具体参数设置如图 3.102 所示。

(3) 单击【修改】按钮转到【修改命令】面板，单击 修改器列表 右边的按钮，在弹出的下拉列表中选择 编辑样条线 选项，在【选择】卷展栏中单击【分段】按钮。

(4) 在【左】视图中单击矩形的下边并将其删除，如图 3.103 所示。

(5) 在【几何体】卷展栏中单击 优化 按钮。在【左】视图中给矩形添加 4 个点，结合【选择并移动】工具对添加的点进行位置调整，最终效果如图 3.104 所示。

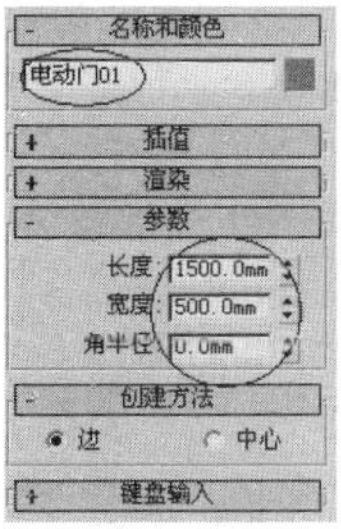

图　3.102

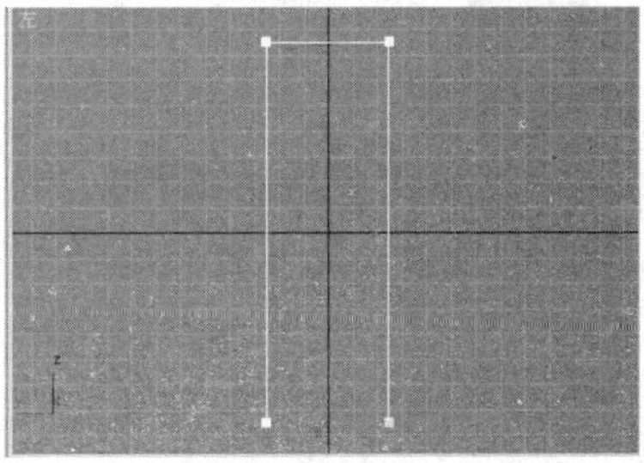

图　3.103

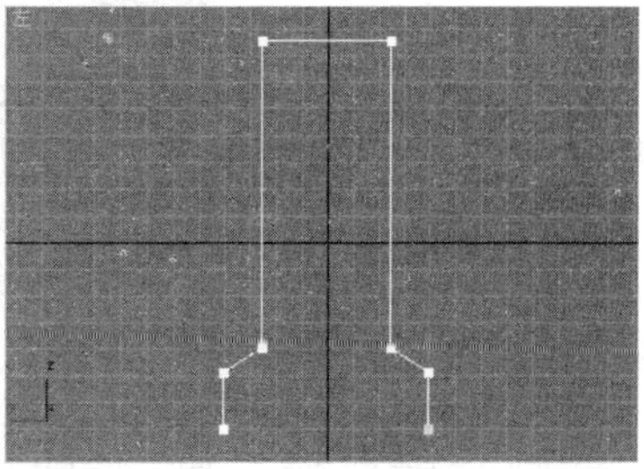

图　3.104

(6) 在【几何体】卷展栏中单击 圆角 按钮，在【左】视图中对点进行圆角处理，最终效果如图 3.105 所示。

(7) 单击【样条线】按钮，单击 轮廓 按钮，在 轮廓 按钮右边的文本输入框中输入数值 20。

(8) 单击 修改器列表 右边的按钮，在弹出的下拉列表中选择 倒角 选项，具体参数设置如图 3.106 所示，在各个视图中的位置如图 3.107 所示。

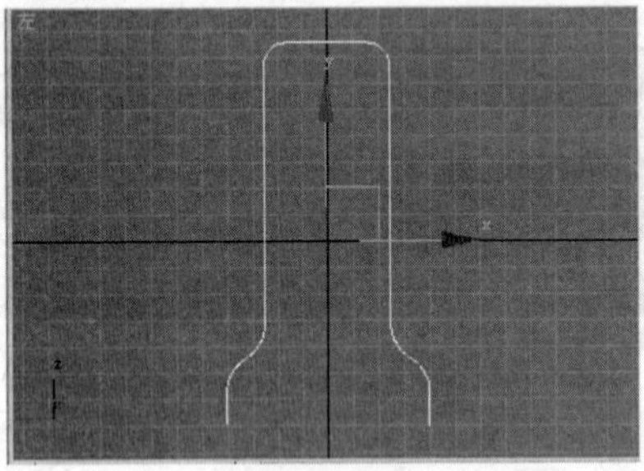

图 3.105

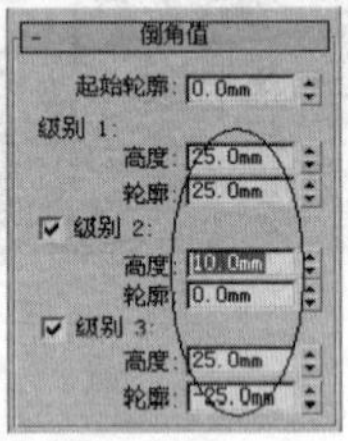

图 3.106

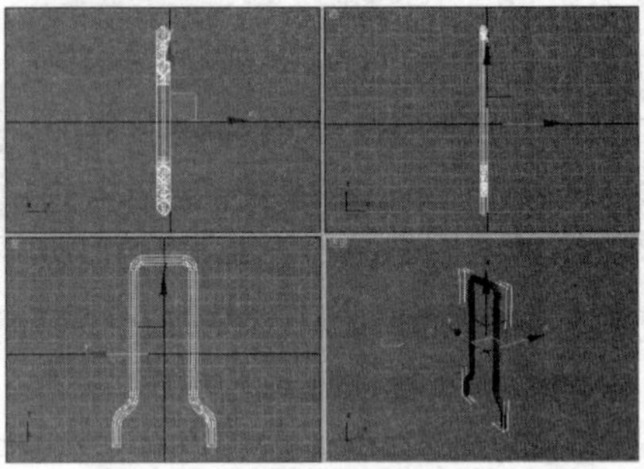

图 3.107

(9) 在命令面板中单击【创建】按钮，单击【几何体】按钮。单击 标准基本体 右边的按钮，在弹出的下拉列表中选择 扩展基本体 选项转到【扩展基本体】命令面板。

(10) 单击 切角圆柱体 按钮，在【前】视图中创建一个切角长方体并命名为“车轮 01”。具体参数设置如图 3.108 所示。

(11) 将“车轮 01”以【实例】的方式复制一个并在各个视图中调整好位置，最终效果如图 3.109 所示。

(12) 在命令面板中单击【创建】按钮，单击【几何体】按钮，单击 长方体 按钮，在【前】视图中创建一个长方体，具体参数设置如图 3.110 所示。

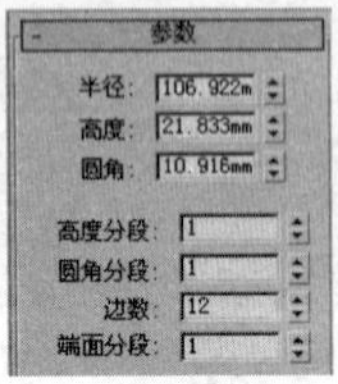

图 3.108

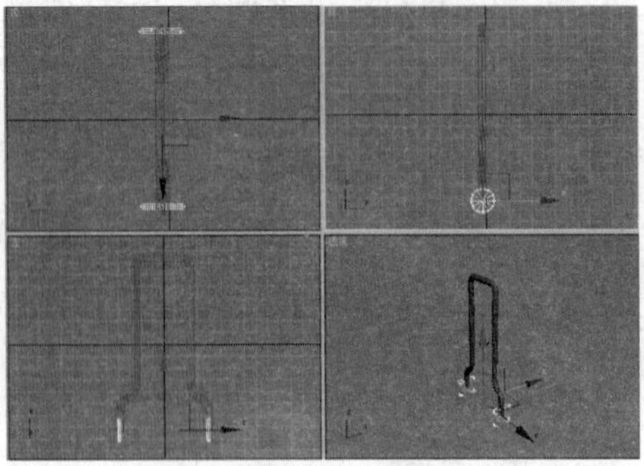

图 3.109

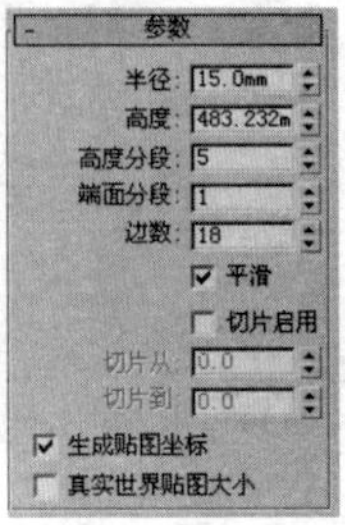

图 3.110

(13) 调整好位置，在各个视图中的位置如图 3.111 所示。

(14) 选中视图中的所有对象，在菜单栏中单击组(G)→成组(G)命令，弹出【组】设置对话框，具体设置如图 3.112 所示，单击确定按钮即可成组。

(15) 将组“车轮 01”以【实例】的方式复制 31 个，在各个视图中的位置如图 3.113 所示。

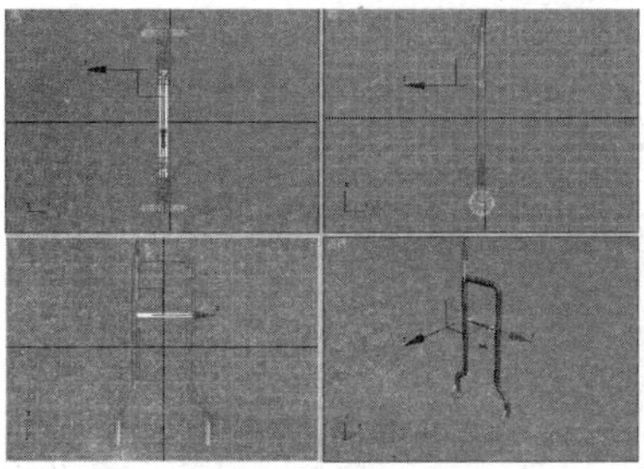

图　3.111

图　3.112

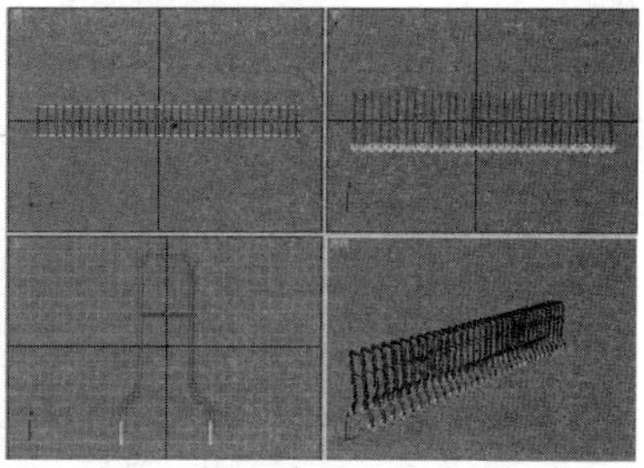

图　3.113

(16) 在命令面板中单击【创建】按钮，单击【图形】按钮，单击线按钮，在【前】视图中创建如图 3.114 所示并命名为“装饰 01”。

(17) 单击【样条线】按钮，单击轮廓按钮，在轮廓按钮右边的文本输入框中输入数值-8。

(18) 单击修改器列表右边的按钮，在弹出的下拉列表中选择挤出选项，具体参数设置如图 3.115 所示。

(19) 确保“装饰 01”被选中，在工具栏中单击【镜像】按钮，弹出【镜像：屏幕 坐标】设置对话框，具体设置如图 3.116 所示，单击确定按钮即可【镜像】出一个“装饰 02”对象。

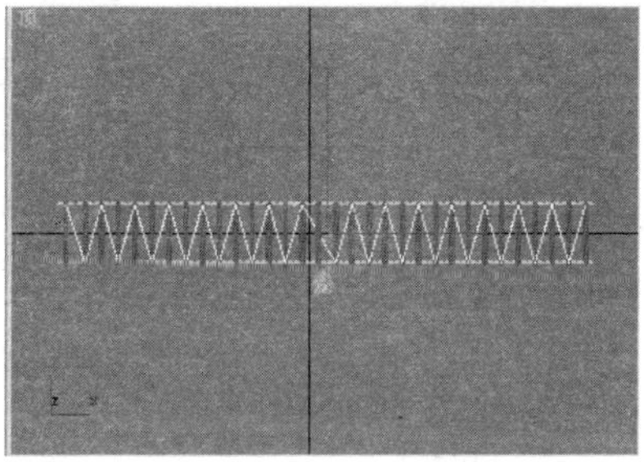

图　3.114

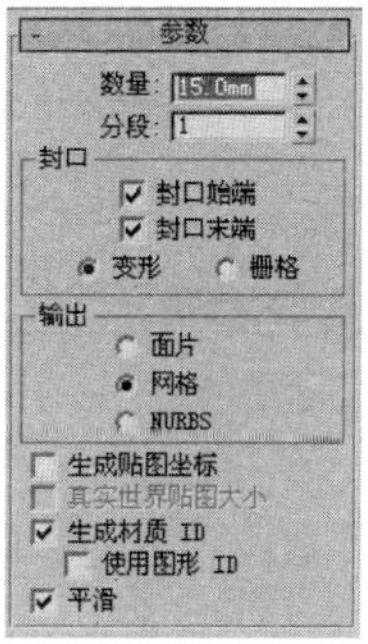

图　3.115

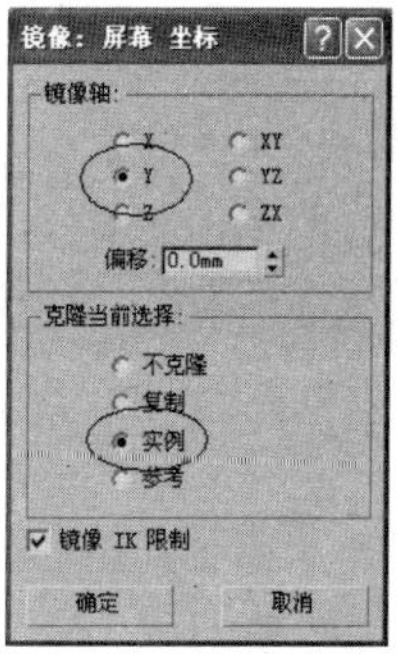

图　3.116

(20) 调整好在各个视图中的位置，如图 3.117 所示。

(21) 在命令面板中单击【创建】按钮，单击【几何体】按钮，单击 圆柱体 按钮，在【前】视图中创建一个圆柱体并命名为“电动门横 01”，具体参数设置如图 3.118 所示，在各个视图中的位置如图 3.119 所示。

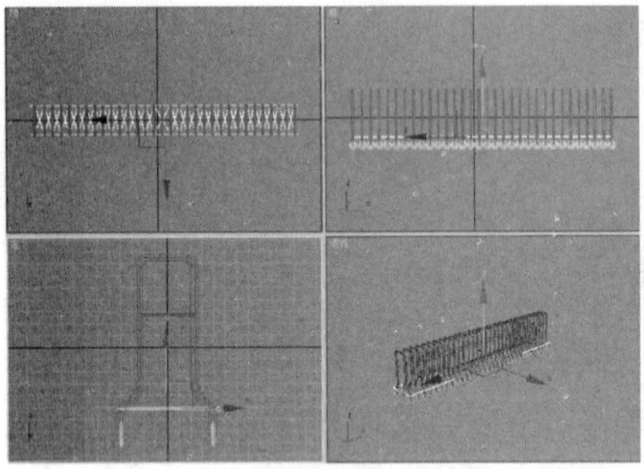

图 3.117

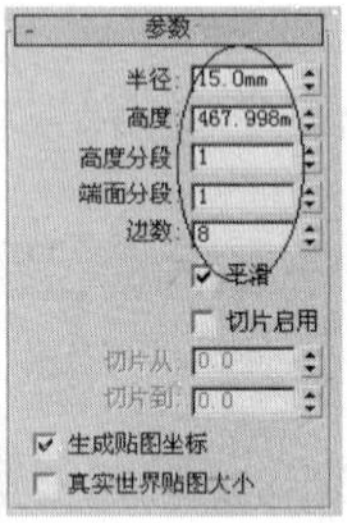

图 3.118

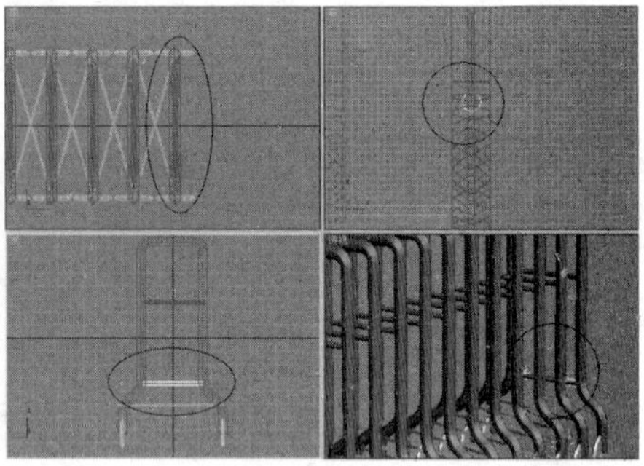

图 3.119

(22) 在【前】、【顶】视图中将“电动门横 01”以【实例】的方式复制 31 个，并在各个视图中调整好位置，在各个视图中的位置如图 3.120 所示。

(23) 选中“电动门横 01”到“电动门横 32”的对象并进行成组，组名为“电动门横”。

(24) 在命令面板中单击【创建】按钮，单击【图形】按钮，单击 线 按钮，在【前】视图中创建如图 3.121 所示并命名为“电动门斜杆 01”。

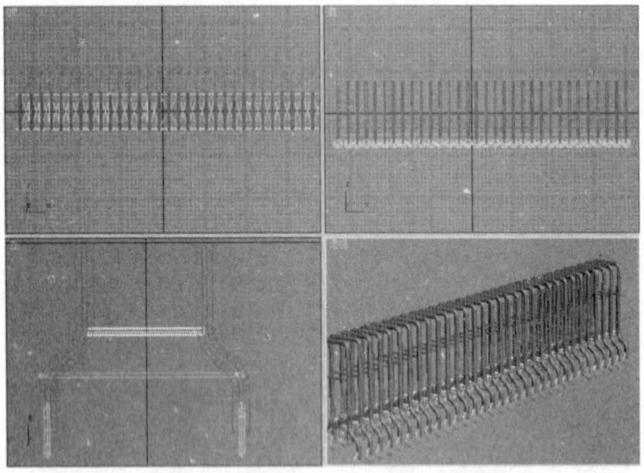

图 3.120

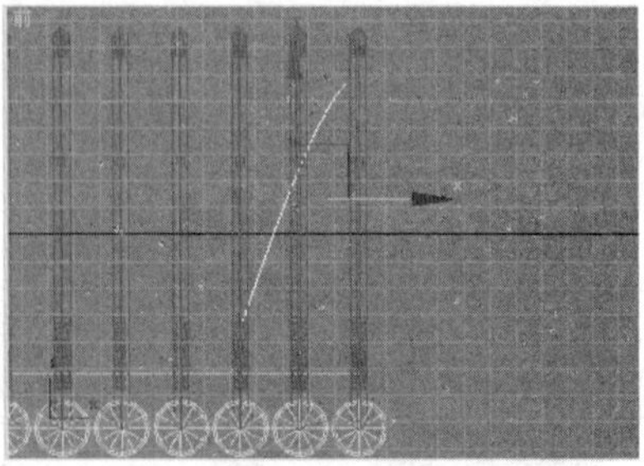

图 3.121

(25) 单击【样条线】按钮，单击 轮廓 按钮，在 轮廓 按钮右边的文本输入框中输入数值-10。

(26) 单击 修改器列表 右边的按钮，在弹出的下拉列表中选择 倒角 选项，具体参数设置如图 3.122 所示。

(27) 在【前】视图中使用【镜像】工具，将“电动门斜杆 01”以【实例】的方式【镜像】出“电动门斜杆 02”并调整好位置，在各个视图中的位置如图 3.123 所示。

(28) 选中“电动门斜杆 01”和“电动门斜杆 02”，在【前】视图中以【实例】的方式复制 15 个，并调整好位置，在各个视图中的位置如图 3.124 所示。

(29) 选中“电动门斜杆 01”到“电动门斜杆 32”并成组，组名为“电动门斜杆”。

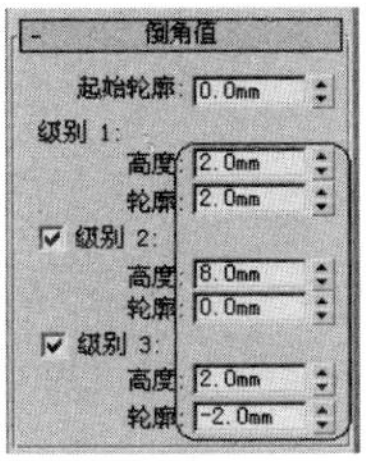

图　3.122

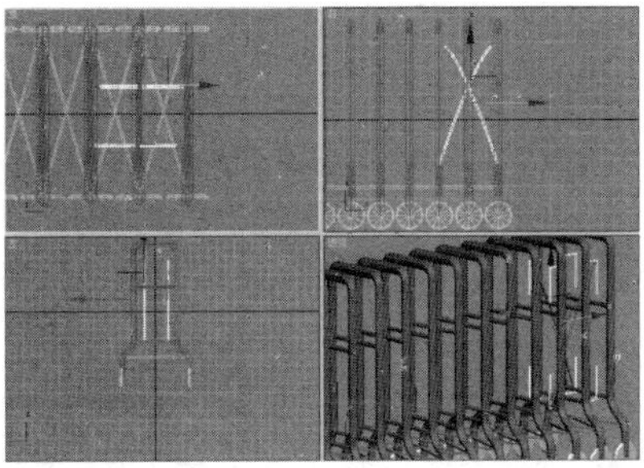

图　3.123

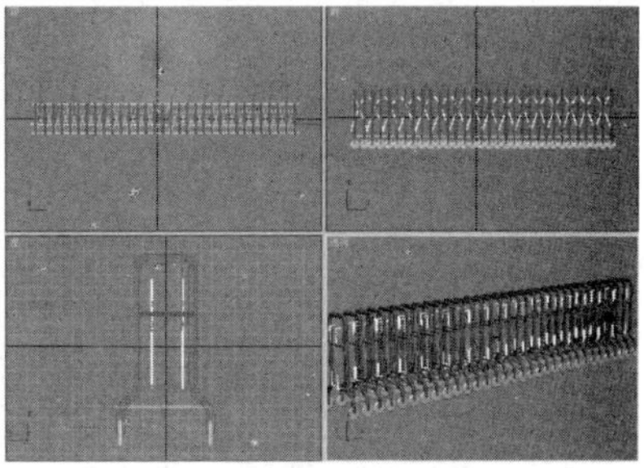

图　3.124

(30) 在命令面板中单击【创建】按钮，单击【图形】按钮，单击 线 按钮，在【顶】视图中创建如图 3.125 所示的模型并命名为“装饰上 01”。

(31) 单击【样条线】按钮，单击 轮廓 按钮，在 轮廓 按钮右边的文本输入框中输入数值-15。

(32) 单击 修改器列表 右边的按钮，在弹出的下拉列表中选择挤出选项，具体参数设置如图 3.126 所示。

(33) 确保“装饰上 01”被选中，在工具栏中单击【镜像】按钮，弹出【镜像：屏幕坐标】设置对话框，具体设置如图 3.127 所示。单击 确定 按钮即可【镜像】出一个“装饰上 02”对象。

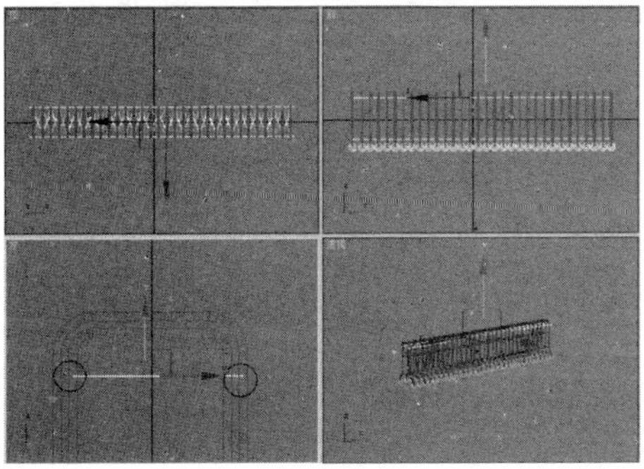

图　3.125

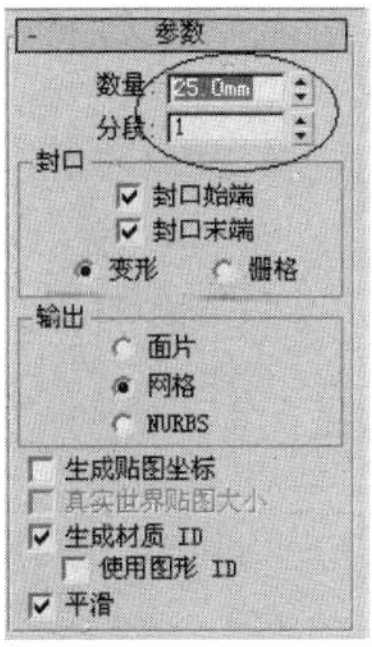

图　3.126

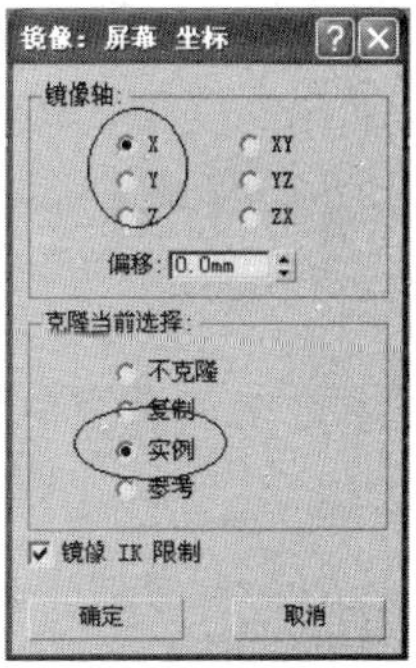

图　3.127

(34) 调整好各个视图中的位置如图 3.128 所示。

(35) 利用前面第(1)步到第(7)步的方法在【左】视图中创建如图 3.129 所示的闭合曲线并命名为“电动门机头曲线”。

(36) 单击修改器列表右边的▾按钮，在弹出的下拉列表中选择倒角选项，具体参数设置如图 3.130 所示。

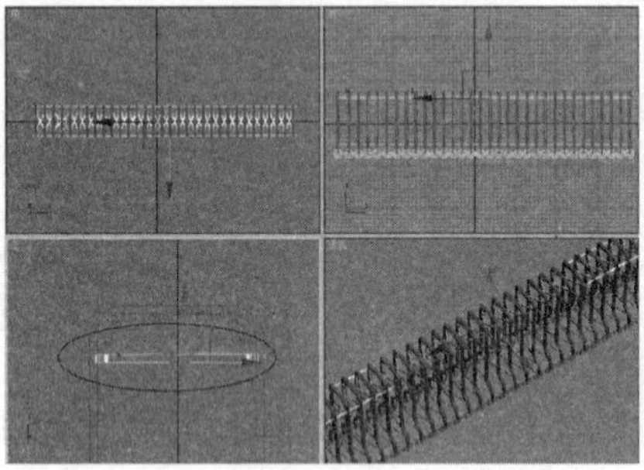

图 3.128

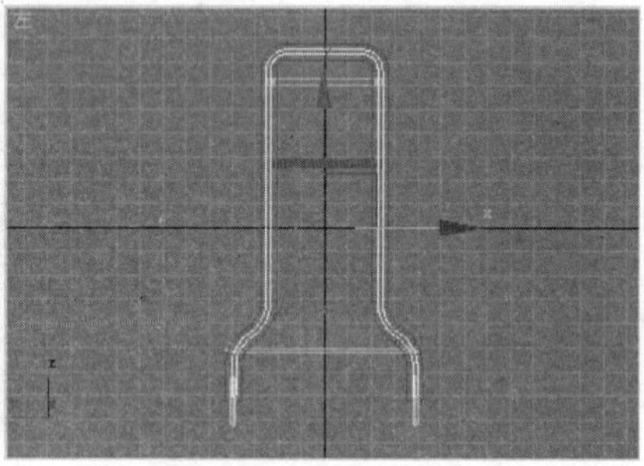

图 3.129

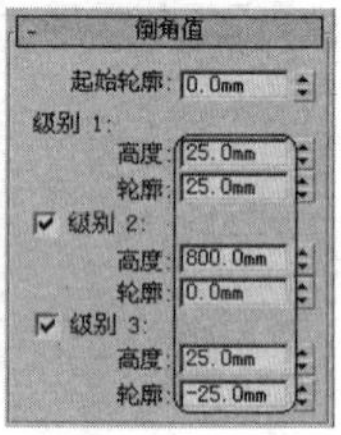

图 3.130

(37) 利用前面第(9)步到第(11)步的方法，再创建 4 个车轮。在各个视图中调整好位置，如图 3.131 所示。最终渲染效果如图 3.132 所示。

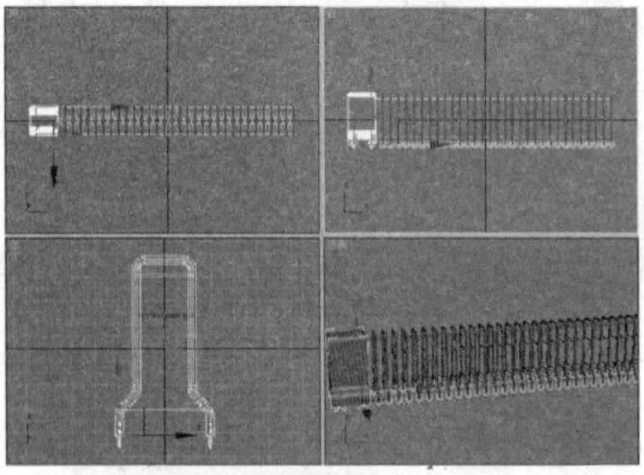

图 3.131

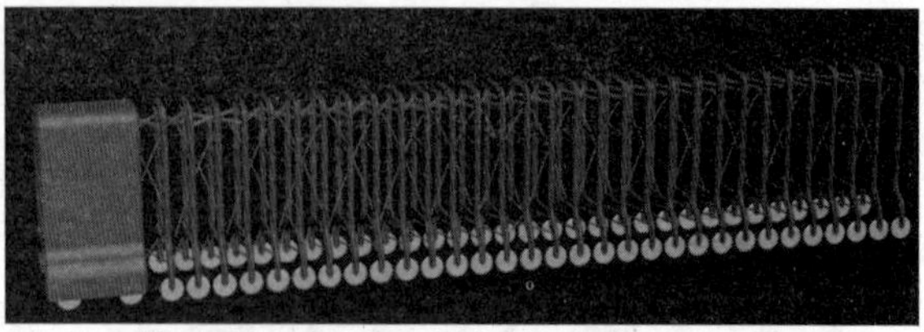

图 3.132

2. 电动门模型贴图的创建

(1) 在工具栏中单击【材质编辑器】按钮，弹出【材质编辑器】设置对话框，在该对话框中单击一个空白示例球，在【从对象拾取材质】右边的文本输入框中输入“金属材质”。

(2) 在【明暗基本参数】卷展栏中单击(B)Blinn右边的▾按钮，在弹出的下拉列表中选择(M)金属选项。

(3) 在金属基本参数卷展栏中将【环境光】和【漫反射】右边的颜色设置为纯白色，其他具体参数设置如图 3.133 所示。

(4) 单击漫反射:右边的按钮，弹出【材质/贴图浏览器】设置对话框，在该对话框中双击位图选项，弹出【选择位图图像文件】设置对话框，选择需要的材质，如图 3.134 所示。单击打开(O)按钮，返回参数设置界面，具体设置如图 3.135 所示。

(5) 单击【转到父对象】按钮返回上一级。

(6) 在【贴图】卷展栏中将反射的贴图类型设置为【光线跟踪】，反射数量为 20。

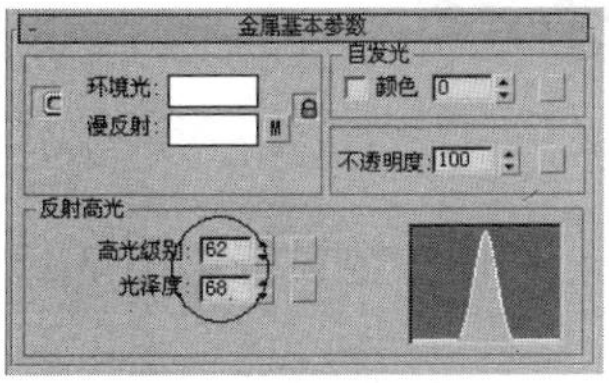

图　3.133

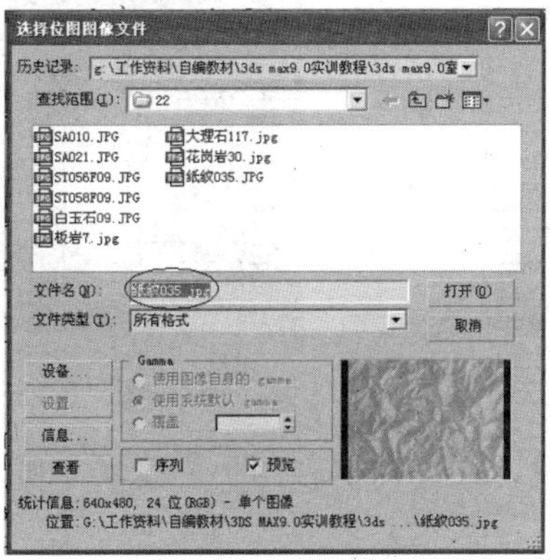

图　3.134

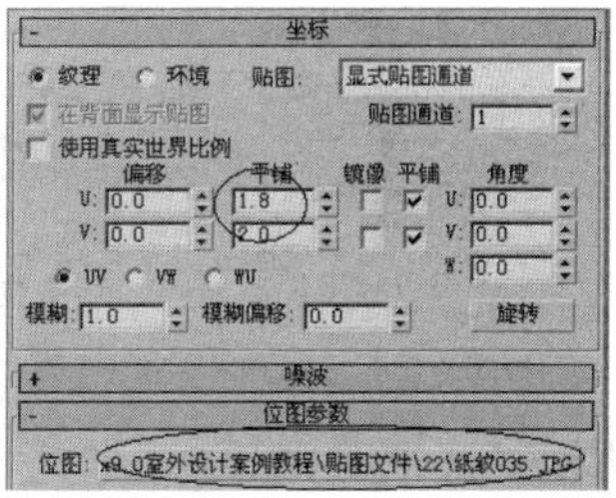

图　3.135

(7) 在视图中选中所有对象，单击【将材质指定给选定对象】按钮即可将材质赋予所选的对象。

(8) 单选【透视】视图，单击菜单栏中的【快速渲染】按钮，即可得到如图 3.136 所示的效果。

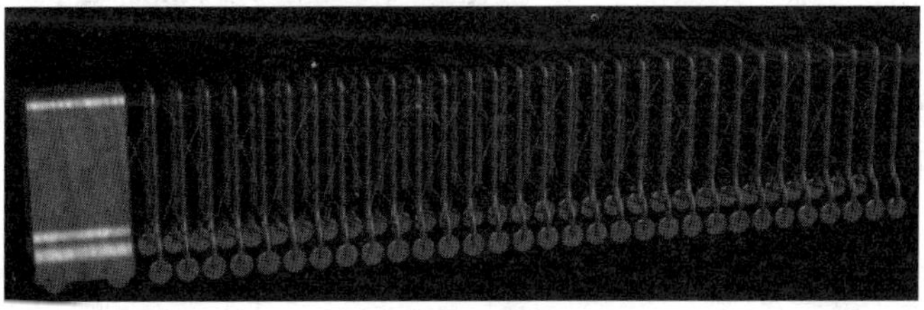

图　3.136

(9) 按 Ctrl+S 组合键，保存文件。

3. 侧门的创建

(1) 启动 3ds Max 9.0 并设置系统单位为“毫米”，保存文件，文件名为“侧门.max”。

(2) 在命令面板中单击【创建】按钮，单击【图形】按钮，单击矩形按钮，在【前】视图中创建一个矩形并命名为“侧门 01”，具体参数设置如图 3.137 所示。

(3) 单击【修改】按钮转到【修改】命令面板，单击修改器列表右边的按钮，在弹出的下拉列表中选择编辑样条线选项，在【选择】卷展栏中单击【样条线】按钮。

(4) 单击轮廓按钮，在轮廓按钮右边的文本输入框中输入数值 65。

(5) 使用矩形工具和圆环工具，在【前】视图中绘制矩形和圆环，并在【前】视图中调整好位置，最终效果如图 3.138 所示。

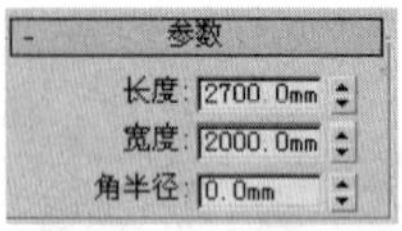

图 3.137

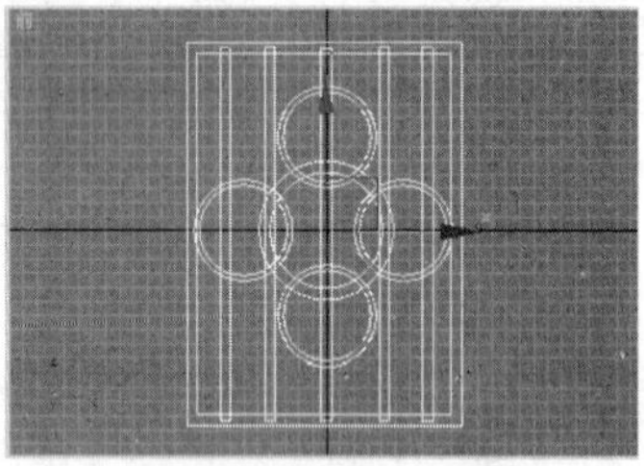

图 3.138

(6) 再使用圆环工具，在【前】视图中创建 4 个圆环，具体参数设置如图 3.139 所示。

(7) 在【前】视图中调整好位置，最终效果如图 3.140 所示。

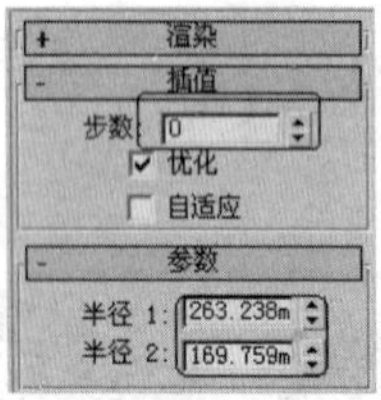

图 3.139

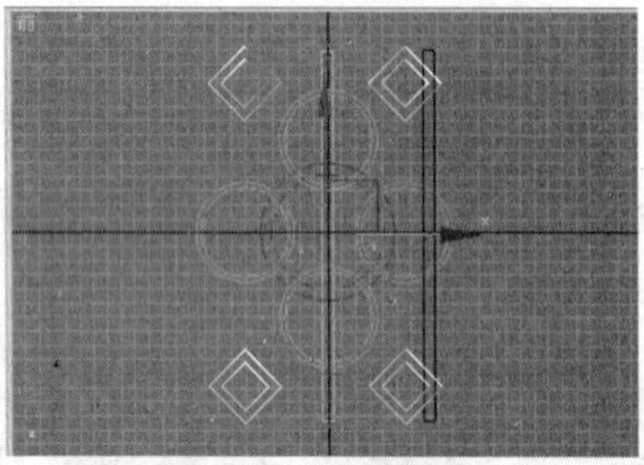

图 3.140

(8) 选中所有对象，单击【修改】按钮转到【修改命令】面板，单击修改器列表右边的按钮，在弹出的下拉列表中选择挤出选项，具体参数设置如图 3.141 所示。

(9) 创建“金属材质”贴图，具体创建方法可参考“电动门”中“金属材质”贴图的创建。

(10) 在视图中选中所有对象，单击【将材质指定给选定对象】按钮即可将材质赋予所选择的对象。

(11) 单选【透视】视图，单击菜单栏中的【快速渲染】按钮，即可得到如图 3.142 所示的效果。

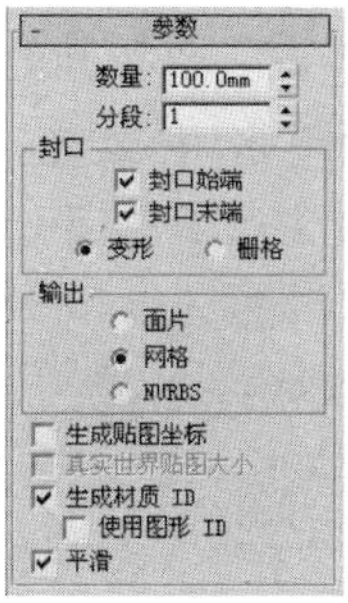

图　3.141

图　3.142

(12) 在视图中选中所有对象，将选中的对象成组，组名为“侧门”。

(13) 按 Ctrl+S 组合键，保存文件。

3.5　文件的合并

用户在制作大型的场景文件时，往往需要团队的合作才能完成，到最后用户通过 3ds Max 9.0 系统提供的【文件合并】命令，将每个成员制作的模型合并到一起。最终渲染出客户需要的效果图。文件合并的具体操作方法如下。

(1) 打开“某高校校门.max”文件。

(2) 在命令面板中单击【创建】按钮，单击【几何体】按钮，单击 平面 按钮，在【顶】视图中创建一个平面并命名为“地面”，具体参数设置如图 3.143 所示。

(3) 将前面制作的“大理石”材质赋予 “地面”并进行【UVW 贴图】，具体参数设置如图 3.144 所示。

(4) 在各个视图中调整好位置，最终效果如图 3.145 所示。

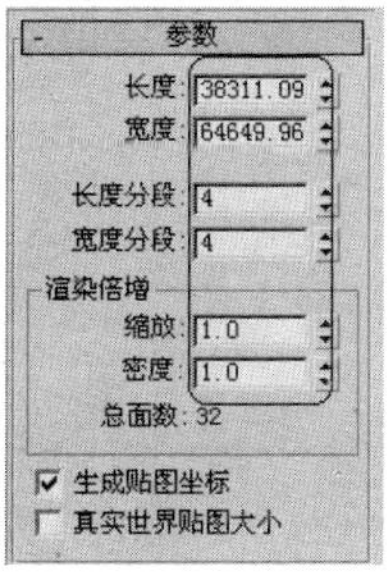

图　3.143

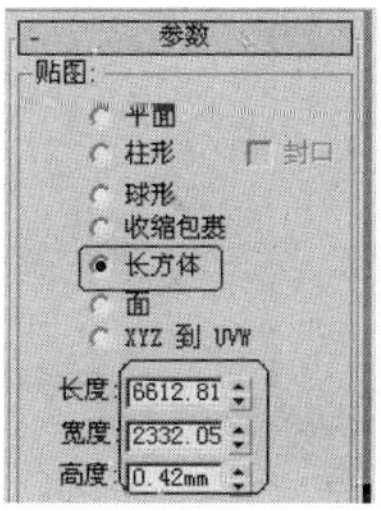

图　3.144

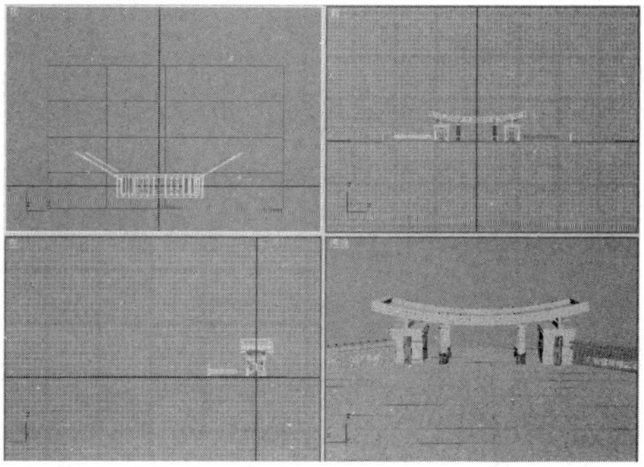

图　3.145

(5) 在命令面板中单击【创建】按钮，单击【摄影机】按钮，单击 目标 按钮，在【前】视图中创建一架摄影机，具体参数设置如图 3.146 所示。

(6) 在各个视图中调整好摄影机的位置，单选【透视】视图并按 Ctrl+C 组合键，将【透视】视图转换为【摄影机】视图。最终效果如图 3.147 所示。

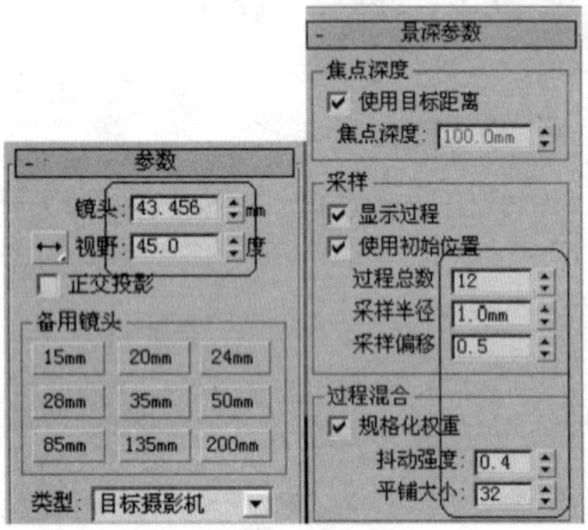

图 3.146

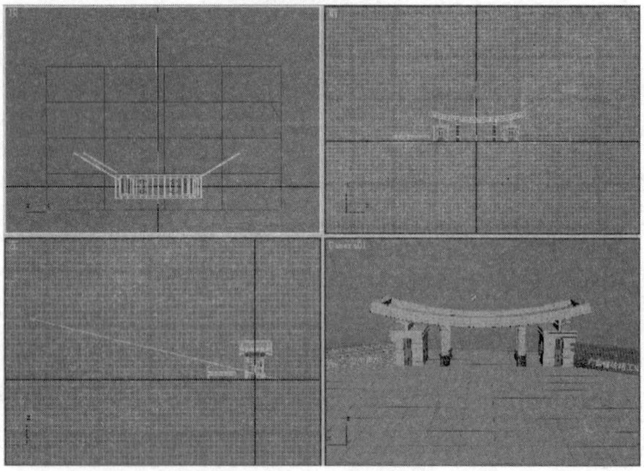

图 3.147

(7) 单选【顶】视图，在菜单栏中单击 文件(F) → 合并(M)... 命令，弹出【合并文件】设置对话框，具体设置如图 3.148 所示。

(8) 单击 打开(O) 按钮，弹出【合并-电动门.max】设置对话框，具体设置如图 3.149 所示。

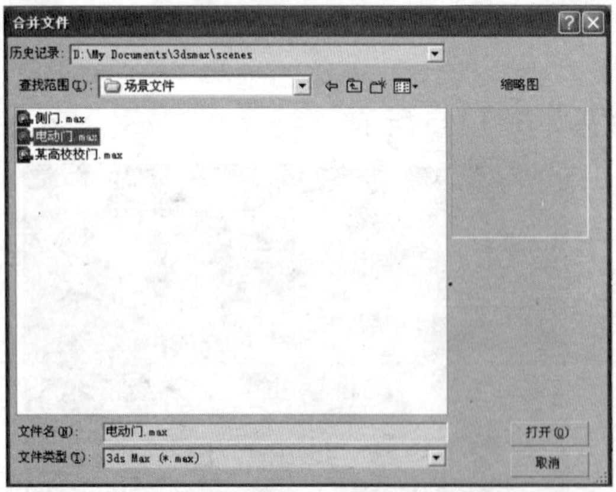

图 3.148

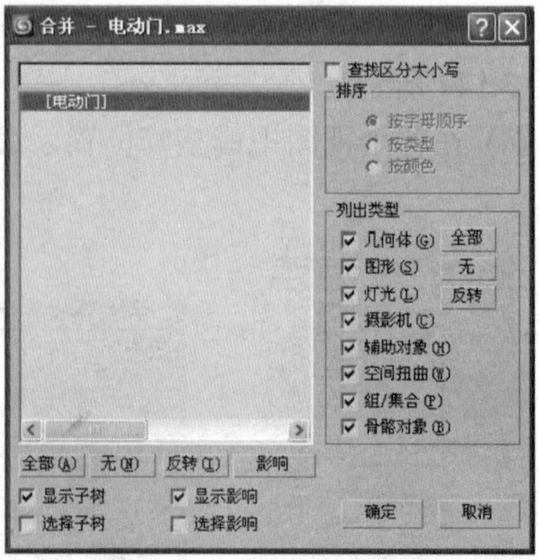

图 3.149

(9) 单击 确定 按钮即可将“电动门.max”合并到“某高校校门.max”文件中，调整好位置，在各个视图中的位置如图 3.150 所示。

(10) 用同样的方法将“侧门.max”文件合并到“某高校校门.max”文件中，并以【实例】的方式再复制一个“侧门”，调整好位置。

(11) 单选【摄影机】视图，单击菜单栏中的【快速渲染】按钮，即可得到如图 3.151 所示的效果。

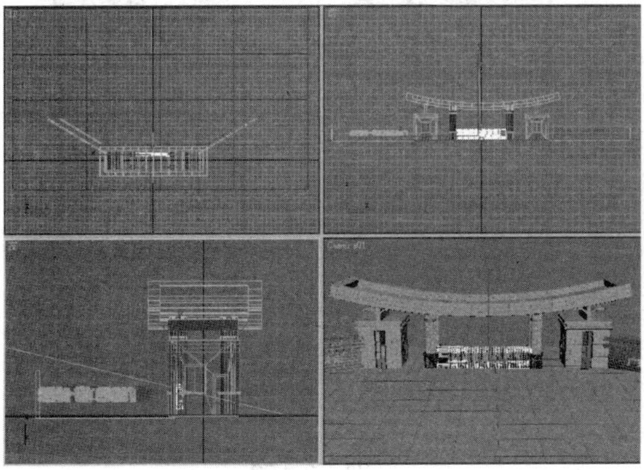

图　3.150

图　3.151

3.6　校门效果图的渲染输出

在输出效果图时，用户一定要先确定效果图的最终用途，以决定渲染的尺寸和存储格式，一般情况下用户可以选择“jpg”、“tif”和“tga”3 种格式中的任意一种，为了在后期处理中对材质进一步的调整，最好制作一个材质通道。

1. 效果图的渲染输出

(1) 单选【摄影机】视图，在工具栏中单击【渲染场景对话框】按钮，弹出【渲染场景：默认扫描线渲染器】设置对话框，具体设置如图 3.152 所示。

(2) 在【渲染场景：默认扫描线渲染器】设置对话框中单击 文件... 按钮，弹出【渲染输出文件】设置对话框，具体设置如图 3.153 所示。

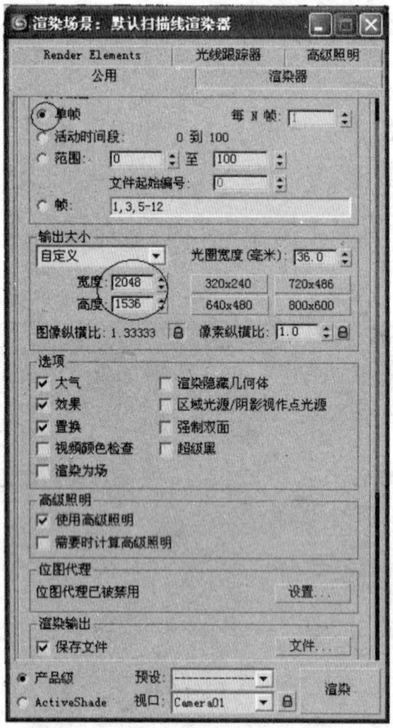

图 3.152

图 3.153

图 3.154

(3) 在【渲染输出文件】设置对话框中单击保存(S)按钮，返回【渲染场景：默认扫描线渲染器】设置对话框。

(4) 单击渲染按钮即可渲染出如图 3.154 所示的效果图。

2. 通道图的渲染输出

为了在后期处理中进行选择，在渲染通道图时一定不能移动上面调整好的渲染尺寸以及放大或缩小渲染框，确保尺寸与前面效果图输出的尺寸完全一致。

(1) 在菜单栏中单击文件(F)→另存为(A)...命令，弹出【文件另存为】设置对话框，具体设置如图 3.155 所示，单击保存(S)按钮即可将文件另存为“某高校校门 A.max”。

(2) 在工具栏中单击【材质编辑器】按钮，弹出【材质编辑器】设置对话框。在【材质编辑器】设置对话框中选中“大理石”材质，将“大理石”材质中的【漫反射】贴图和

【反射】贴图取消，并将【环境光】和【漫反射】右边的颜色改为蓝色，如图 3.156 所示。

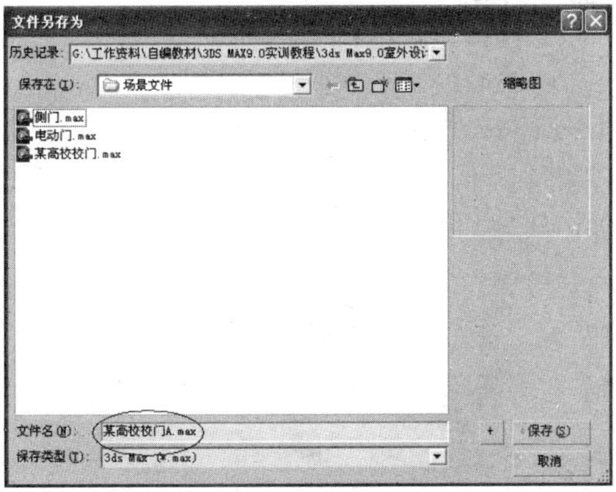

图　3.155

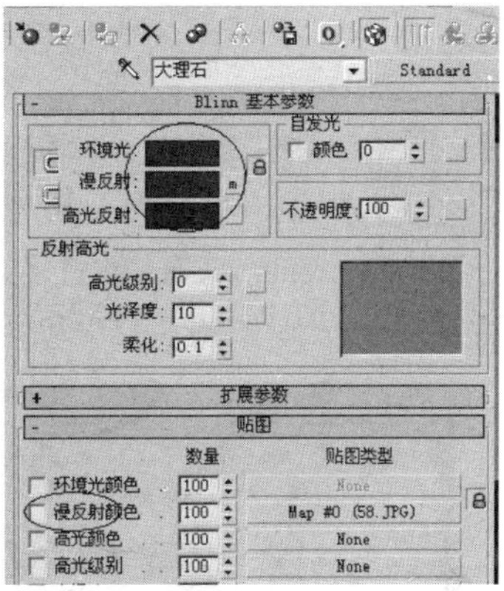

图　3.156

(3) 方法同第(2)步，将其他材质贴图的【漫反射】贴图和【反射】贴图取消，并将【环境光】和【漫反射】右边的颜色改为不同的颜色。

(4) 单选【摄影机】视图，在工具栏中单击【渲染场景对话框】按钮弹出【渲染场景：默认扫描线渲染器】设置对话框，设置与效果图渲染输出的设置一样。

(5) 在【渲染场景：默认扫描线渲染器】设置对话框中单击 文件... 按钮弹出【渲染输出文件】设置对话框，具体设置如图 3.157 所示。

(6) 在【渲染输出文件】设置对话框中单击 保存(S) 按钮，返回【渲染场景：默认扫描线渲染器】设置对话框。

(7) 单击 渲染 按钮即可渲染出如图 3.158 所示的效果图。

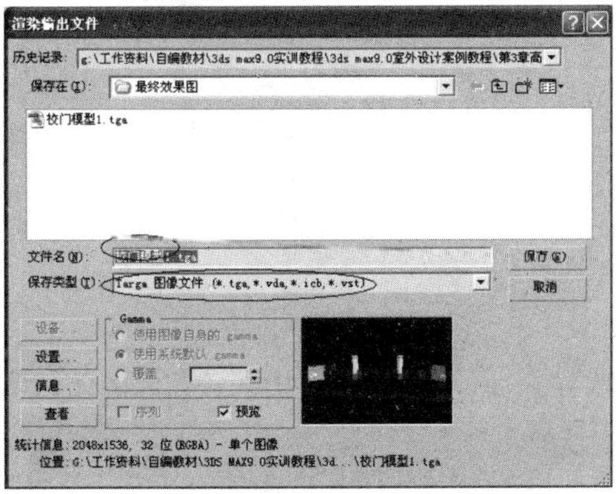

图　3.157

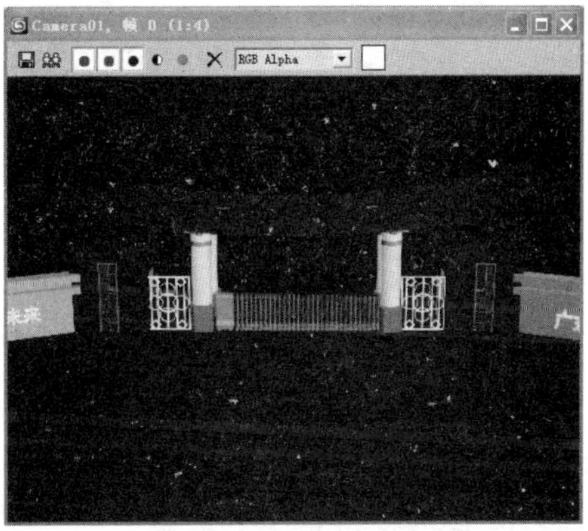

图　3.158

3.7 校门效果图后期处理

校园的环境一般比较优美，在后期效果图的处理阶段要特别注意环境气氛的营造，也可以适当夸张，配上一些草坪、树木和相关的建筑，显示出校园的幽静和浓厚的学习气氛。

(1) 启动 Photoshop CS3 软件并将前面渲染输出的模型效果图和背景图片打开，模型效果图和背景图，分别如图 3.159 和图 3.160 所示。

图 3.159

图 3.160

(2) 创建一个空白文档。在菜单栏中单击 文件(F) → 新建(N)... 命令，弹出【新建】设置对话框，具体设置如图 3.161 所示，单击 确定 按钮即可创建一个新文档。

(3) 将校门模型效果图和背景图片拖到刚创建的文档之中，图层顺序如图 3.162 所示。

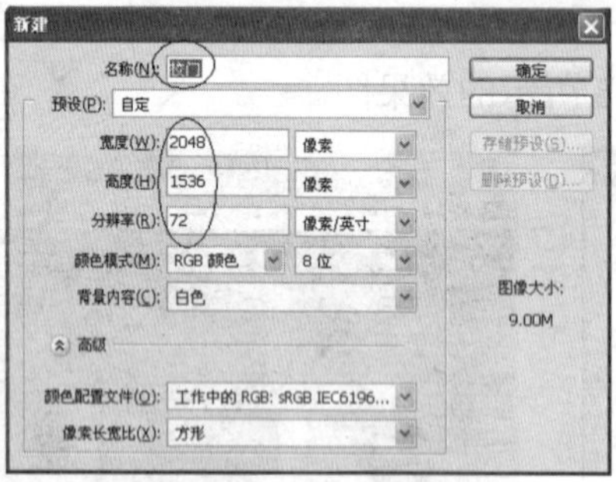

图 3.161

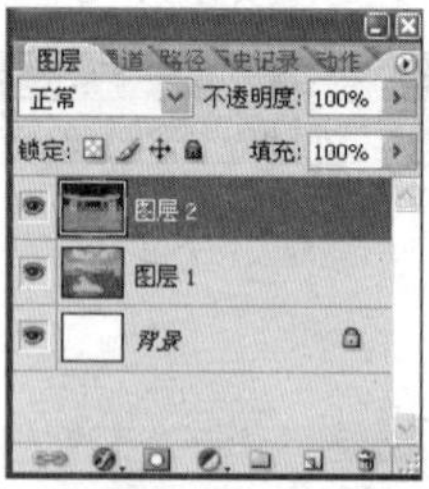

图 3.162

(4) 使用 Photoshop CS3 中的选择工具，选择“图层 2”中的黑色部分，选区如图 3.163 所示。

(5) 按 Delete 键，将其选中的部分删除并调整好与背景图片之间的位置关系，最终效果如图 3.164 所示。

(6) 再打开一张如图 3.165 所示的配景图片。

图　3.163

图　3.164

图　3.165

(7) 使用 Photoshop CS3 中的选择工具，选择如图 3.166 所示的选区。

(8) 按 Ctrl+C 组合键，将前面创建的新文档“校门.psd”文档设置为当前文档，再按 Ctrl+V 组合键，并调整好位置，最终效果如图 3.167 所示。

图　3.166

图　3.167

(9) 再使用 Photoshop CS3 中的选择工具，选择如图 3.168 所示的选区。

(10) 按 Ctrl+C 组合键，将前面创建的新文档“校门.psd”文档设置为当前文档，再按 Ctrl+V 组合键，并调整好位置，最终效果如图 3.169 所示。

图　3.168

图　3.169

(11) 使用【裁剪】工具将不需要的部分裁剪掉，最终效果如图 3.170 所示。

(12) 单选最顶层图层如图 3.171 所示，再连续按 Ctrl+E 组合键 3 次合并图层，合并之后的图层如图 3.172 所示。

图 3.170

图 3.171

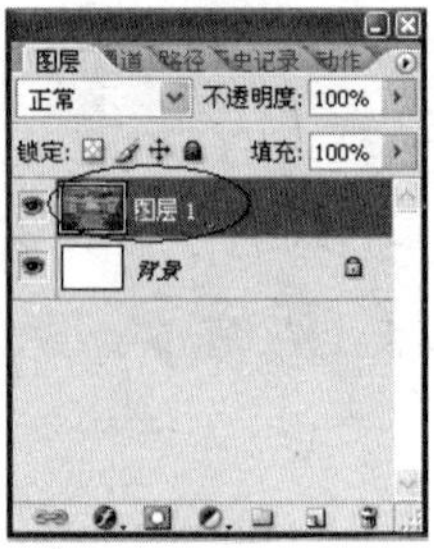

图 3.172

(13) 在菜单栏中单击图像(I)→调整(A)→自动色阶(A)命令。

(14) 在菜单栏中单击图像(I)→调整(A)→自动对比度(U)命令。

(15) 在菜单栏中单击图像(I)→调整(A)→曲线(V)...命令，弹出【曲线】调整对话框，具体调整如图 3.173 所示。单击确定按钮即可得到如图 3.174 所示的效果。

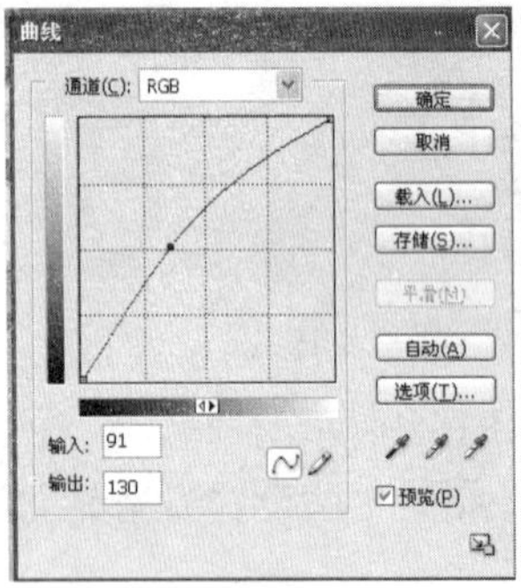

图 3.173

图 3.174

(16) 按 Ctrl+S 组合键保存文件。

本 章 小 结

本章主要介绍了某高校校门的创建，通过该案例主要介绍了布尔、轮廓、镜像、挤出、倒角、弯曲、摄影机的创建等命令和使用 Photoshop CS3 软件对模型进行后期处理。重点要掌握各种“修改器”的运用。

练　　习

利用本章所介绍的知识设计出如下校门的效果图。

南京财经大学校门

重庆邮电大学校门

提示： 老师可以根据学生的实际情况决定，对于接受能力比较强的学生，可以要求将此效果图制作出来，对于基础比较薄弱、接受能力相对比较差的学生，可不作要求。上面的练习题目主要用到了前面所学的相关知识，比如金属材质的调配、3ds Max 9.0 中各种“修改编辑器”的使用、环境贴图等知识点，相关背景图片可以到网上下载。

第 4 章

某小区建筑效果图表现

本章主要通过某小区建筑效果图的表现来讲解室外建筑建模的基本流程。从而使读者具体而详细地了解从 AutoCAD 图样开始到 3ds Max 最终模型的一整套建模流程。其中涉及的方面从识图、整理图样、导入图样等到制作墙体、制作窗户、设置摄影机、灯光技术、材质调配、环境配置和后期制作等。最终效果图如图 4.1 所示。

图　4.1

技能点

1. 图样的整理及导入
2. 分析图样
3. 小区建筑模型制作
4. 贴图材质
5. 小区建筑模型其他部分的制作
6. 设置摄影机和灯光
7. 小区效果图的渲染输出
8. 小区效果图后期处理

说　明

本章主要介绍图样的整理及导入、分析图样、小区模型制作、贴图材质、摄影机、灯光、渲染输出和后期处理等知识点。重点要掌握图样的分析和室外建筑模型的制作。

关于 Photoshop CS2 进行后期处理，本章只介绍一些基本的操作，要想详细地了解该软件的更多功能与知识点，读者可自己查找相关资料。

4.1　图样的整理及导入

4.1.1　图样的整理

1. 分析图样

(1) 启动 AutoCAD 2008。在桌面上直接双击快捷图标即可启动 AutoCAD 2008。

(2) 在 AutoCAD 2008 的菜单栏中单击 文件(F) → 打开(O)... 命令，弹出【选择文件】设置对话框，找到需要打开的文件，如图 4.2 所示。单击 打开(O) 按钮弹出【指定字体给样式_HZTXT】设置对话框，如图 4.3 所示，连续单击 确定 按钮即可打开自己需要的 AutoCAD 图样。

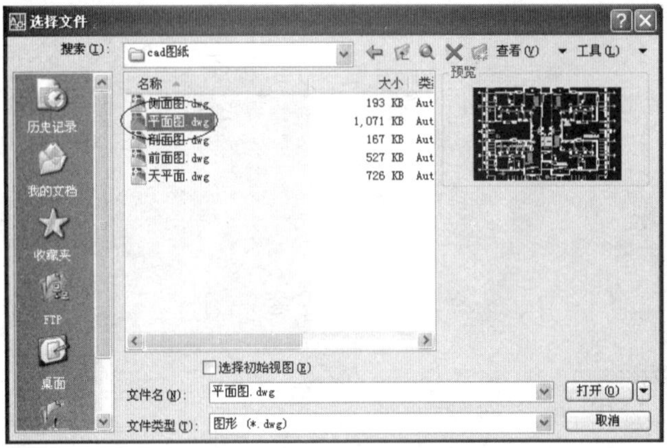

图 4.2

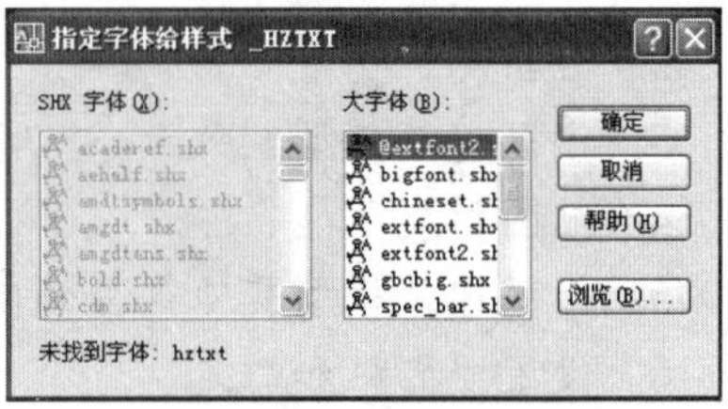

图 4.3

(3) 该CAD图样是某小区建筑的平面图，如图4.4所示。

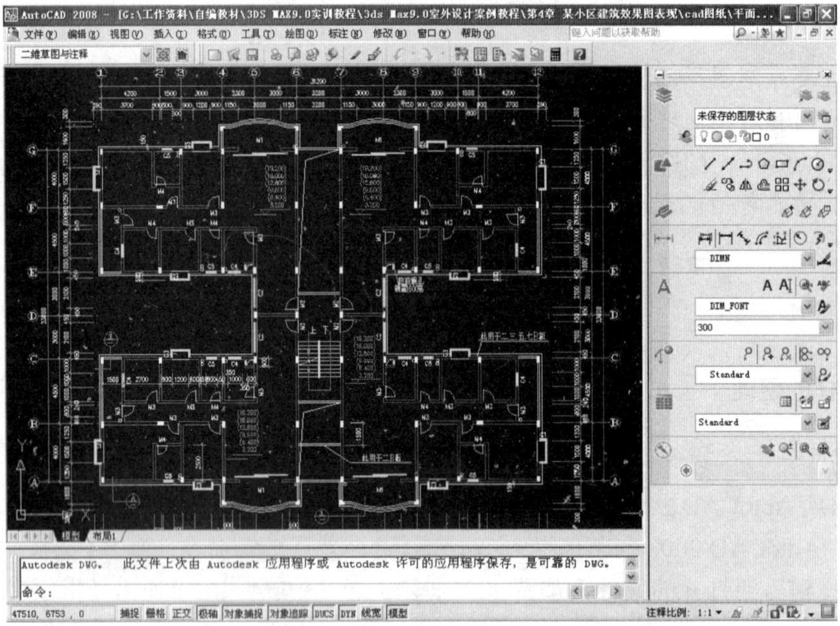

图 4.4

一般来说，建筑图样至少要给出平面与立面两部分，如果中间结构比较复杂，还需要给出剖面的图样，用户要根据图样上的标注，具体分析代表的是哪一个面。

图样的分析主要是按照图样上的①、②、③、④、⑤等数字标号和 A、B、C、D、E、F 等字母标号来识别出东、南、西、北各个立面。

如果图样上没有完全标明，则需要在整套图样中，查看是否标有指北针，如果没有指北针，就只能按照一般“上北下南，左西右东”的原则来区分立面与对齐平面。使用这种方法也许会造成错误，在这种情况下没有更多的信息，暂时只能这样，只好在将来与地形合并时，再做适当修改和调整。

2. 图样精简

一般情况下，原始图样上各种线条都有，比较繁杂。如果留着这些线一方面干扰人们制作模型的视线；另一方面，将模型导入 3ds Max 9.0 显示速度变慢。所以在制作模型之前需要对图样进行精简。将图样中不需要的部分删除，如图框、尺寸标注和填充图案等多余的线条删除或隐藏，只留下建筑的主要结构线即可。

下面以某小区建筑平面图为例，介绍对图样的精简。

(1) 来看某小区建筑平面图，主要用该图对各个立面图、阳台和窗户对位。因此可以将图中的图框、标注和填充删除，如图 4.5 和图 4.6 所示是精简前后的对比。

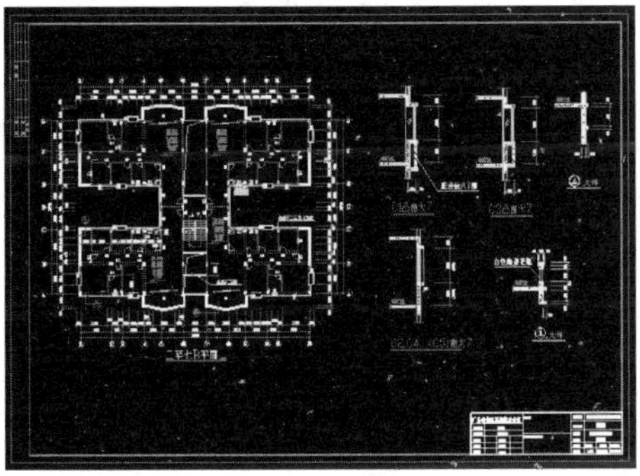

图　4.5

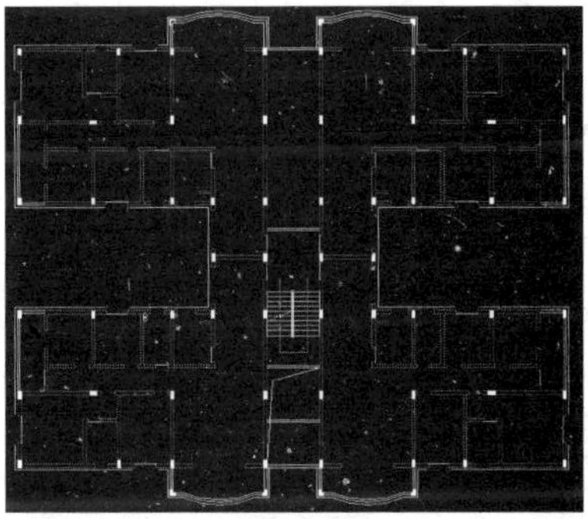

图　4.6

(2) 从上面可以看出，进行处理之后，图中保留的基本上是建筑体的主要结构。多余的标注、符号和图框基本上被清理干净。

提示： 一般情况下，如果平面图当中有柱子、楼梯和电梯，这几种结构最好不要删除，这样方便用户在 3ds Max 当中进行对齐。因为一般建筑中，柱子、楼梯和电梯的位置在不同的平面层的位置都是不变的，可以一一对应。

(3) 其他的层和立面图样的处理方法基本相同，在这里就不再介绍。用户需要注意的是，在实际工作中，绘图人员经常会有归错层的情况，如楼梯是黄色线，门也是黄色线条，如果绘图人员粗心，就会在 AutoCAD 中将它们放在同一层中。所以在使用上面介绍的使用隐藏图层和删除线条的方法时，最好是在隐藏图层的时候反复比较一下，查看图中有用的部分是否被隐藏，如果有被隐藏，只能使用手动删除线条的方法。

提示： 在精简图样的过程中，经常会遇到这种情况：当人们在删除选中的一扇门或窗户时，整堵墙都被删除，这主要是图样的某一部分在画图时是成块的，用户只要选中这一部分图样，单击 AutoCAD 工具栏中的【分解】按钮即可将成块的图样分解为线条，上述问题即可解决。

3. 图样的导出

有时，绘图人员会将所有图样全部画在一起，如果这样导入 3ds Max 9.0 中，处理起来就比较困难，为了方便在 3ds Max 9.0 中进行处理，可以将图样分别按不同层和不同方向的立面保存。具体操作方法如下。

(1) 选中需要进行操作的部分，如图 4.7 所示。

(2) 在 AutoCAD 界面下方的命令行中输入“W”命令，按 Enter 键即可弹出【写块】设置对话框，在【写块】设置对话框中单击[...]按钮弹出【浏览图形文件】设置对话框，具体设置如图 4.8 所示。

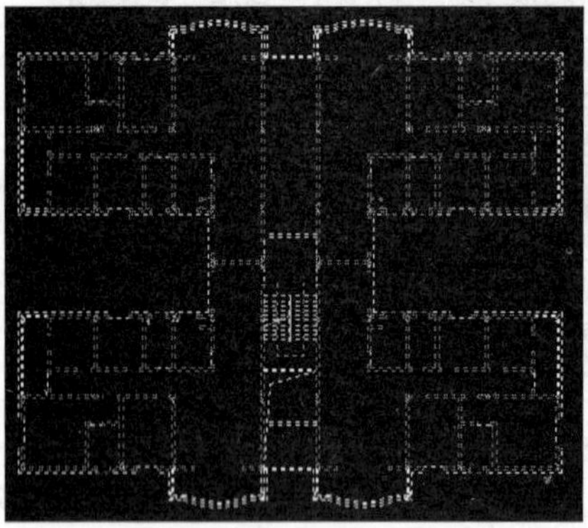

图 4.7

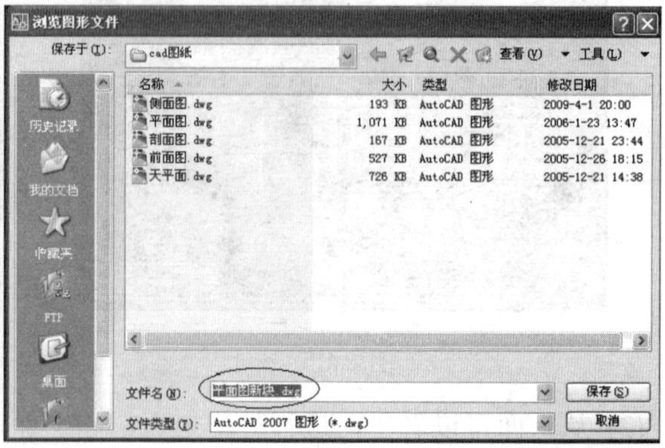

图 4.8

(3) 在【浏览图形文件】设置对话框中单击[保存(S)]按钮返回【写块】设置对话框，具体设置如图 4.9 所示。

(4) 单击[确定]按钮即可完成【写块】操作。

(5) 其他图样的操作方法与前面相同，在这里就不再介绍。

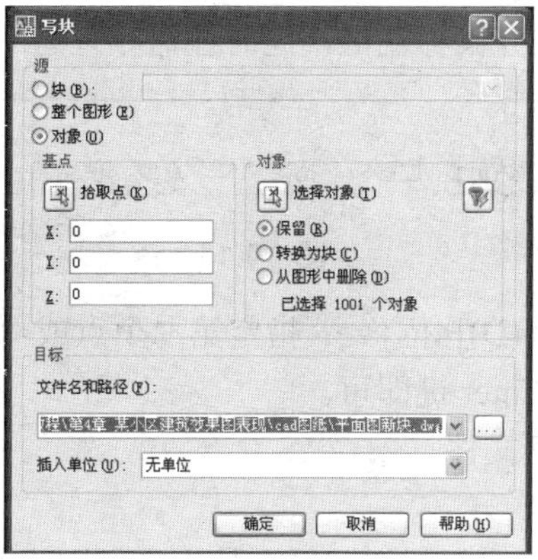

图　4.9

4. 归零和分解

1) 归零操作

上面【写块】操作出来的图样不能立刻使用，因为这些图样在导出时保留了原始图样的信息，原始图样在 AutoCAD 当中有可能离世界坐标原点(0，0，0)很远。如果将这样的图样导入 3ds Max 9.0 中，该图样就会离 3ds Max 9.0 的世界坐标原点很远，甚至很难看到或找到，为了在 3ds Max 9.0 中方便操作，用户需要对图样进行归零处理。

归零处理的具体操作方法如下。

(1) 打开前面【写块】操作出来的图样并选中，如图 4.10 所示。

(2) 在 AutoCAD 的命令行中输入“m”并按 Enter 键，此时命令行返回结果，如图 4.11 所示。

(3) 返回的【指定基点或位移】命令，等待用户下一步操作，此时需要任选物体轮廓的某点，进行拖动，如图 4.12 所示。

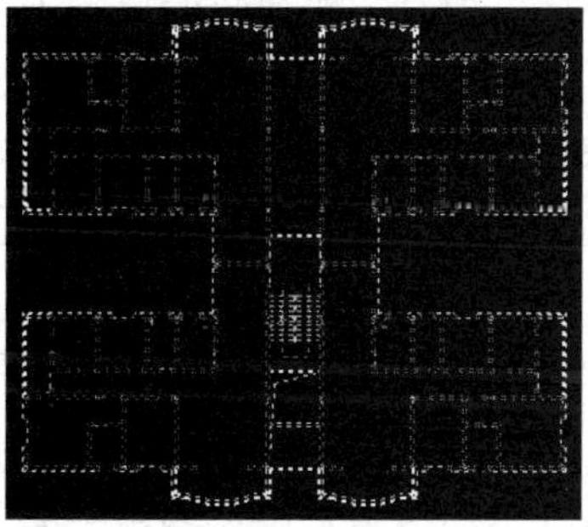

图　4.10

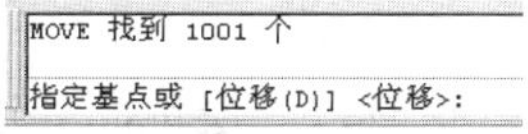

图　4.11

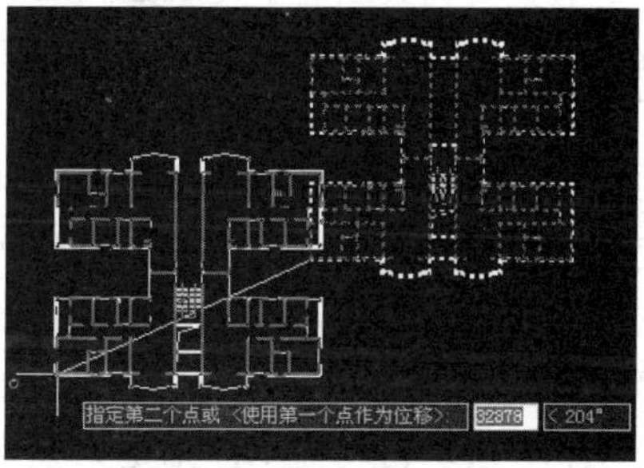

图　4.12

(4) 拖动一段距离后，松开鼠标左键，此时在命令行返回结果，如图 4.13 所示。

```
MOVE 找到 1001 个
指定基点或 [位移(D)] <位移>:  指定第二个点或 <使用第一个点作为位移>:
```

图 4.13

(5) 在【指定基点或[位移(D)]<位移>：指定第二个点或<使用第一个点作为位移>：】的右边输入：“0，0，0”并按 Enter 键即可。

(6) 按 Ctrl+S 组合键保存文件。

2) 分解操作

上面虽然完成了归零操作，但图样还没有处理完。因为此时的图样是从原始图样中继承过来的有可能含有“块”。如果将包含“块”的图样导入 3ds Max 9.0 中是无法进行【成组】操作的。这样在建模中会带来很多麻烦。为了确保在建模过程中不出现问题，用户最好对图样进行分解处理，具体操作方法如下。

(1) 选中需要分解的图样。

(2) 在菜单栏中单击修改(M)→分解(X)命令即可完成图样的分解。

(3) 按 Ctrl+S 组合键保存文件。其他图样的操作方法与上面相同，在这里就不再介绍，用户可自己完成。

4.1.2 图样的导入

1. 图样单位的判断

在将图样导入 3ds Max 9.0 之前，最好先了解图样的基本单位，一般情况下，建筑设计图样或施工图样大多数是以毫米为单位的，规划类的图样大多以米为单位，但也不是完全如此。用户不能确定图样单位时，可以通过下面的方法来判断图样的单位。

(1) 在现实生活中建筑的长度和宽度比较随意，不好评估，但是一般建筑的层高大多是在 2 米到 5 米之间，所以可以通过建筑的高度来判断原始图样的单位，如图 4.14 所示。

(2) 建筑的一层地面高度一般在±0 的位置上，而二层高的位置可以看到绿色标注标有 3200 的数字，根据这个数字猜测图样单位可能是毫米，但不能确定。继续观察发现，白色标注是 2 100 的数字，根据这个数字猜测单位可能是毫米。

(3) 要确定究竟是何种单位，最好是测量一下。具体操作方法很简单，在命令行中输入“di”命令，并按 Enter 键。

(4) 系统自动提示：指定第一点。这时从一层地面处选择某点向上拉出，到第二层地面的位置选择某点，并单击鼠标右键，在右键选项里单击确定按钮，即可返回测量结果。

两点之间的距离和测量结果如图 4.15 所示。

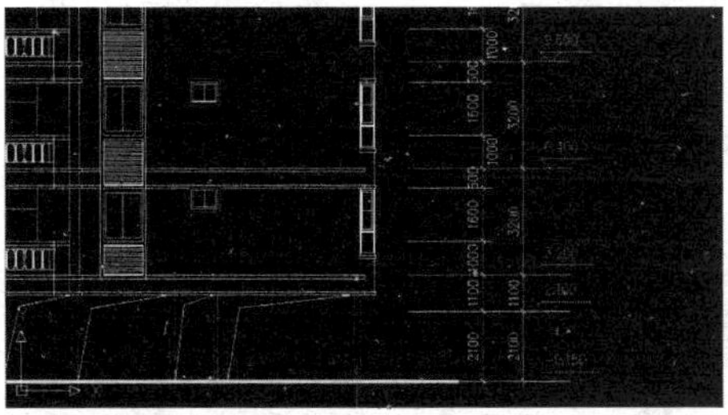

图　4.14

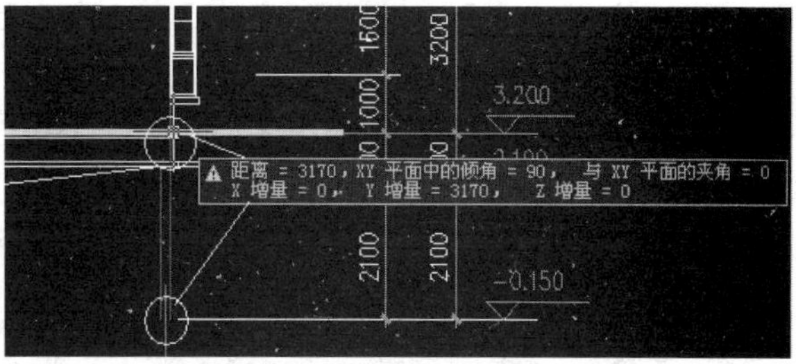

图　4.15

(5) 根据上面返回的结果，基本上可以判断图样以毫米为单位。

2. 图样的导入

在前面已经确定了图样的单位，接下来就将处理完毕的图样导入 3ds Max 9.0 之中，在导入之前需将 3ds Max 9.0 的系统单位设置为“毫米”以确保与前面图样的单位一致。

1) 设置系统单位

(1) 启动 3ds Max 9.0 并保存，命名为“某小区建筑效果图.max”。

(2) 在菜单栏中单击 自定义(U) → 单位设置(U)... 命令，弹出【单位设置】对话框，具体设置如图 4.16 所示。

(3) 单击 系统单位设置 按钮弹出【系统单位设置】对话框，具体设置如图 4.17 所示。

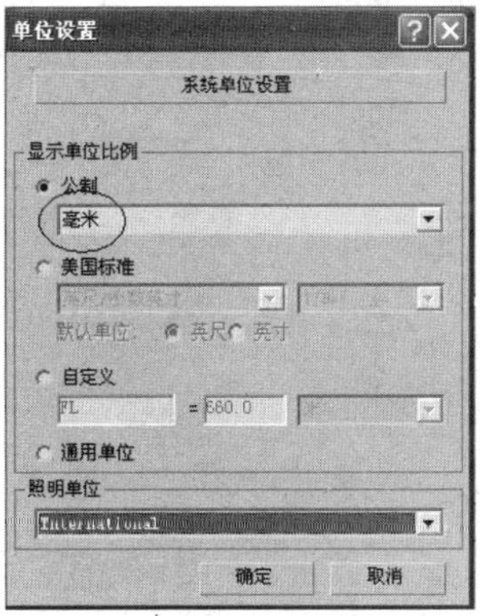

图　4.16

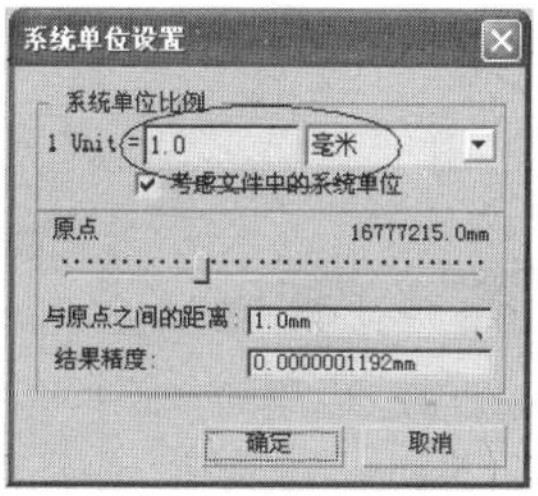

图　4.17

(4) 单击 确定 按钮，返回【单位设置】对话框，再单击 确定 按钮即可完成单位设置。

2) 导入图样

(1) 在菜单栏中单击文件(F)→导入(I)...命令，弹出【选择要导入的文件】设置对话框，具体设置如图 4.18 所示。

(2) 单击打开(O)按钮，弹出【AutoCAD DWG/DXF 导入选项】设置对话框，设置为默认设置，单击确定按钮即可将图样导入到 3ds Max 9.0 之中，如图 4.19 所示。

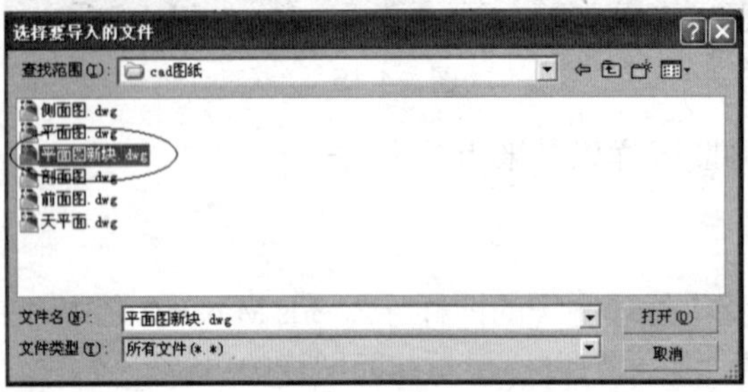

图 4.18

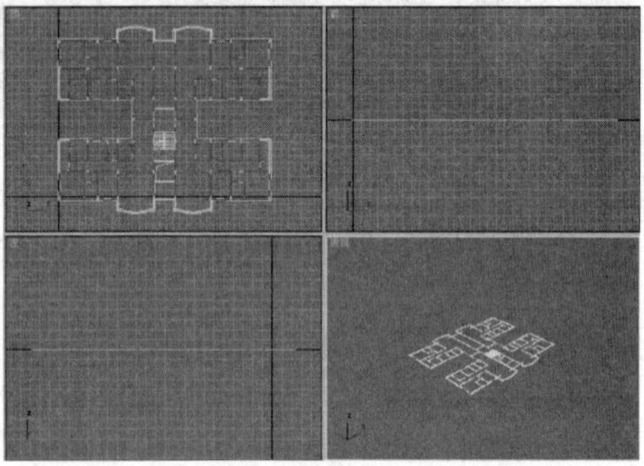

图 4.19

(3) 选中导入的图样，在菜单栏中单击组(G)→成组(G)命令，弹出【组】设置对话框，具体设置如图 4.20 所示，单击确定按钮即可完成图样的成组。

(4) 使用同样的方法将其他图样导入到 3ds Max 9.0 之中，并使用【选择并旋转】和【选择并移动】工具对导入的图样进行旋转和位置对齐，最终效果如图 4.21 所示。

图 4.20

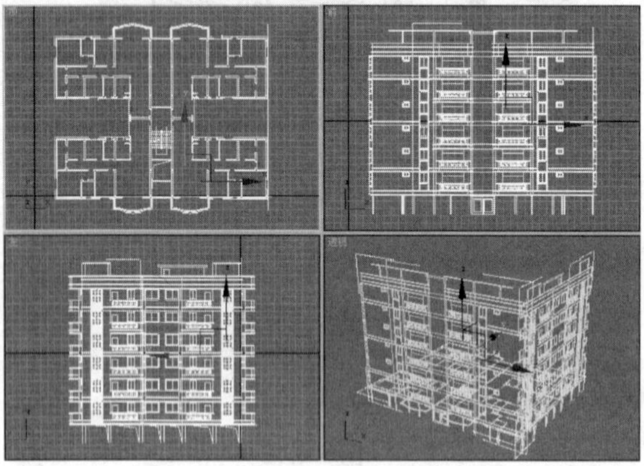

图 4.21

4.2　分 析 图 样

分析图样是制作效果图模型的前期工作，这对于整个制作过程非常重要。对图样的理解，直接影响到用户的制作思路和效果图的形体结构。要特别注意，在分析设计图样的时候，不仅要读懂设计图样，还要与设计师进行沟通和交流，从而了解设计师的设计思路、设计目的和设计背景等深层面的东西，以便于正确表达设计师的要求。

下面结合 AutoCAD 2008 中文版软件，分析设计图样，了解要制作的内容，并规划好制作模型的流程。其中涉及的 AutoCAD 2008 中文版软件的相关知识，在这里不详细介绍，用户如果感兴趣，可以参考 AutoCAD 2008 的相关教程。

1. AutoCAD 文件的打开

(1) 启动 AutoCAD 2008。直接在桌面上双击【AutoCAD 2008】快捷图标即可启动该软件，如图 4.22 所示。

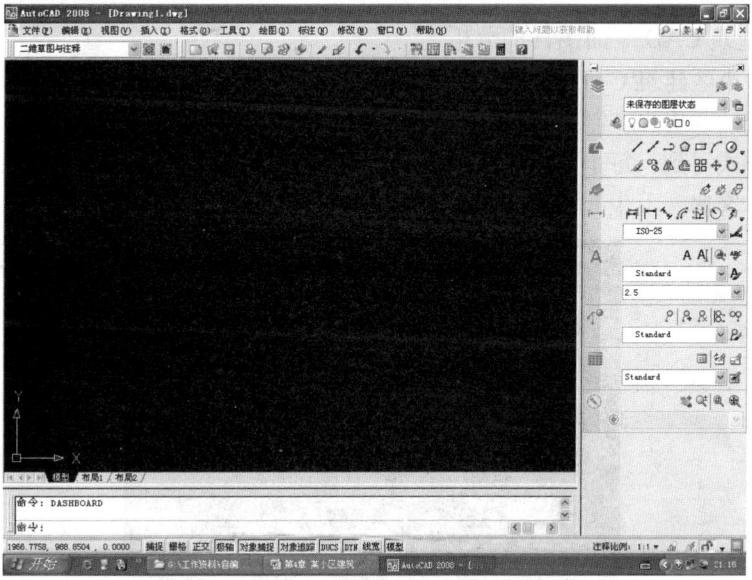

图　4.22

(2) 在菜单栏中单击文件(F)→打开(O)...命令，弹出【选择文件】设置对话框，在该对话框中选择需要打开的文件，如图 4.23 所示。

(3) 单击打开(O)按钮即可打开所需要的 CAD 文件，如图 4.24 所示。

(4) 该图样是某小区建筑 CAD 设计图的平面图。其他 CAD 图样的打开方法相同，在这里就不再详细介绍。

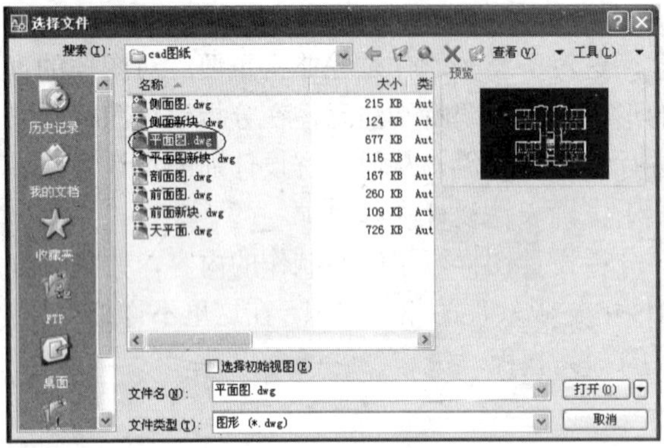

图 4.23

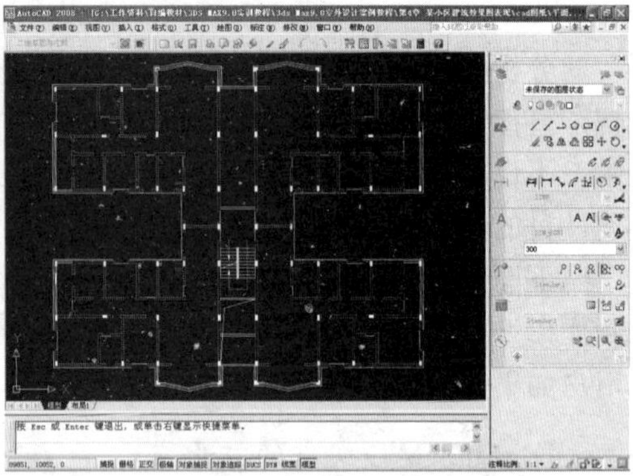

图 4.24

2. 小区建筑 CAD 图样的分析

1) 小区建筑 CAD 平面图样的分析

首先来看小区建筑 CAD 平面图样，如图 4.25 所示。可以看出该建筑是由 4 个完全相同的单元组成的，用户在制作效果图时只要制作一个单元即可，其余的 3 个单元可以通过实例复制的方式得到。每个单元中主要包括了前阳台、后阳台、主人房、次卧室、客厅、餐厅、书房、客房、卫生间和厨房等。

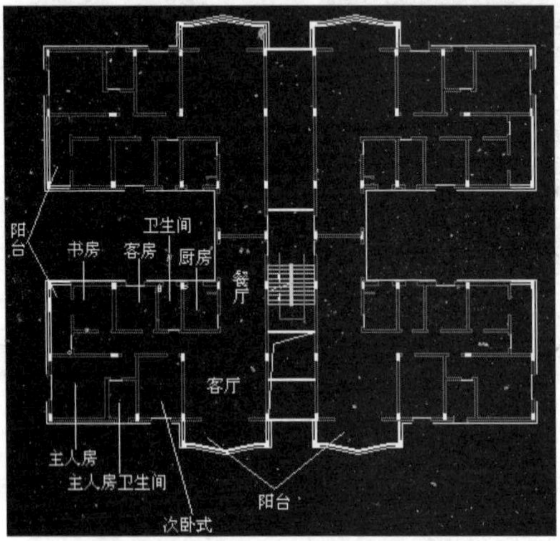

图 4.25

2) 小区建筑 CAD 正立面图样的分析

小区建筑正立面 CAD 图样如图 4.26 所示。从图样可以看出，该小区建筑总共由 7 层组成，仔细观察图样可以发现，该小区建筑有很多相同的建筑元素，如每层的阳台、主卧室窗户和次卧室窗户完全相同，用户只要制作一个，其他可以通过实例方式复制即可。

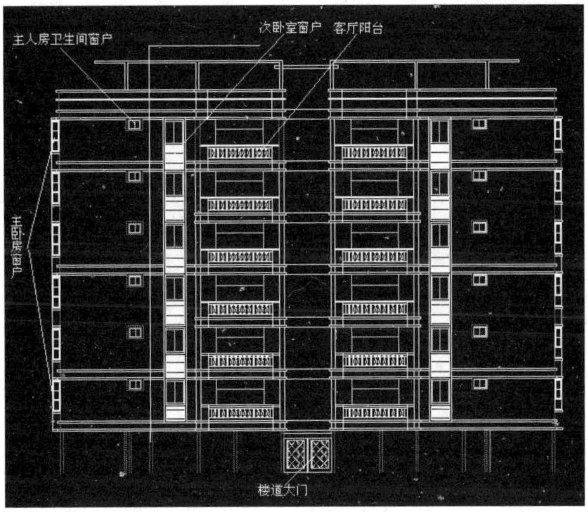

图　4.26

3) 小区建筑 CAD 侧立面图样的分析

小区建筑侧立面 CAD 图样如图 4.27 所示。

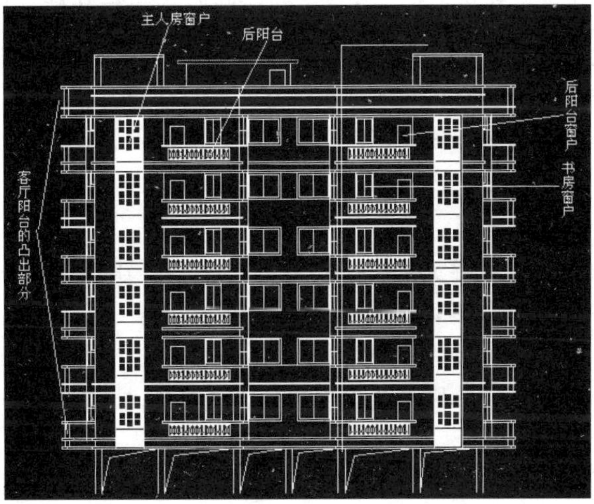

图　4.27

从该图样可以知道，后阳台的位置、主人房窗户的大小、后阳台门的位置、书房窗户的位置、客厅前阳台的凸出大小以及餐厅窗户的位置和大小……

通过上面对小区建筑的各张 CAD 图样的分析，用户基本上了解了该建筑的组成元素和各个建筑元素之间的结构关系，接下来用户就可以开始结合 CAD 图样制作建筑效果图了。

4.3 小区建筑模型制作

本章中的小区建筑模型由几个大的结构组成，模型也并不复杂。通过 4.2 节对 CAD 设计图样的分析，用户基本了解了建筑的具体组成结构以及凹凸的细节关系。在制作模型时，要充分理解图样，才能正确完成模型的创建。

用户在学习制作过程中要注意操作过程中的一些实用技巧，多使用捕捉、对齐和阵列等精确建模工具，避免制作出来的模型各建筑元素之间出现不必要的间隙，从而影响效果图的效果。

用户在建模的过程中要灵活使用各种建模方法，可以根据自己的熟练程度，选择不同的建模方法，不必完全按照书中的操作步骤，只要能快速准确地达到目的就是好的建模方法。

4.3.1 前墙体的制作

用户在制作各种建筑效果图时，一定要了解一些常规建筑的墙体厚度和一些基本术语。常规建筑墙体的厚度有：370mm，240mm，190mm，120mm。在建筑行业习惯把 370mm 厚的墙体称为“三七墙”、240mm 厚的墙体称为“二四墙”。在制作建筑效果图时原则上要用标准的墙体厚度，有时也可以根据效果图表现的需要灵活运用，一般使用 180mm 到 240mm 之间的数值，因为三维模型重视的是效果而不是真实的数据。

前墙体制作的具体步骤如下。

(1) 启动 3ds Max 9.0 并保存文件，文件名为“某小区建筑效果图.max”。

(2) 导入 CAD 图样。操作方法请参考本章第 4.1.2 节中第 2 点，将“平面新块.dwg”、“前面图新块.dwg”和“侧面新块.dwg” 3 个 CAD 文件导入到 3ds Max 9.0 场景中。

(3) 使用【选择并旋转】和【选择并移动】工具对导入的图样进行旋转和位置对齐，最终效果如图 4.28 所示。

(4) 选中“平面新块.dwg”和“侧面新块.dwg”对象，在选中的对象上单击鼠标右键，弹出快捷菜单，在快捷菜单中单击隐藏当前选择命令即可将选中的对象隐藏，方便后面的操作，隐藏之后的效果如图 4.29 所示。

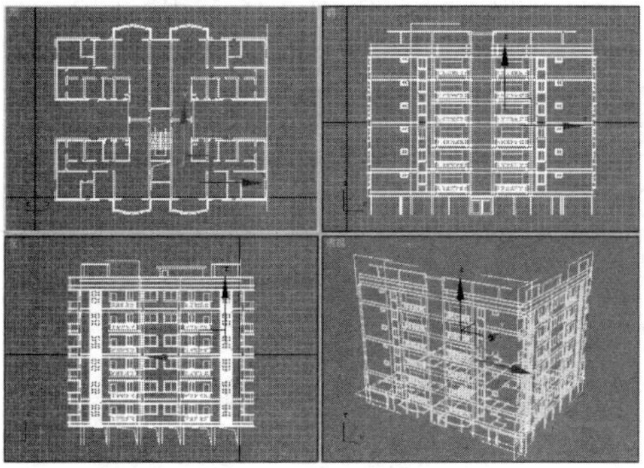

图　4.28

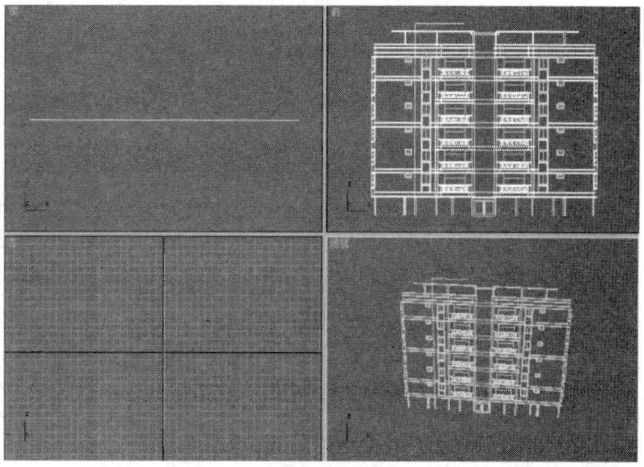

图　4.29

(5) 根据前面对图样的分析，在这里用户只要制作前墙体的一半即可。

(6) 单选前墙图样，在选中的图样上单击鼠标右键弹出快捷菜单，在弹出的快捷菜单中选择 冻结当前选择 选项即可将前墙图样冻结，如图 4.30 所示。

(7) 单击【创建】按钮，单击【图形】按钮，单击 矩形 命令，在【前】视图中绘制矩形，如图 4.31 所示。

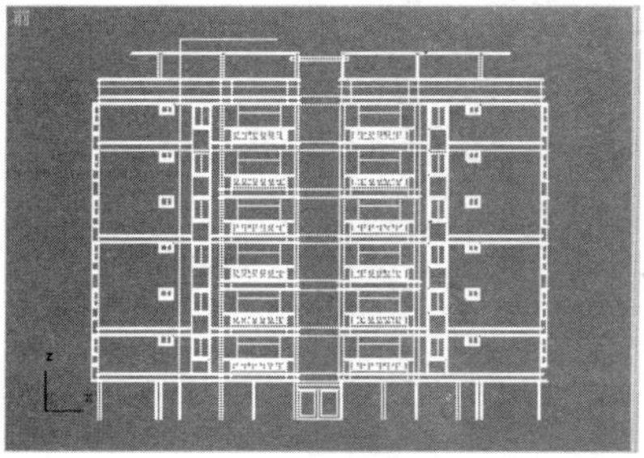

图　4.30

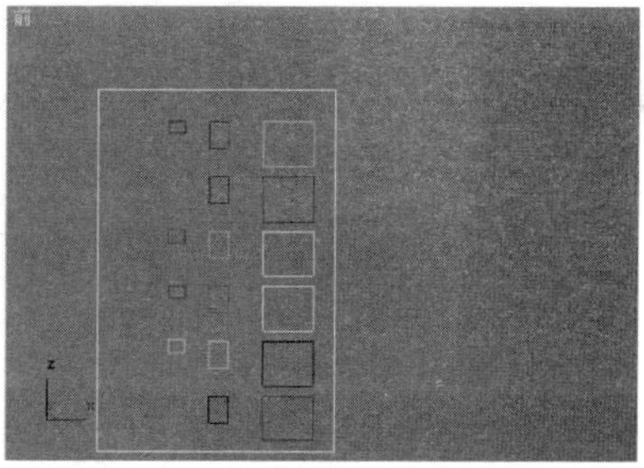

图　4.31

(8) 单击【选择并移动】按钮，选择最大的一个矩形，如图 4.32 所示。

(9) 在浮动面板中单击【修改】按钮，转到【修改命令】面板。

(10) 在【修改命令】面板中单击 修改器列表 右边的按钮，在弹出的下拉列表中选择 编辑样条线 选项。

(11) 在命令面板中单击【样条线】按钮，单击 附加多个 按钮，弹出【附加多个】设置对话框，在【附加多个】设置对话框中单击 全部(A) 按钮，将创建的矩形全部选中，如图 4.33 所示。

(12) 单击 附加 按钮即可将选中的矩形附加到一起。

(13) 单击 修改器列表 右边的 ▾ 按钮，在弹出的下拉菜单中选择 挤出 选项，具体参数设置如图 4.34 所示。

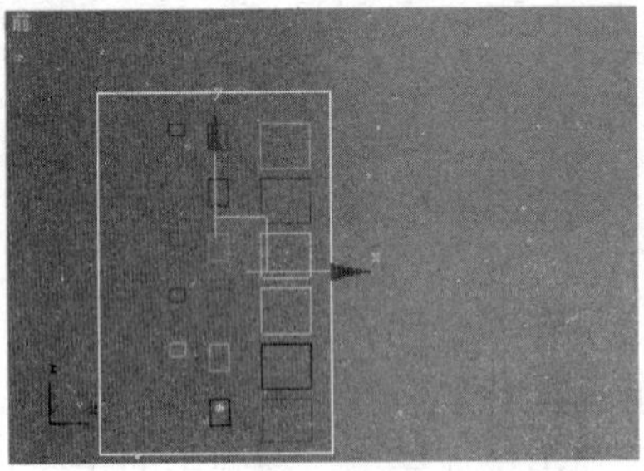

图 4.32

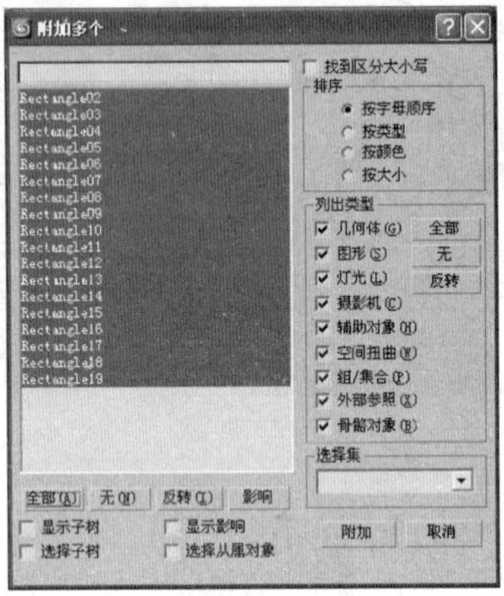

图 4.33

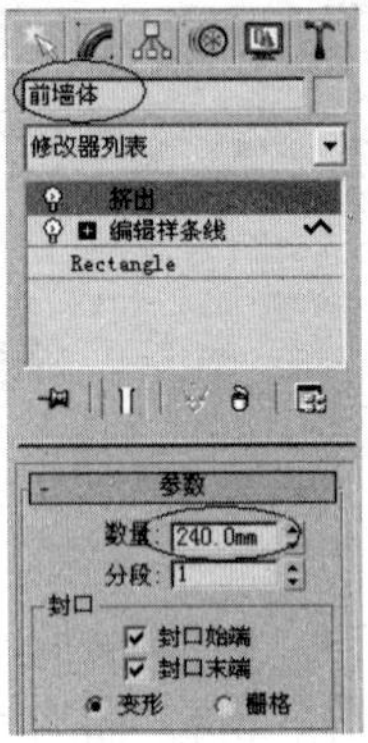

图 4.34

(14) 在各个视图中的位置和效果如图 4.35 所示。

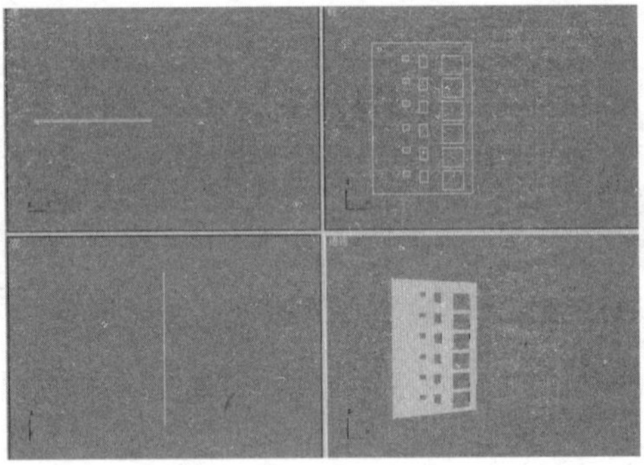

图 4.35

4.3.2 侧墙体的制作

侧墙体的制作方法跟前墙体的制作方法基本相同，在制作之前将前面做的前墙体和图样隐藏，将侧墙体图样进行冻结处理，并将【左】视图作为当【前】视图，接下来以侧墙体图样作为参考创建模型。

(1) 单击【创建】按钮，单击【图形】按钮，单击 矩形 按钮，在【前】视图中绘制矩形，如图 4.36 所示。

(2) 单击【选择并移动】按钮，选择最大的一个矩形，如图 4.37 所示。

(3) 在浮动面板中单击【修改】按钮，转到【修改命令】面板。

(4) 在【修改】命令面板中单击 修改器列表 右边的按钮，在弹出的下拉列表中选择 编辑样条线 选项。

(5) 在命令面板中单击【样条线】按钮，单击 附加多个 按钮，弹出【附加多个】设置对话框，在【附加多个】设置对话框中单击 全部(A) 按钮，将创建的矩形全部选中，如图 4.38 所示。

(6) 单击 附加 按钮即可将选中的矩形附加到一起。

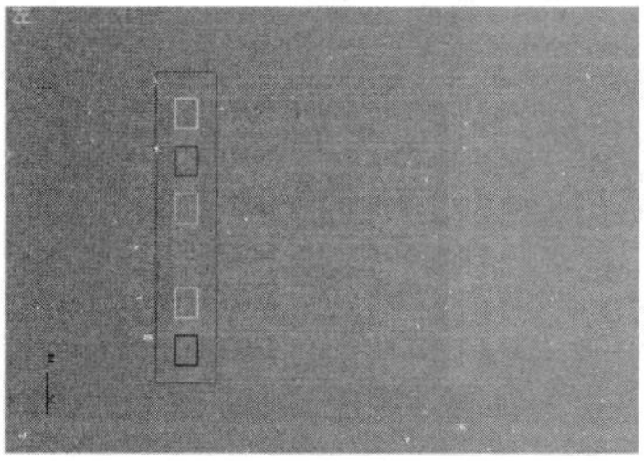

图　4.36

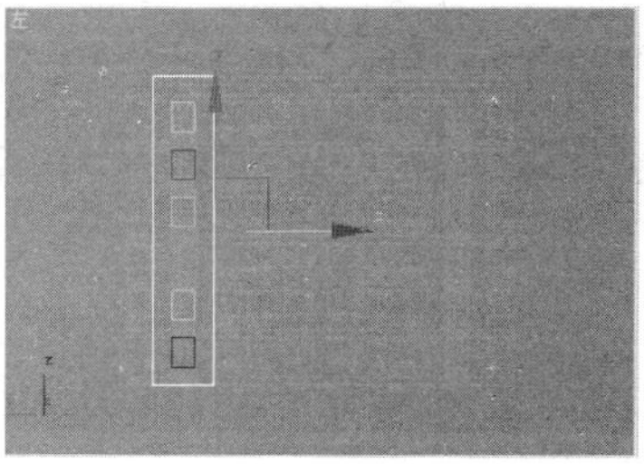

图　4.37

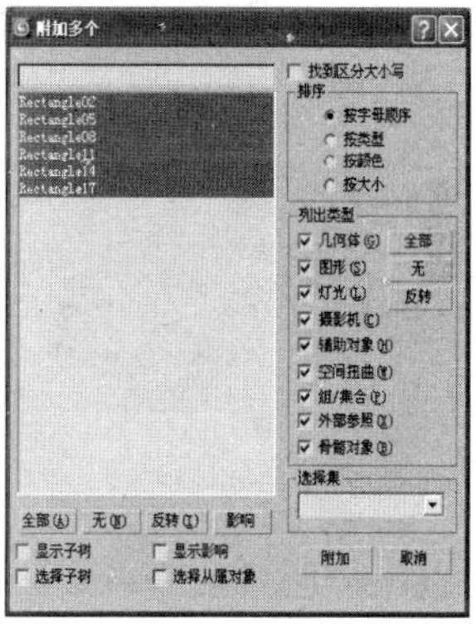

图　4.38

(7) 单击 修改器列表 右边的按钮，在弹出的下拉菜单中选择 挤出 选项，具体参数设置如图 4.39 所示。

(8) 在各个视图中的位置和效果如图 4.40 所示。

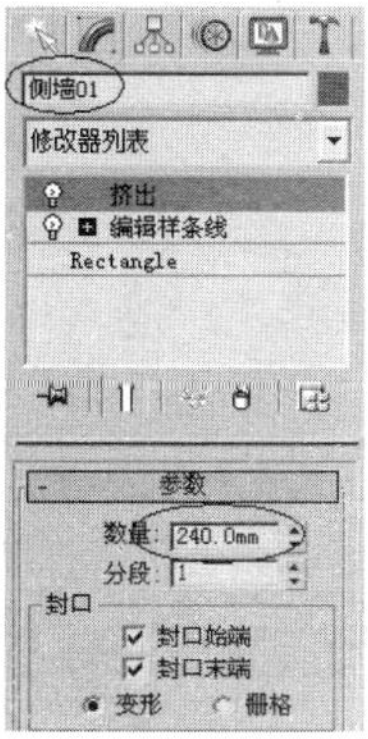

图　4.39

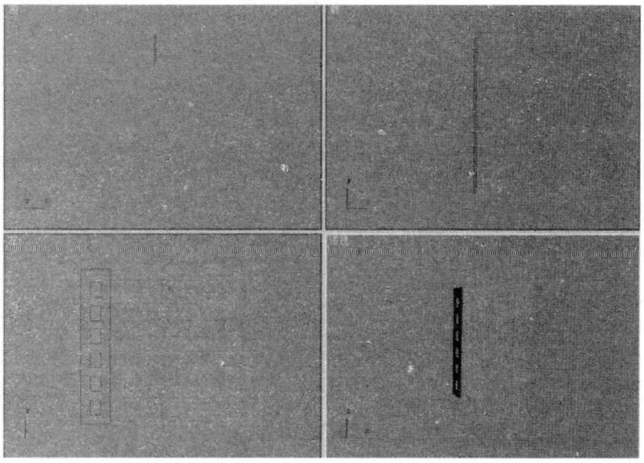

图　4.40

(9) 方法同上，再创建“侧墙体 02”和“侧墙体 03”最终效果和位置如图 4.41 所示。

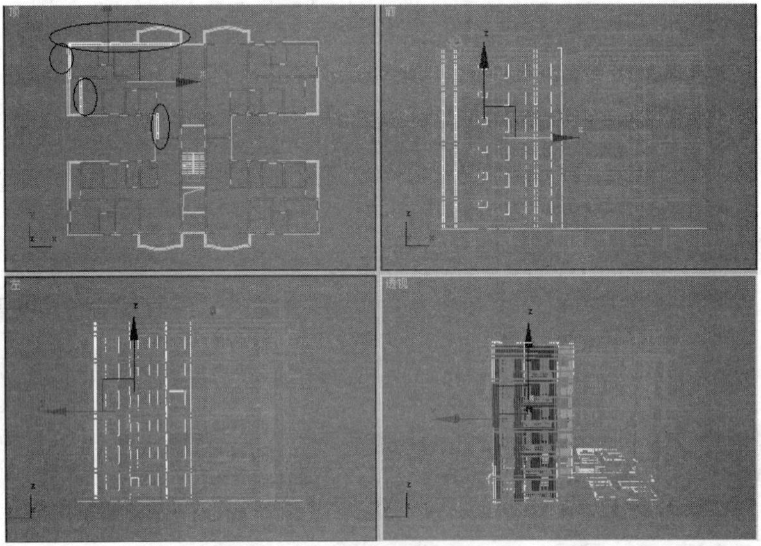

图 4.41

(10) 单击【创建】按钮，单击【几何体】按钮，单击 长方体 按钮，在【顶】视图中创建一个长方体。具体参数设置如图 4.42 所示。在各个视图中的位置如图 4.43 所示。

图 4.42

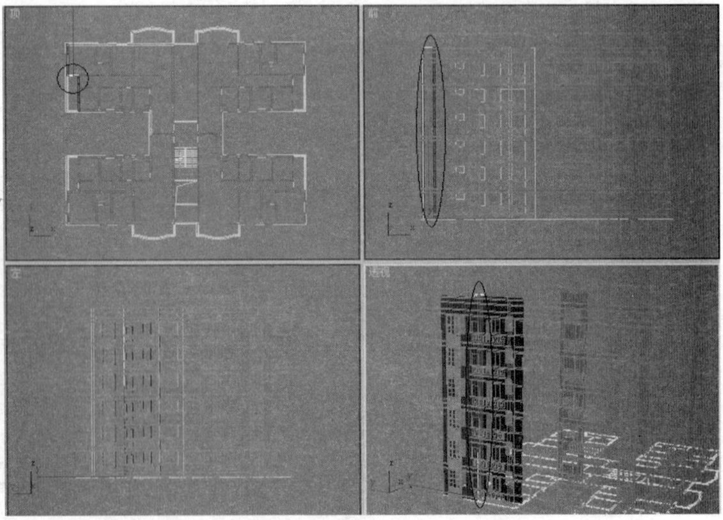

图 4.43

(11) 方法同上，再创建“侧墙 05”和“侧墙 06”，具体参数设置如图 4.44 和图 4.45 所示，在各个视图中的位置如图 4.46 所示。

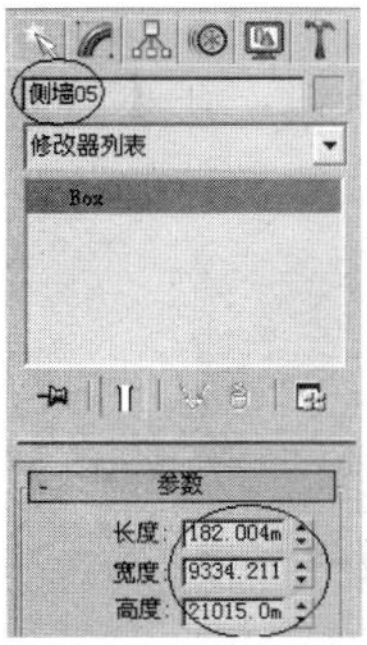

图 4.44

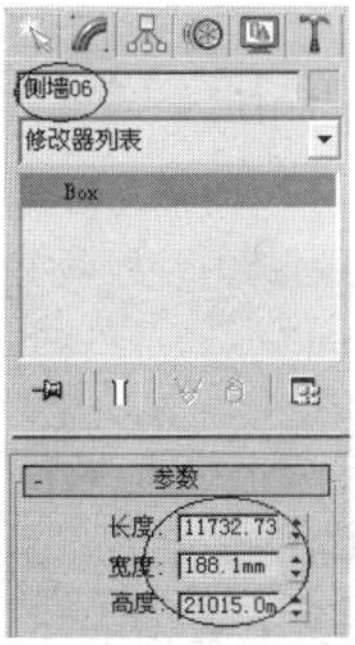

图 4.45

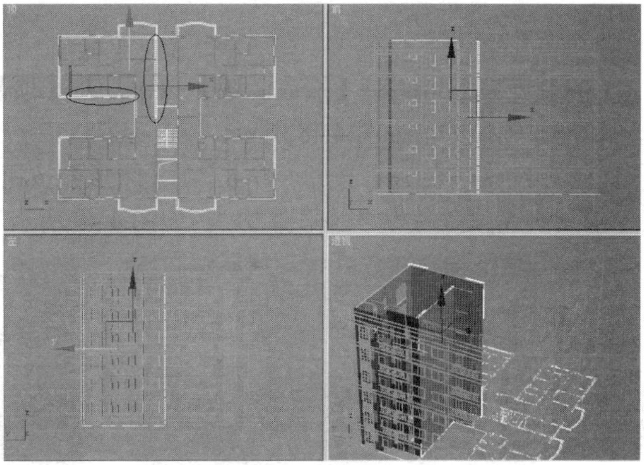

图 4.46

(12) 在工具栏单击【快速渲染】按钮即可得到如图 4.47 所示的效果。

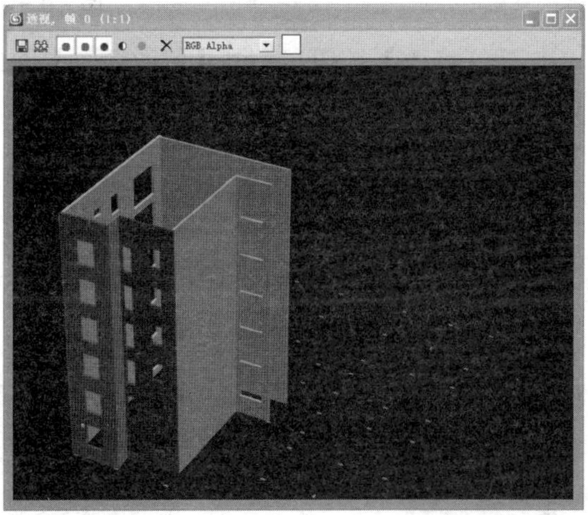

图 4.47

4.3.3 阳台的制作

在前面两节中已经将前墙体和侧墙体的模型创建完毕，在这一节中主要介绍阳台的创建，阳台的创建方法也比较简单，在创建过程中要注意分清前墙图样和底面图样之间的关系。因为阳台的创建要依靠前墙图样和底面图样结合才能创建出精确的模型来，具体创建方法如下。

1. 前阳台的制作

(1) 单击右下角的【缩放区域】按钮，在【顶】视图中将需要描线的前阳台部分框选即可缩放到最大，如图 4.48 所示。

(2) 单击【创建】按钮，单击【图形】按钮，单击 线 按钮，在【前】视图中绘制曲线并命名为“前阳台 01”，如图 4.49 所示。

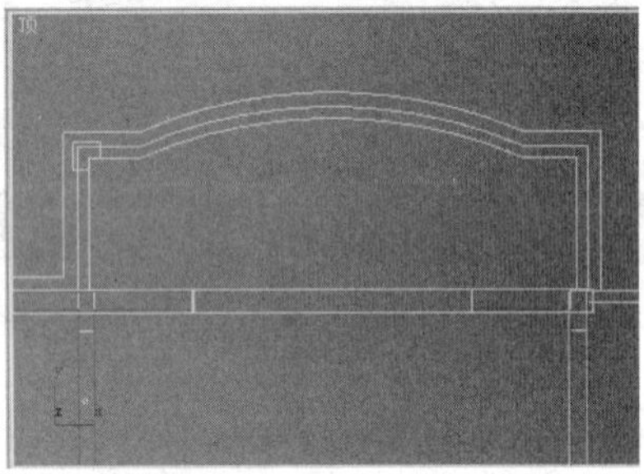

图 4.48

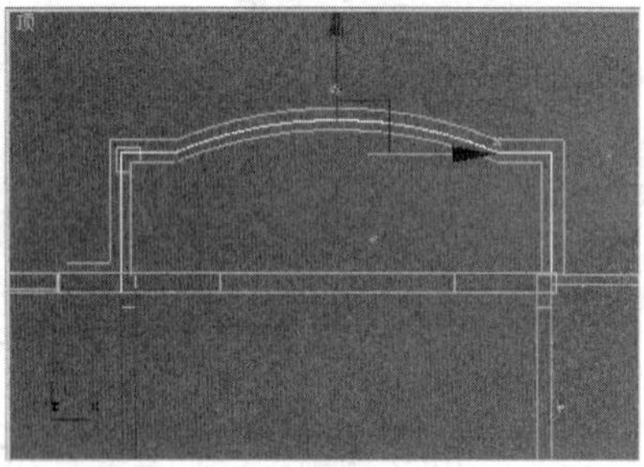

图 4.49

(3) 在浮动面板中单击【修改】按钮，转到【修改命令】面板。

(4) 确保“前阳台 01”曲线被选中，单击【样条线】按钮，在 轮廓 右边的文本输入框中输入“-120”并按 Enter 键即可创建轮廓，如图 4.50 所示。

(5) 单击 修改器列表 右边的按钮，在弹出的下拉列表中选择 挤出 选项，具体参数设置如图 4.51 所示。

(6) 单击【创建】按钮，单击【图形】按钮，单击 线 按钮，在【前】视图中绘制闭合曲线并命名为“前阳台 02”，如图 4.52 所示。

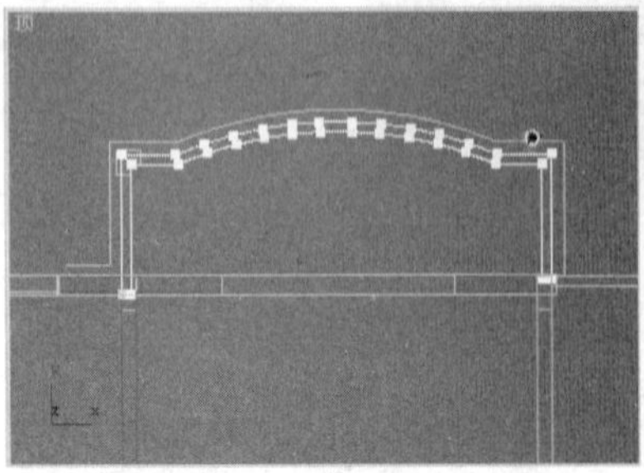

图 4.50

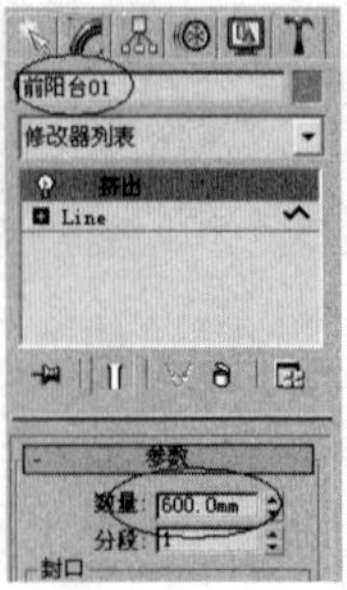

图 4.51

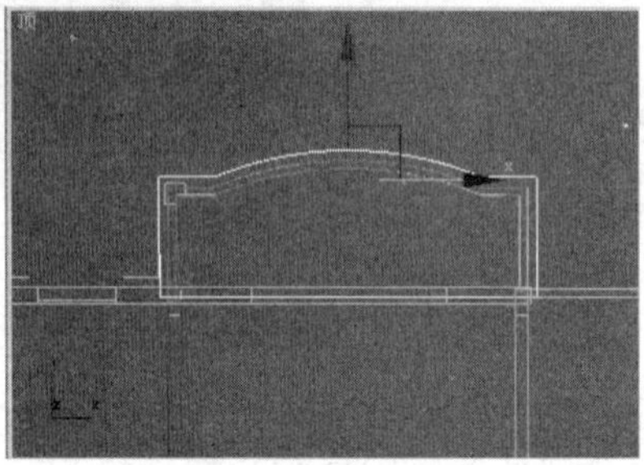

图 4.52

(7) 单击 修改器列表 右边的 按钮，在弹出的下拉列表中选择 挤出 选项，具体参数设置如图 4.53 所示。

(8) “前阳台 01”和“前阳台 02”在各个视图中的位置如图 4.54 所示。

(9) 将“前阳台 02”以【实例】的方式复制一个，系统自动命名为“前阳台 03”，在各个视图中的位置如图 4.55 所示。

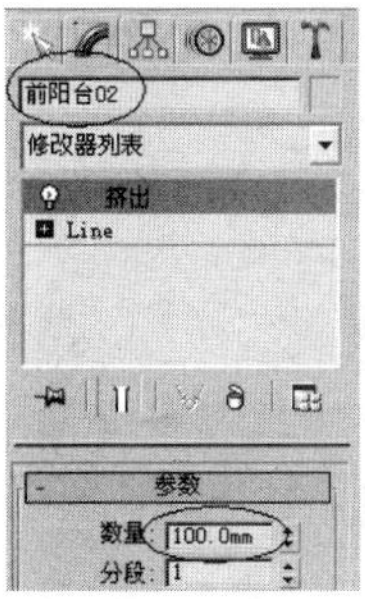

图　4.53

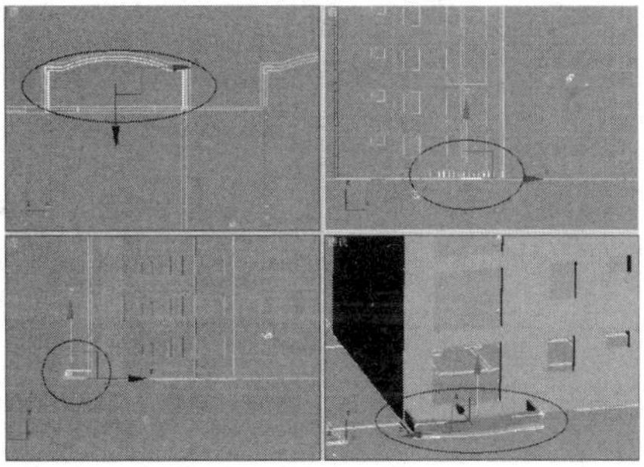

图　4.54

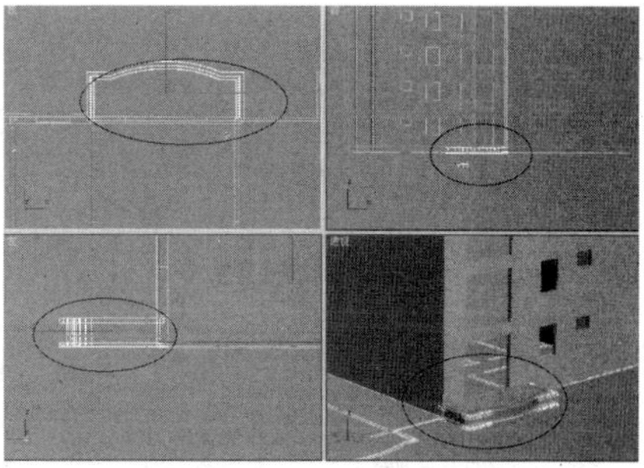

图　4.55

(10) 单击【创建】按钮，单击【图形】按钮，单击 线 按钮，在【前】视图中绘制曲线并命名为“前阳台修饰柱 01”，如图 4.56 所示。

(11) 在浮动面板中单击【修改】按钮，转到【修改命令】面板。

(12) 单击 修改器列表 右边的 按钮，在弹出的下拉列表中选择 车削 选项，再单击参数设置面板中的 最小 按钮，具体参数设置如图 4.57 所示。最终效果如图 4.58 所示。

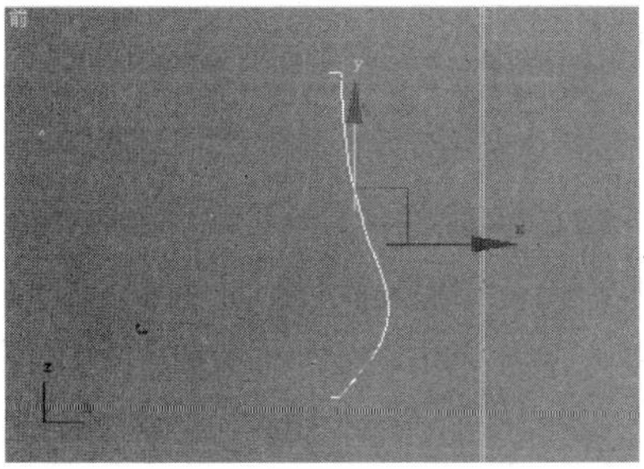

图　4.56

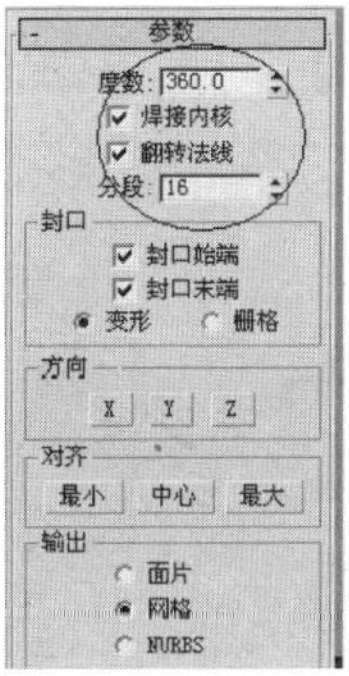

图　4.57

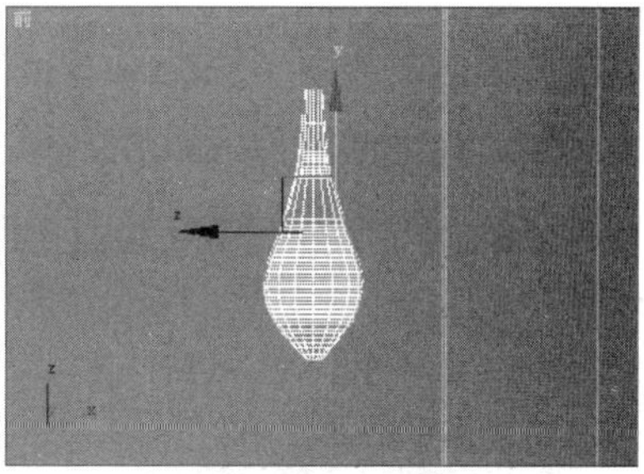

图　4.58

(13) 单击【创建】按钮，单击【几何体】按钮，单击 长方体 按钮，在【前】视图中创建一个长方体并命名为“前阳台修饰柱 02”。具体参数设置如图 4.59 所示。

(14) 在【前】视图中再创建一个长方体，并命名为 “前阳台修饰柱 03”。具体参数设置如图 4.60 所示。

(15) 将“前阳台修饰柱 02”和“前阳台修饰柱 03”以【实例】的方式【镜像】一个，调整好它们的位置，如图 4.61 所示。

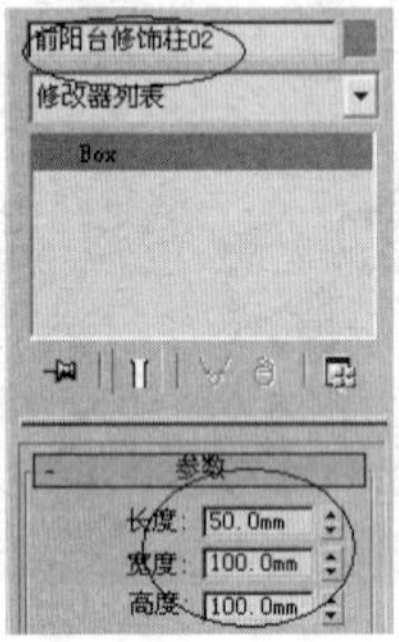

图 4.59

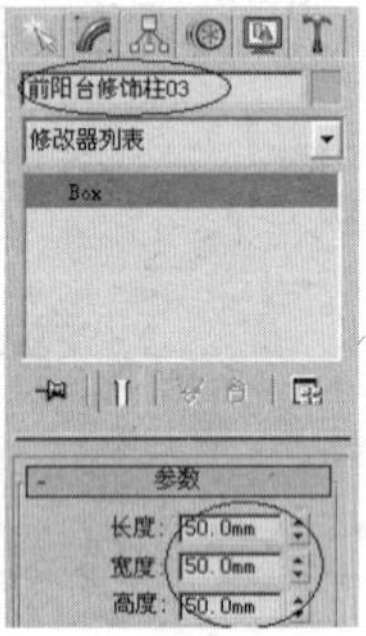

图 4.60

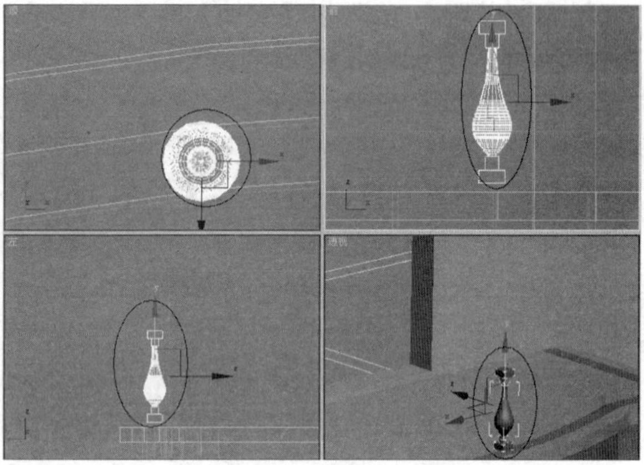

图 4.61

(16) 选中“前阳台修饰柱 01”到“前阳台修饰柱 05”的所有对象。

(17) 单击 组(G) → 成组(G) 命令，弹出【组】设置对话框，具体设置如图 4.62 所示，单击 确定 按钮即可将所有选中的对象组合成 1 个。

(18) 单击【创建】按钮，单击【图形】按钮，单击 线 命令，在【顶】视图中绘制闭合曲线并命名为“前阳台侧 01”，如图 4.63 所示。

(19) 在浮动面板中单击【修改】按钮，转到【修改命令】面板。

(20) 单击 修改器列表 右边的按钮，在弹出的下拉列表中选择 挤出 选项，具体参数设置如图 4.64 所示。

图 4.62

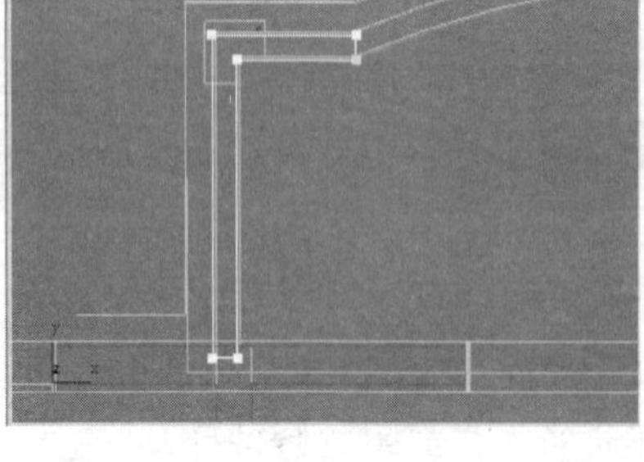

图 4.63

图 4.64

(21) 再将“前阳台侧 01”对象以【实例】的方式复制 1 个并调整好位置，如图 4.65 所示。

(22) 单击【创建】按钮，单击【图形】按钮，单击 线 按钮，在【顶】视图中绘制闭合曲线并命名为“前阳台弯曲 01”，如图 4.66 所示。

图 4.65

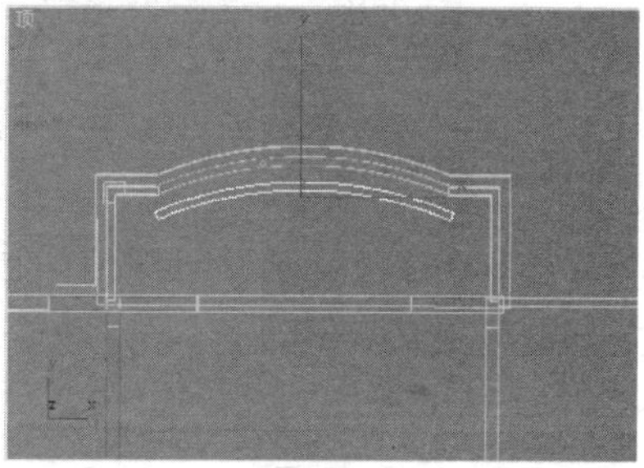

图 4.66

(23) 单击 修改器列表 右边的按钮，在弹出的下拉列表中选择 挤出 选项，具体参数设置如图 4.67 所示。

(24) 将“前阳台弯曲 01”以【实例】的方式复制 1 个并调整好位置，在各个视图中的位置如图 4.68 所示。

(25) 将“前阳台装饰 01”以【实例】的方式复制 10 个并调整好位置，在各个视图中的位置如图 4.69 所示。

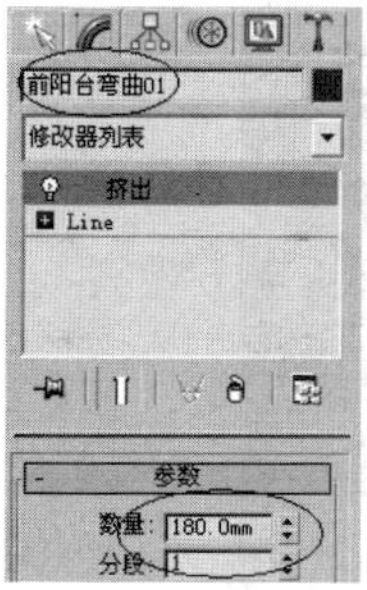

图 4.67

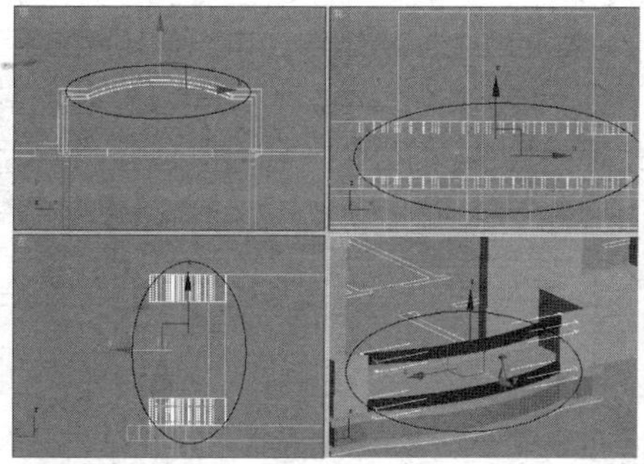

图 4.68

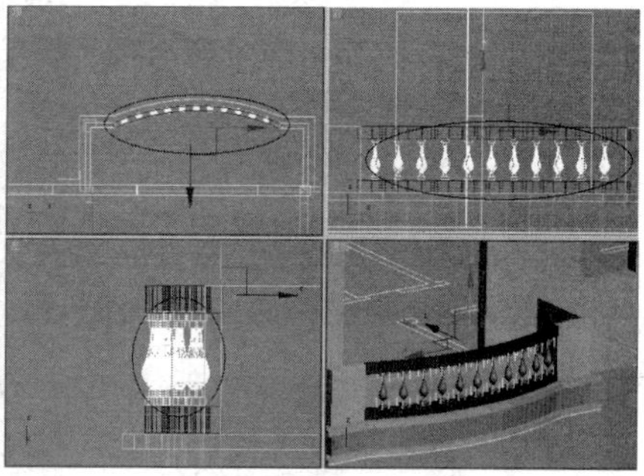

图 4.69

(26) 将前阳台中的所有对象选中并成组，组的名字为“前阳台 01”。

(27) 将“前阳台 01”以【实例】的方式复制 5 个并调整好位置，在各个视图中的位置和效果如图 4.70 所示。

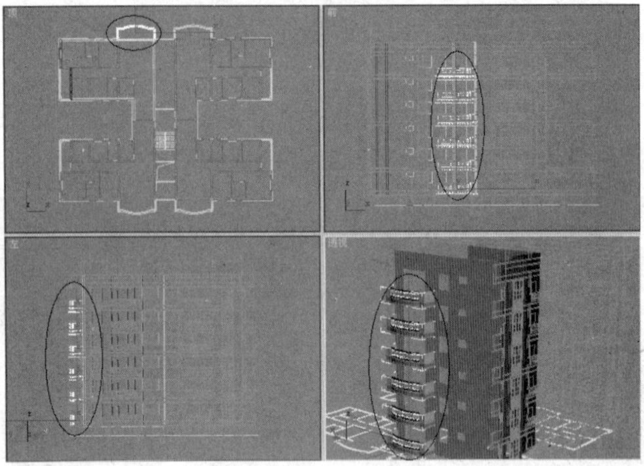

图 4.70

2. 后阳台的制作

后阳台的制作方法与前阳台的制作方法和思路基本上一样，而且结构和造型比前阳台还要简单。具体制作方法如下。

(1) 单击【创建】按钮，单击【几何体】按钮，单击 长方体 按钮，在【顶】视图中创建一个长方体并命名为 “后阳台修饰柱 01”。具体参数设置如图 4.71 所示。在各个视图中的位置如图 4.72 所示。

图 4.71

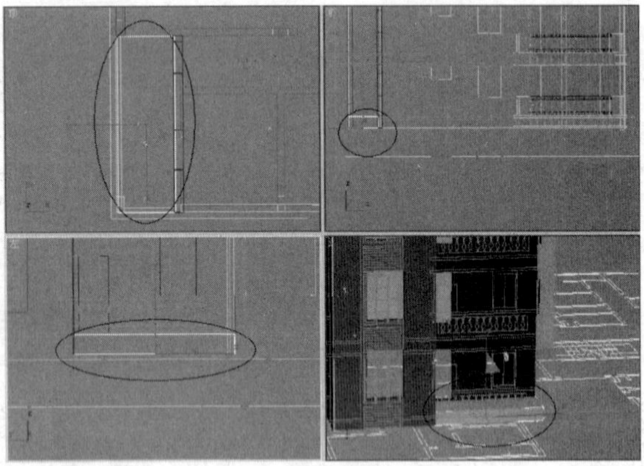

图 4.72

(2) 单击【创建】按钮，单击【图形】按钮，单击 线 按钮，在【顶】视图中绘制闭合曲线并命名为“后阳台修饰柱 02”，如图 4.73 所示。

(3) 在浮动面板中单击【修改】按钮，转到【修改命令】面板。单击修改器列表右边的按钮，在弹出的下拉列表中选择挤出选项，具体参数设置如图 4.74 所示。

(4) 再以【实例】方式复制 1 个，在各个视图中的位置如图 4.75 所示。

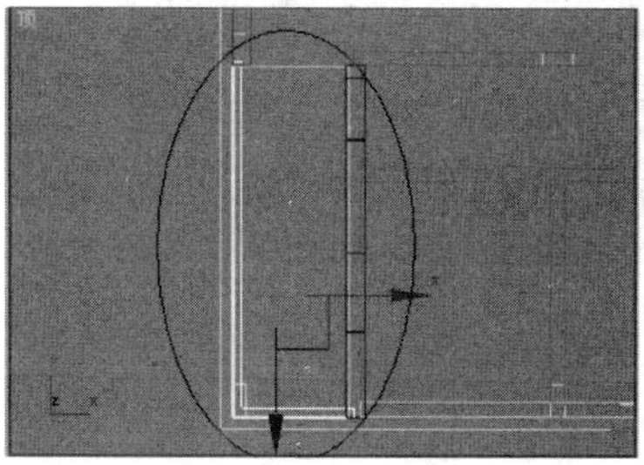

图　4.73

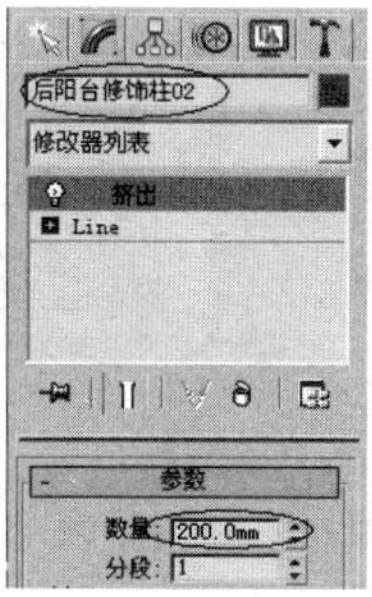

图　4.74

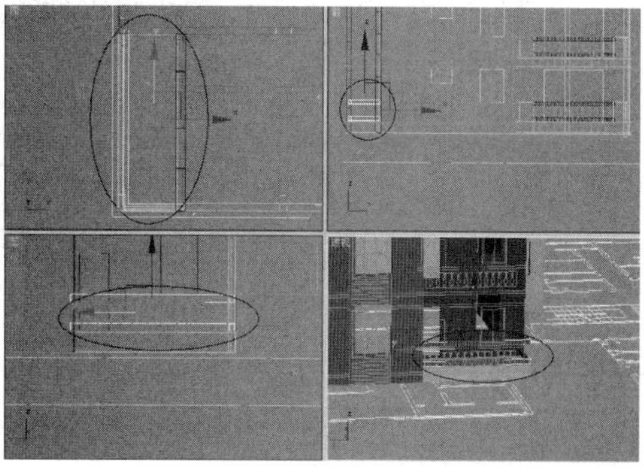

图　4.75

(5) 利用前面“制作前阳台装饰 01”的方法，制作一个“后阳台装饰柱 01”，在各个视图中的效果如图 4.76 所示。

(6) 将“后阳台装饰柱 01”以【实例】的方式复制 15 个并调整好位置，在各个视图中的位置和效果如图 4.77 所示。

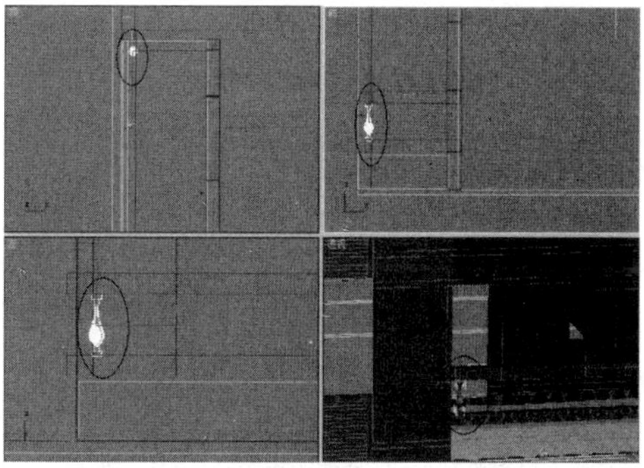

图　4.76

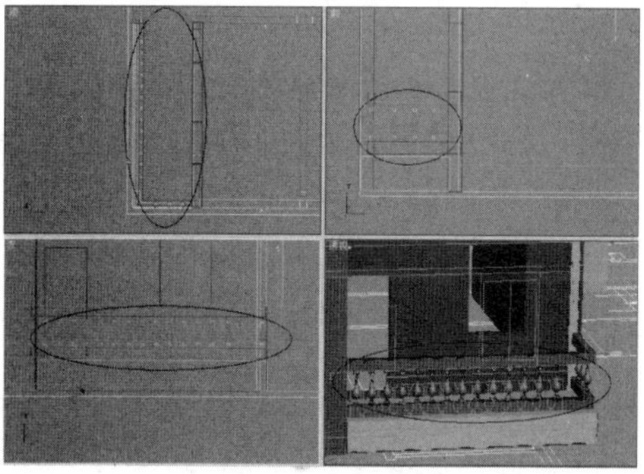

图　4.77

(7) 将所有后阳台的对象选中并成组，命名为“后阳台 01”。

(8) 将“后阳台 01”以【实例】的方式复制 5 个并调整好位置，在各个视图中的位置和效果如图 4.78 所示。

(9) 在工具栏中单击【快速渲染】按钮即可得到如图 4.79 所示的效果。

(10) 按 Ctrl+S 组合键保存文件。

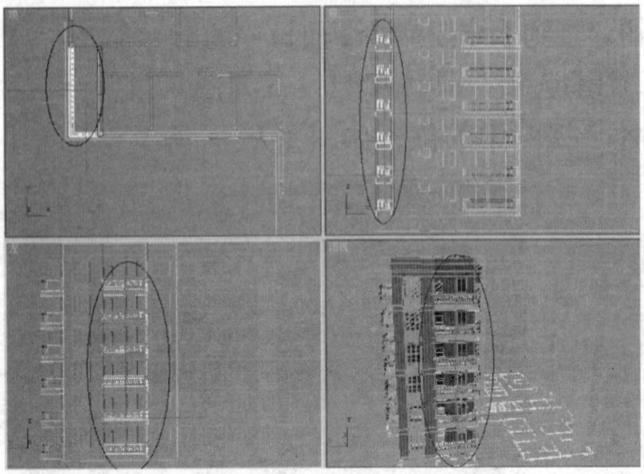

图 4.78

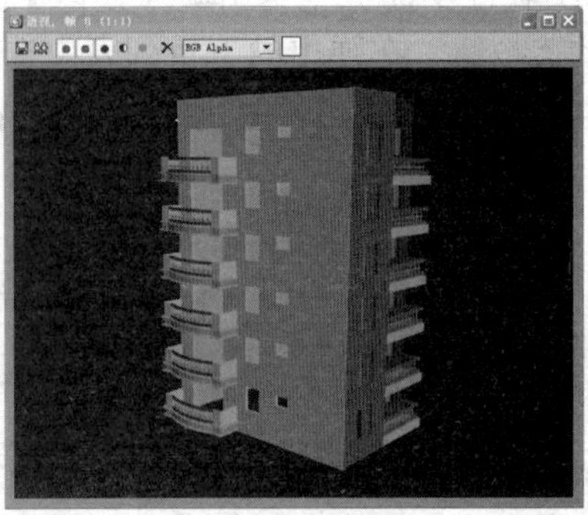

图 4.79

4.3.4 窗户和门的制作

1. 窗户的制作

窗户分为客厅的落地窗、次卧室的窗户、主人房的窗户、书房的窗户和厕所的窗户。不过它们的制作方法完全相同，为了节约篇幅，在这里以客厅的落地窗户的制作为例，其他窗户的制作由用户自己完成。

(1) 单击【创建】按钮，单击【图形】按钮，单击 线 按钮，在【前】视图中绘制如图 4.80 所示的闭合曲线并命名为“落地窗线条 01”。

(2) 在浮动面板中单击【修改】按钮，转到【修改命令】面板。

(3) 单击【样条线】按钮，在 轮廓 按钮右边的文本输入框中输入“-100”并按 Enter 键即可创建轮廓，如图 4.81 所示。

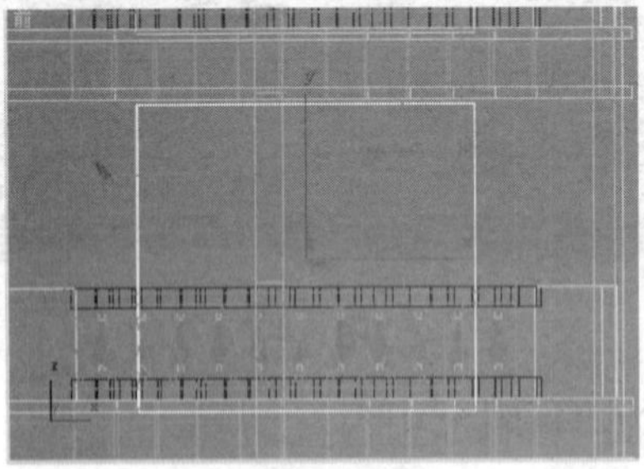

图 4.80

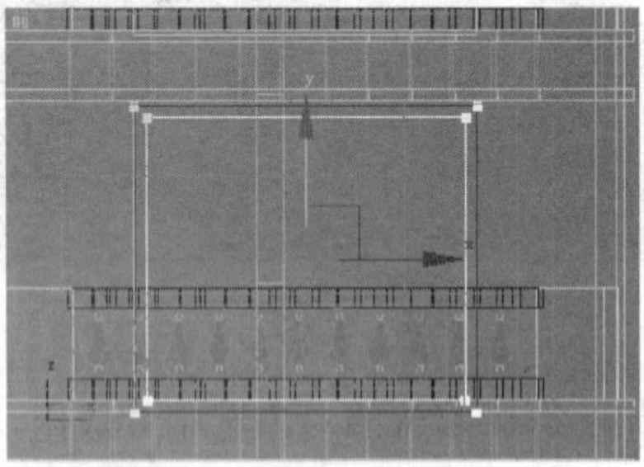

图 4.81

(4) 单击【创建】按钮，单击【图形】按钮，单击 矩形 按钮，在【前】视图中绘制 4 个矩形并分别命名为“落地窗线条 02”、落地窗线条 03”、落地窗线条 04”、落地窗线条 05”。最终效果如图 4.82 所示。

(5) 在浮动面板中单击【修改】按钮，转到【修改命令】面板。

(6) 选中所有“落地窗线条”，单击 修改器列表 右边的按钮，在弹出的下拉菜单中选择 挤出 选项，具体参数设置如图 4.83 所示。

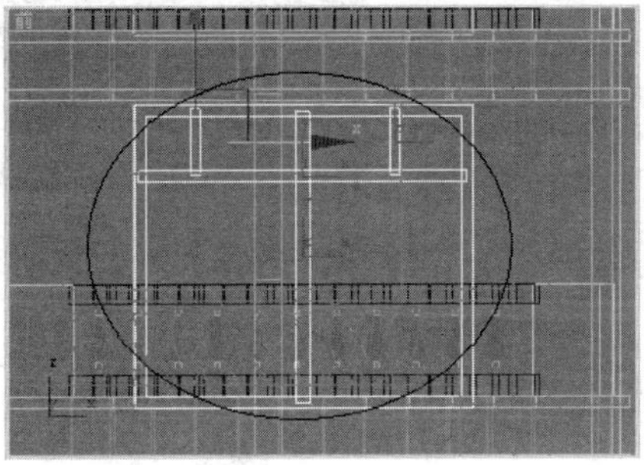

图　4.82

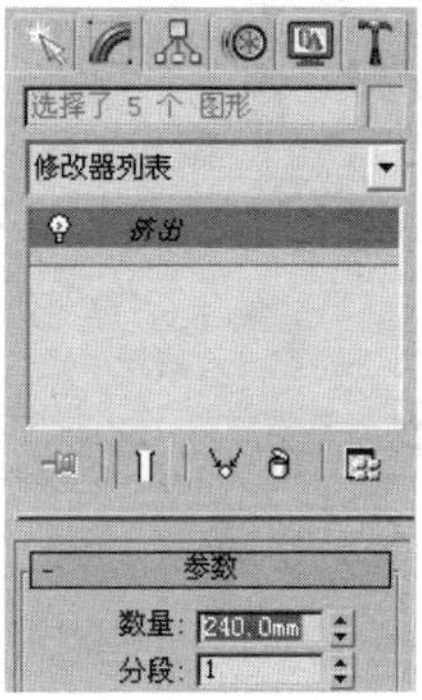

图　4.83

(7) 将所有进行【挤出】的“落地窗线条”成组并命名为“落地窗 01”，再以【实例】的方式复制 5 个并调整好位置，在各个视图中的位置如图 4.84 所示。

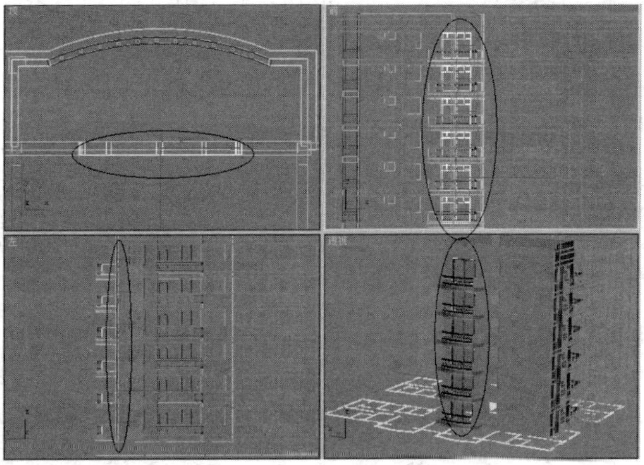

图　4.84

(8) 使用上面同样的方法制作其他窗户，制作好的窗户在各个视图中的位置如图 4.85 所示。

(9) 在工具栏中单击【快速渲染】按钮即可得到如图 4.86 所示的效果。

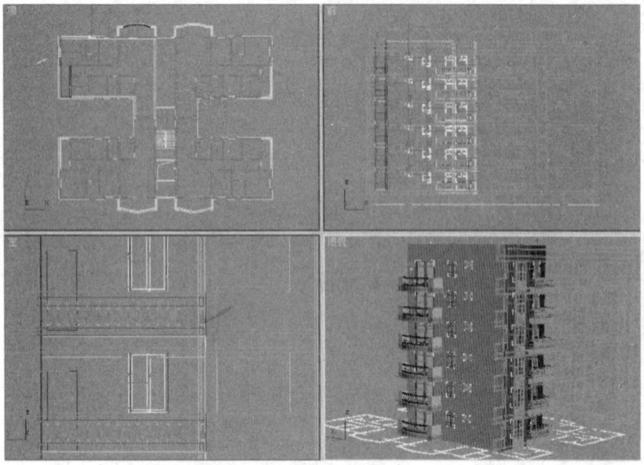

图 4.85

图 4.86

2. 门的制作

门的制作方法非常简单，在这里采用系统自带的【枢轴门】命令来制作，具体操作方法如下。

(1) 单击【创建】按钮，单击【几何体】按钮，转到【几何体】浮动面板。

(2) 单击 标准基本体 右边的按钮，在弹出的下拉列表中选择 门 选项，转到【门】命令浮动面板，如图 4.87 所示。

(3) 单击 枢轴门 按钮，在【顶】视图中创建一扇枢轴门并命名为“侧门 01”，具体参数设置如图 4.88 所示。在各个视图中的位置如图 4.89 所示。

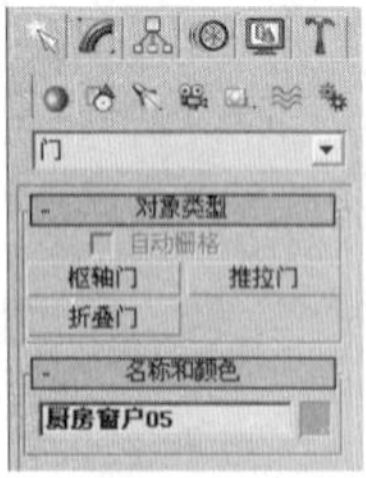

图 4.87

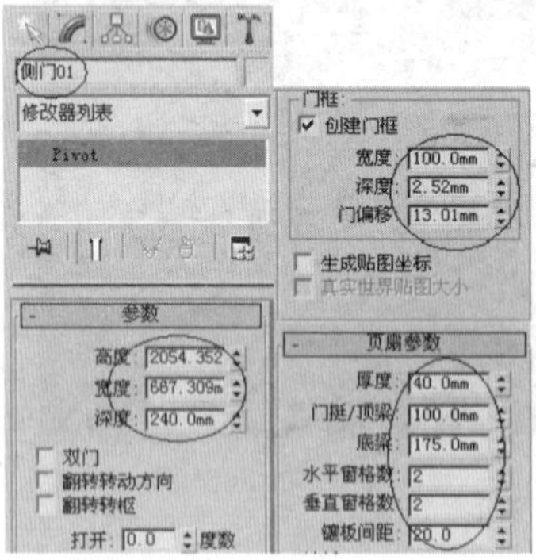

图 4.88

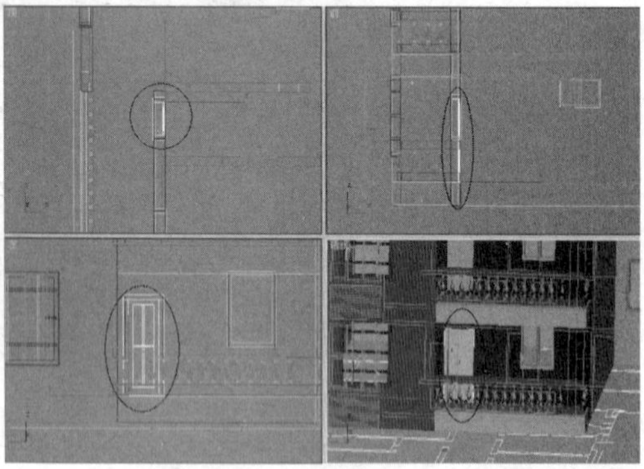

图 4.89

(4) 将“侧门 01”以【实例】的方式复制 5 扇并调整好位置，在各个视图中的位置如图 4.90 所示。

(5) 在工具栏中单击【快速渲染】按钮即可得到如图 4.91 所示的效果。

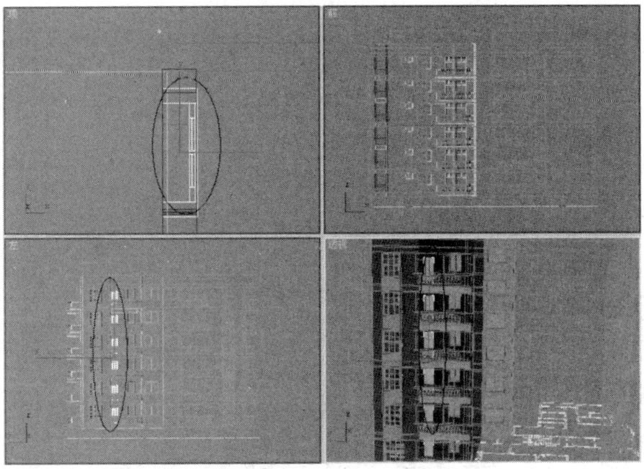

图　4.90

图　4.91

(6) 按 Ctrl+S 组合键保存文件。

4.3.5　其他装饰、屋顶和底层柱子的制作

前面基本上将小区建筑的主体部分、阳台、窗户和门的模型制作完毕，在这一节中主要介绍小区建筑的装饰部分和屋顶以及底层柱子的制作。

1. 制作装饰线条

(1) 单击【创建】按钮，单击【图形】按钮，单击 线 按钮，在【顶】视图中创建一条曲线并命名为“装饰线 01”，如图 4.92 所示。

(2) 在浮动面板中单击【修改】按钮，转到【修改命令】面板。

(3) 单击【样条线】按钮，在 轮廓 按钮右边的文本输入框中输入“240”并按 Enter 键即可创建轮廓，如图 4.93 所示。

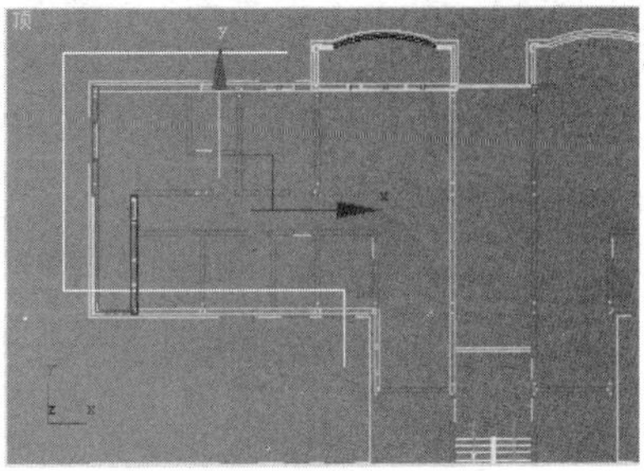

图　4.92

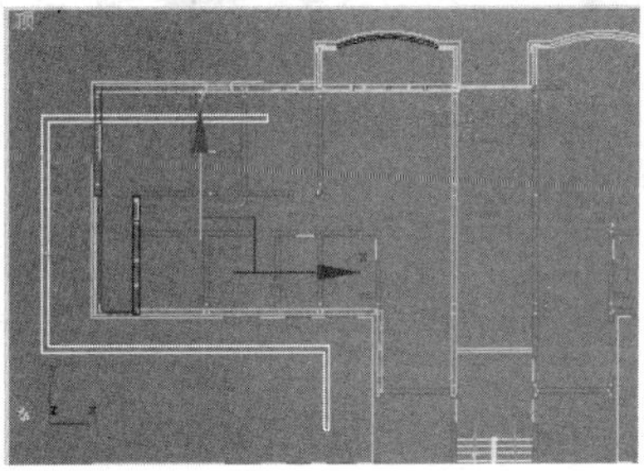

图　4.93

(4) 单击修改器列表右边的▼按钮，在弹出的下拉列表中选择挤出选项，具体参数设置如图 4.94 所示。

(5) 将进行了【挤出】的“装饰线 01”以【实例】的方式复制 15 条并调整好位置，在各个视图中的位置如图 4.95 所示。

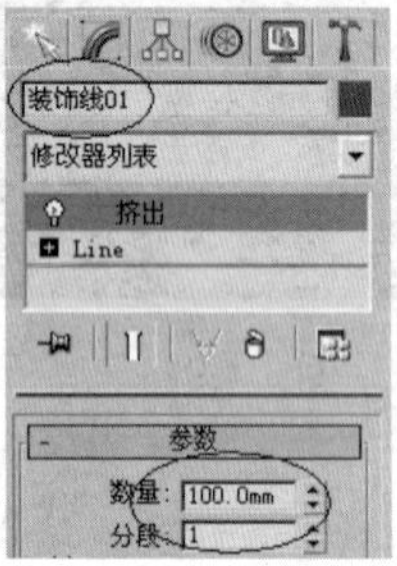

图 4.94

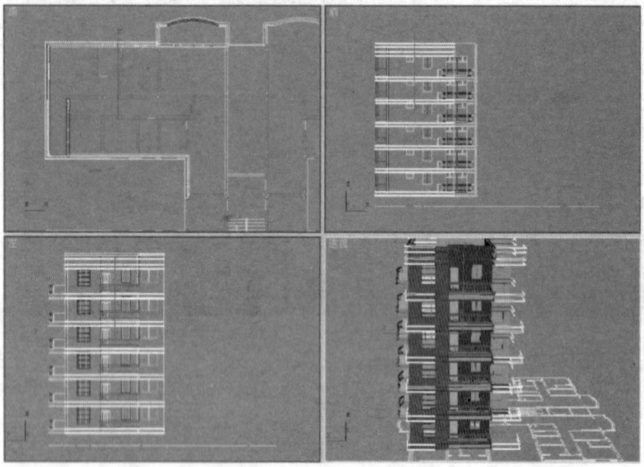

图 4.95

(6) 方法同上，再创建如图 4.96 所示的闭合曲线并命名为“装饰带 01”。

(7) 单击修改器列表右边的▼按钮，在弹出的下拉列表中选择挤出选项，具体效果如图 4.97 所示。

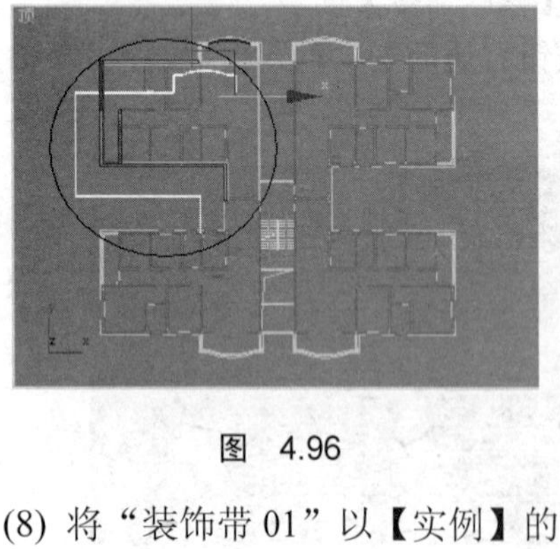

图 4.96

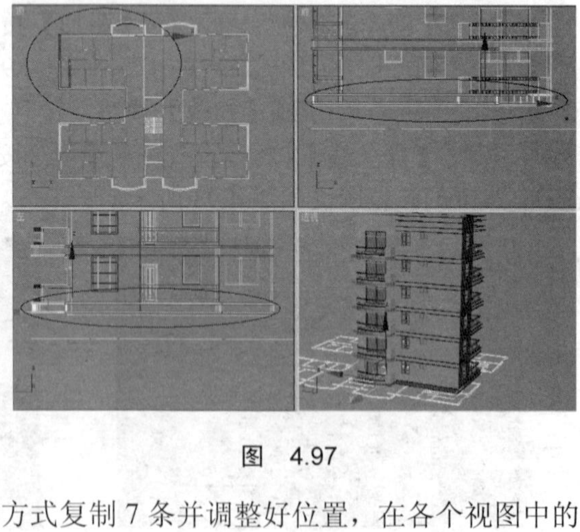

图 4.97

(8) 将“装饰带 01”以【实例】的方式复制 7 条并调整好位置，在各个视图中的位置和最终效果如图 4.98 所示。

(9) 在工具栏中单击【快速渲染】按钮即可得到如图 4.99 所示的效果。

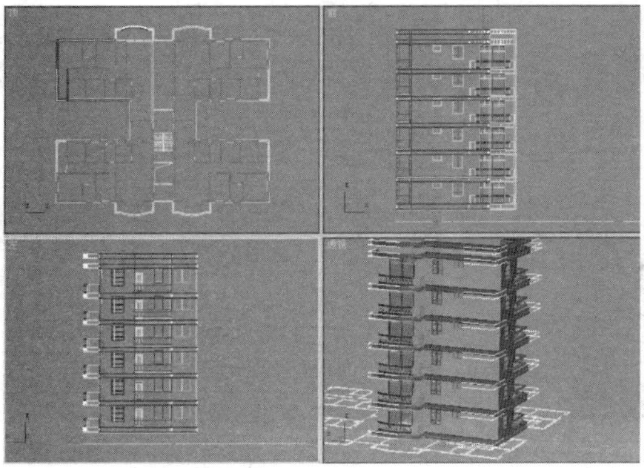

图　4.98

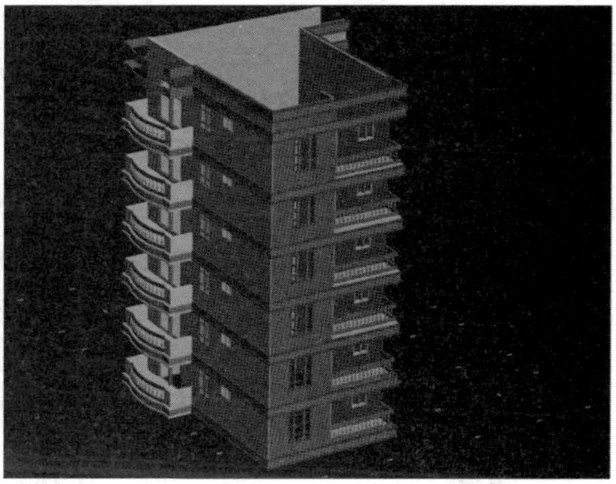

图　4.99

2. 制作装饰柱

(1) 单击【创建】按钮，单击【图形】按钮，单击 线 按钮，在【顶】视图中创建如图 4.100 所示的闭合曲线并命名为“装饰柱 01”。

(2) 在浮动面板中单击【修改】按钮，转到【修改命令】面板。

(3) 单击 修改器列表 右边的按钮，在弹出的下拉列表中选择 挤出 选项，具体参数设置如图 4.101 所示。

(4) 将“装饰柱 01”以【实例】的方式复制一根并调整好位置，在各个视图中的位置如图 4.102 所示。

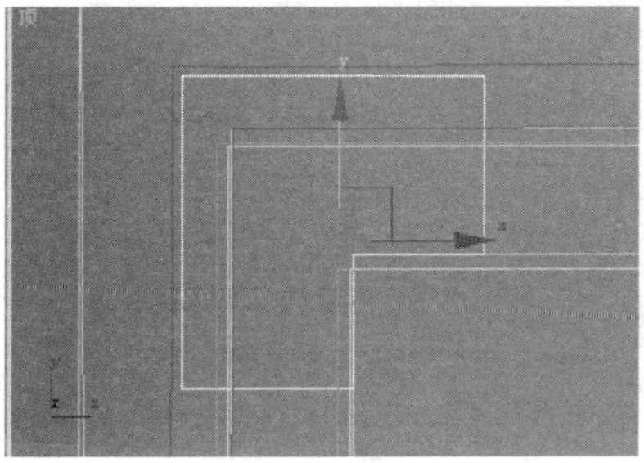

图　4.100

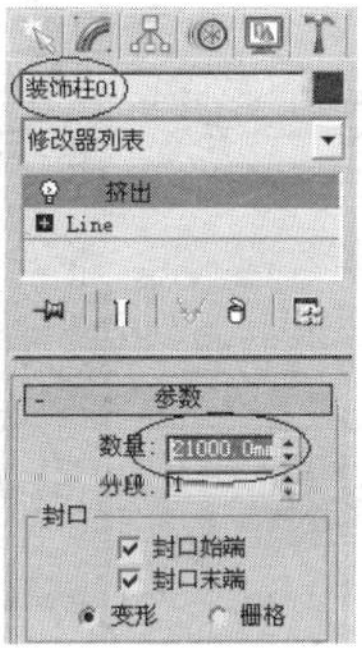

图　4.101

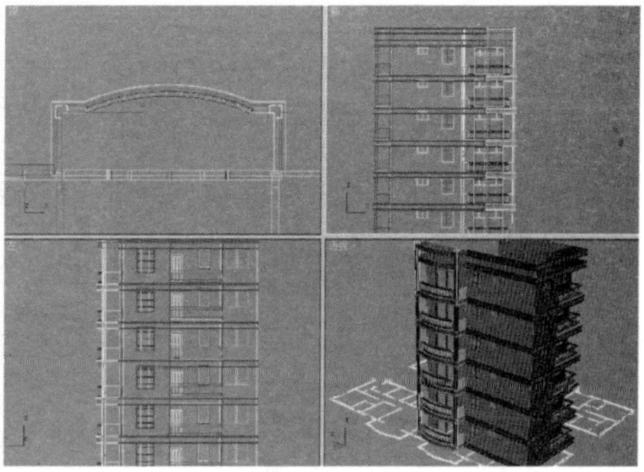

图　4.102

(5) 在【顶】视图中创建一个长方体并命名为“装饰柱 03”，具体参数设置如图 4.103 所示，在各个视图中的位置如图 4.104 所示。

(6) 在工具栏中单击【快速渲染】按钮即可得到如图 4.105 所示的效果。

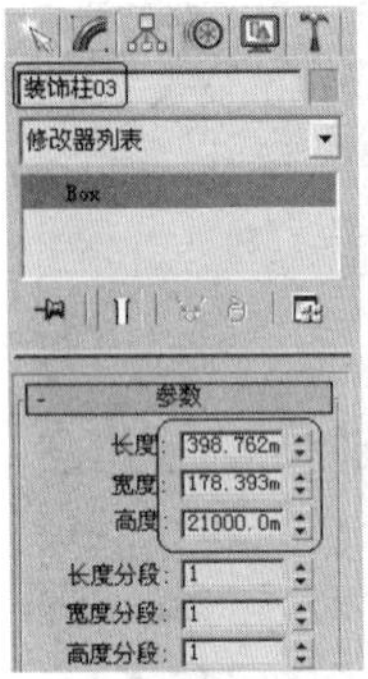

图 4.103

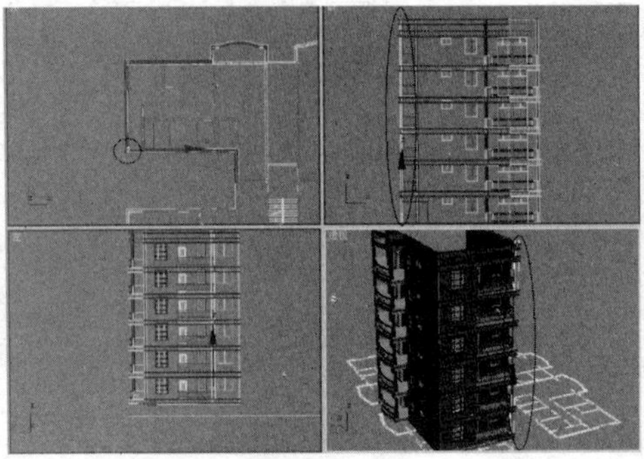

图 4.104

图 4.105

(7) 按 Ctrl+S 组合键保存文件。

3. 制作屋顶

(1) 单击【创建】按钮，单击【图形】按钮，单击 线 按钮，在【顶】视图中创建一条闭合曲线并命名为“屋顶 01”，如图 4.106 所示。

(2) 在浮动面板中单击【修改】按钮，转到【修改命令】面板。

(3) 单击 修改器列表 右边的按钮，在弹出的下拉列表中选择 挤出 选项，具体参数设置如图 4.107 所示。

(4) 调整好位置，在各个视图中的位置和效果如图 4.108 所示。

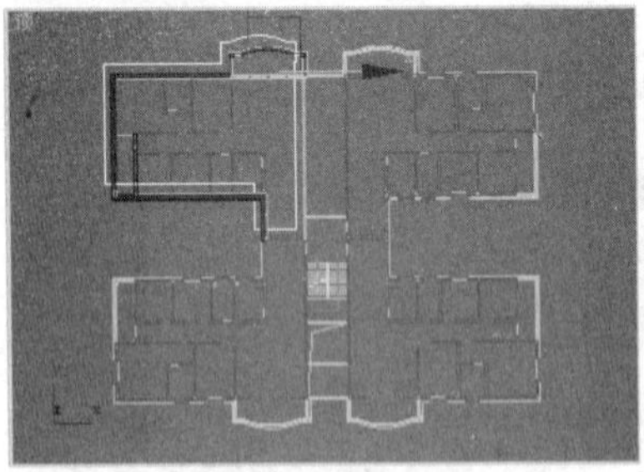

图 4.106

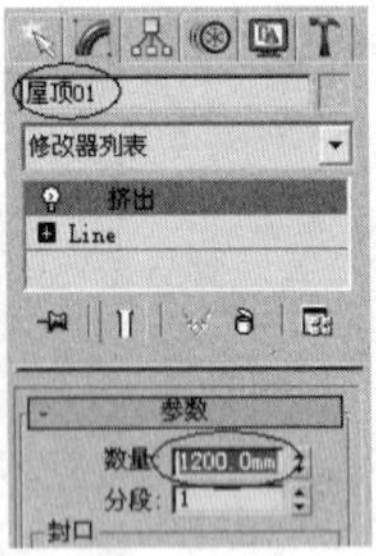

图 4.107

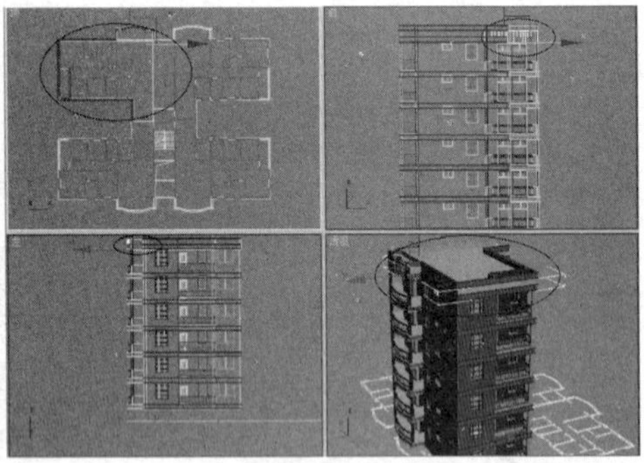

图 4.108

(5) 屋顶阳台处的轮廓线的创建方法跟前面一样，在这里就不再重复，用户按前面的方法创建，最终效果如图 4.109 所示。

图　4.109

4. 制作屋顶挡光板

(1) 单击【创建】按钮，单击【图形】按钮，单击 线 按钮，在【顶】视图中创建一条闭合曲线并命名为“挡光板 01”，如图 4.110 所示。

(2) 在浮动面板中单击【修改】按钮，转到【修改命令】面板。

(3) 单击【样条线】按钮，在 轮廓 按钮右边的文本输入框中输入“-800”并按 Enter 键即可创建轮廓，如图 4.111 所示。

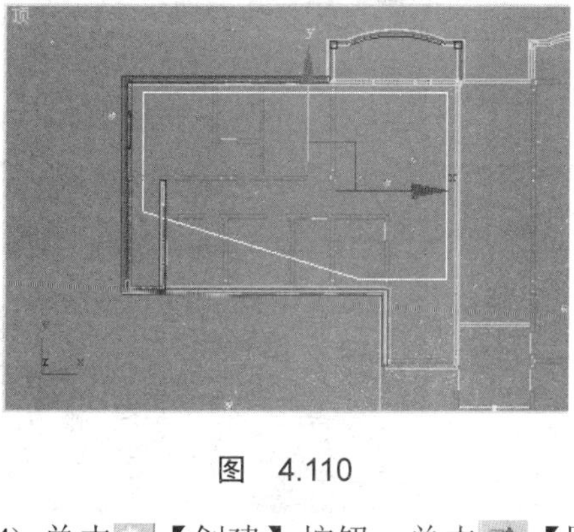

图　4.110

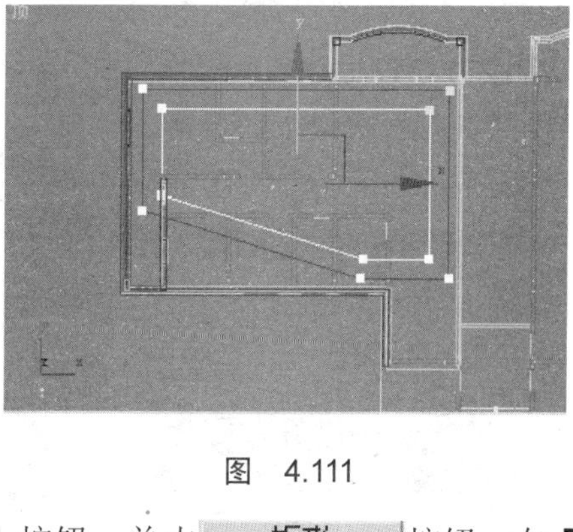

图　4.111

(4) 单击【创建】按钮，单击【图形】按钮，单击 矩形 按钮，在【顶】视图中创建如图 4.112 所示的矩形。

(5) 将创建的矩形和“挡光板 01”选中，在浮动面板中单击【修改】按钮，转到【修改命令】面板。

(6) 单击修改器列表右边的按钮，在弹出的下拉列表中选择挤出选项，具体参数设置如图 4.113 所示。

(7) 将上面【挤出】的所有矩形和“挡光板 01”进行成组操作并命名为“挡光板”。

(8) 在【顶】视图中利用【长方体】创建 4 根挡光柱，具体参数设置如图 4.114 所示。

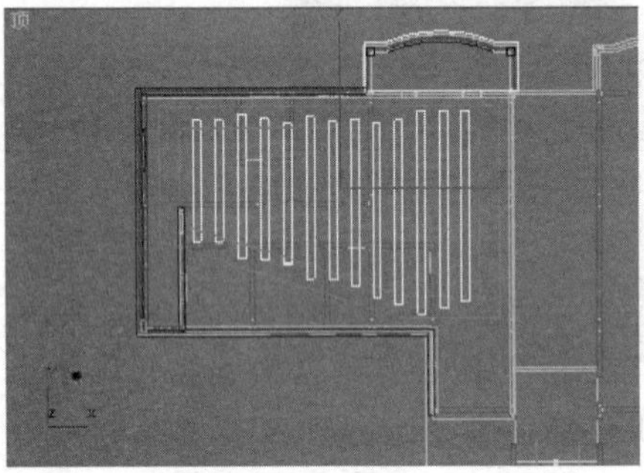

图 4.112

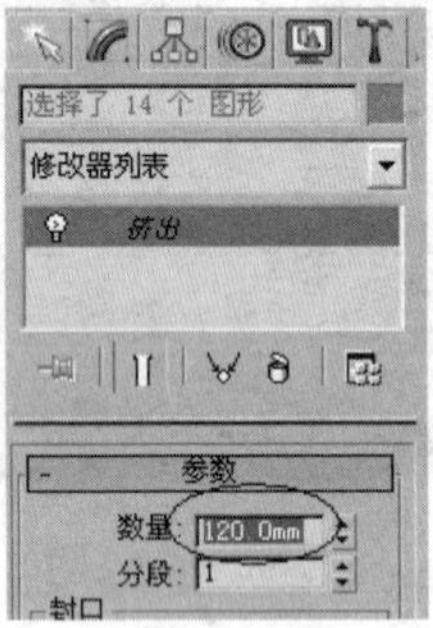

图 4.113

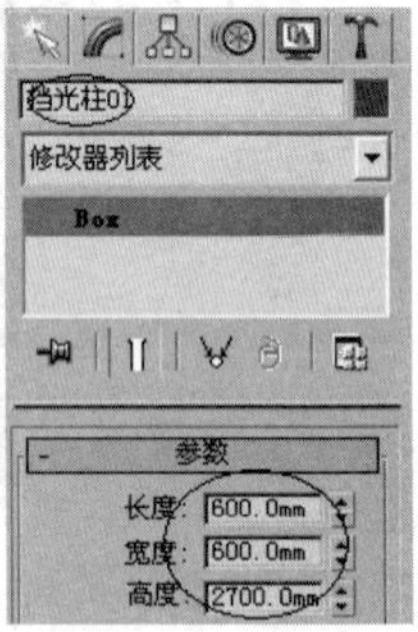

图 4.114

(9) 调整好 4 根挡光柱和“挡光板 01”的位置如图 4.115 所示。

(10) 选中 4 根挡光柱和“挡光板 01”进行成组操作，命名为“挡光板完整 01”。

(11) 在工具栏中单击【快速渲染】按钮即可得到如图 4.116 所示的效果。

(12) 按 Ctrl+S 组合键保存文件。

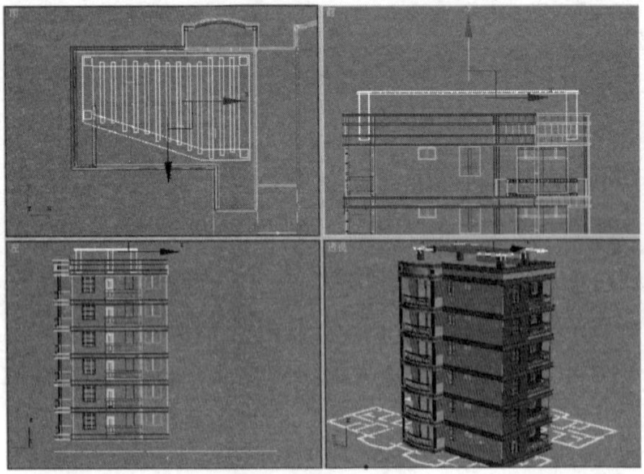

图 4.115

图 4.116

5. 制作底层柱子

(1) 单击【创建】按钮，单击【几何体】按钮，单击 长方体 按钮，在【顶】视图中创建一个长方体并命名为“底层柱子 01”。具体参数设置如图 4.117 所示。

(2) 将“底层柱子 01”以【实例】的方式复制 8 根并调整好位置，在各个视图中的位置如图 4.118 所示。

(3) 在工具栏中单击【快速渲染】按钮即可得到如图 4.119 所示的效果。

(4) 按 Ctrl+S 组合键保存文件。

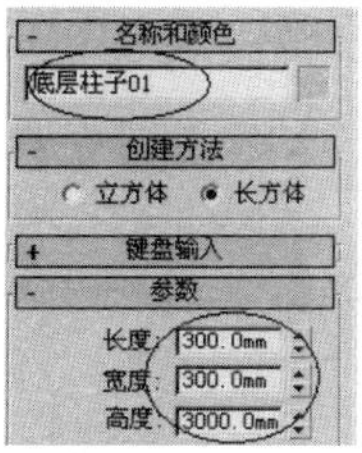

图　4.117

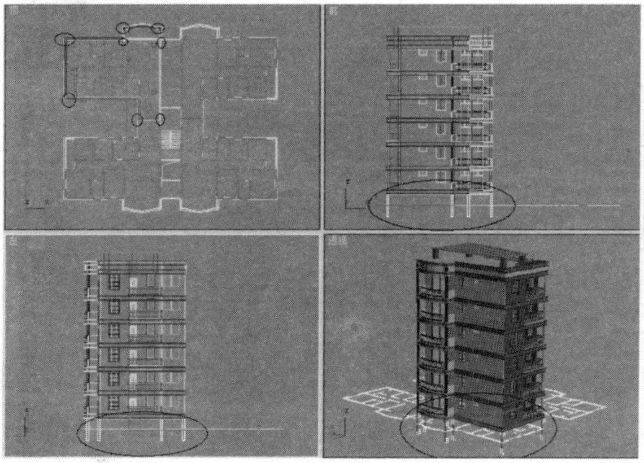

图　4.118

图　4.119

4.4 贴 图 材 质

在前面几节中，主要介绍了建筑效果图模型的制作，建筑效果图的模型好比平时生活中没有经过装修的毛坯建筑。在这一节主要介绍墙体材质、金属材质、白色乳胶漆材质、玻璃材质和装饰带材质的调配。

4.4.1 创建墙体材质

(1) 在工具栏中单击【材质编辑器】按钮，弹出【材质编辑器】设置对话框，在【材质编辑器】设置对话框中单击第 1 个材质示例球并命名为“墙体材质”，如图 4.120 所示。

(2) 单击 Blinn 基本参数 卷展栏 漫反射 右边的【None】按钮，弹出【材质/贴图浏览器】设置对话框，在【材质/贴图浏览器】设置对话框中双击 位图 选项，弹出【选择位图图像文件】设置对话框，选择需要的位图如图 4.121 所示。

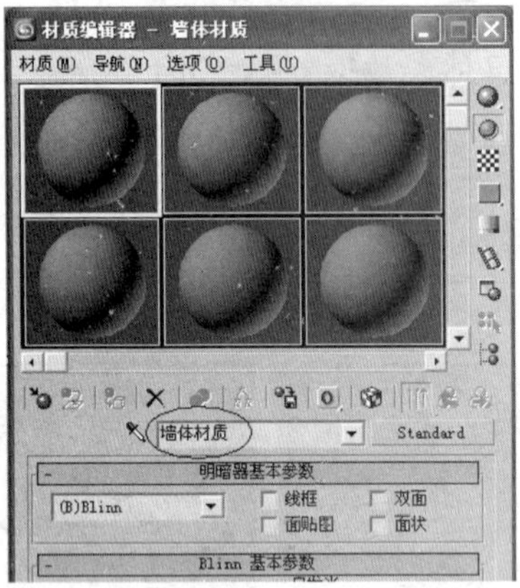

图 4.120

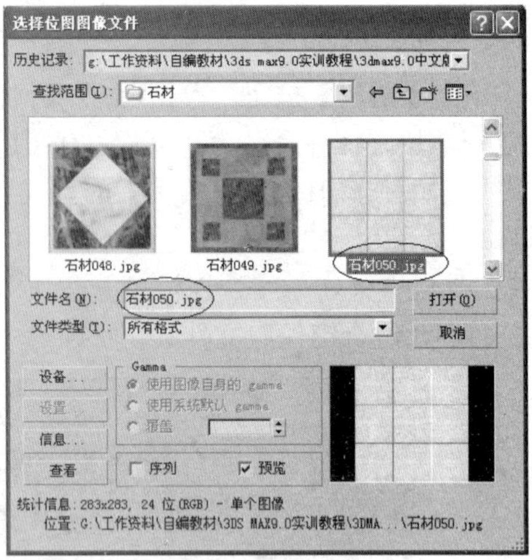

图 4.121

(3) 在【选择位图图像文件】设置对话框中，单击 打开(O) 按钮返回【材质/贴图浏览器】设置对话框。

(4) 在【材质/贴图浏览器】设置对话框中，单击【转到父对象】按钮返回上一级。具体设置如图 4.122 所示。

(5) 在 贴图 卷展栏中单击 反射 右边的 None 按钮，弹出【材质/贴图浏览器】，在【材质/贴图浏览器】中双击 光线跟踪 选项返回【材质/贴图浏览器】设置对话框。

(6) 单击【转到父对象】按钮返回上一级。具体设置如图 4.123 所示。

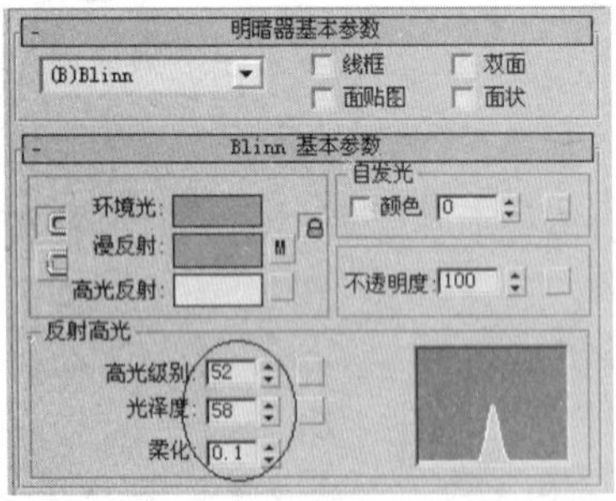

图 4.122

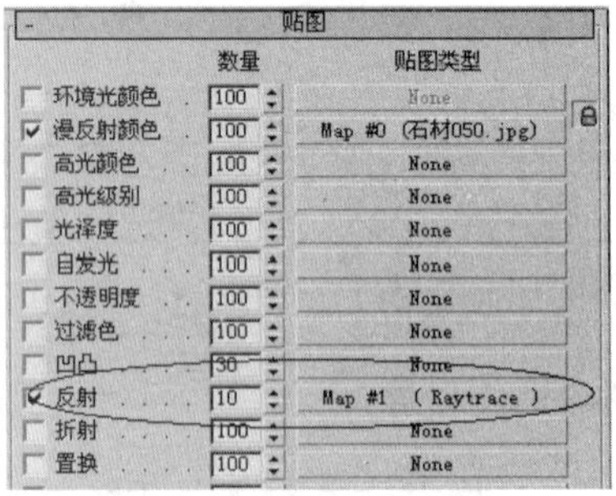

图 4.123

(7) 选择所有墙体，单击【将材质指定给选定对象】按钮，再单击【在视口中显示贴图】按钮，在【透视】视图中显示贴图，如图 4.124 所示。

(8) 在浮动面板中单击【修改】按钮，转到【修改命令】面板。

(9) 单击修改器列表右边的▼按钮，在弹出的下拉列表中选择UVW 贴图选项，具体参数设置如图 4.125 所示。

(10) 在工具栏中单击【快速渲染】按钮即可得到如图 4.126 所示的效果。

图　4.124

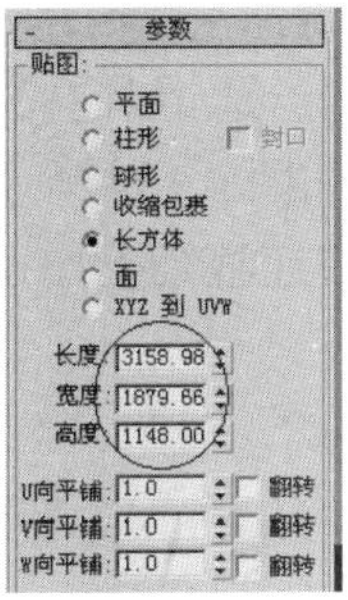

图　4.125

图　4.126

(11) 按 Ctrl+S 组合键保存文件。

4.4.2　创建白色乳胶漆材质

(1) 在【材质编辑器】设置对话框中单击第 2 个材质示例球并命名为“白色乳胶漆”，如图 4.127 所示。

(2) 将【环境光】、【漫反射】和【高光反射】的颜色设置为白色(R:255、G:255、B:255)，其他参数设置如图 4.128 所示。

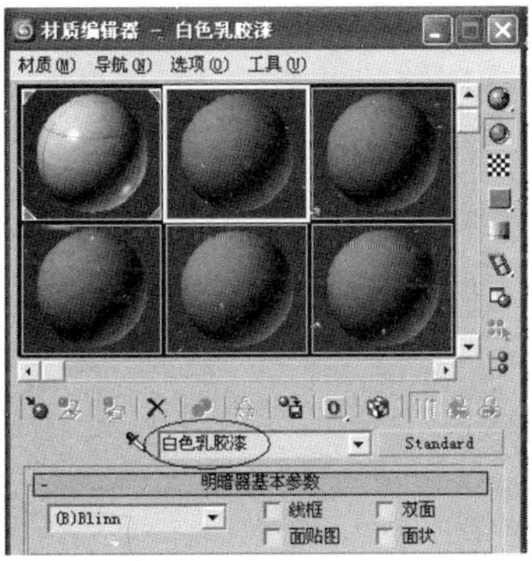

图　4.127

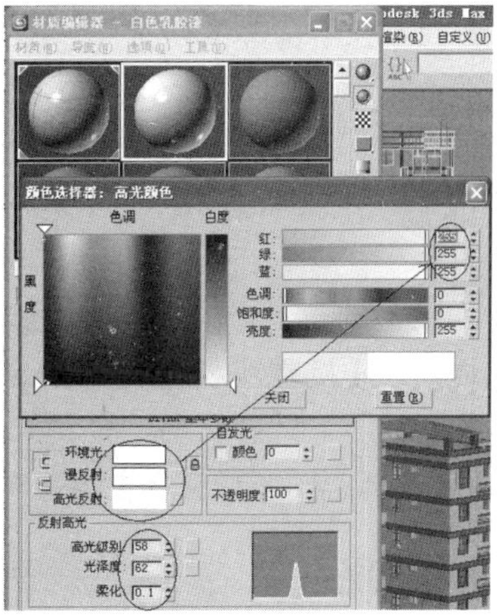

图　4.128

(3) 在贴图卷展栏中单击反射右边的 None 按钮，弹出【材质/贴图浏览器】，在【材质/贴图浏览器】中双击光线跟踪选项，返回【材质/贴图浏览器】设置对话框。

(4) 单击【转到父对象】按钮返回上一级。具体设置如图 4.129 所示。

(5) 选中所有前阳台、后阳台、装饰柱、底层柱子、顶层 01、挡光板完整 01 和屋顶装饰线 02。单击【将材质指定给选定对象】按钮，再单击【在视口中显示贴图】按钮在【透视】视图中显示贴图，如图 4.130 所示。

(6) 在工具栏中单击【快速渲染】按钮即可得到如图 4.131 所示的效果。

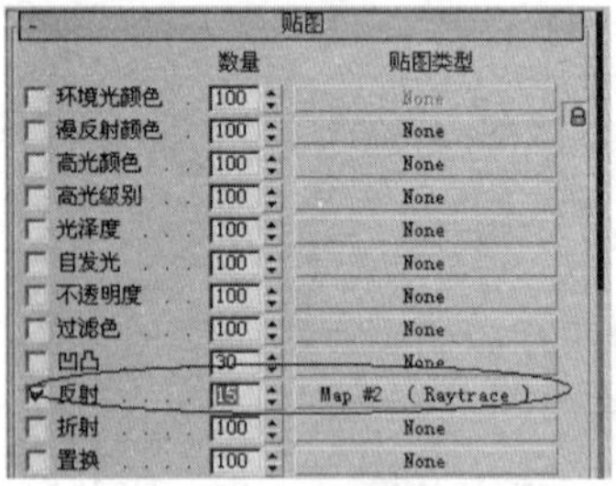

图 4.129

图 4.130

图 4.131

(7) 按 Ctrl+S 组合键保存文件。

4.4.3 创建窗户材质

(1) 在【材质编辑器】设置对话框中单击第 3 个材质示例球并命名为“窗户”，如图 4.132 所示。

(2) 单击 Blinn 基本参数卷展栏漫反射右边的【None】按钮，弹出【材质/贴图浏览器】设置对话框，在【材质/贴图浏览器】设置对话框中双击位图选项，弹出【选择位图图像文件】设置对话框，选择需要的位图如图 4.133 所示。

(3) 在【选择位图图像文件】设置对话框中单击打开(O)按钮，返回【材质/贴图浏览器】设置对话框。

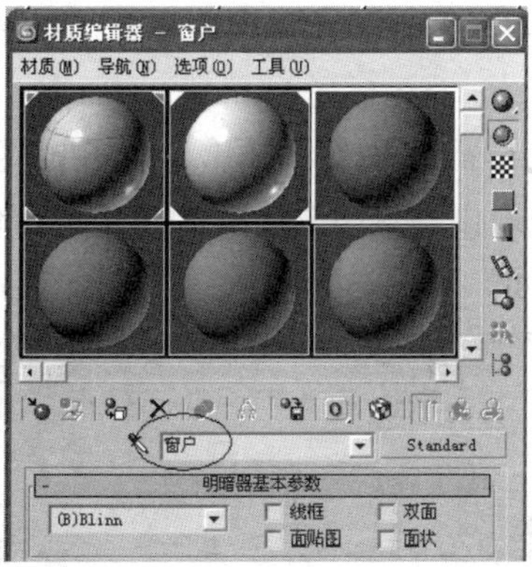

图　4.132

图　4.133

(4) 在【材质/贴图浏览器】设置对话框中单击【转到父对象】按钮返回上一级。具体设置如图 4.134 所示。

(5) 在贴图卷展栏中单击反射右边的 None 按钮，弹出【材质/贴图浏览器】，在【材质/贴图浏览器】中双击光线跟踪选项，返回【材质/贴图浏览器】设置对话框。

(6) 单击【转到父对象】按钮返回上一级。具体设置如图 4.135 所示。

(7) 选中所有窗户，单击【将材质指定给选定对象】按钮，再单击【在视口中显示贴图】按钮，在【透视】视图中显示贴图。

(8) 在工具栏中单击【快速渲染】按钮即可得到如图 4.136 所示的效果。

(9) 按 Ctrl+S 组合键保存文件。

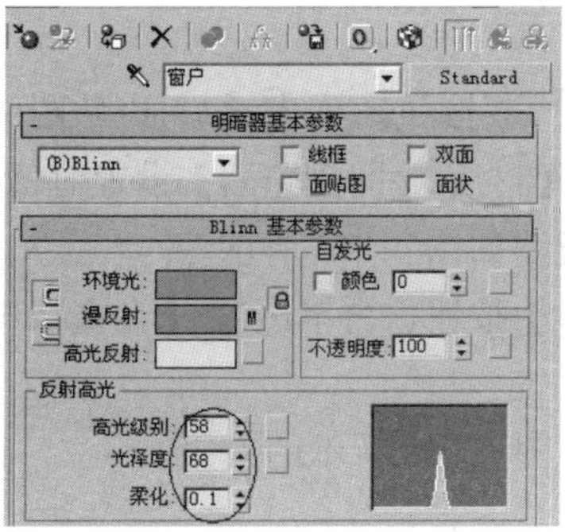

图　4.134

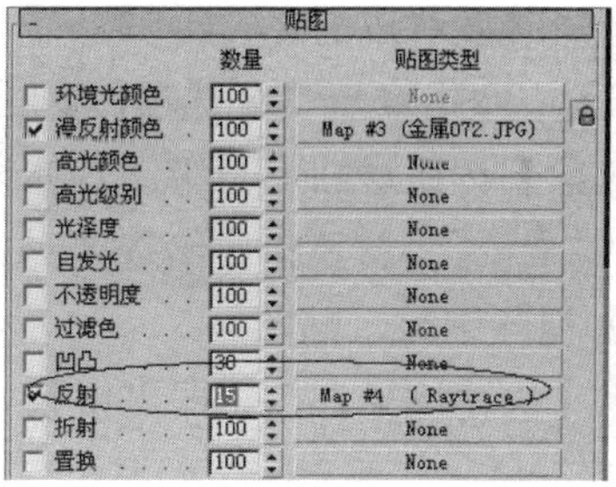

图　4.135

图　4.136

4.4.4 创建装饰带材质

(1) 在【材质编辑器】设置对话框中单击第 4 个材质示例球并命名为“装饰带”，如图 4.137 所示。

(2) 单击 Blinn 基本参数 卷展栏 漫反射 右边的 【None】按钮，弹出【材质/贴图浏览器】设置对话框，在【材质/贴图浏览器】设置对话框中双击 位图 选项，弹出【选择位图图像文件】设置对话框，选择需要的位图如图 4.138 所示。

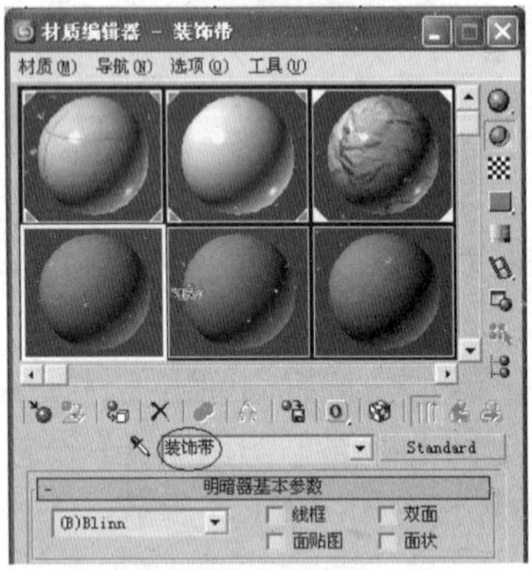

图 4.137

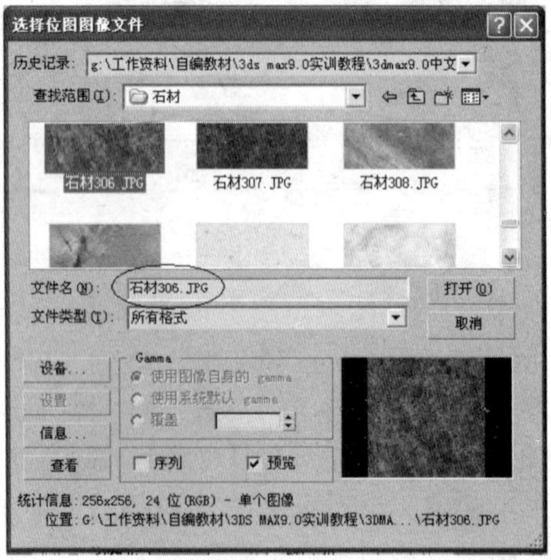

图 4.138

(3) 在【选择位图图像文件】设置对话框中单击 打开(O) 按钮返回【材质/贴图浏览器】设置对话框。

(4) 在【材质/贴图浏览器】设置对话框中单击【转到父对象】按钮返回上一级。具体设置如图 4.139 所示。

(5) 在 贴图 卷展栏中单击 反射 右边的 None 按钮，弹出【材质/贴图浏览器】，在【材质/贴图浏览器】中双击 光线跟踪 选项，返回【材质/贴图浏览器】设置对话框。

(6) 单击【转到父对象】按钮返回上一级。具体设置如图 4.140 所示。

(7) 选中所有窗户，单击【将材质指定给选定对象】按钮，再单击【在视口中显示贴图】按钮，在【透视】视图中显示贴图。

(8) 在工具栏中单击【快速渲染】按钮即可得到如图 4.141 所示的效果。

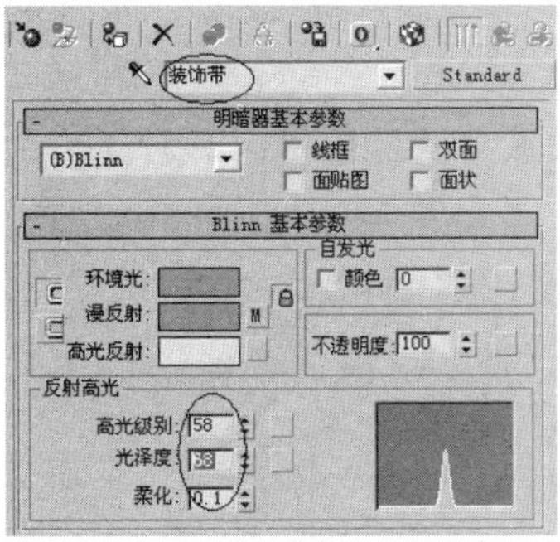

图 4.139

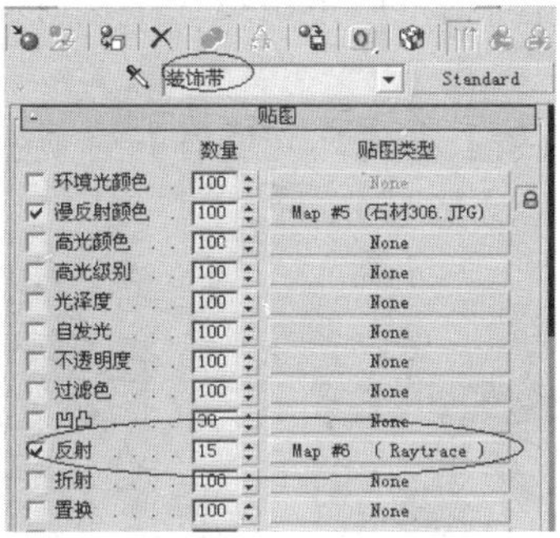

图 4.140

图 4.141

(9) 按 Ctrl+S 组合键保存文件。

4.4.5 创建玻璃材质

1. 创建玻璃模型

(1) 单击【创建】按钮，单击【几何体】按钮，单击 长方体 按钮，在【顶】视图中创建一个长方体并命名为“玻璃 01”。具体参数设置如图 4.142 所示。

(2) 在各个视图中的位置如图 4.143 所示。

(3) 单击 长方体 按钮，在【顶】视图中创建一个长方体并命名为 “玻璃 02”。具体参数设置如图 4.144 所示。

(4) 使用同样的方法创建“玻璃 03”和“玻璃 04”，具体位置分别与书房窗户和餐厅窗户里边对齐，玻璃的厚度为窗户厚度的 1/3。

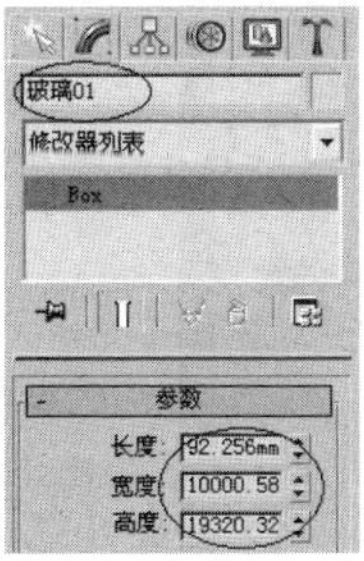

图 4.142

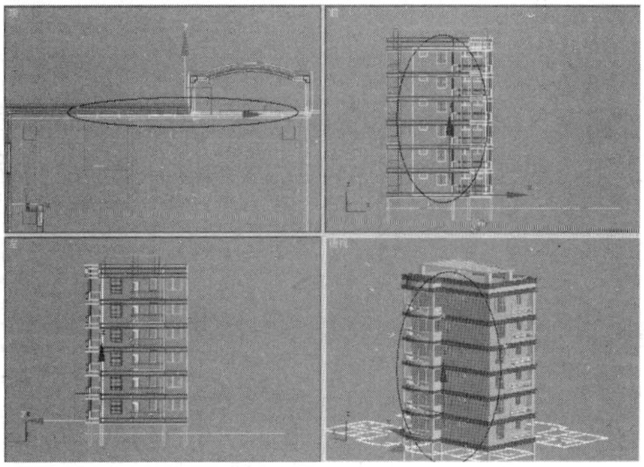

图 4.143

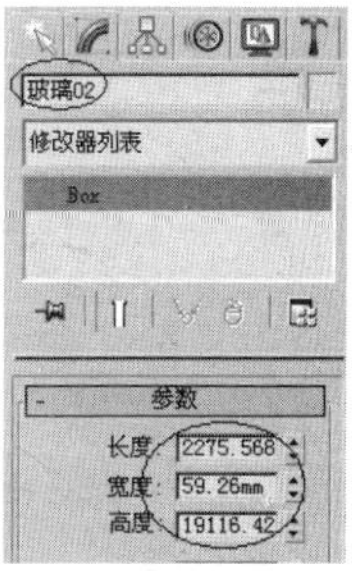

图 4.144

2. 创建玻璃材质

(1) 在【材质编辑器】设置对话框中单击第 5 个材质示例球并命名为“玻璃”，如图 4.145 所示。

(2) 将【环境光】、【漫反射】和【高光反射】的颜色设置为浅蓝色(R：255、G：255、B：255)，其他参数设置如图 4.146 所示。

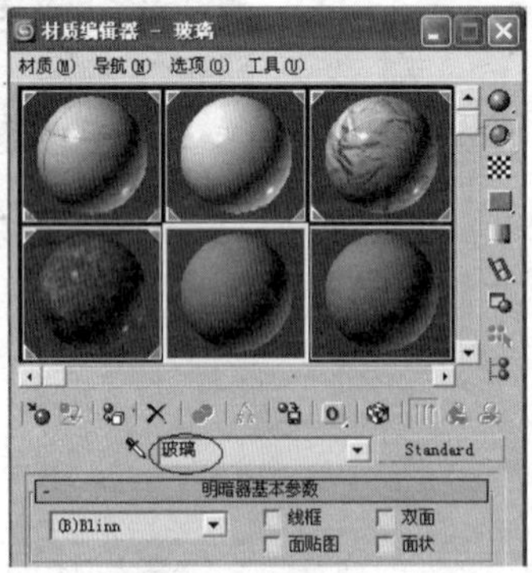

图 4.145

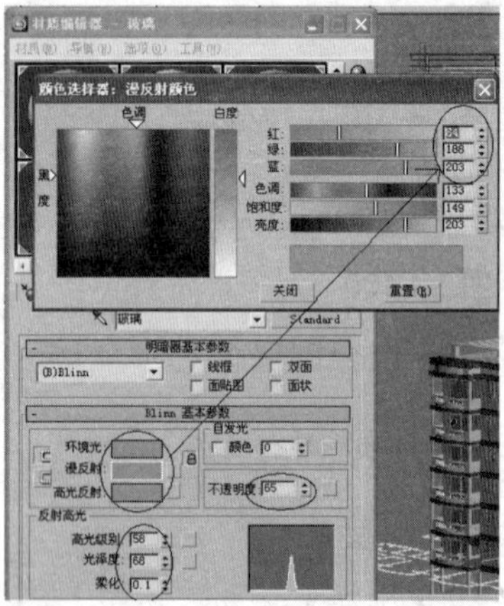

图 4.146

(3) 在贴图卷展栏中单击反射右边的 None 按钮，弹出【材质/贴图浏览器】，在【材质/贴图浏览器】中双击光线跟踪选项，返回【材质/贴图浏览器】设置对话框。

(4) 单击【转到父对象】按钮返回上一级。具体设置如图 4.147 所示。

(5) 选中所有窗户，单击【将材质指定给选定对象】按钮，再单击【在视口中显示贴图】按钮，在【透视】视图中显示贴图。

(6) 在工具栏中单击【快速渲染】按钮即可得到如图 4.148 所示的效果。

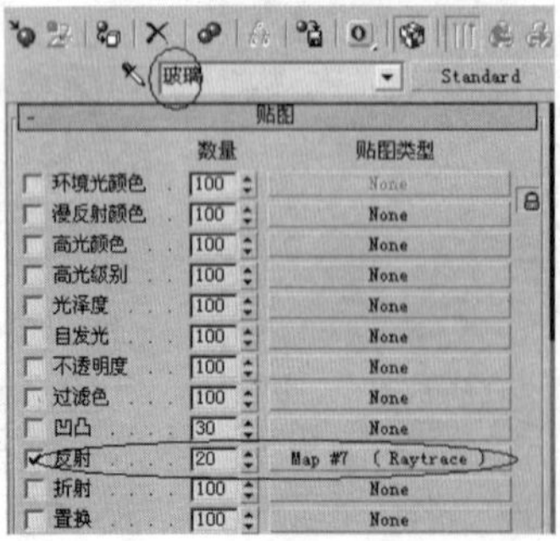

图 4.147

图 4.148

(7) 按 Ctrl+S 组合键保存文件。

4.4.6　创建门材质

(1) 在【材质编辑器】设置对话框中单击第 5 个材质示例球并命名为“门”，如图 4.149 所示。

(2) 单击 Standard 按钮，弹出【材质/贴图浏览器】设置对话框，在【材质/贴图浏览器】设置对话框中双击 多维/子对象 选项，弹出【替换材质】设置对话框，具体设置如图 4.150 所示。

(3) 单击 确定 按钮返回【多维/子对象基本参数】设置卷展栏，如图 4.151 所示。

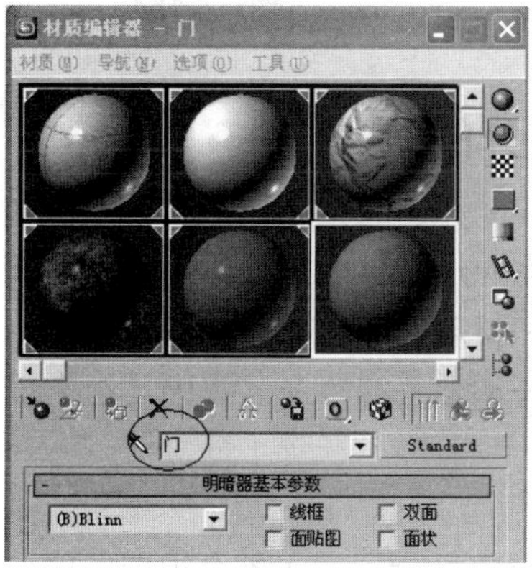

图　4.149

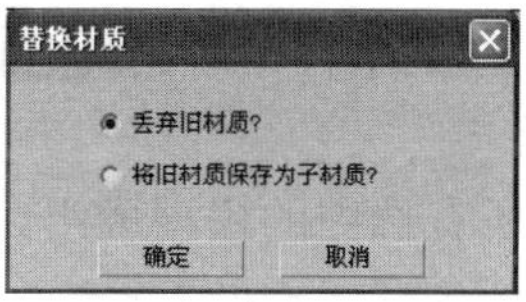

图　4.150

图　4.151

(4) 单击 设置数量 按钮弹出【设置材质数量】对话框，【设置材质数量】对话框的具体设置如图 4.152 所示。

(5) 单击 确定 按钮返回【多维/子对象基本参数】设置卷展栏，如图 4.153 所示。

(6) 方法同上，【材质球】ID 号为 1 和 2 的【漫反射】使用位图“木纹 010.jpg”进行贴图。

(7) 方法同上，【材质球】ID 号为 3 的【漫反射】使用位图“木纹 014.jpg”进行贴图。

(8) 选中所有侧门。单击【将材质指定给选定对象】按钮，将门的材质赋予所有选中的门。

(9) 在工具栏中单击【快速渲染】按钮即可得到如图 4.154 所示的效果。

(10) 按 Ctrl+S 组合键保存文件。

图 4.152

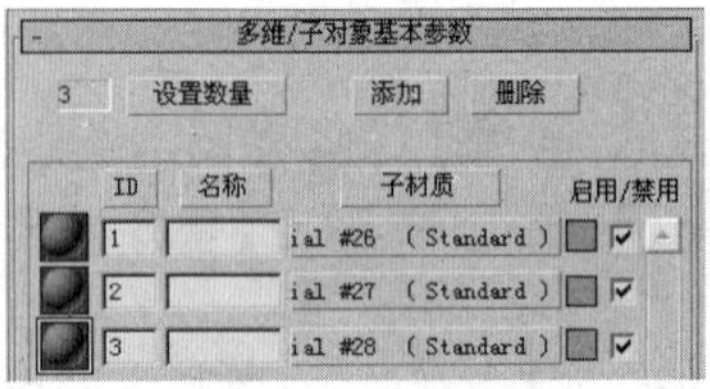

图 4.153

图 4.154

4.5 小区建筑模型其他部分的制作

在前面 4 节中基本上将小区建筑模型的主体部分做完并进行了贴图，只剩下了建筑模型的其他装饰部分。在本节中主要介绍剩下部分的模型和材质的制作。具体步骤如下。

(1) 选中视图中的所有模型。在菜单栏中单击 组(G) → 成组(G) 命令，弹出【组】设置对话框，具体设置如图 4.155 所示。

(2) 单击 确定 按钮即可将所有选中的模型成组。

(3) 将成组的模型以【实例】的方式【镜像】3 个并调整好位置，在各个视图中的位置如图 4.156 所示。

图 4.155

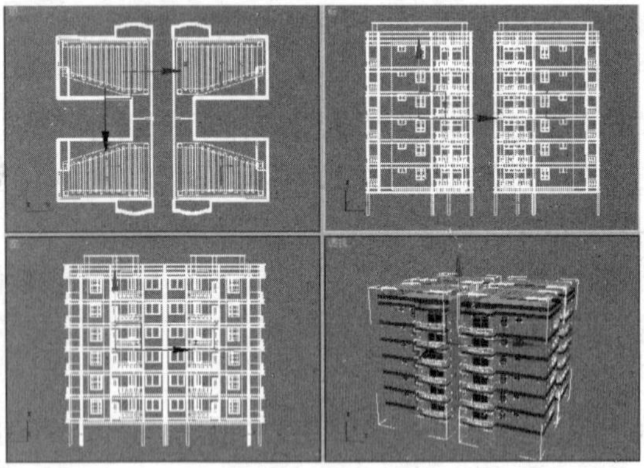

图 4.156

(4) 在工具栏中单击【快速渲染】按钮即可得到如图 4.157 所示的效果。

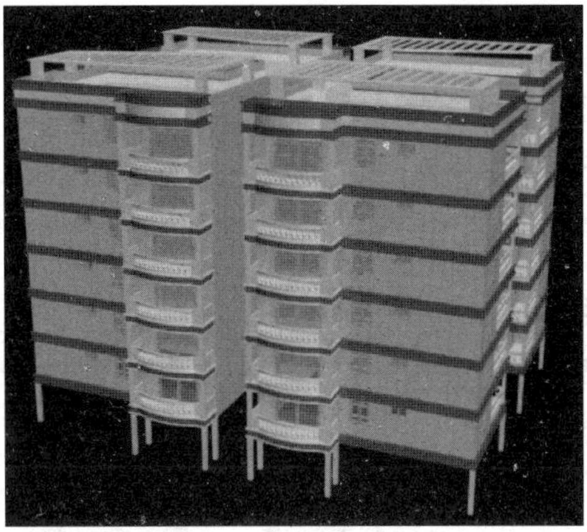

图　4.157

(5) 单击【创建】按钮，单击【图形】按钮，单击 矩形 按钮，在【前】视图中创建如图 4.158 所示的矩形。

(6) 选中第(5)步创建的所有矩形，在浮动面板中单击【修改】按钮，转到【修改命令】面板。

(7) 单击 修改器列表 右边的按钮，在弹出的下拉列表中选择 挤出 选项，具体参数设置如图 4.159 所示。

(8) 将进行挤出操作的矩形成组并命名为“中间装饰”，调整好位置。在各个视图中的位置和效果如图 4.160 所示。

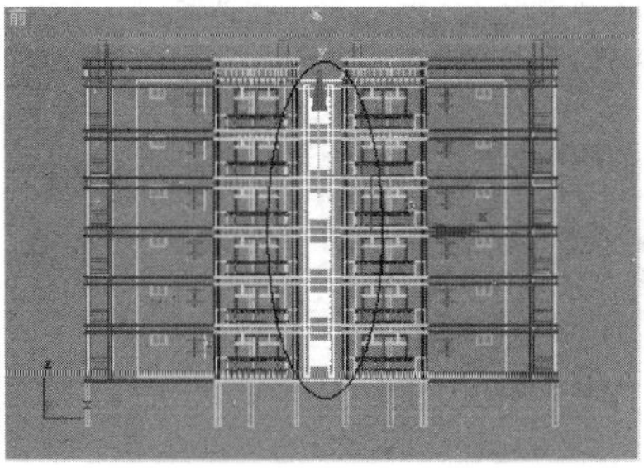

图　4.158

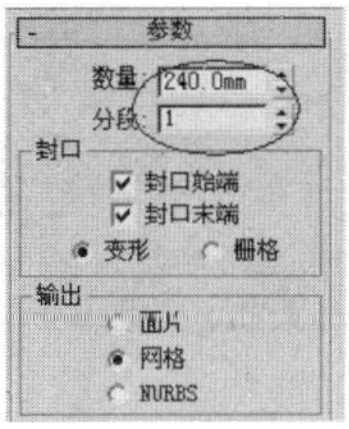

图　4.159

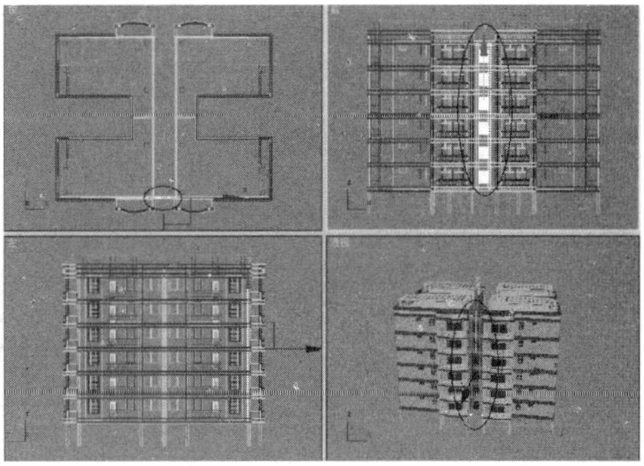

图　4.160

(9) 将“中间装饰”以【实例】的方式复制 1 个并赋予“白色乳胶漆”材质。调整好位置如图 4.161 所示。

(10) 在工具栏中单击【快速渲染】按钮即可得到如图 4.162 所示的效果。

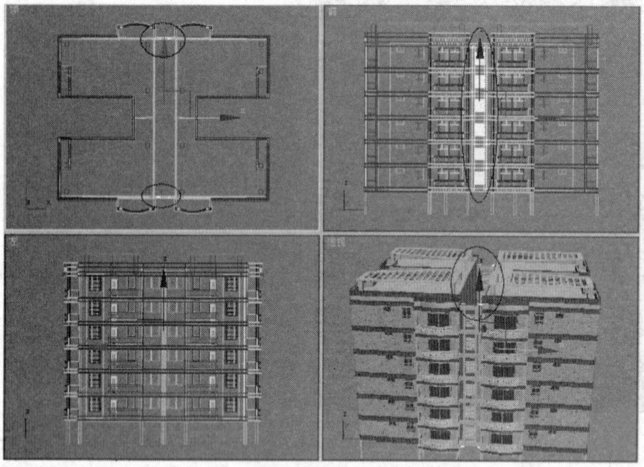

图 4.161

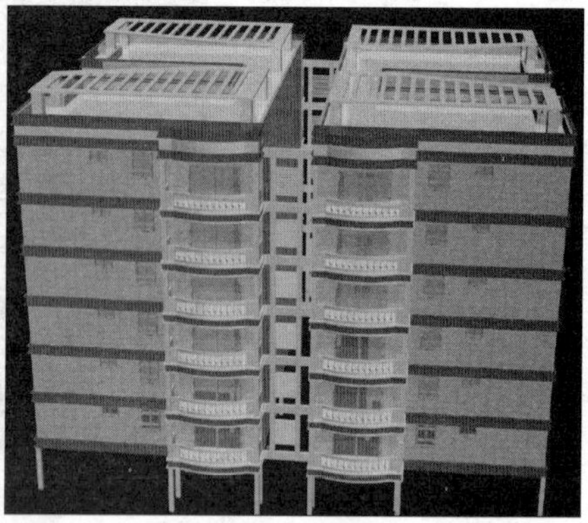

图 4.162

(11) 单击【创建】按钮，单击【几何体】按钮，单击 长方体 按钮，在【顶】视图中创建两个长方体并命名为“底层墙体 01”和“底层墙体 02”。具体参数设置如图 4.163 所示。在各个视图中的位置如图 4.164 所示。

(12) 将“墙体”材质赋予“底层墙体 01”和“底层墙体 02”。

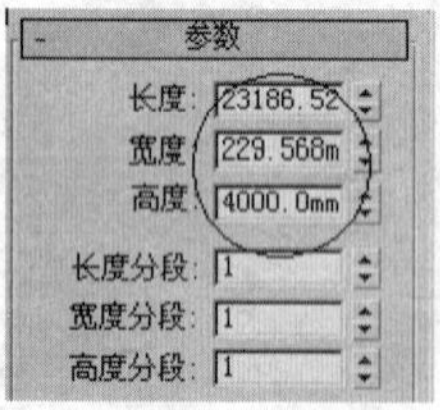

图 4.163

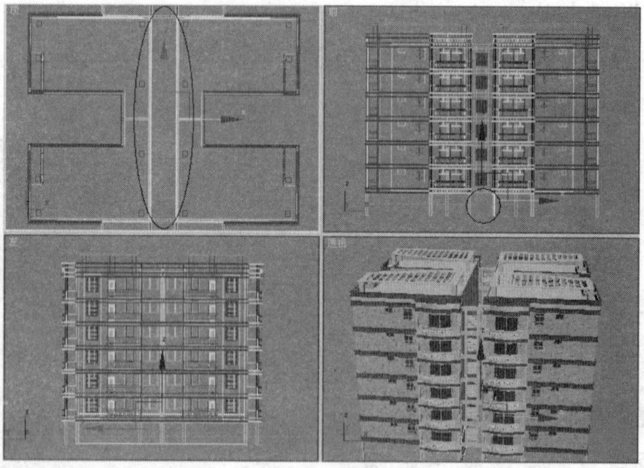

图 4.164

(13) 在工具栏中单击【快速渲染】按钮即可得到如图 4.165 所示的效果。

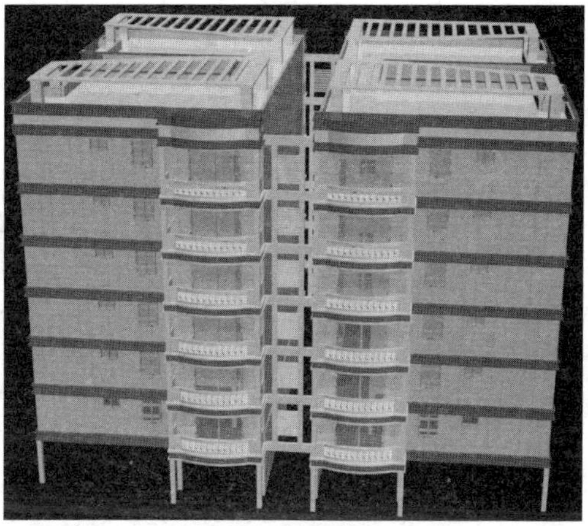

图　4.165

(14) 单击【创建】按钮，单击【图形】按钮，单击 矩形 按钮，在【顶】视图中创建一个矩形，具体参数设置如图 4.166 所示。

(15) 在浮动面板中单击【修改】按钮，转到【修改命令】面板。

(16) 单击 修改器列表 右边的按钮，在弹出的下拉列表中选择 编辑样条线 选项。

(17) 单击【样条线】按钮，在 轮廓 按钮右边的文本输入框中输入数值“200”并按 Enter 键。

(18) 单击 修改器列表 右边的按钮，在弹出的下拉列表中选择 挤出 选项。具体参数设置如图 4.167 所示。

(19) 将“白色乳胶漆”材质赋予“楼梯 01”，并调整好位置，如图 4.168 所示。

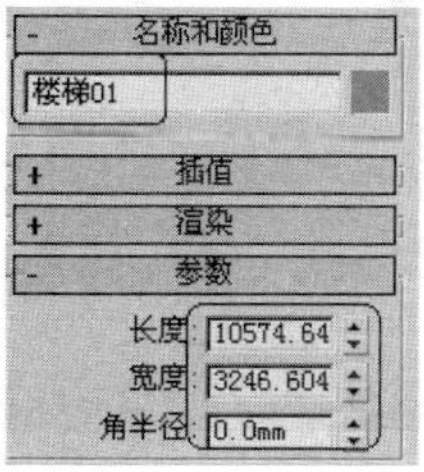

图　4.166

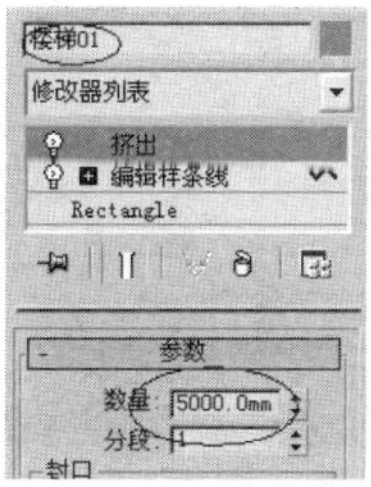

图　4.167

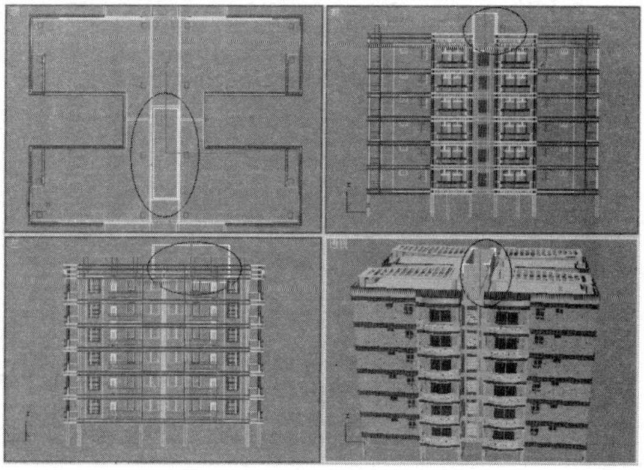

图　4.168

(20) 单击【创建】按钮，单击【几何体】按钮，单击 长方体 按钮，在【顶】视图中创建两个长方体并命名为“楼梯 02”。具体参数设置如图 4.169 所示。在各个视图中的位置如图 4.170 所示。

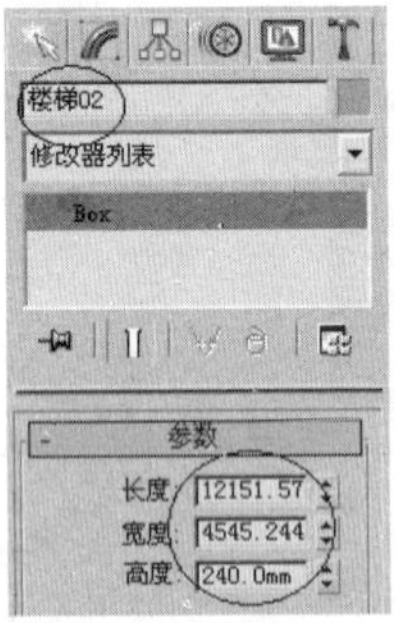

图 4.169

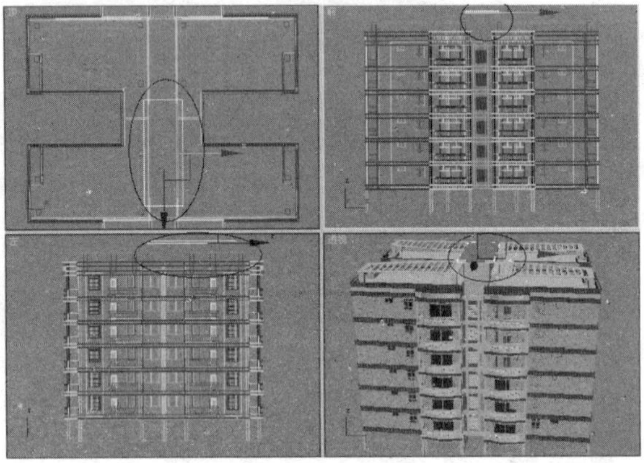

图 4.170

(21) 将“白色乳胶漆”材质赋予 “楼梯 02”。在工具栏中单击【快速渲染】按钮即可得到如图 4.171 所示的效果。

(22) 利用前面介绍的方法制作底层的大门，在工具栏中单击【快速渲染】按钮即可得到如图 4.172 所示的效果。

(23) 按 Ctrl+S 组合键保存文件。

图 4.171

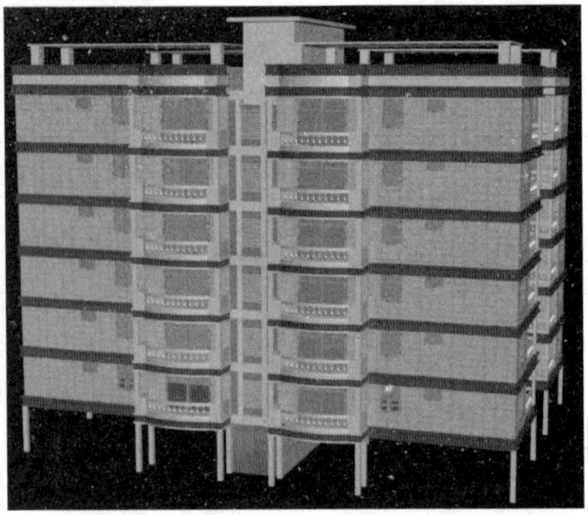

图 4.172

4.6 设置摄影机和灯光

小区建筑的摄影机角度应该平和一些，以自然透视为原则不要使用大透视角度。另外，小区建筑的光照系统，从灯光色彩讲多以暖色调为主，整体色温较高，从亮度来说主灯光的倍增器可以调高一些，这样可以突出阳光明媚的感觉。

(1) 单击【创建】按钮，单击【摄影机】按钮，单击 目标 按钮，在【顶】视图中创建一架摄影机，具体参数设置如图 4.173 所示。

(2) 激活【透视】视图，按 C 键，将【透视】视图转换为【摄影机】视图，在各个视图中的位置如图 4.174 所示。

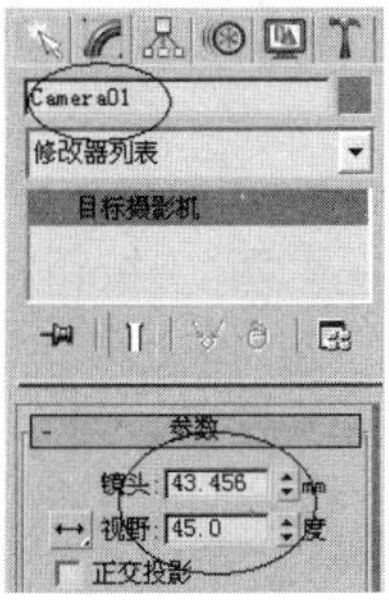

图 4.173

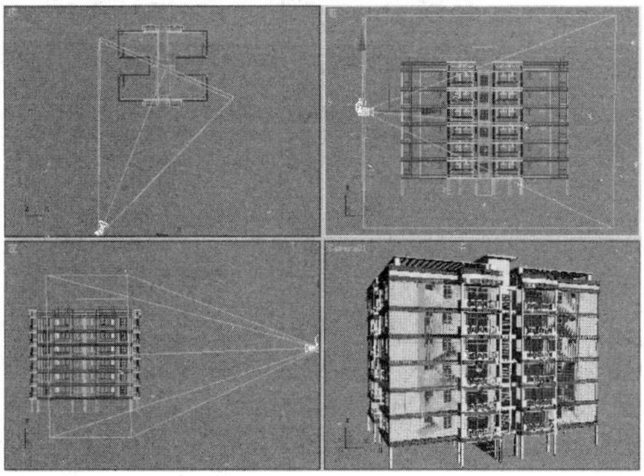

图 4.174

(3) 单击【创建】按钮，单击【灯光】按钮，单击 目标平行光 按钮，在【顶】视图中创建一盏目标平行光作为主光源，具体参数设置如图 4.175 所示。在各个视图中的位置如图 4.176 所示。

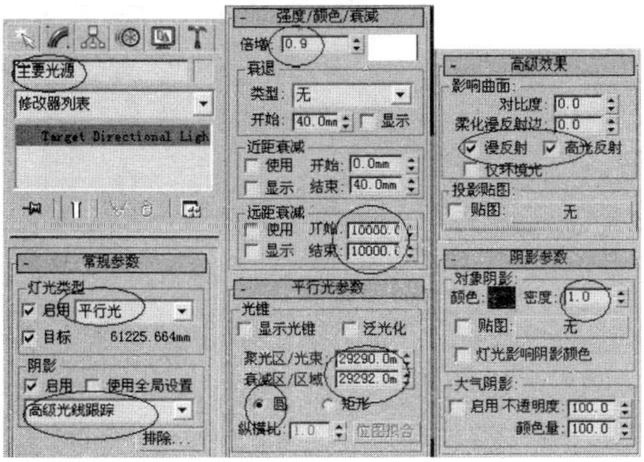

图 4.175

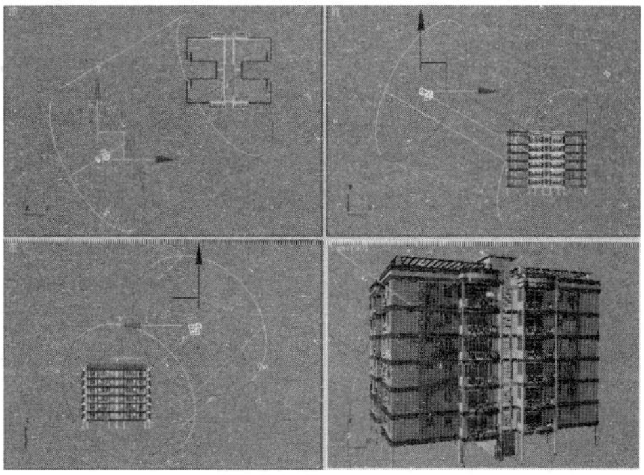

图 4.176

(4) 在工具栏中单击【快速渲染】按钮即可得到如图 4.177 所示的效果。

图 4.177

(5) 单击【创建】按钮，单击【灯光】按钮，单击 泛光灯 按钮，在【顶】视图中创建两盏泛光灯作为辅助光源并命名为“辅助光 01”和“辅助光 02”，具体参数设置如图 4.178 所示。在各个视图中的位置如图 4.179 所示。

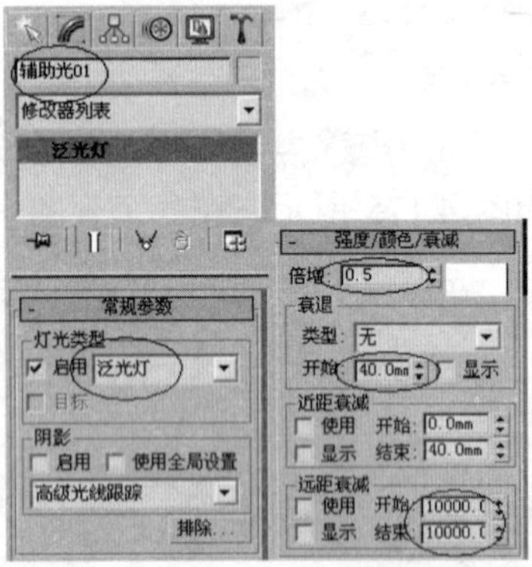

图 4.178

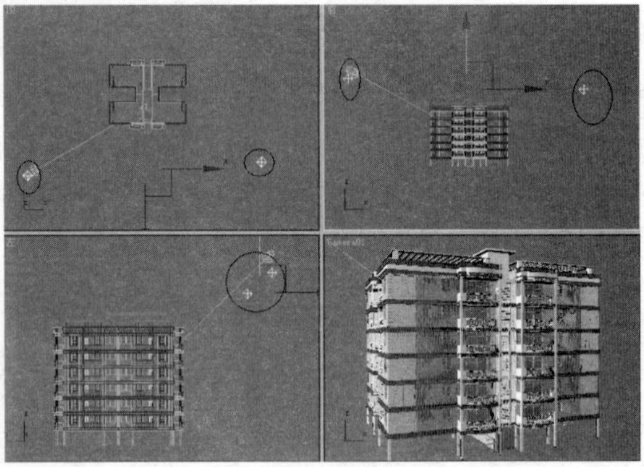

图 4.179

(6) 在工具栏中单击【快速渲染】按钮即可得到如图 4.180 所示的效果。

(7) 按 Ctrl+S 组合键保存文件。

图　4.180

4.7　小区效果图的渲染输出

小区效果图的渲染输出是 3ds Max 中的最后一道工序。在渲染之前，一定要确定建筑效果已经符合要求并确定最终出图的尺寸，确保渲染尺寸的正确。

(1) 单击【摄影机】视图，再在工具栏中单击【渲染场景对话框】按钮，弹出【渲染场景：默认扫描线渲染器】设置对话框。具体设置如图 4.181 所示。

(2) 在【渲染场景：默认扫描线渲染器】设置对话框中单击 文件... 按钮，弹出【渲染输出文件】设置对话框，具体设置如图 4.182 所示，输出保存的路径用户可以自己确定。

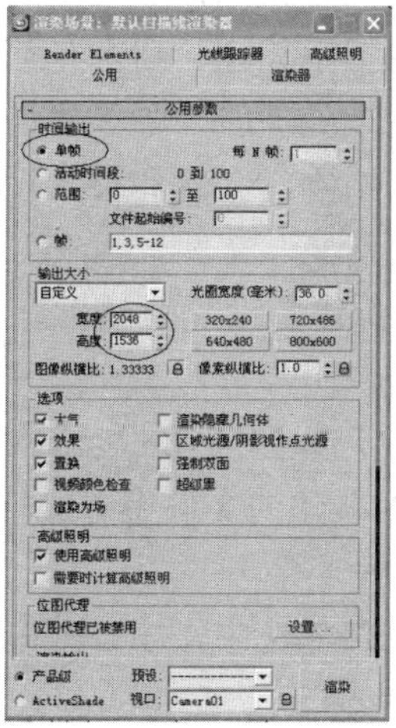

图　4.181

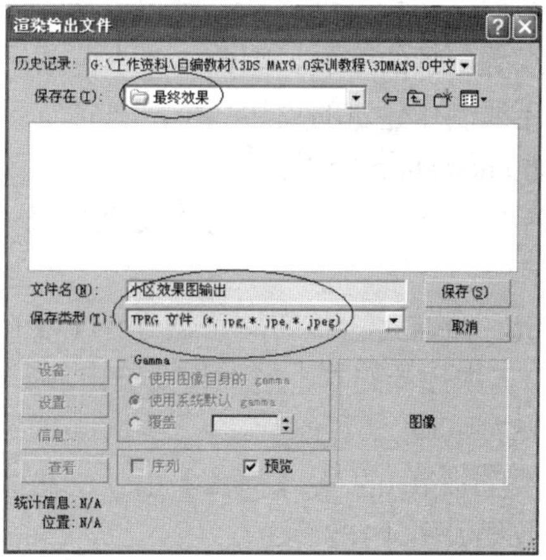

图　4.182

(3) 单击 保存(S) 按钮，弹出【JPEG 图像控制】设置对话框，具体设置如图 4.183 所示。

(4) 单击 确定 按钮返回【渲染场景：默认扫描线渲染器】设置对话框。

(5) 在【渲染场景】设置对话框中单击 渲染 按钮即可得到如图 4.184 所示的效果。

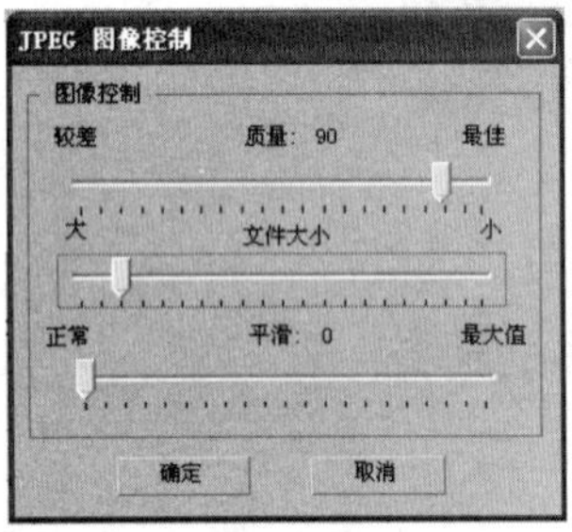

图 4.183

图 4.184

4.8 小区效果图后期处理

建筑效果图主要用来表现建筑物的特性和强化特定的环境氛围，效果图的后期处理不仅包括建筑结构、光影、色彩、层次和退晕的处理，还包括了天空、树木花草、人物、车辆和周围景观等配景的添加。因此，对小区效果图进行后期处理时，除了要增加建筑的结构效果外，还要制作建筑的周边环境，包括背景、绿地、植物、人物和公共设施等。

(1) 启动 Photoshop CS3 软件。打开“小区效果图输出.jpg”文件。

(2) 在菜单栏中单击 文件(F)→新建(N)... 命令，弹出【新建】设置对话框，具体设置如图 4.185 所示。

(3) 单击 确定 按钮即可创建一个空白的新文件，如图 4.186 所示。

(4) 将第 1 步打开的“小区效果图输出.jpg”文件拖到新建的文件中并进行适当缩小，效果如图 4.187 所示。

(5) 使用工具箱中的【魔棒】工具将文件中的黑色部分选中，按 Delete 键将选择的区域删除。效果如图 4.188 所示。

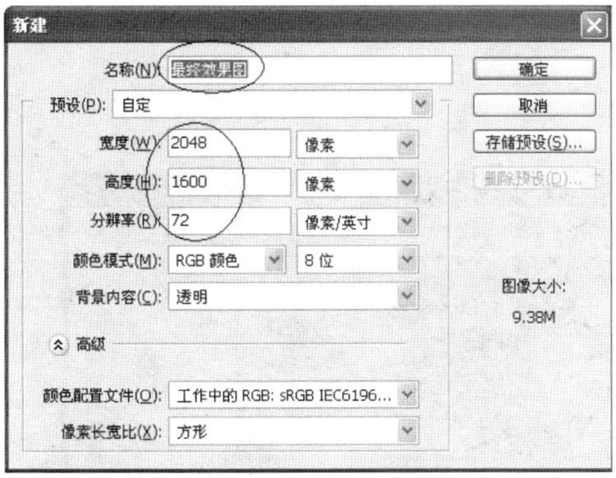

图　4.185

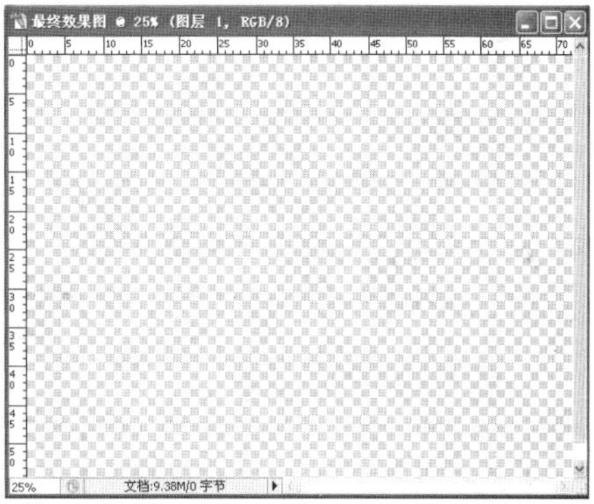

图　4.186

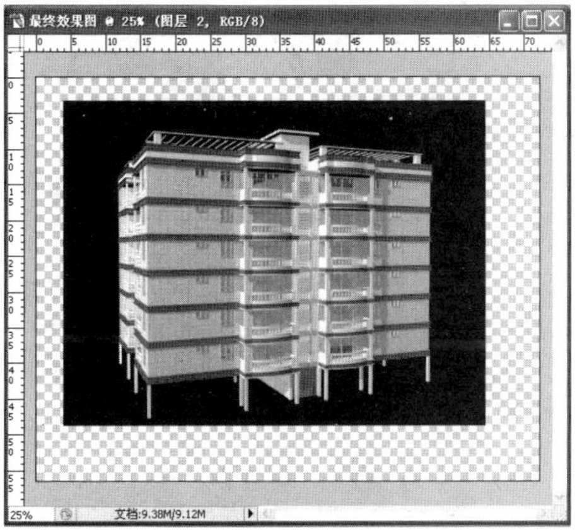

图　4.187

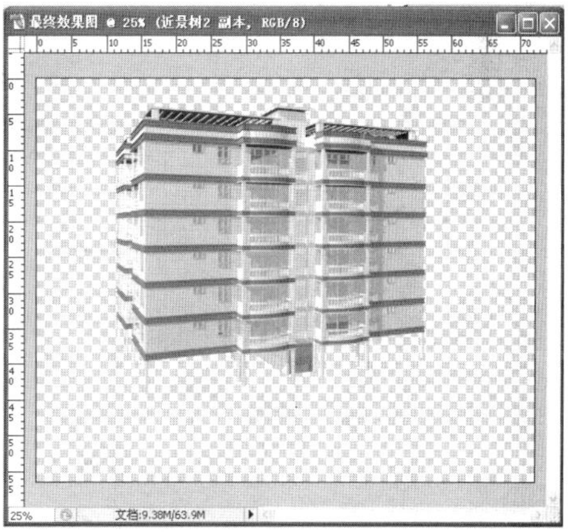

图　4.188

(6) 分别将“近景树 1.psd”、“近景树 2.psd”、“近景树 3.psd”、“中景树 1.psd”、“中景树 2.psd”、“绿地.psd”和“天空.psd”文件打开。

(7) 将所有打开的配景文件拖到“最终效果图.psd”文件中，根据需要对拖入的配景进行大小调整和复制。

(8) 配景图片在“最终效果图.psd”文件中的图层顺序，如图 4.189 所示，效果如图 4.190 所示。

(9) 选中“图层 2”。在菜单栏中单击 图像(I) → 调整(A) → 曲线(V)... 命令，弹出【曲线】设置对话框，具体设置如图 4.191 所示。

(10) 单击 确定 按钮即可得到如图 4.192 所示的效果。

(11) 后期处理完毕，按 Ctrl+S 组合键保存文件。

图 4.189

图 4.190

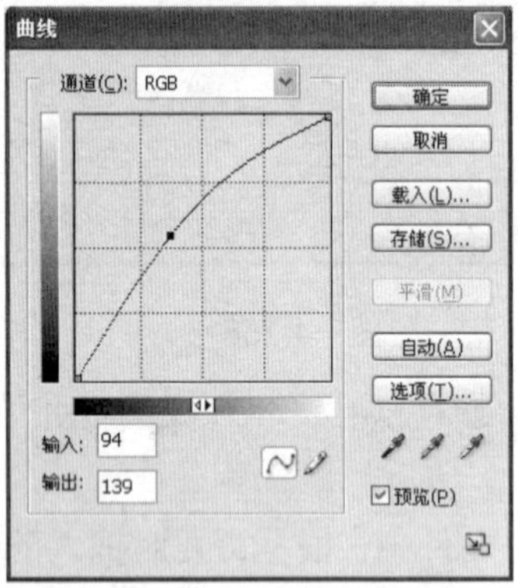

图 4.191

图 4.192

本 章 小 结

本章主要介绍了 CAD 图样的整理及导入、分析图样、小区模型制作、贴图材质、摄影机、灯光、渲染输出和后期处理等知识点。读者需重点掌握图样的分析和模型的制作。

练　　习

利用本章所介绍的知识设计出如下效果图。

提示：老师可以视学生的实际情况决定，对于接受能力比较强的学生，可以要求将此效果图制作出来，对于基础比较薄弱、接受能力相对比较差的学生，可不作要求。

第 5 章

高层建筑效果图表现

图 5.1

随着科学技术的进步和社会经济的迅猛发展，高层建筑已成为各大城市的标志性建筑，它们以一种崭新的面貌，记录着城市的发展和进步。对于在广告公司、设计公司和房地产做设计员，经常会承接一些高层建筑效果的表现任务，对设计员来说，是一次挑战，也是一次展现自己才华的机遇。

本章主要介绍高层建筑效果图的制作流程、模型制作和后期处理等知识点。本章案例的最终效果如图 5.1 所示。

技能点

1. 制作高层建筑模型
2. 摄影机和灯光
3. 高层建筑效果图渲染输出
4. 利用 Photoshop CS3 对效果图进行后期处理

说 明

本章主要介绍高层建筑模型的制作、摄影机和灯光的设置、高层建筑效果图渲染输出及利用 Photoshop CS3 对效果图进行后期处理。重点要掌握高层建筑模型的制作和夜景效果图的灯光设置。

在对图样进行对齐时，最好是先在【顶】视图中绘制高层建筑的柱子，再以高层建筑的柱子作为参考对齐。这样可以使图样精确对位，方便后面的模型制作。

5.1　制作高层建筑模型

在制作高层建筑效果图时，一定要注意它的气势表现，在结构上一般重复的元素比较多，甚至还采用大量的玻璃幕。在制作这类效果图时，首先要找出重复的结构来，对重复的结构只要制作一个，其他重复部分以【实例】方式复制即可，这样在建模时就变得简单多了。本案例在建模过程中，主要采用二维线形的挤出技术。

5.1.1　建模前的准备

在建模之前，首先要对各张图样进行分析和整理。图样的分析和整理在第 4 章中已经详细介绍，在这里就不再叙述，用户可以参考第 4 章有关知识。

对图样进行分析和整理之后，启动 3ds Max 9.0，并设置系统单位，将图样导入到场景中，以此作为参考，便于快速精确地建模。

(1) 启动 3ds Max 9.0 软件。按 Ctrl+S 组合键保存文件，命名为“高层建筑效果图表现.max”。

(2) 在菜单栏中单击 自定义(U) → 单位设置(U)... 命令，弹出【单位设置】对话框，具体设置如图 5.2 所示。

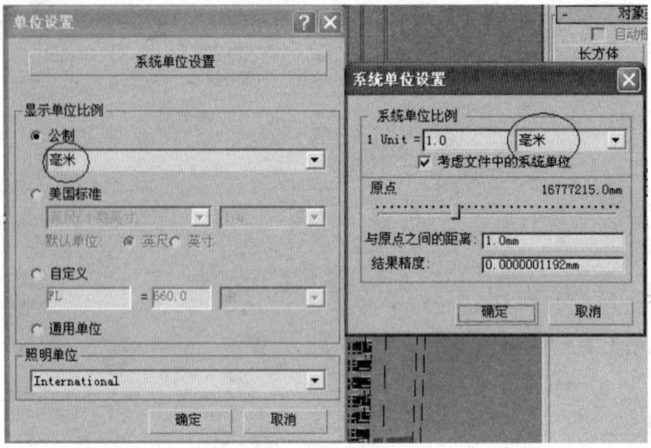

图 5.2

(3) 在菜单栏中单击文件(F)→导入(I)...命令，弹出【选择要导入的文件】设置对话框，具体设置如图 5.3 所示。

(4) 单击打开(O)按钮，弹出【AutoCAD DWG/DXF 导入选项】设置对话框，该设置对话框采用默认设置，单击确定按钮即可将 CAD 图样导入 3ds Max 中。

(5) 在工具栏中单击【选择并移动】按钮，选中导入的 CAD 图样。

(6) 在菜单栏中单击组(G)→成组(G)命令，弹出【组】设置对话框，具体设置如图 5.4 所示。

(7) 单击确定按钮即可将导入的 CAD 图样成组。

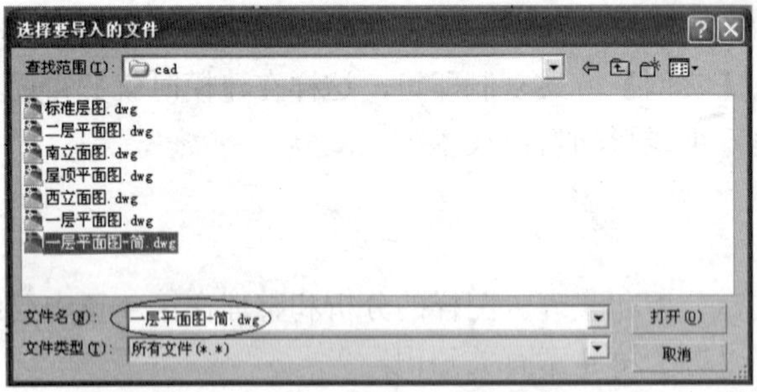

图 5.3

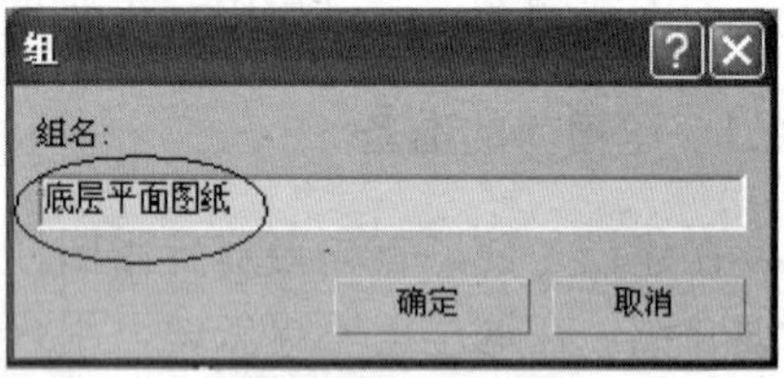

图 5.4

(8) 方法同上。将“南立面图.dwg”和“西立面图.dwg”两个 CAD 图样导入 3ds Max 中，并分别进行成组操作，组名为“南立面图”和“西立面图”。

(9) 使用【选择并移动】工具和【选择并旋转】工具对成组后的图样进行调整，调整好的最终效果如图 5.5 所示。

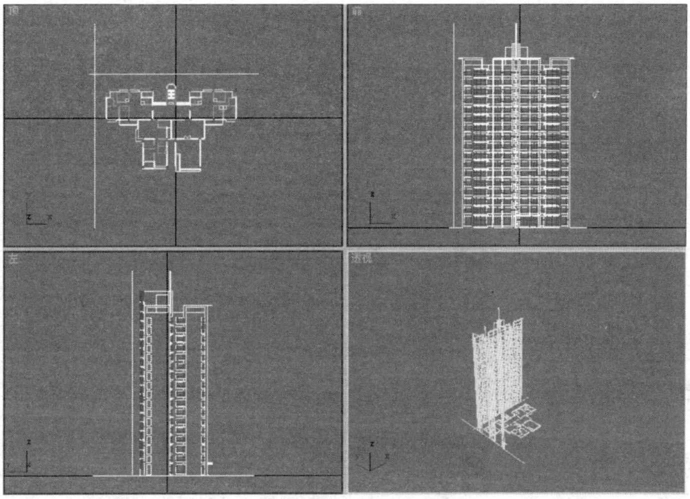

图 5.5

提示：在建筑 CAD 图样中，一般情况下，平面图中所有柱子、楼梯和电梯井的位置在不同层平面图中的位置不会改变，而且一一对应，因此，在进行图样对齐的时候，可以以柱子、楼梯和电梯井作为参考。

(10) 为便于后面的操作，将 3ds Max 视图中的栅格显示取消。具体操作方法是，将鼠标移到视图左上角的视图标注上，单击右键，在弹出的快捷菜单中单击 ✔显示栅格 命令即可将显示的栅格隐藏。

(11) 选中所有成组后的 CAD 图样，在选中的图样上单击右键，在弹出的快捷菜单中单击 冻结当前选择 命令，将选中的 CAD 图样冻结。

提示：在以后的讲解中，为了操作方便，一般情况下，做完一部分，在做下一部分之前，先将前面做完的部分冻结，方便后面的操作。冻结方法同第(11)步操作，在以后讲解中，冻结对象时将不再介绍。

5.1.2 高层建筑的柱子和底层的制作

在建筑行业中，底层也称为裙楼。本案例的裙楼结构比较简单，在这里主要分 4 步进行建模，即高层建筑的柱子、底层窗户、底层墙体和底层台阶的制作。

1. 高层建筑柱子的制作

在本案例中之所以先制作高层建筑的柱子，其目的是为了方便后面建筑模型制作的定位。

(1) 单击【创建】按钮，单击【几何体】按钮，单击 长方体 按钮，在【顶】视图中创建一个长方体并命名为“高层建筑柱子 01”，具体参数设置如图 5.6 所示。

(2) 将“高层建筑柱子 01”以【实例】的方式复制 13 根，在【顶】视图中调整好位置，最终效果如图 5.7 所示。

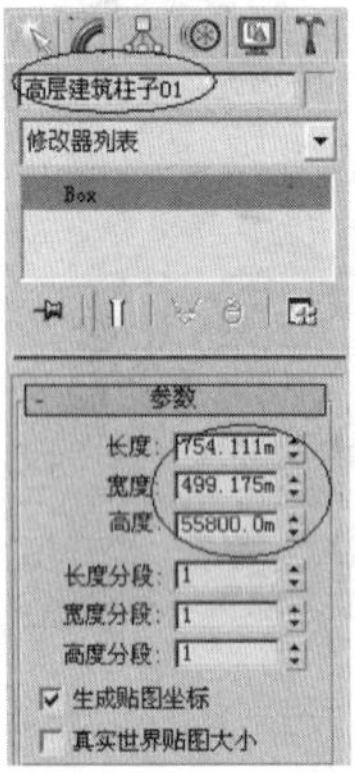

图 5.6

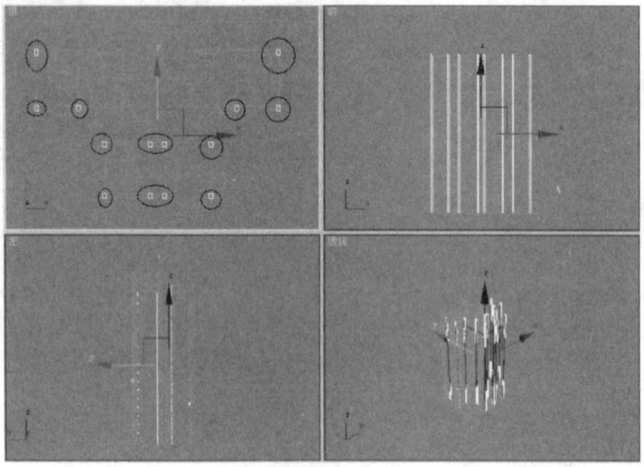

图 5.7

(3) 在工具箱中单击【材质编辑器】按钮，弹出【材质编辑器】设置对话框，在该对话框中单击第 1 个示例球并命名为“白色涂料”，具体参数设置如图 5.8 所示。

(4) 选中视图中所有“高层建筑柱子”对象，单击【将材质指定给选定对象】按钮即可将材质赋予选中的“高层建筑柱子”对象。

(5) 单击【快速渲染】按钮即可得到如图 5.9 所示的效果。

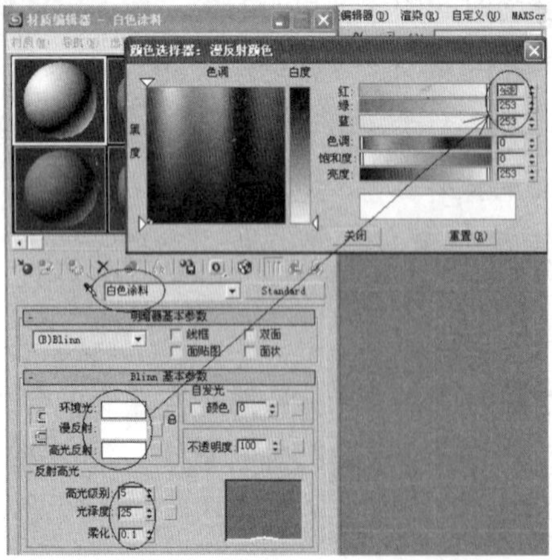

图 5.8

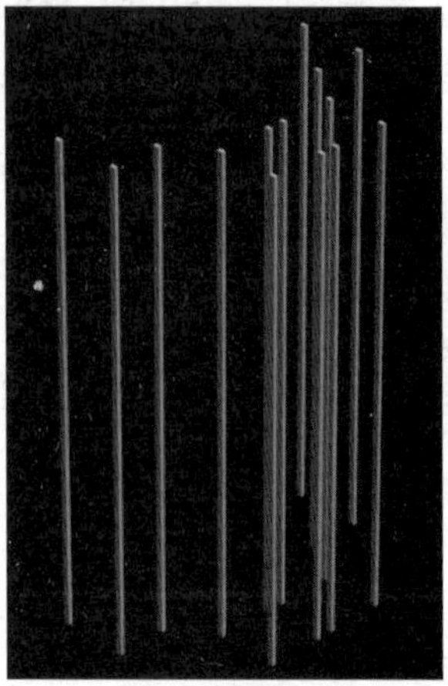

图 5.9

(6) 按 Ctrl+S 组合键保存文件。

2. 底层窗户的制作

(1) 单击【创建】按钮，单击【图形】按钮，单击 线 按钮，在【前】视图中沿图样的底层窗户绘制如图 5.10 所示的闭合曲线并命名为“底层窗户外框描线”。

(2) 在浮动面板中单击【修改】按钮，单击【样条线】按钮，在 轮廓 右边的文本输入框中输入数值“-50”，按 Enter 键即可得到如图 5.11 所示的效果。

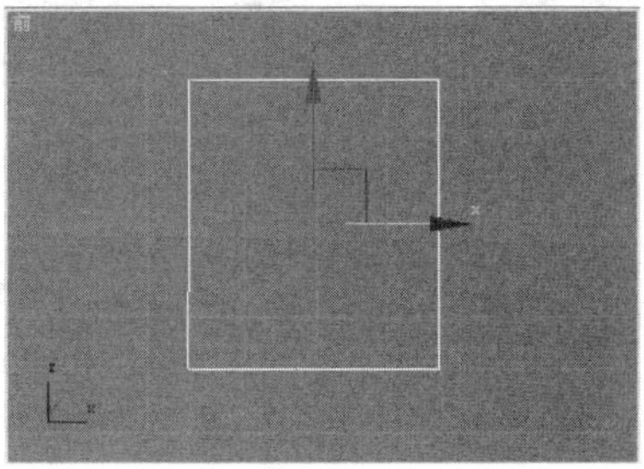

图　5.10

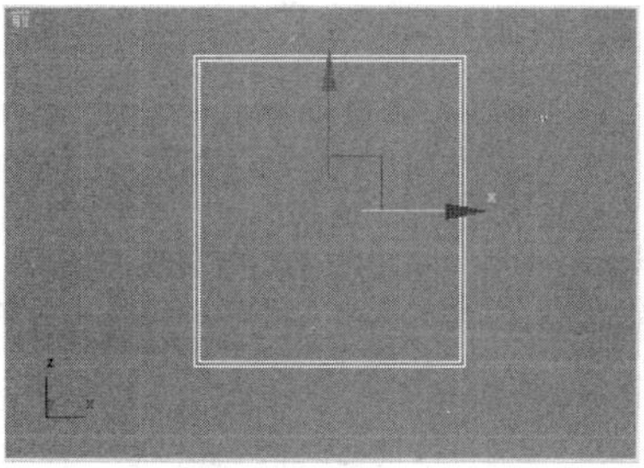

图　5.11

(3) 单击【创建】按钮，单击【图形】按钮，单击 矩形 按钮，在【前】视图中绘制如图 5.12 所示的矩形。

(4) 选中“底层窗户外框描线”和绘制的矩形，单击【修改】按钮转到【修改命令】面板。

(5) 单击 修改器列表 右边的按钮，在弹出的下拉列表中选择 挤出 选项，对选中的对象进行挤出操作，具体参数设置如图 5.13 所示。

(6) 在各个视图中的效果和位置如图 5.14 所示。

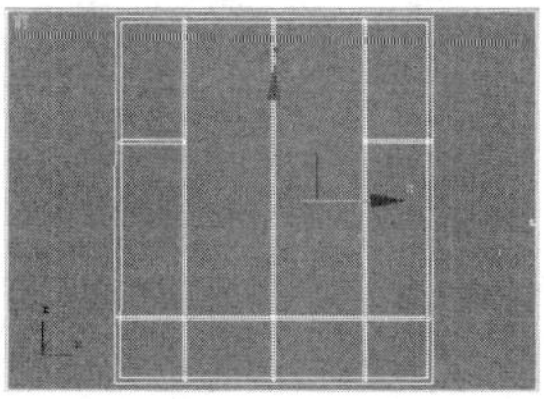

图　5.12

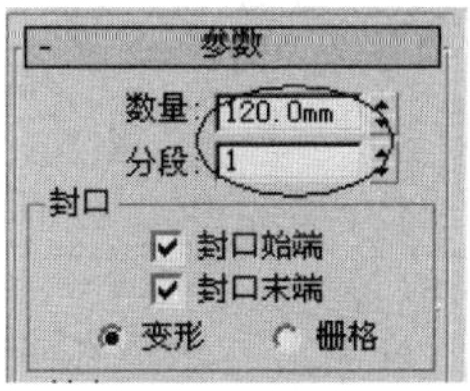

图　5.13

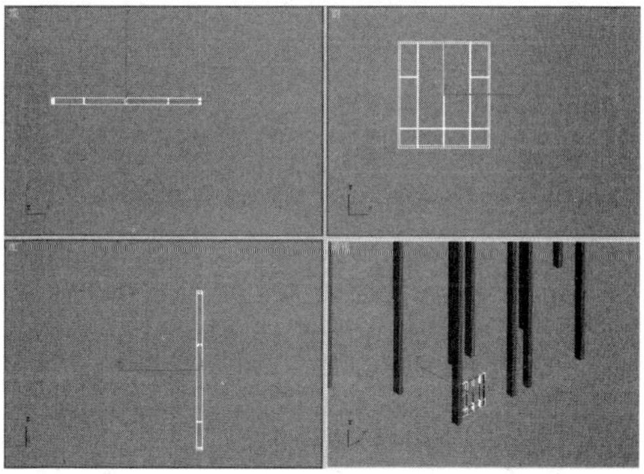

图　5.14

(7) 将【挤出】的窗户对象赋予“白色涂料”材质，单击【快速渲染】按钮即可得到如图 5.15 所示的效果。

(8) 在工具箱中单击【材质编辑器】按钮，弹出【材质编辑器】设置对话框，在该对话框中单击第 2 个示例球并命名为“玻璃材质”，具体参数设置如图 5.16 所示。

图 5.15

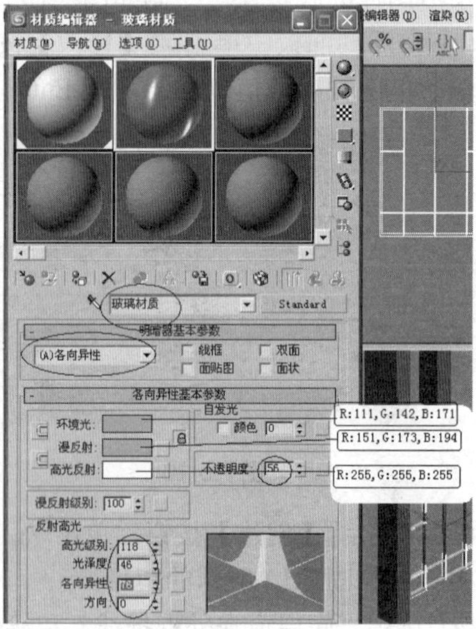

图 5.16

(9) 【扩展参数】卷展栏的设置如图 5.17 所示。

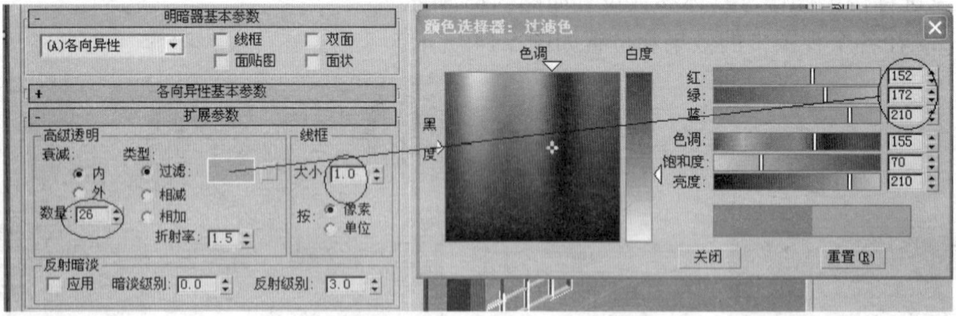

图 5.17

(10) 单击【创建】按钮，单击【几何体】按钮，单击 长方体 按钮，在【前】视图中创建一个长方体并命名为“玻璃”，具体参数设置如图 5.18 所示。

(11) 将“玻璃材质”赋予“玻璃”并调整好位置，如图 5.19 所示。

(12) 单击【快速渲染】按钮即可得到如图 5.20 所示的效果。

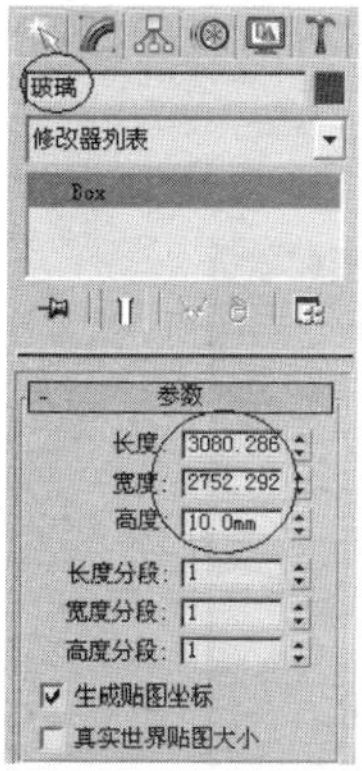

图　5.18

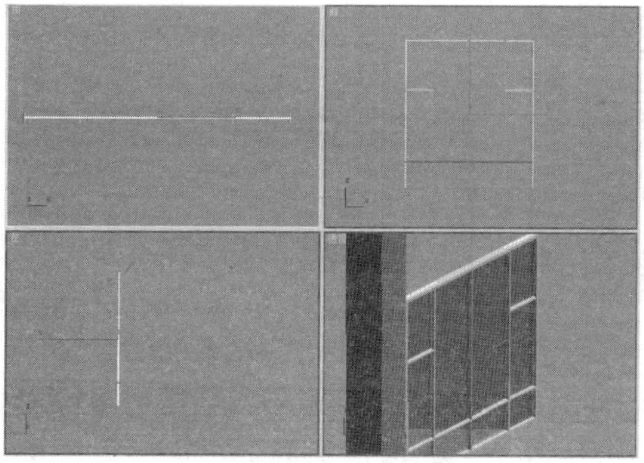

图　5.19

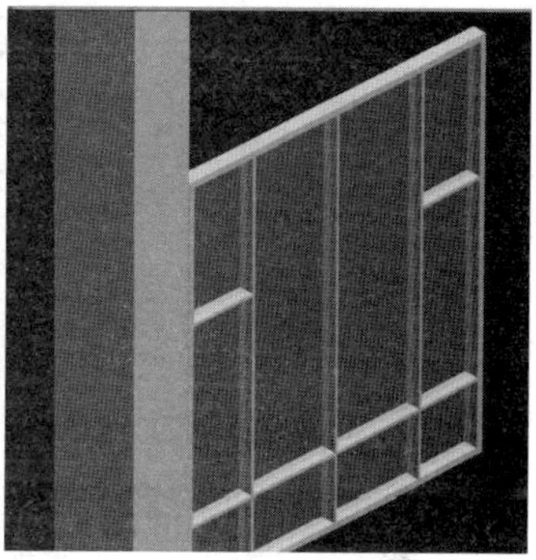

图　5.20

(13) 选中所有的窗户对象和玻璃，单击组(G)→成组(G)命令，弹出【组】设置对话框，具体设置如图 5.21 所示。

(14) 方法同上，制作底层的其他窗户，命名为“底层前立面窗户 02”、“底层前立面窗户 03”、“底层前立面窗户 04”……命名方式依次类推。在各个视图中的位置如图 5.22 所示。

(15) 单击【快速渲染】按钮即可得到如图 5.23 所示的效果。

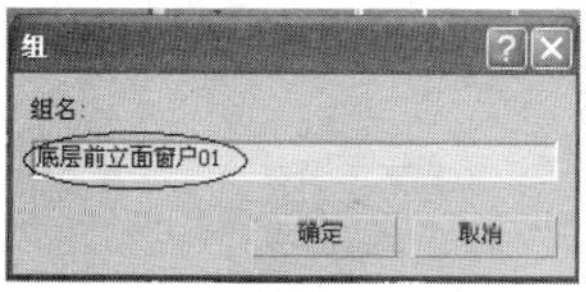

图　5.21

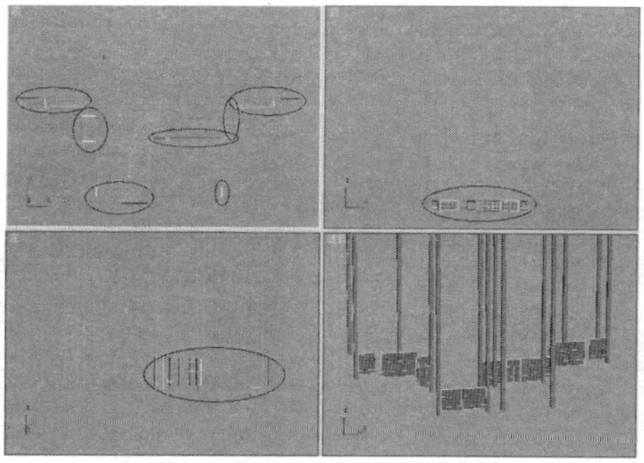

图　5.22

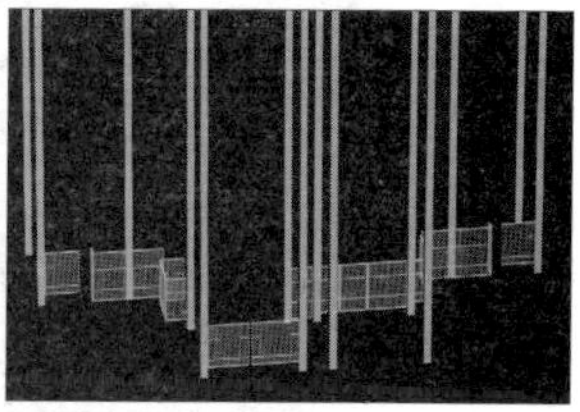

图　5.23

3. 底层墙体的制作

1) 创建墙体材质

(1) 在工具栏中单击【材质编辑器】按钮，弹出【材质编辑器】设置对话框。在材

质编辑器中单击第 3 个材质示例球，命名为“墙体”。具体参数设置如图 5.24 所示。

(2) 单击 漫反射: 右边的 none 按钮，弹出【材质/贴图浏览器】设置对话框，在该对话框中双击 位图 选项，弹出【选择位图图像文件】设置对话框，具体设置如图 5.25 所示。

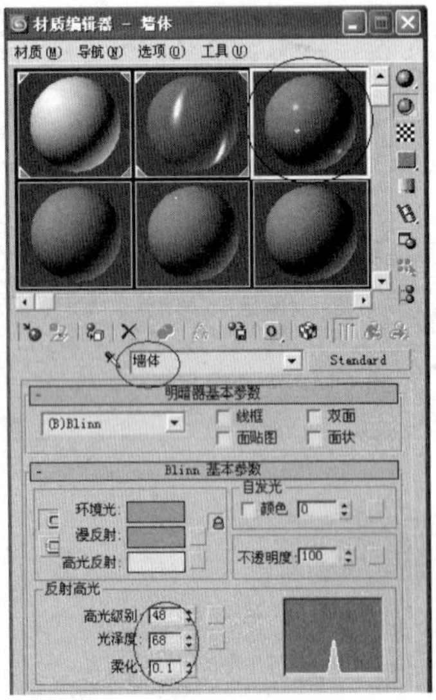

图 5.24

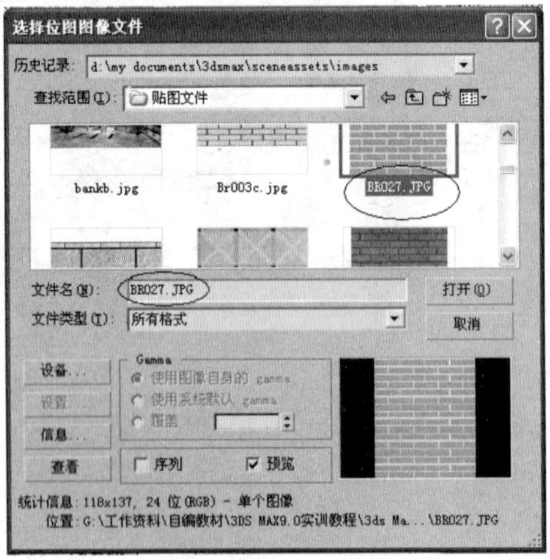

图 5.25

(3) 单击 打开(O) 按钮，返回【材质编辑器】设置对话框，具体设置如图 5.26 所示。

(4) 单击 【转到父对象】按钮，返回上一级，如图 5.27 所示。

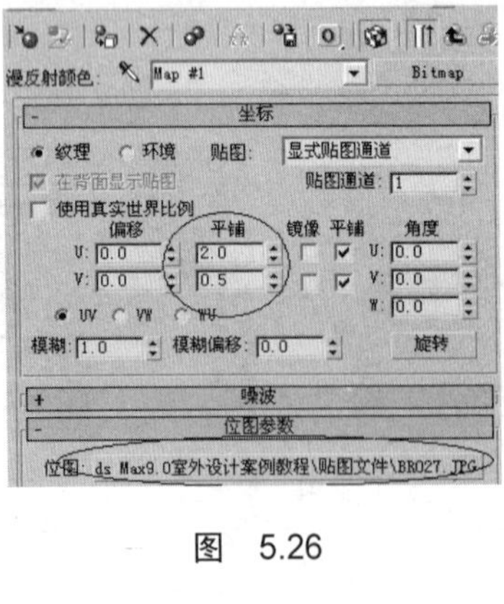

图 5.26

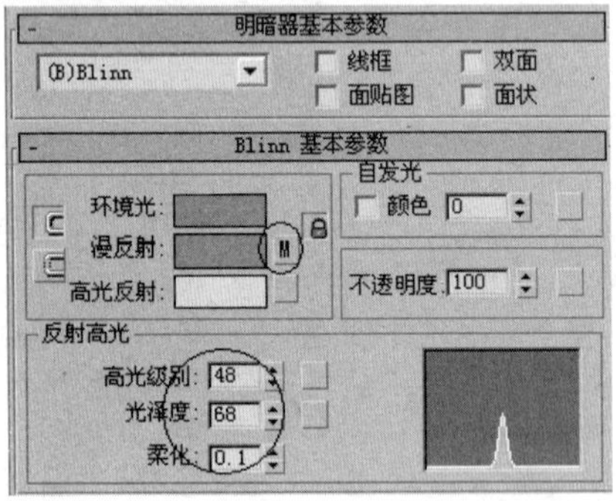

图 5.27

2) 创建一层墙体

(1) 单击 【创建】按钮，单击 【几何体】按钮，单击 长方体 按钮，在【前】

视图中创建一个长方体并命名为“底层墙体 01”，具体参数设置如图 5.28 所示。

(2) 在各个视图中调整好位置，最终效果如图 5.29 所示。

(3) 将“墙体”材质赋予创建的“底层墙体 01”。

(4) 在工具栏中单击【快速渲染】按钮即可得到如图 5.30 所示的效果。

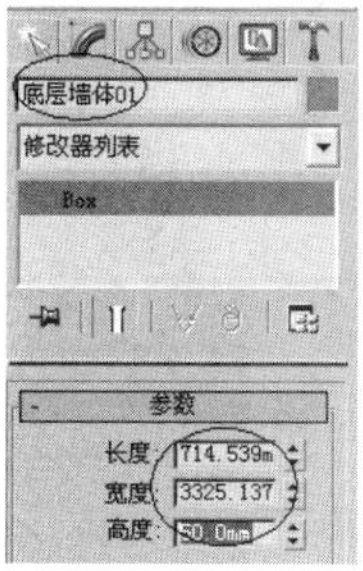

图　5.28

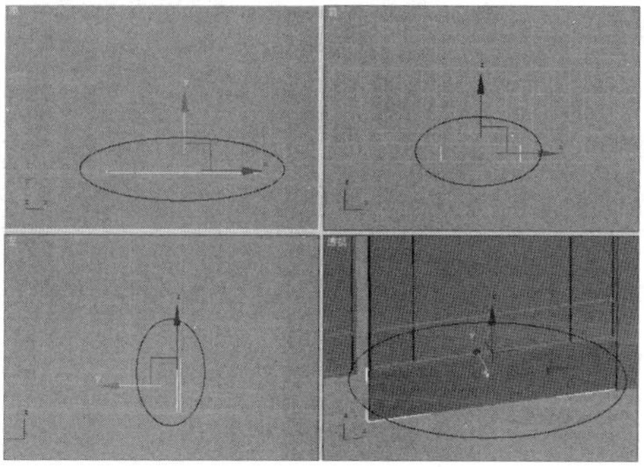

图　5.29

图　5.30

(5) 方法同上，将底层的剩余墙体完成并赋予“墙体”材质。其他墙体在各个视图中的位置如图 5.31 所示。

(6) 在【透视】视图中单击，激活【透视】视图。

(7) 在工具栏中单击【快速渲染】按钮即可得到如图 5.32 所示的效果。

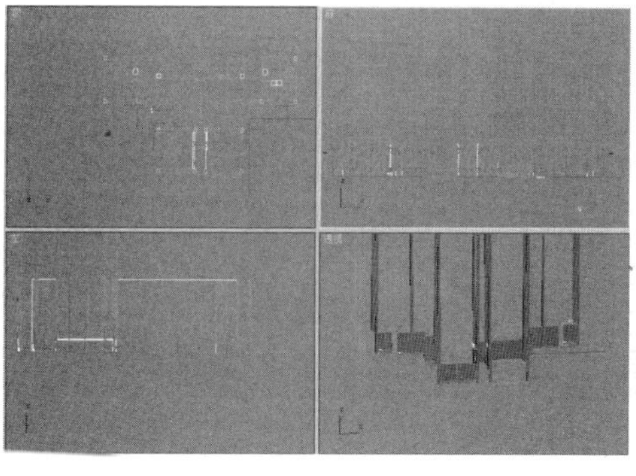

图　5.31

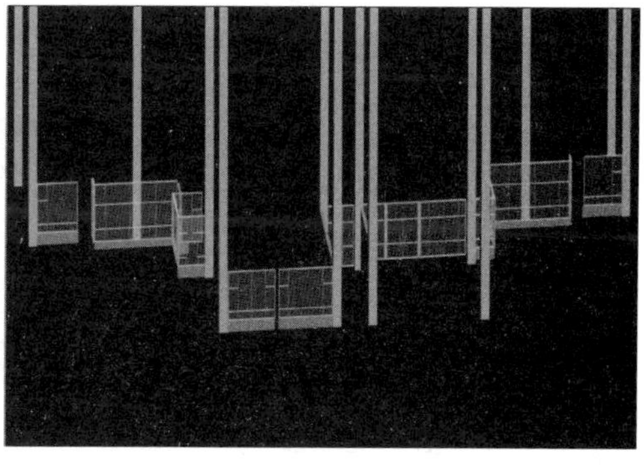

图　5.32

4. 创建底层台阶

(1) 单击【创建】按钮，单击【几何体】按钮，单击 长方体 按钮，在【顶】视图中创建一个长方体并命名为“台阶 01”，具体参数设置如图 5.33 所示。

(2) 赋予“白色涂料”材质并调整好位置，在各个视图中的位置如图 5.34 所示。

(3) 在工具栏中单击【快速渲染】按钮即可得到如图 5.35 所示的效果。

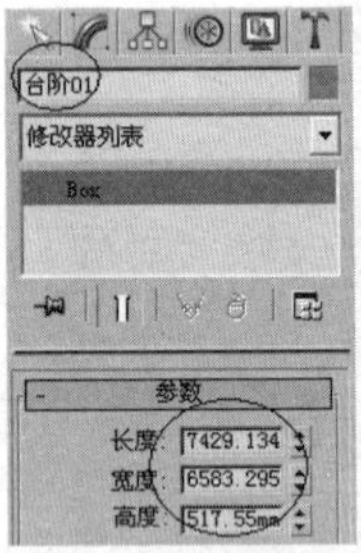

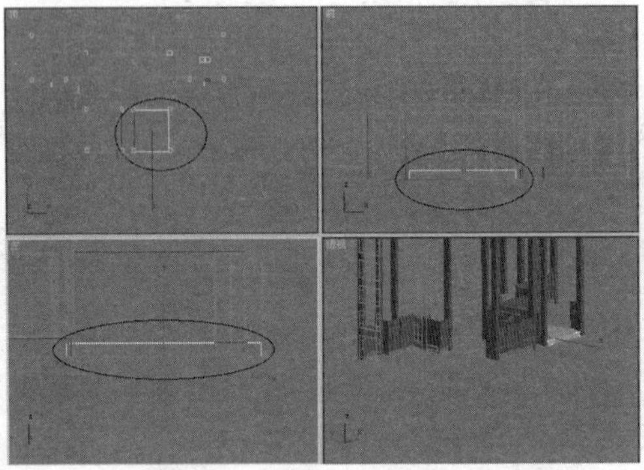

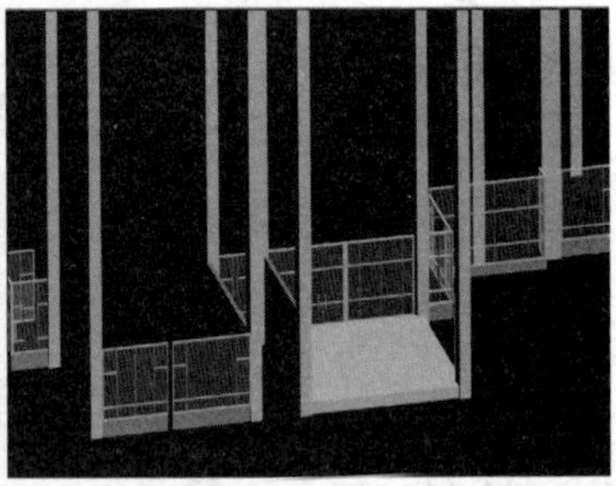

图 5.33　　图 5.34　　图 5.35

(4) 单击【创建】按钮，单击【图形】按钮，单击 线 按钮，在【左】视图中沿图样的底层窗户绘制如图 5.36 所示的闭合曲线并命名为“台阶 02”。

(5) 在浮动面板中单击【修改】按钮转到【修改命令】面板。

(6) 单击 修改器列表 右边的按钮，在弹出的下拉列表中选择 挤出 选项，具体参数设置如图 5.37 所示。

(7) 将“白色涂料”材质赋予“台阶”。

(8) 在工具栏中单击【快速渲染】按钮即可得到如图 5.38 所示的效果。

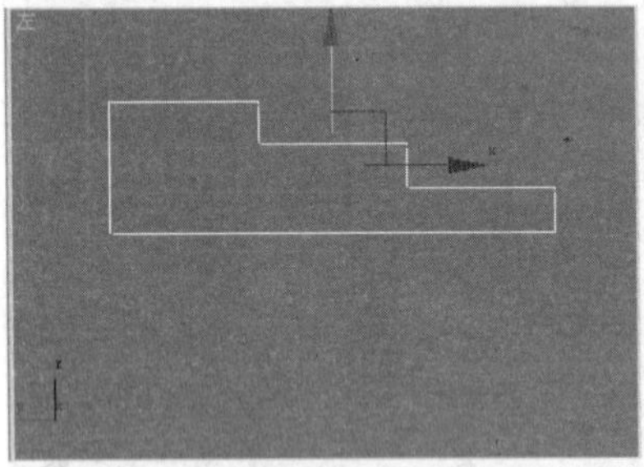

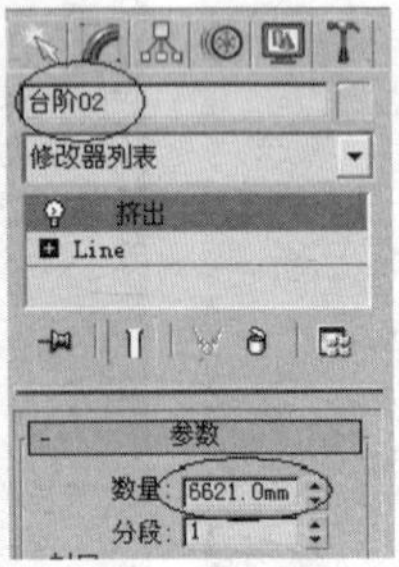

图 5.36　　图 5.37　　图 5.38

5.1.3　高层建筑中间层的制作

高层建筑中间层模型的制作跟底层建筑模型的制作方法差不多，高层建筑中间层有一个明显的特点，那就是每一层的模型和尺寸都相同。在模型制作过程中只要制作一层，其他层只要以【实例】方式复制即可。本案例高层建筑中间层主要以窗户为主。具体制作方法如下。

1. 创建中间层窗户

(1) 单击【创建】按钮，单击【图形】按钮，单击 线 按钮，在【前】视图中沿图样的第二层窗户绘制如图 5.39 所示的闭合曲线并命名为“二层窗户元件 01”。

(2) 在浮动面板中单击【修改】按钮，单击【样条线】按钮，在 轮廓 右边的文本输入框中输入数值“-50”，按 Enter 键即可得到如图 5.40 所示的效果。

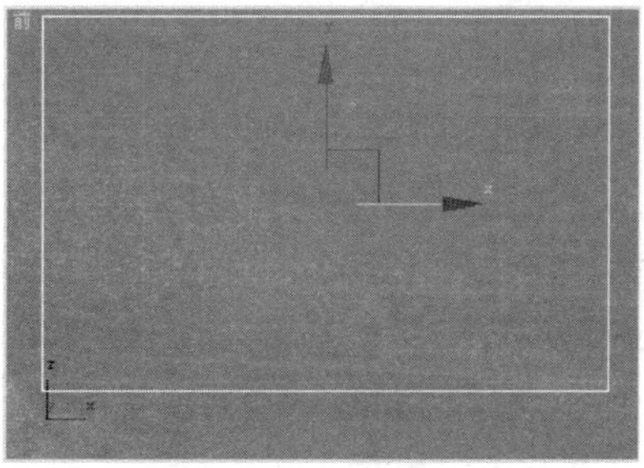

图 5.39

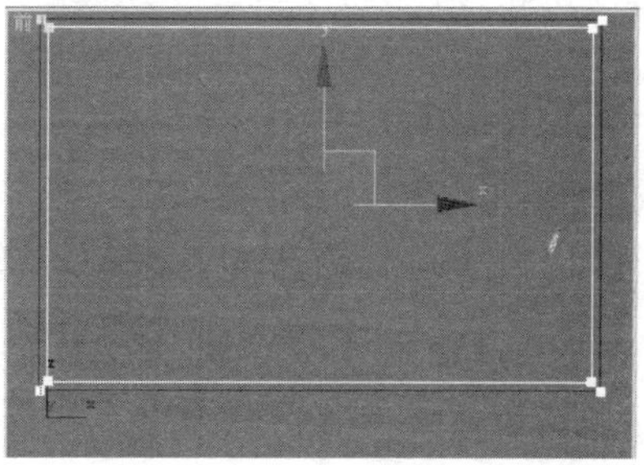

图 5.40

(3) 单击【创建】按钮，单击【图形】按钮，单击 矩形 按钮，在【前】视图中绘制如图 5.41 所示的矩形。

(4) 选中“二层窗户元件 01”和第(3)步创建的所有矩形。

(5) 在浮动面板中单击【修改】按钮转到【修改命令】面板。

(6) 单击 修改器列表 右边的按钮，在弹出的下拉菜单中选择 挤出 选项，具体参数设置如图 5.42 所示。

(7) 将“二层窗户元件 01”和第(3)步创建的所有矩形赋予“白色涂料”材质。

(8) 单击【创建】按钮，单击【几何体】按钮，单击 长方体 按钮，在【顶】视图中创建一个长方体并命名为“二层窗户玻璃 01”，具体参数设置如图 5.43 所示。

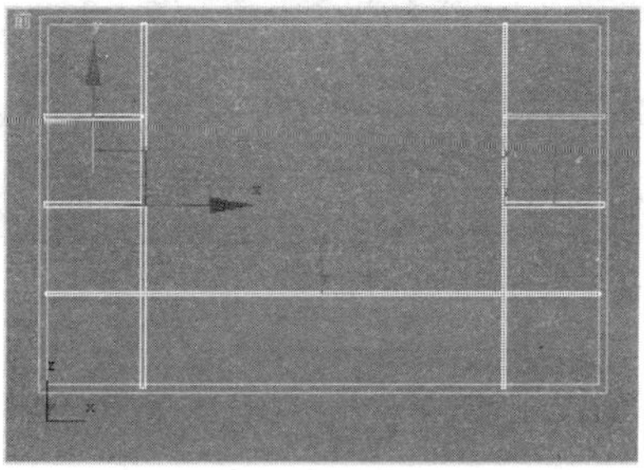

图 5.41

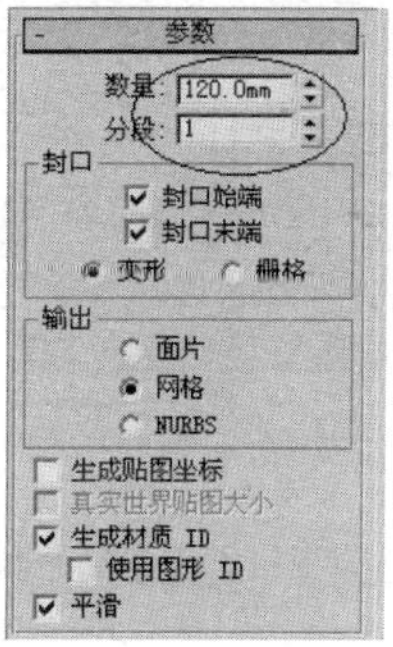

图 5.42

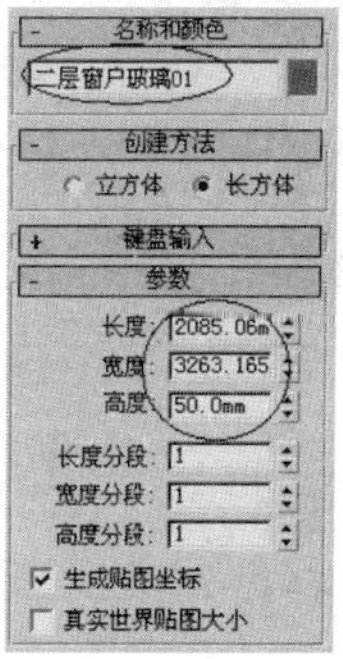

图 5.43

(9) 将“玻璃材质”赋予“二层窗户玻璃01”。

(10) 调整好“二层窗户元件01”、第(3)步创建的所有矩形以及“二层窗户玻璃01”在视图中的位置，在各个视图中的位置如图5.44所示。

(11) 选中“二层窗户元件01”、第(3)步创建的所有矩形和“二层窗户玻璃01”，在菜单栏中单击组(G)→成组(G)命令，弹出【组】设置对话框，具体设置如图5.45所示，单击确定按钮即可将所有选中的对象成组。

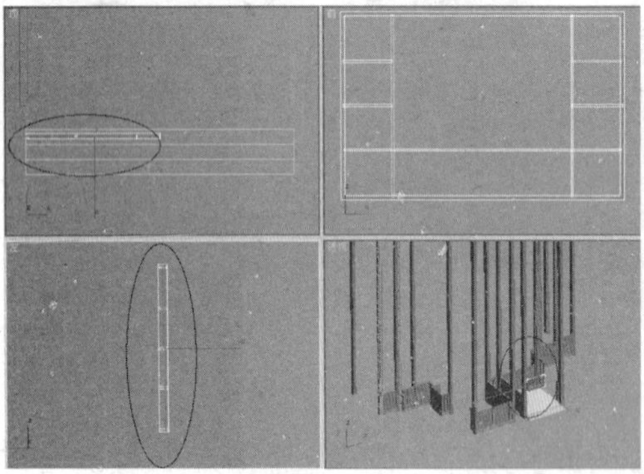

图 5.44

图 5.45

(12) 方法同上，制作第二层的其他窗户。在各个视图中的位置如图5.46所示。

(13) 单击【快速渲染】按钮即可得到如图5.47所示的效果。

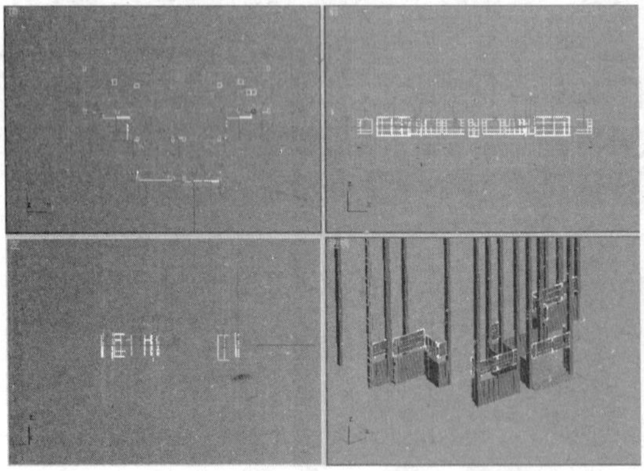

图 5.46

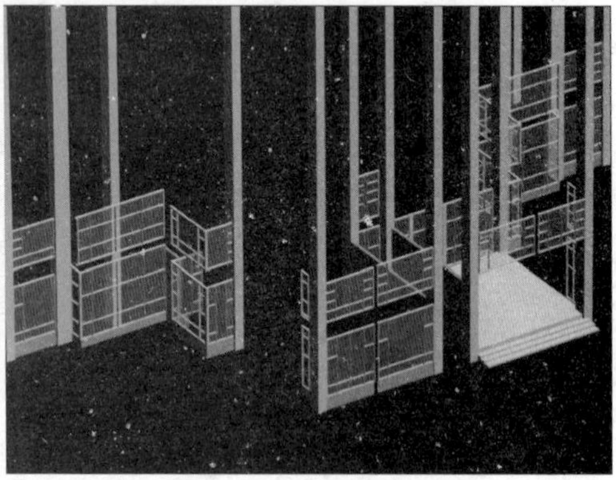

图 5.47

(14) 将创建的所有二层窗户以【实例】的方式复制 15 个，在各个视图中的位置如图5.48所示。

(15) 单击【快速渲染】按钮即可得到如图 5.49 所示的效果。

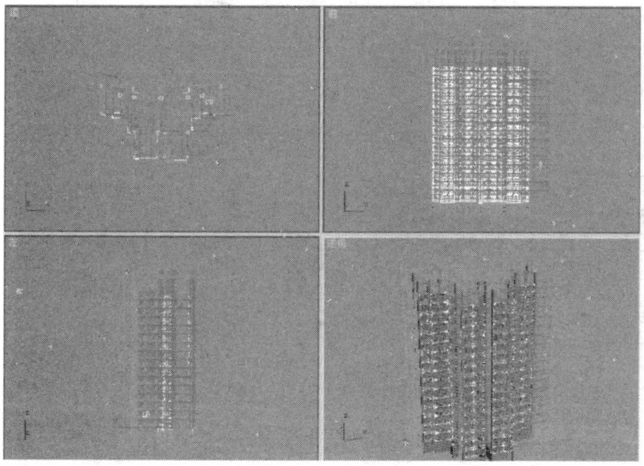

图　5.48

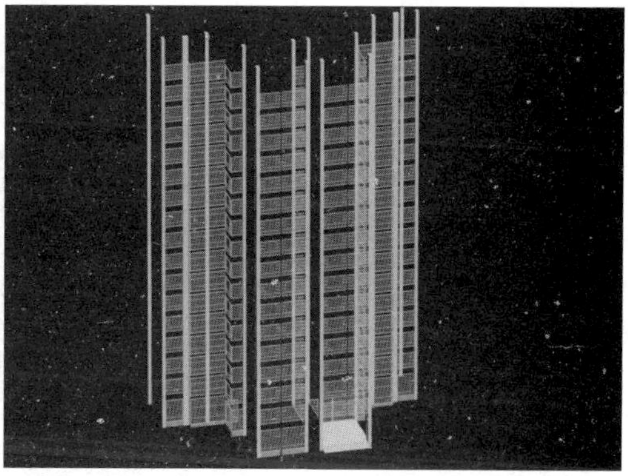

图　5.49

2. 创建中间层墙体

中间层墙体的制作比窗户的制作还要简单，只要在各个视图中创建长方体并赋予“墙体”材质即可。具体制作方法如下。

(1) 单击【创建】按钮，单击【几何体】按钮，单击 长方体 按钮，在【前】视图中创建一个长方体并命名为“中间墙体 01”，具体参数设置如图 5.50 所示。

(2) 将“墙体材质”赋予“中间墙体 01”，调整好在各个视图中的位置，如图 5.51 所示。

(3) 单击【快速渲染】按钮即可得到如图 5.52 所示的效果。

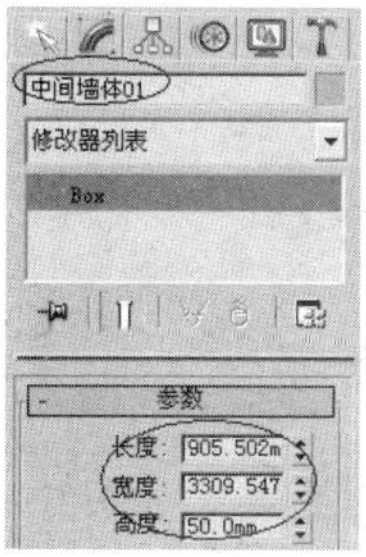

图　5.50

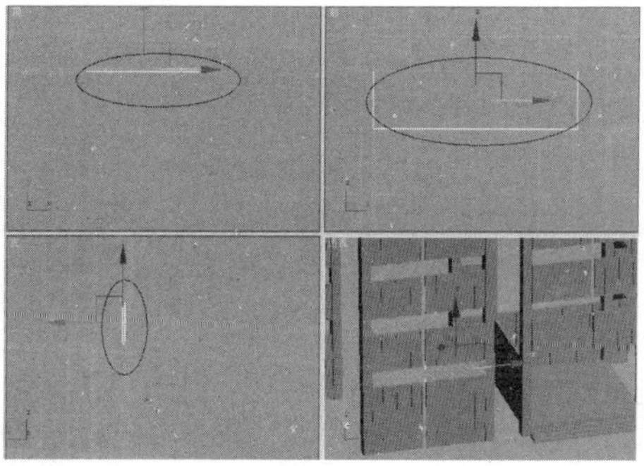

图　5.51

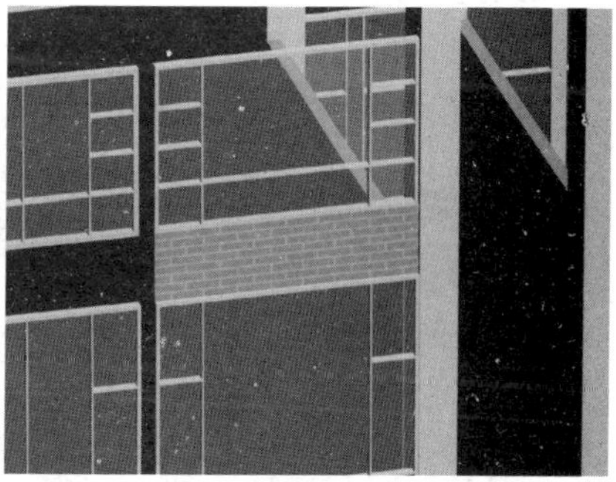

图　5.52

(4) 方法同上，制作中间层的其他墙体并赋予“墙体材质”，在各个视图中的位置如图 5.53 所示。

(5) 单击【快速渲染】按钮即可得到如图 5.54 所示的效果。

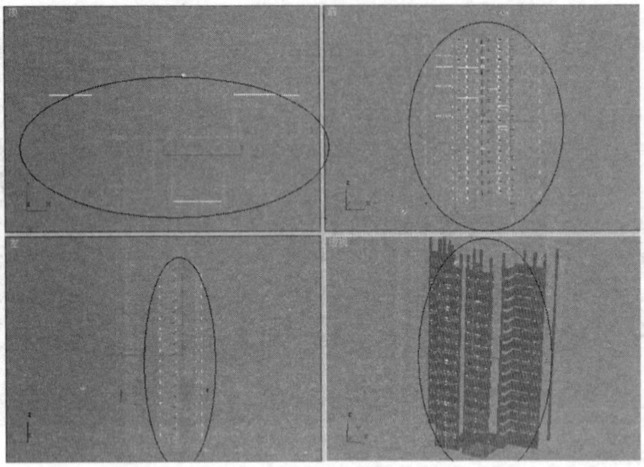

图 5.53

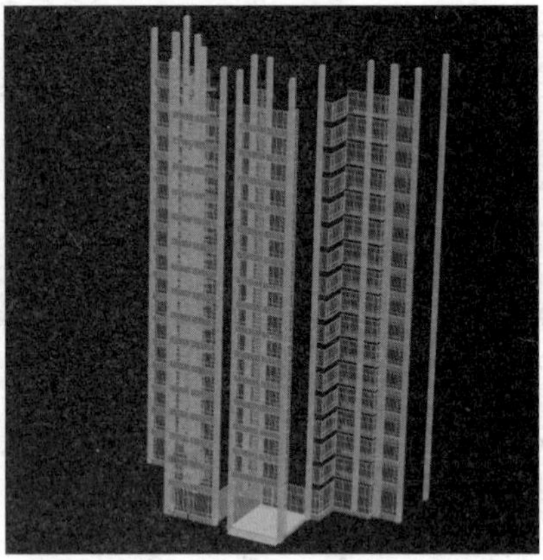

图 5.54

3. 创建凸窗的隔板和侧面墙体

凸窗的隔板和侧面墙体的创建方法非常简单，制作方法跟前面的方法差不多，具体做法如下。

1) 创建凸窗的隔板

(1) 单击【创建】按钮，单击【图形】按钮，单击 线 按钮，在【顶】视图中沿图样绘制如图 5.55 所示的闭合曲线。

(2) 单击 修改器列表 右边的按钮，在弹出的下拉列表中选择挤出选项，具体参数设置如图 5.56 所示。

(3) 将“白色涂料”材质赋予创建的隔板。

(4) 单击【快速渲染】按钮即可得到如图 5.57 所示的效果。

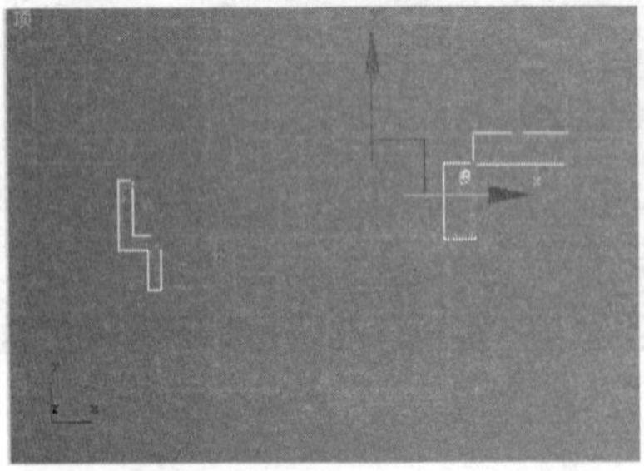

图 5.55

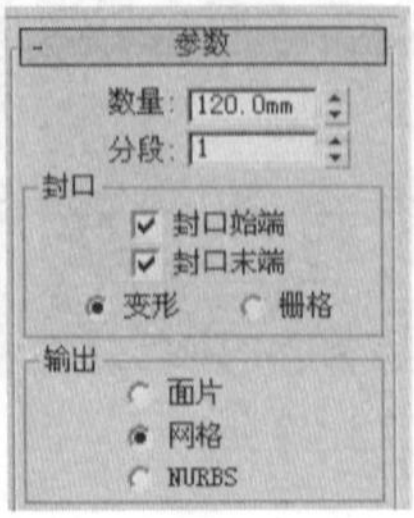

图 5.56

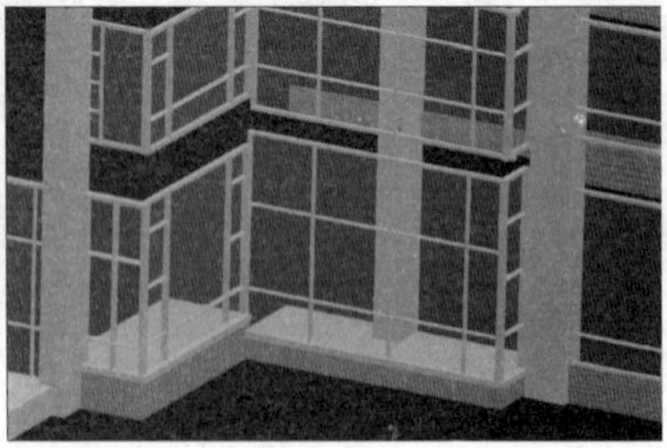

图 5.57

(5) 将创建的凸窗隔板以【实例】的方式复制 32 个并调整好位置，如图 5.58 所示。

(6) 单击【快速渲染】按钮即可得到如图 5.59 所示的效果。

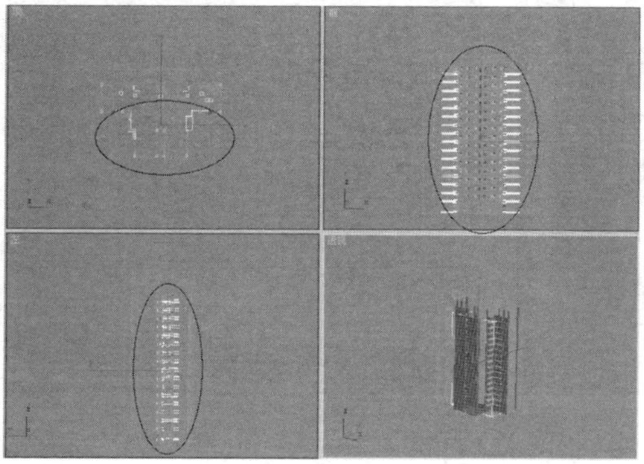

图　5.58

图　5.59

2) 创建侧面墙体

(1) 单击【创建】按钮，单击【几何体】按钮，单击 长方体 按钮，在【顶】视图中创建一个长方体并命名为“侧面墙体 01”，具体参数设置如图 5.60 所示。

(2) 在各个视图中的位置如图 5.61 所示。

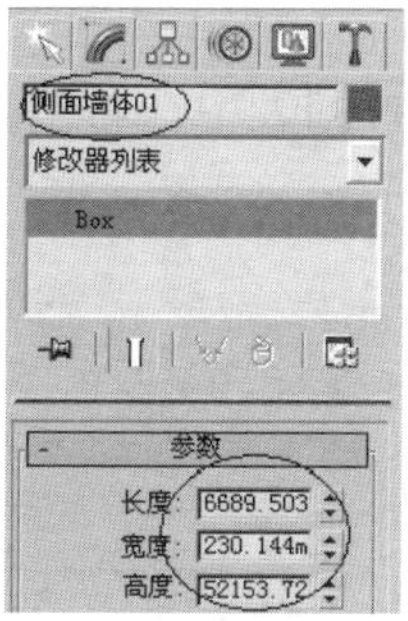

图　5.60

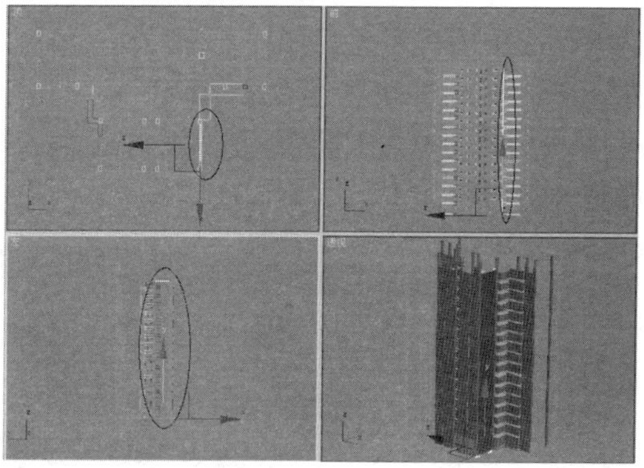

图　5.61

(3) 将“墙体”材质赋予“侧面墙体 01”。

(4) 单击 修改器列表 右边的按钮，在弹出的下拉列表中选择 UVW 贴图 选项，具体参数设置如图 5.62 所示。

(5) 单击【快速渲染】按钮即可得到如图 5.63 所示的效果。

(6) 利用与前面相同的方法，制作其余的墙体和窗户，最终渲染效果如图 5.64 所示。

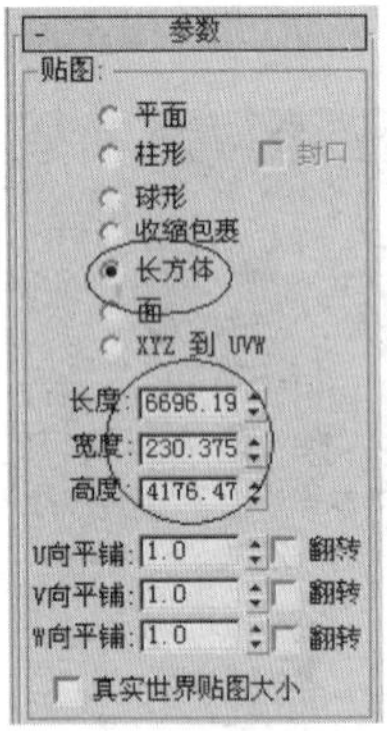

图 5.62

图 5.63

图 5.64

(7) 单击【创建】按钮，单击【图形】按钮，单击 矩形 按钮，在【左】视图中绘制如图 5.65 所示的矩形(先绘制大的矩形，再依次绘制小的矩形)。

(8) 选中【左】视图中最大的矩形。在浮动面板中单击【修改】按钮转到【修改命令】面板。

(9) 单击 修改器列表 右边的按钮，在弹出的下拉列表中选择 编辑样条线 选项。

(10) 在浮动面板中单击【样条线】按钮，再单击 附加多个 按钮，弹出【附加多个】设置对话框，选中所有对象，如图 5.66 所示。

(11) 单击 附加 按钮即可将所有矩形附加在一起。

(12) 单击 修改器列表 右边的按钮，在弹出的下拉列表中选项 挤出 选项。具体参数设置如图 5.67 所示。

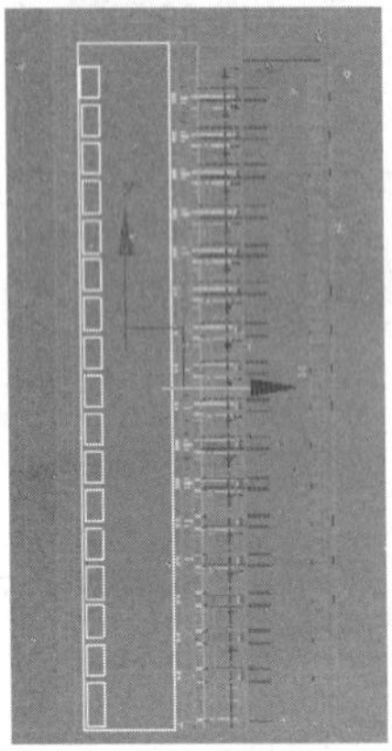

图 5.65

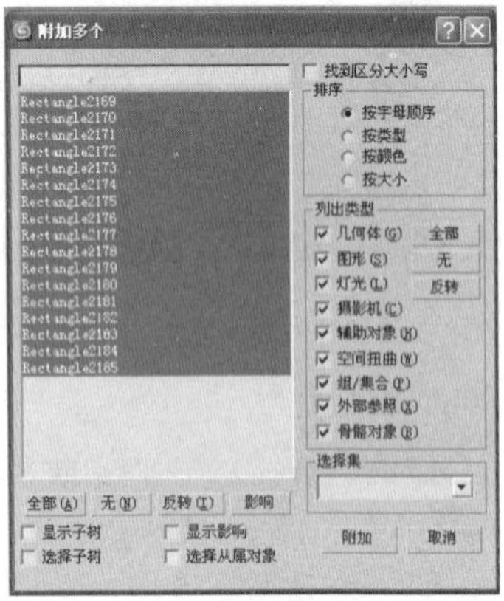

图 5.66

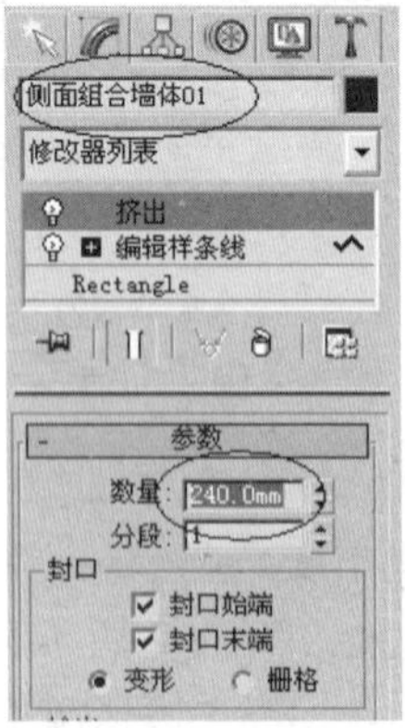

图 5.67

(13) 将“墙体”材质赋予 “侧面组合墙体 01”。

(14) 单击 修改器列表 右边的 ▼ 按钮，在弹出的下拉列表中选择 UVW 贴图 选项，具体参数设置如图 5.68 所示。

(15) 调整好位置，在各个视图中的位置如图 5.69 所示。

(16) 单击【快速渲染】按钮即可得到如图 5.70 所示的效果。

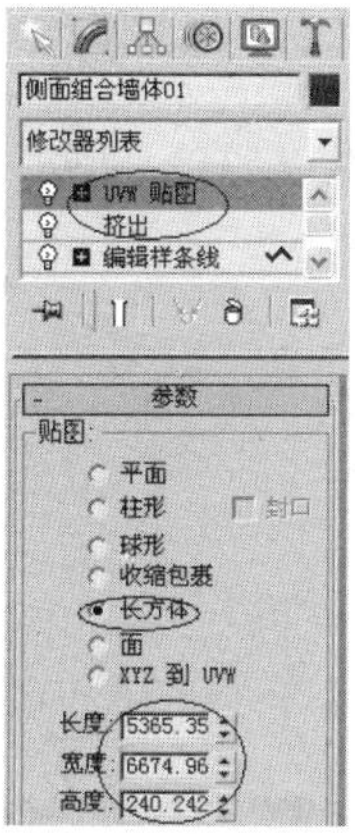

图 5.68

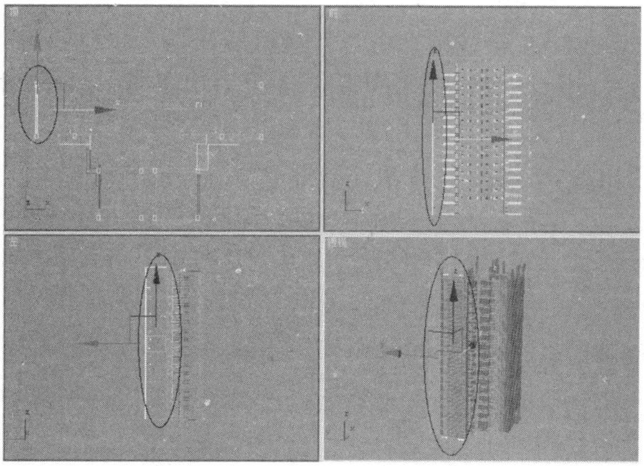

图 5.69

图 5.70

(17) 再以【实例】的方式复制一个“侧面组合墙体 01”并将其移到右侧。最终效果如图 5.71 所示。

图 5.71

(18) 按 Ctrl+S 组合键保存文件。

5.1.4 高层建筑后背墙、顶层墙体、顶面和遮光板的制作

在前面几节中已经将所有的底层和中间层制作完毕，还剩下后背墙、顶层墙体、顶面和遮光板没有制作。它们的制作方法也很简单，主要使用长方体的创建、二维闭合曲线的创建和挤出命令来制作模型。

1. 后背墙的创建

(1) 单击【创建】按钮，单击【图形】按钮，单击 线 按钮，在【顶】视图中沿图样绘制如图 5.72 所示的闭合曲线，命名为“后背墙”。

(2) 在浮动面板中单击【修改】按钮转到【修改命令】面板。

(3) 单击 修改器列表 右边的按钮，在弹出的下拉列表中选择 挤出 选项。具体参数设置如图 5.73 所示。

(4) 单击【快速渲染】按钮即可得到如图 5.74 所示的效果。

(5) 将“白色涂料”材质赋予 “后背墙”。

(6) 单击【快速渲染】按钮即可得到如图 5.75 所示的效果。

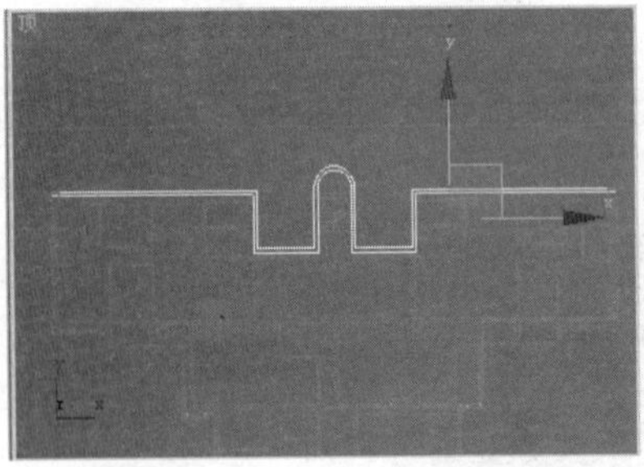

图 5.72

图 5.73

图 5.74

图 5.75

(7) 按 Ctrl+S 组合键保存文件。

2. 顶层墙体的创建

(1) 单击【创建】按钮，单击【几何体】按钮，单击 长方体 按钮，在【前】视图中创建一个长方体并命名为“顶层墙体 01”，具体参数设置如图 5.76 所示。在各个视图中的位置如图 5.77 所示。

(2) 将“墙体”材质赋予“顶层墙体 01”。

(3) 单击【快速渲染】按钮即可得到如图 5.78 所示的效果。

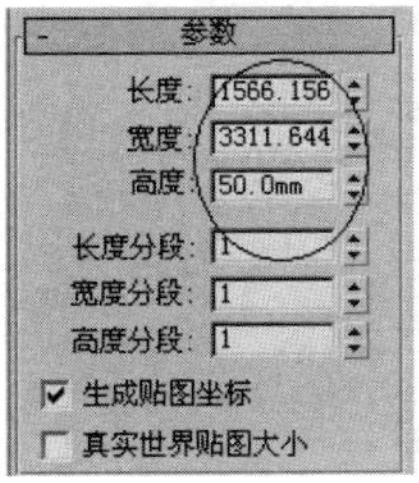

图　5.76

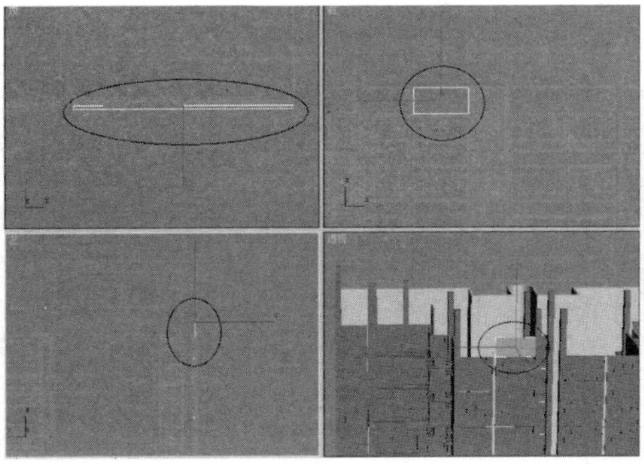

图　5.77

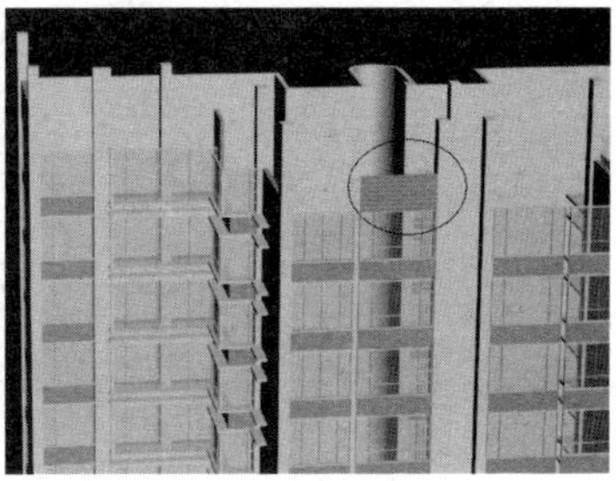

图　5.78

(4) 方法同上。用户自己创建顶层的其他墙体并赋予“墙体”材质。

(5) 最终渲染效果如图 5.79 所示。

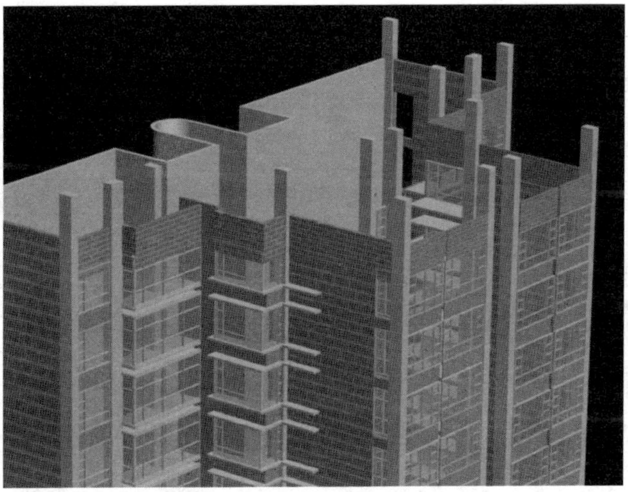

图　5.79

(6) 单击【创建】按钮，单击【图形】按钮，单击 线 按钮，在【顶】视图中沿图样绘制如图 5.80 所示的闭合曲线，命名为“高层建筑顶面”。

(7) 单击 修改器列表 右边的按钮，在弹出的下拉列表中选择 挤出 选项。具体参数设置如图 5.81 所示。

(8) 调整好位置，在各个视图中的位置如图 5.82 所示。

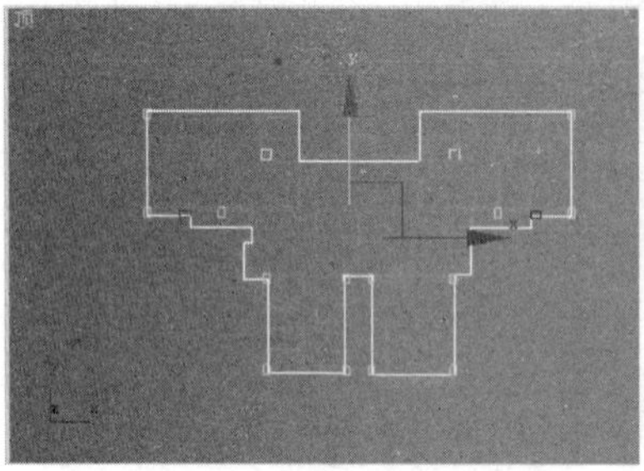

图 5.80

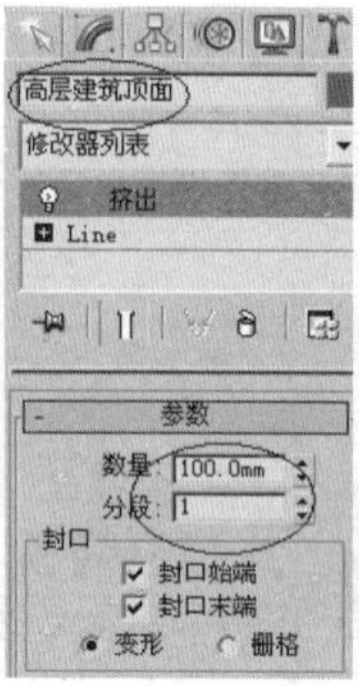

图 5.81

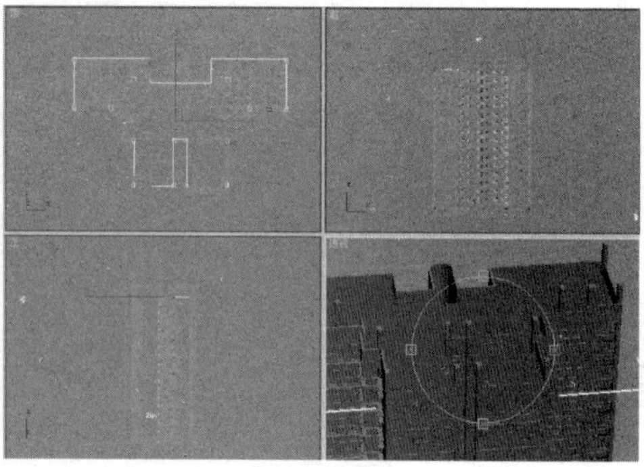

图 5.82

(9) 将“白色涂料”材质赋予“高层建筑顶面”。

(10) 最终渲染效果如图 5.83 所示。

图 5.83

(11) 单击【创建】按钮，单击【图形】按钮，单击 线 按钮，在【顶】视图中沿图样绘制如图 5.84 所示的闭合曲线，并命名为“楼梯墙体”。

(12) 在浮动面板中单击【修改】按钮转到【修改命令】面板。

(13) 在浮动面板中单击【样条线】按钮，再在 轮廓 右边的文本输入框中输入数值“-200”并按 Enter 键，效果如图 5.85 所示。

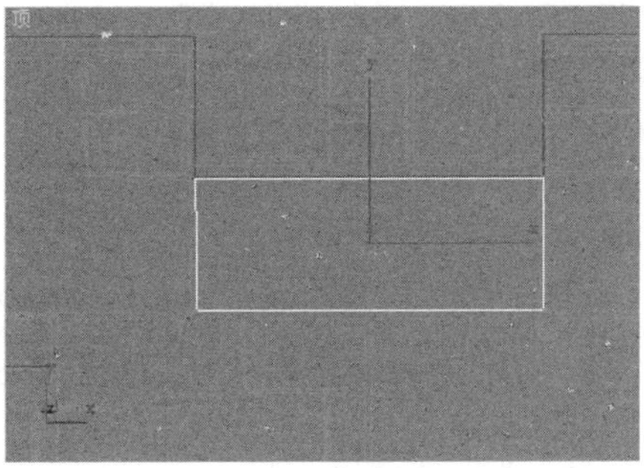

图　5.84

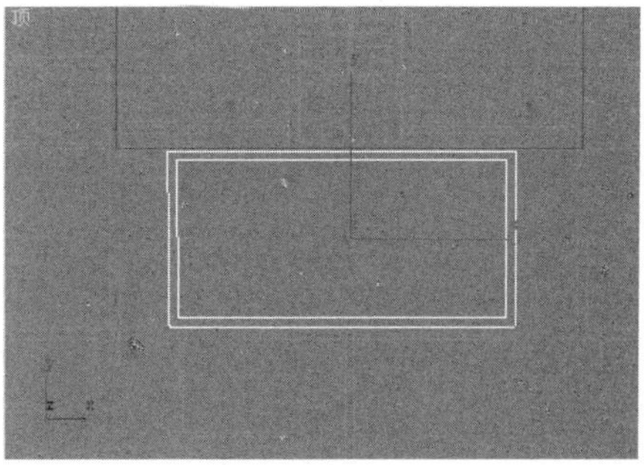

图　5.85

(14) 单击 修改器列表 右边的 ▾ 按钮，在弹出的下拉列表中选择 挤出 选项。具体参数设置如图 5.86 所示。

(15) 调整好位置，在各个视图中的位置如图 5.87 所示。

(16) 将“墙体”材质赋予给“楼梯墙体”。

(17) 最终渲染效果如图 5.88 所示。

图　5.86

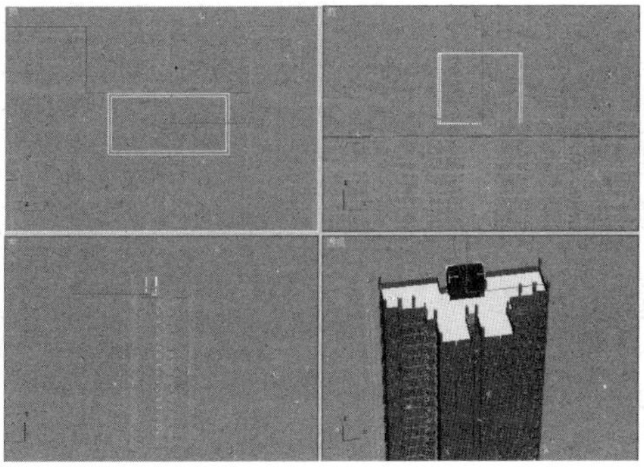

图　5. 87

图　5.88

(18) 单击【创建】按钮，单击【图形】按钮，单击 线 按钮，在【顶】视图中沿图样绘制如图 5.89 所示的闭合曲线，命名为“楼梯墙体 01”。

(19) 单击 修改器列表 右边的 ▾ 按钮，在弹出的下拉列表中选择 挤出 选项。具体参数设置如图 5.90 所示。

(20) 在各个视图中的位置如图 5.91 所示。

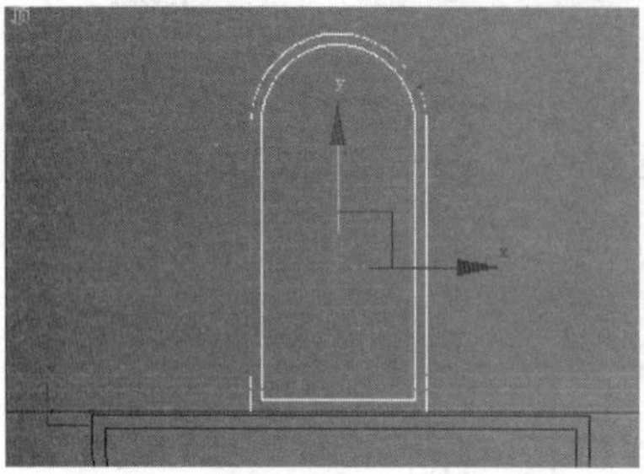

图 5.89

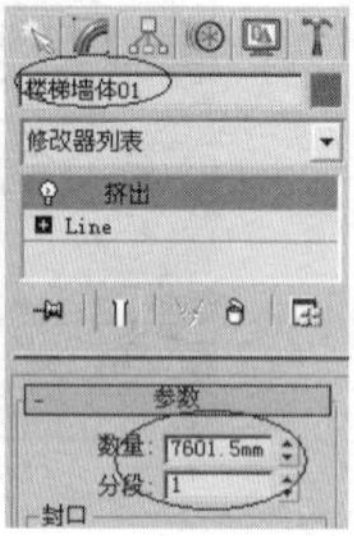

图 5.90

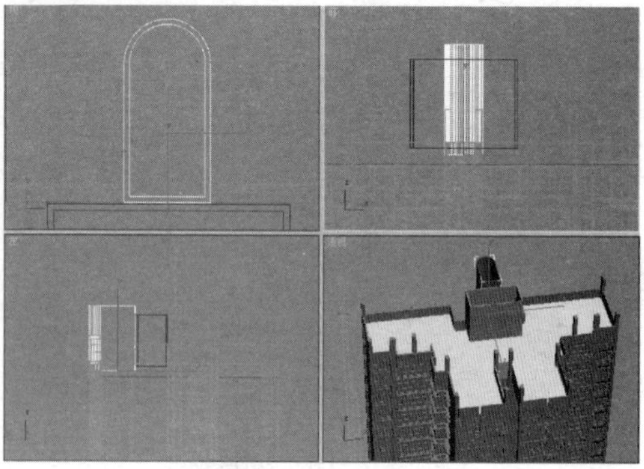

图 5.91

(21) 将“墙体”材质赋予“楼梯墙体 01”。

(22) 最终渲染效果如图 5.92 所示。

(23) 方法同上，制作楼梯的顶面并赋予“白色涂料”材质。最终渲染效果如图 5.93 所示。

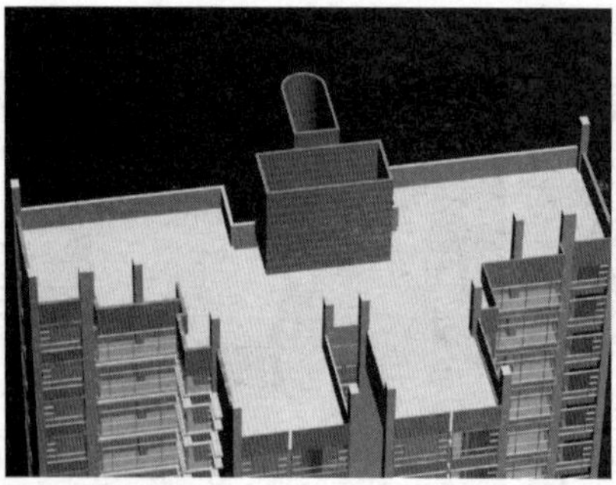

图 5.92

图 5.93

3. 遮光板的创建

(1) 单击【创建】按钮，单击【图形】按钮，单击 矩形 按钮，在【顶】视图中绘制如图 5.94 所示的矩形。

(2) 选中所有绘制的矩形。单击 修改器列表 右边的按钮，在弹出的下拉列表中选择 挤出 选项。具体参数设置如图 5.95 所示。

(3) 在菜单栏中单击 组(G) → 成组(G) 命令，弹出【组】设置对话框，具体设置如图 5.96 所示。

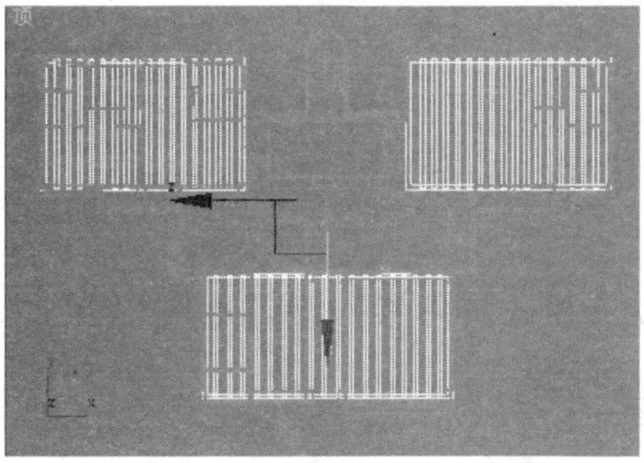

图　5.94

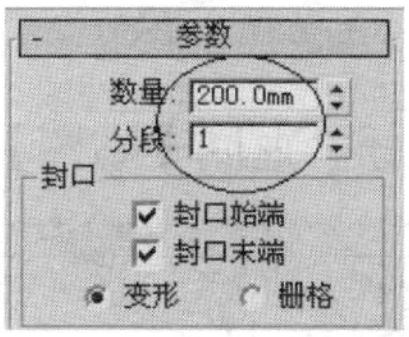

图　5.95

图　5.96

(4) 单击 确定 按钮，即可将所有进行【挤出】的矩形进行成组。

(5) 将“白色涂料”材质赋予“遮光板”对象。调整好位置，在各个视图中的位置如图 5.97 所示。

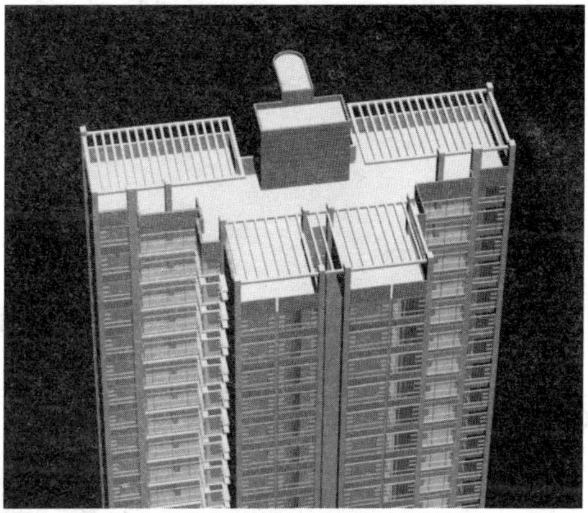

图　5.97

(6) 按 Ctrl+S 组合键保存文件。

5.1.5　玻璃材质的参数调整和反射天空背景的制作

玻璃材质的调整主要是设置【光线跟踪】来模拟天空背景，使玻璃能够呈现出真实的反射效果。

1. 玻璃材质的参数调整

(1) 在工具栏中单击【材质编辑器】按钮，弹出【材质编辑器】设置对话框。在材

质编辑器中单击“玻璃材质”示例球。

(2) 单击【贴图】卷展栏中反射右边的 None 按钮，弹出【材质/贴图浏览器】设置对话框，在该对话框中双击光线跟踪选项。返回【光线跟踪】参数设置对话框，参数设置采用默认设置。

(3) 单击【转到父对象】按钮，返回【贴图】卷展栏，具体参数设置如图 5.98 所示。

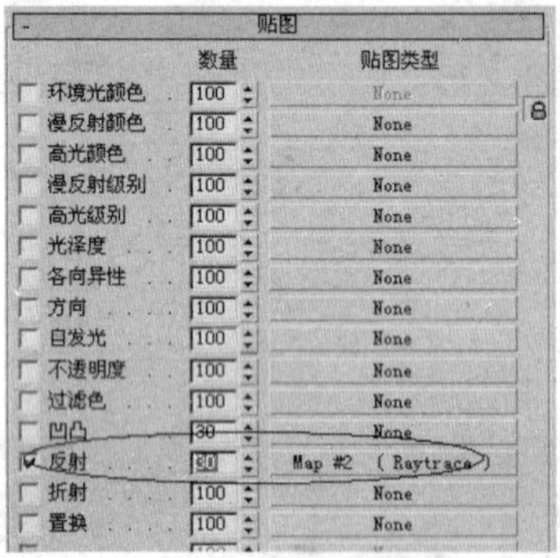

图 5.98

(4) 按 Ctrl+S 组合键保存文件。

2. 反射天空背景的制作

(1) 单击【创建】按钮，单击【几何体】按钮，单击 球体 按钮，在【顶】视图中创建一个球体，命名为“天空球体”。具体参数设置如图 5.99 所示。

(2) “天空球体”在各个视图中的位置如图 5.100 所示。

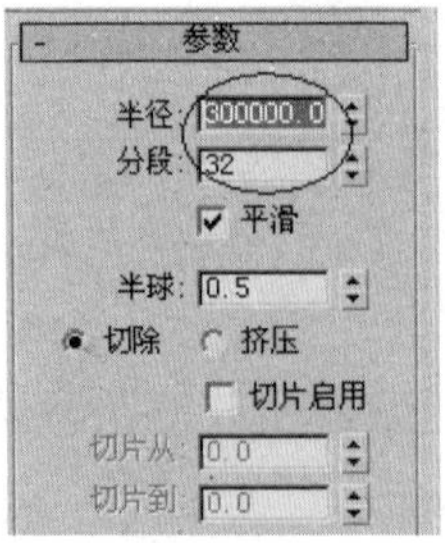

图 5.99

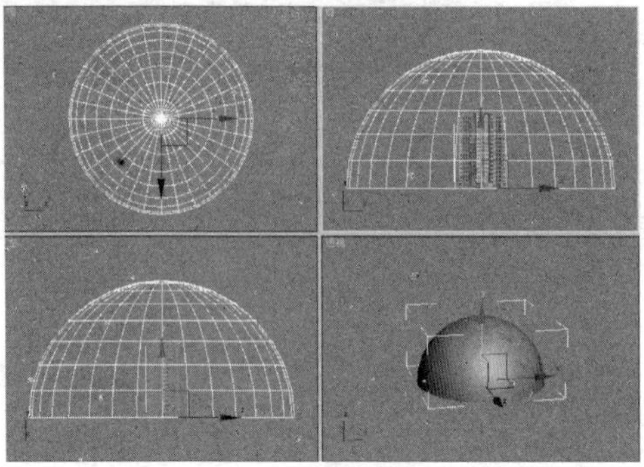

图 5.100

(3) 在工具栏中单击【材质编辑器】按钮，弹出【材质编辑器】设置对话框。在材

质编辑器中单击第 4 个示例球并命名为“天空”，具体参数设置如图 5.101 所示。

(4) 单击漫反射右边的按钮，弹出【材质/贴图浏览器】设置对话框，在该对话框中双击位图选项，弹出【选择位图图像文件】设置对话框，具体设置如图 5.102 所示。

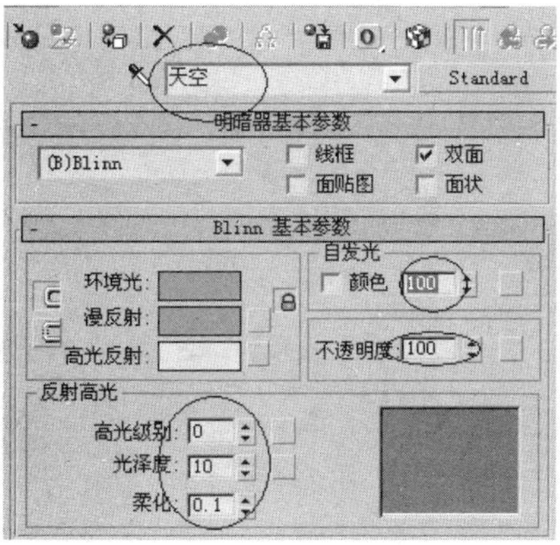

图 5.101

图 5.102

(5) 单击打开(O)按钮返回参数设置对话框，具体参数设置采用默认设置。

(6) 单击【转到父对象】按钮，返回图 5.101 所示的对话框。

(7) 将【顶】视图左上角的顶图标上单击右键，在弹出的快捷菜单中单击底命令，将【顶】视图转到【底】视图。

(8) 选中“天空球体”对象，在浮动面板中单击【修改】按钮转到【修改命令】面板。

(9) 单击修改器列表右边的按钮，在弹出的下拉列表中选择编辑多边形选项，将几何体图形转换为多边形图形。

(10) 单击【多边形】按钮，具体参数设置如图 5.103 所示。

(11) 使用【选择对象】工具，在【底】视图中选中如图 5.104 所示多边形面。

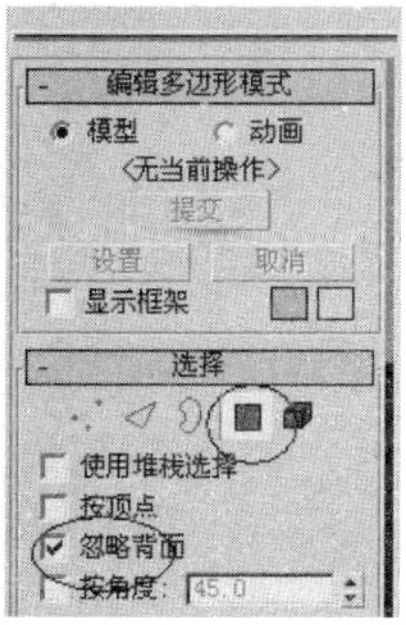

图 5.103

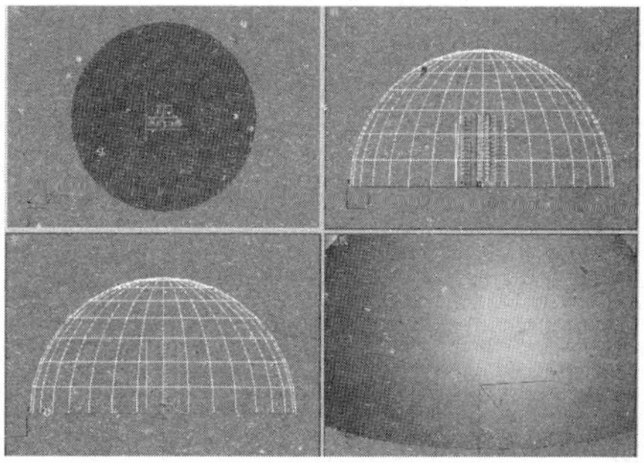

图 5.104

(12) 按 Delete 键删除选中的多边形。

(13) 将“天空”材质赋予“天空球体”对象。最终效果如图 5.105 所示。

(14) 单击 修改器列表 右边的 按钮，在弹出的下拉列表中选择 UVW 贴图 选项，具体参数设置如图 5.106 所示。

(15) 最终效果如图 5.107 所示。

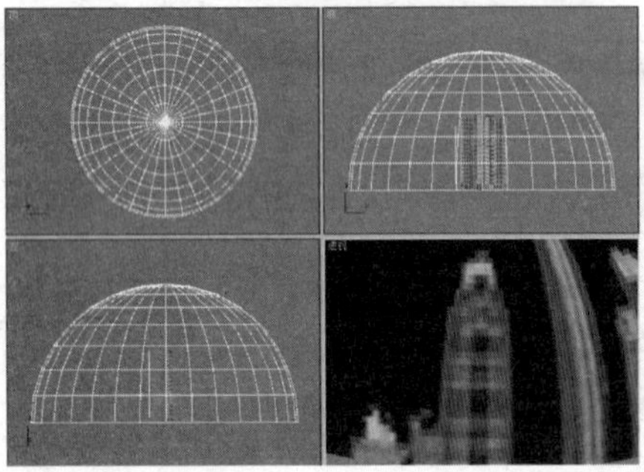

图 5.105

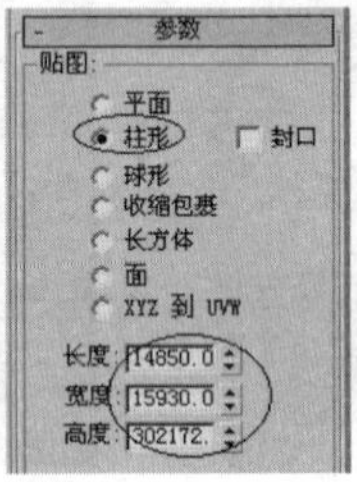

图 5.106

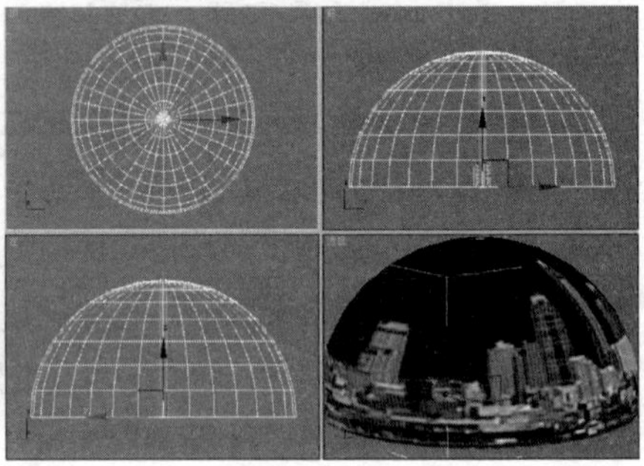

图 5.107

(16) 按 Ctrl+S 组合键保存文件。

5.2 摄影机和灯光

在高层建筑表现时，摄影机视野要设置大一些，从而使建筑效果产生强烈的透视感和动感，表现出建筑的挺拔和气势。本案例主要表现夜景效果。在高层建筑效果图夜景表现中，灯光处理是一个难点。夜景效果图表现有两个很重要的技法：建立强烈的明暗对比和设置趣味中心点。

趣味中心点又叫焦点，是画面的重要组成部分，它是吸引观众视线的中心点。强烈的明暗对比使效果图轮廓清晰。

1. 创建摄影机

(1) 将“天空球体”对象隐藏。

(2) 单击 【创建】按钮，单击 【摄影机】按钮，单击 目标 按钮，在【顶】视图中创建一架摄影机，在各个视图中的位置如图 5.108 所示。具体参数设置如图 5.109 所示。

(3) 调整好摄影机视角和位置之后，将摄影机隐藏，以方便后面灯光的添加，隐藏摄影机之后，单击 【所有视图最大化显示】按钮，各个视图最终效果如图 5.110 所示。

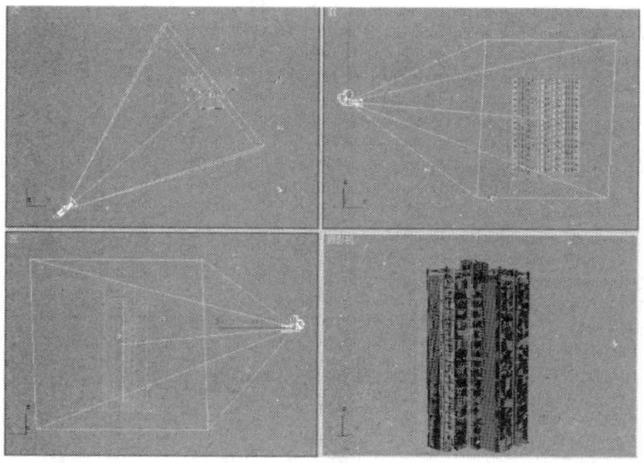

图　5.108

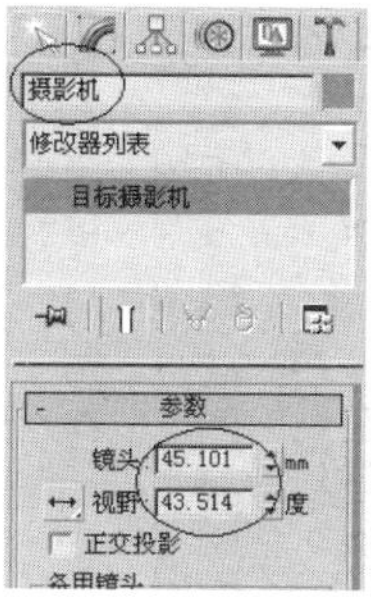

图　5.109

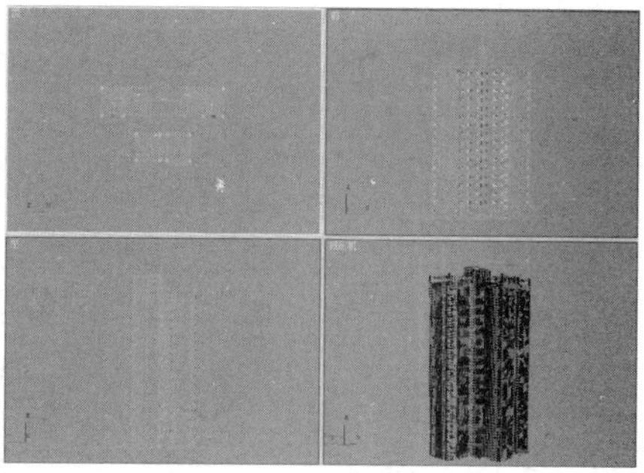

图　5.110

2. 设置灯光

(1) 单击【创建】按钮，单击【灯光】按钮，单击 泛光灯 按钮，在【顶】视图中创建一盏泛光灯，在各个视图中的位置如图 5.111 所示。具体参数设置如图 5.112 所示。

(2) 在工具栏中单击【快速渲染】按钮即可得到如图 5.113 所示的效果。

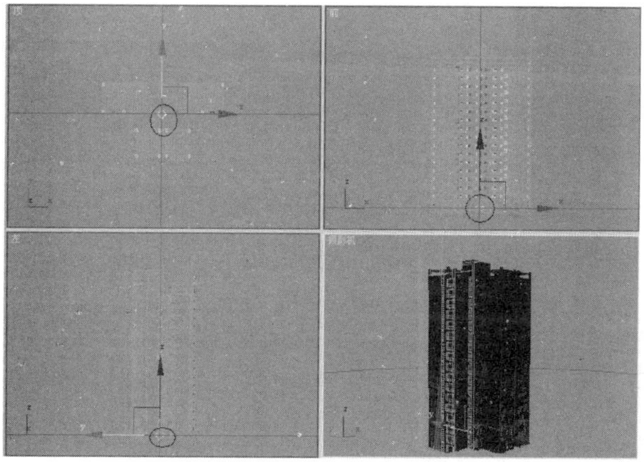

图　5.111

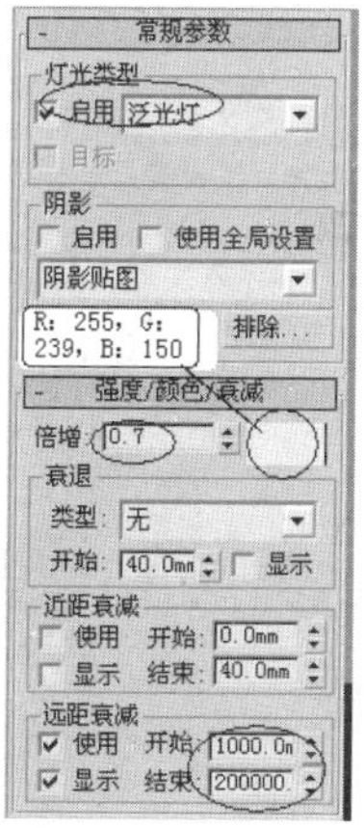

图　5.112

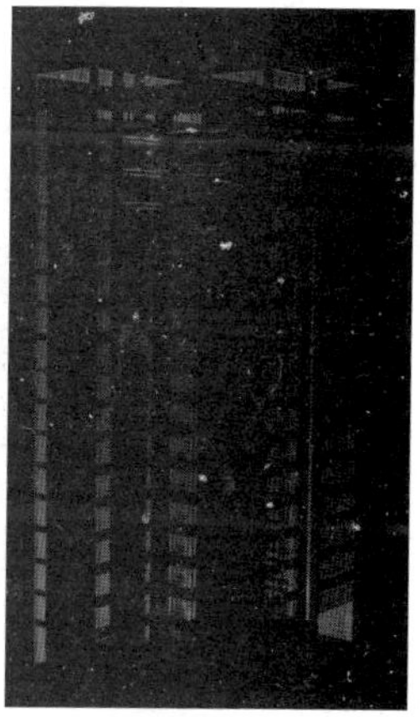

图　5.113

(3) 单击【创建】按钮，单击【灯光】按钮，单击 泛光灯 按钮，在【顶】视图中创建一盏泛光灯，命名为“泛光灯 01”，在各个视图中的位置如图 5.114 所示。具体参数设置如图 5.115 所示。

(4) 在工具栏中单击【快速渲染】按钮即可得到如图 5.116 所示的效果。

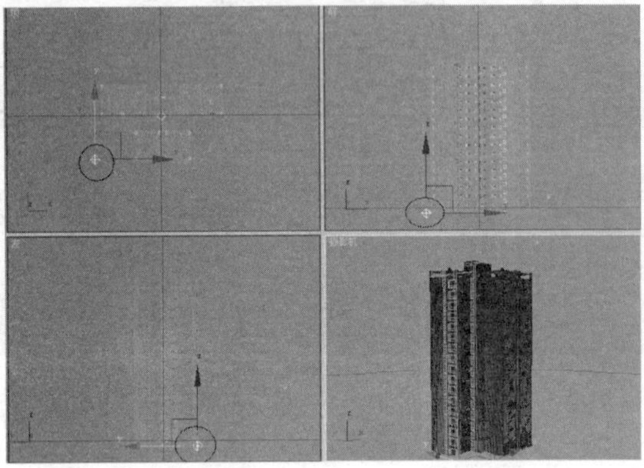

图 5.114

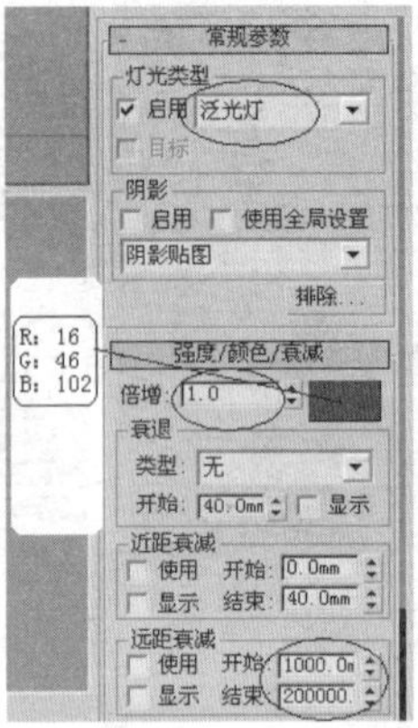

图 5.115

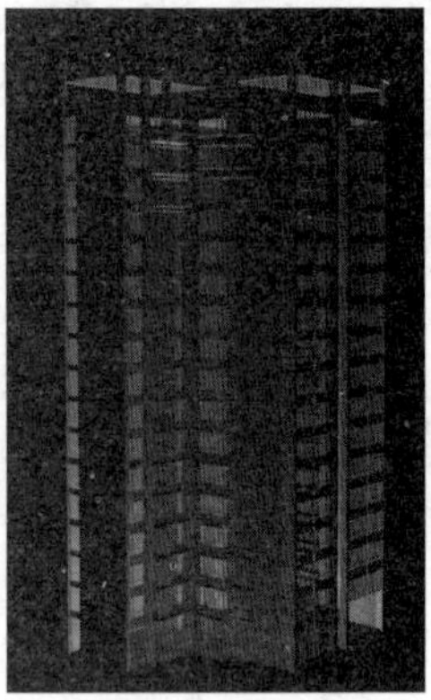

图 5.116

(5) 单击【创建】按钮，单击【灯光】按钮，单击 泛光灯 按钮，在【顶】视图中创建一盏泛光灯，命名为“侧面补光”，在各个视图中的位置如图 5.117 所示。具体参数设置如图 5.118 所示。

(6) 在工具栏中单击【快速渲染】按钮即可得到如图 5.119 所示的效果。

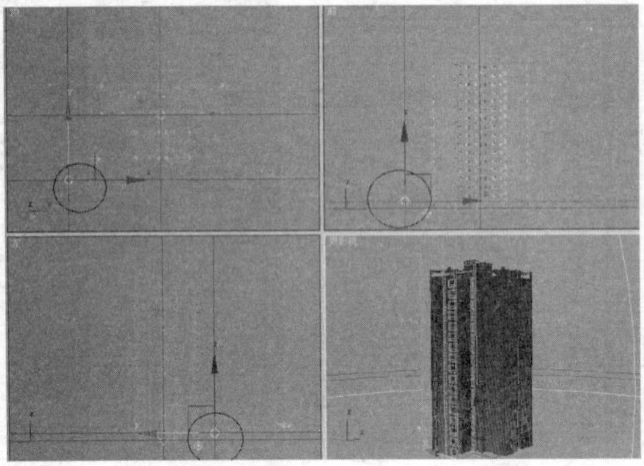

图 5.117

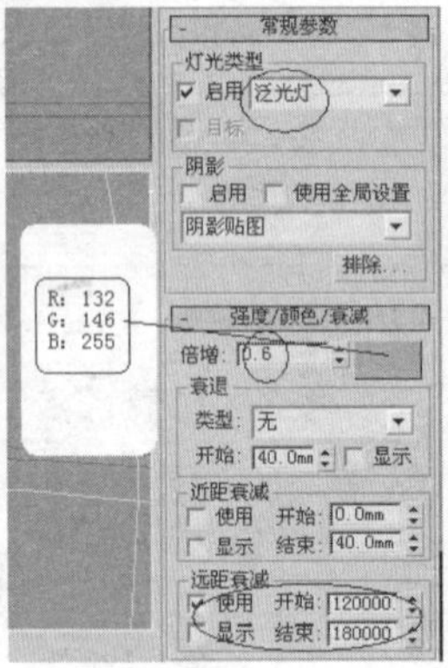

图 5.118

图 5.119

(7) 将“侧面补光”以【实例】方式复制一盏，调整好位置，在各个视图中的位置如图 5.120 所示。

(8) 在工具栏中单击【快速渲染】按钮即可得到如图 5.121 所示的效果。

(9) 单击【创建】按钮，单击【灯光】按钮，单击 泛光灯 按钮，在【顶】视图中创建一盏泛光灯，命名为“底层补光”，在各个视图中的位置如图 5.122 所示。

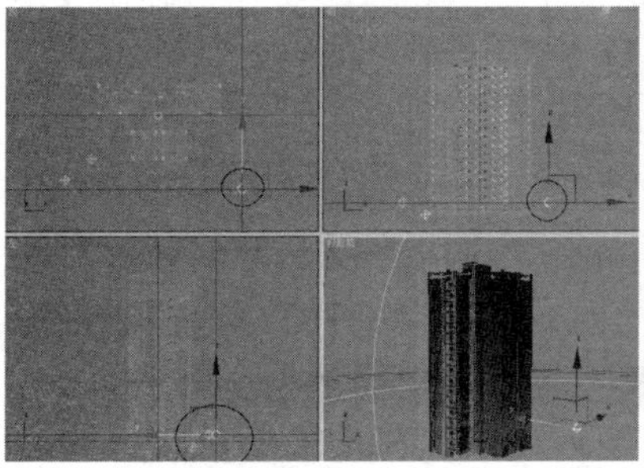

图　5.120

图　5.121

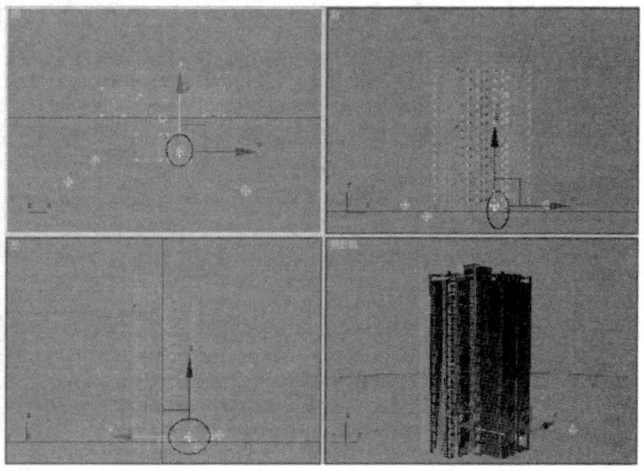

图　5.122

(10) 具体参数设置如图 5.123 所示。

(11) 在工具栏中单击【快速渲染】按钮即可得到如图 5.124 所示的效果。

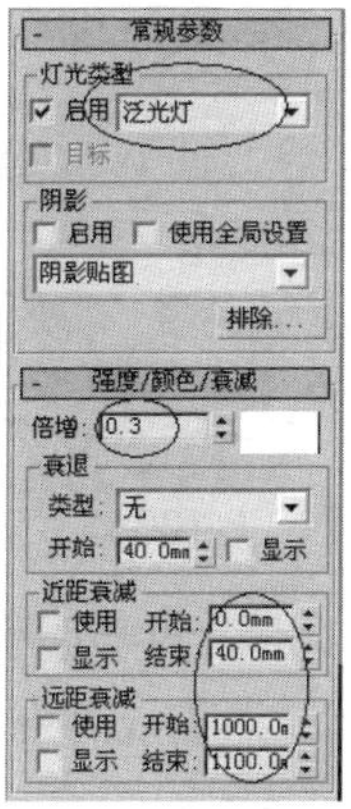

图　5.123

图　5.124

(12) 按 Ctrl+S 组合键保存文件。

5.3　高层建筑效果图渲染输出

在本节中，主要介绍将制作好的高层建筑渲染输出为.max 格式的文件和选区通道图，以便于进行后期处理。

(1) 在【摄影机】视图中单击，激活【摄影机】视图。

(2) 在工具栏中单击【渲染场景对话框】按钮，弹出【渲染场景：默认扫描线渲染器】设置对话框，具体设置如图 5.125 所示。

(3) 单击【渲染场景：默认扫描线渲染器】设置对话框中的 文件... 按钮，弹出【渲染输出文件】设置对话框，具体设置如图 5.126 所示。

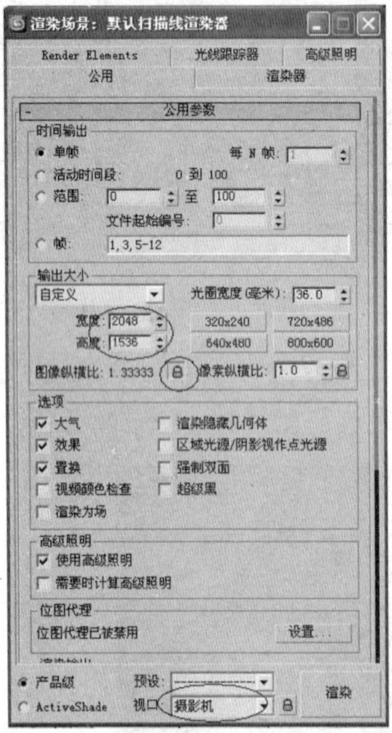

图 5.125

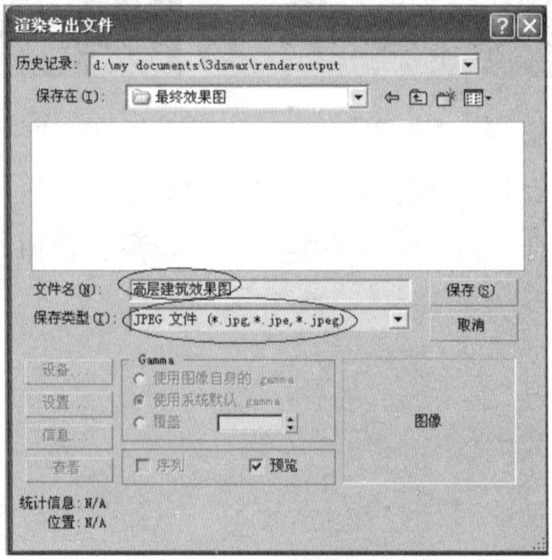

图 5.126

(4) 单击 保存(S) 按钮，弹出【JPEG 图像控制】设置对话框，具体设置如图 5.127 所示。

(5) 单击 确定 按钮返回【渲染场景：默认扫描线渲染器】设置对话框，在【渲染场景：默认扫描线渲染器】设置对话框中单击 渲染 按钮即可得到如图 5.128 所示的效果。

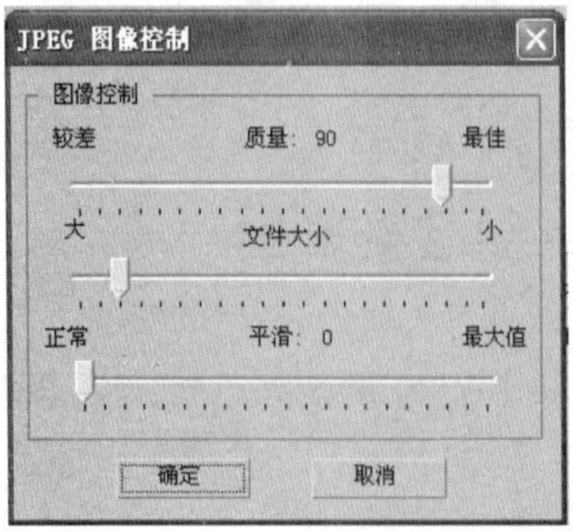

图 5.127

图 5.128

(6) 在菜单栏中单击文件(F)→另存为(A)...命令，弹出【文件另存为】设置对话框，具体设置如图 5.129 所示。

(7) 单击保存(S)按钮即可将文件另存为“高层建筑效果图表现.max”文件。

(8) 打开【材质编辑器】设置对话框，单击“墙体”材质示例球，在【贴图】卷展栏中将通道上的贴图取消，然后将材质调配成黄色并使其 100%自发光。

(9) 将【透明】、【高光】、【凹凸】和【反射】等通道上的贴图或材质也取消。

(10) 方法同第(8)步和第(9)步，将其他材质也调配成其他不同的颜色。

(11) 最终渲染出如图 5.130 所示的效果。

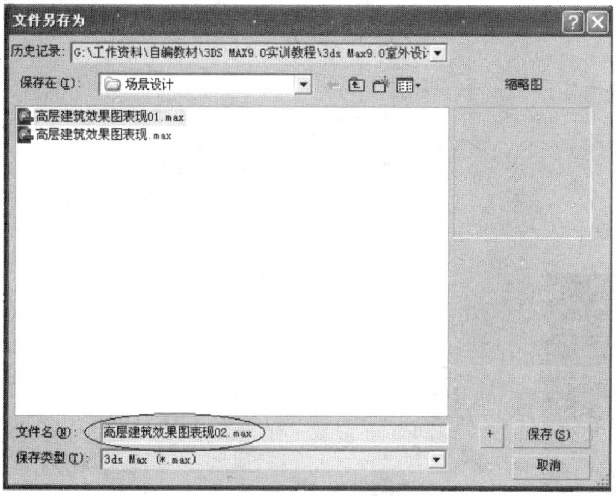

图　5.129

图　5.130

(12) 按 Ctrl+S 组合键保存文件。

5.4　利用 Photoshop CS3 对效果图进行后期处理

在进行夜景效果图的后期处理时需要注意以下几个方面的问题。

(1) 人物和配景与整体色调要搭配合理，统一于建筑所处的光照环境之中。

(2) 可以适当加强建筑主体的明暗对比。

(3) 注意天空与整体画面的搭配，建筑较暗时，天空要亮一些，反之亦然。

后期处理的具体操作步骤如下。

(1) 启动 Photoshop CS3 软件。

(2) 单击 文件(F) → 新建(N)... 命令，弹出【新建】设置对话框，具体设置如图 5.131 所示。

(3) 单击 确定 按钮即可新建一个文件，如图 5.132 所示。。

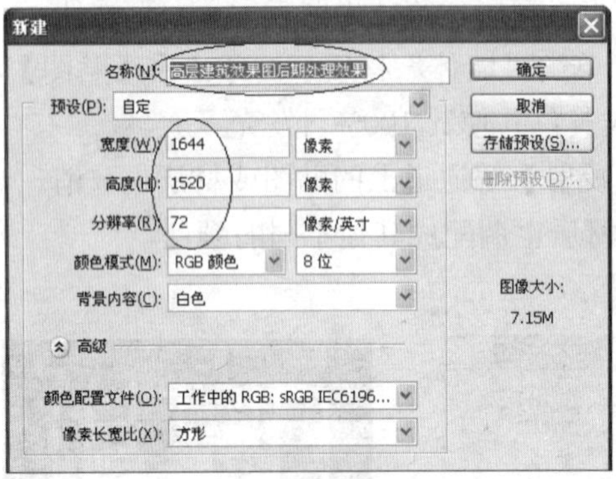

图 5.131

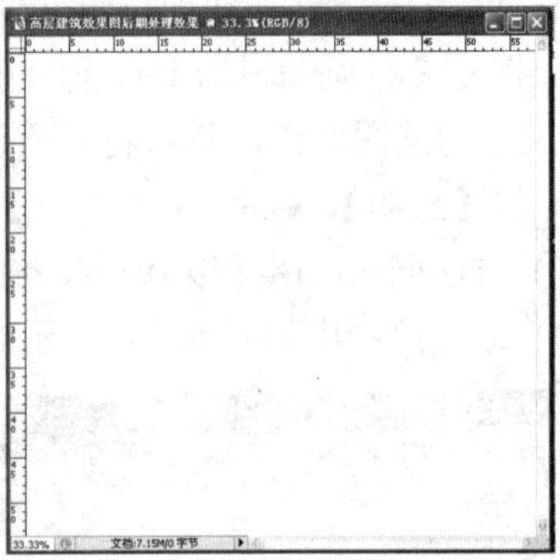

图 5.132

(4) 打开如图 5.133 所示的图片文件。

图 5.133

(5) 将打开的图片分别拖到新建的文件中并调整好位置，最终效果如图 5.134 所示。

(6) 在图层中的位置关系如图 5.135 所示。

图　5.134

图　5.135

(7) 打开“高层建筑效果图.jpg”文件。

(8) 在工具箱中单击【魔棒】按钮，在“高层建筑效果图.jpg”文件中的黑色位置单击，选中该文件中所有连续的黑色部分，如图 5.136 所示。

(9) 在菜单栏中单击 选择(S) → 反向(I) 命令将选区反选，如图 5.137 所示。

图　5.136

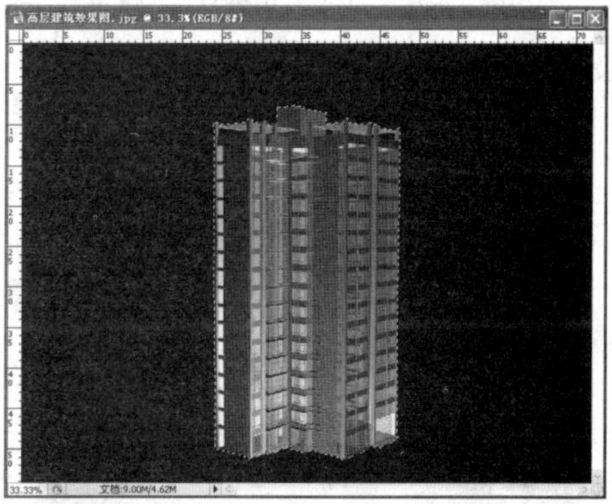

图　5.137

(10) 按 Ctrl+C 组合键复制文件。

(11) 激活“高层建筑效果图后期处理效果”文件，再按 Ctrl+V 组合键粘贴文件并调整好位置，最终效果如图 5.138 所示。

(12) 再按 Ctrl+V 组合键粘贴文件。

(13) 在菜单栏中单击 编辑(E) → 变换 → 水平翻转(H) 命令，将复制的图像水平翻转并调整好位置，最终效果如图 5.139 所示。

图 5.138

图 5.139

(14) 打开如图 5.140 所示的两张树枝图片。

(15) 将打开的两张树枝图片拖到“高层建筑效果图后期处理效果”文件中并调整好位置，最终效果如图 5.141 所示。

图 5.140

图 5.141

(16) 按 Ctrl+S 组合键保存文件。

本 章 小 结

本章主要介绍了高层建筑模型的制作、摄影机和灯光的设置、高层建筑效果图渲染输出和利用 Photoshop CS3 对效果图进行后期处理。重点要掌握高层建筑模型的制作和夜景效果图的灯光设置。

练　　习

利用本章所介绍的知识设计出如下的效果图。

提示： 老师可以视学生的实际情况决定学生的完成情况，对于接受能力比较强的学生，可以要求将此效果图制作出来，对于基础比较薄弱、接受能力相对比较差的学生，可不作要求。

接受能力比较强的同学可以根据本章所介绍的夜景表现方法，将上面的效果图制作成为夜景效果。

第6章

小区鸟瞰效果图的制作

小区鸟瞰图是房地产商向客户展现小区的周围环境、基础设施、整个小区的规划、环境绿化及采光效果的最好手段。对于一个效果图制作人员来说，制作出具有专业水准的小区鸟瞰效果图，非常重要。

本章介绍小区鸟瞰图的制作，主要包括地形的制作、场景的管理和后期环境的制作技巧等。本章案例的最终效果如图 6.1 所示。

图 6.1

技能点

1. 小区鸟瞰图地形的制作
2. 场景整合
3. 摄影机和灯光的设置
4. 鸟瞰效果图的渲染输出
5. 鸟瞰效果图的后期处理

说　明

本章主要讲解小区鸟瞰图地形模型的制作、场景整合、摄影机及灯光的设置、后期渲染和后期处理。重点要掌握小区鸟瞰图地形模型的制作。难点是小区鸟瞰图的后期处理。

在进行小区鸟瞰图的后期处理时，要注意把握好整个小区鸟瞰效果图的整体效果。熟悉鸟瞰效果图后期处理的操作流程和顺序。

6.1　小区鸟瞰图地形的制作

作为一个效果图制作人员，不需要去绘制地形图样，一般情况下，设计师会提供精确的 CAD 设计图样以作参考。在制作小区鸟瞰图地形模型时，最好在 AutoCAD 中进行描线，然后导入 3ds Max 中，使用挤出的方法来建模。这样可以充分发挥每个软件的优势，减少工作量，提高工作效率。

6.1.1　制作基础地形

基础地形的制作主要包括系统单位设置、图样导入、草地、路面和路基的制作。草地和路基的制作主要使用二维描线和挤出来制作。

1. 系统单位设置和图样导入

(1) 启动 3ds Max 9.0 软件。

(2) 在菜单栏中单击 文件(F) → 保存(S) 命令，弹出【文件另存为】设置对话框，具体设置如图 6.2 所示。

(3) 单击 保存(S) 按钮即可保存文件。

(4) 设置系统单位。在菜单栏中单击自定义(U)→单位设置(U)...命令。弹出【单位设置】对话框，具体设置如图 6.3 所示。

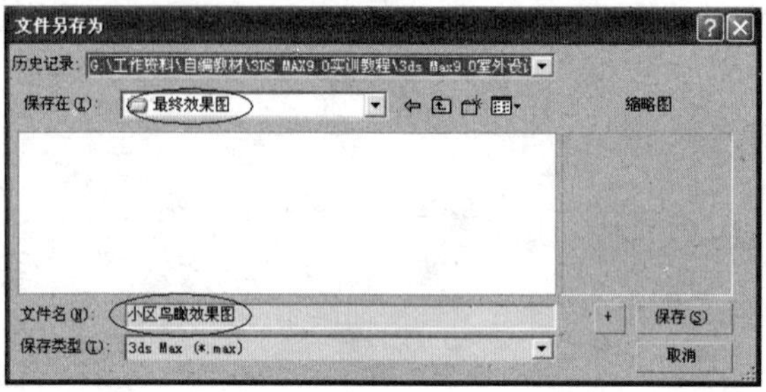

图 6.2

(5) 在【单位设置】对话框中单击系统单位设置按钮，弹出【系统单位设置】对话框，具体设置如图 6.4 所示。

(6) 单击确定按钮，返回【单位设置】对话框，再单击【单位设置】对话框中的确定按钮，完成单位设置。

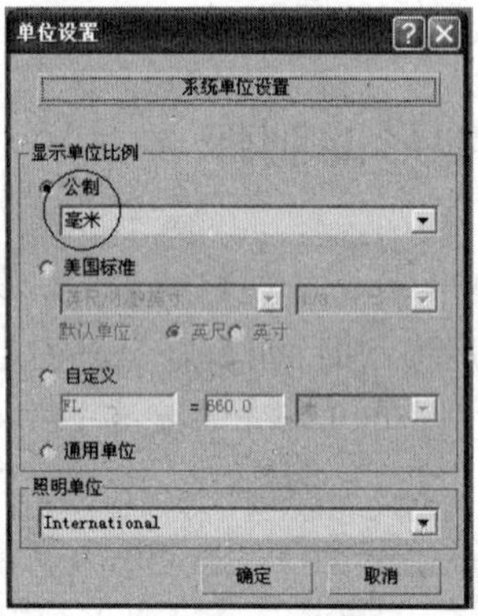

图 6.3

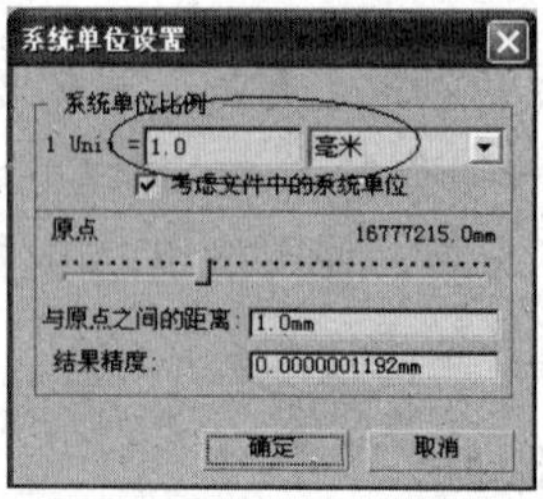

图 6.4

(7) 在菜单栏中单击文件(F)→导入(I)...命令，弹出【选择要导入的文件】设置对话框，具体设置如图 6.5 所示。

(8) 单击打开(O)按钮，弹出【AutoCAD DWG/DXF 导入选项】设置对话框，具体设置如图 6.6 所示。

(9) 单击确定按钮即可将 CAD 图样导入 3ds Max 9.0 中，在【顶】视图中的效果如图 6.7 所示。

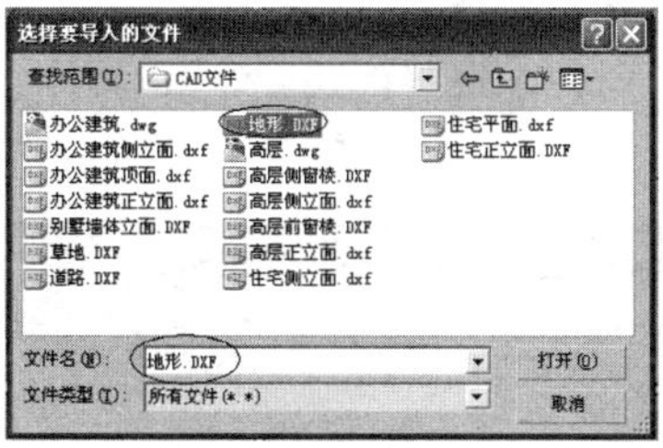

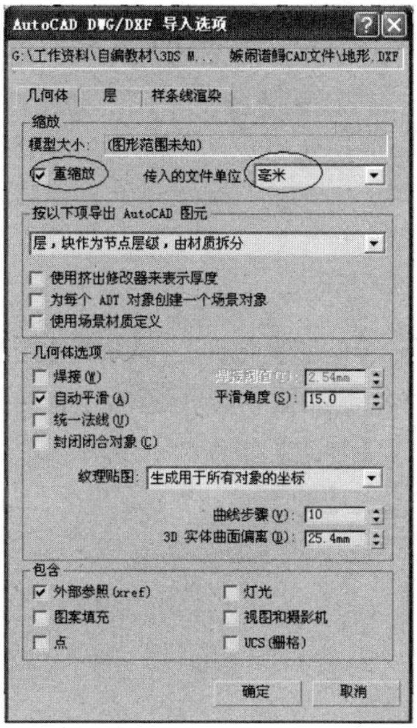

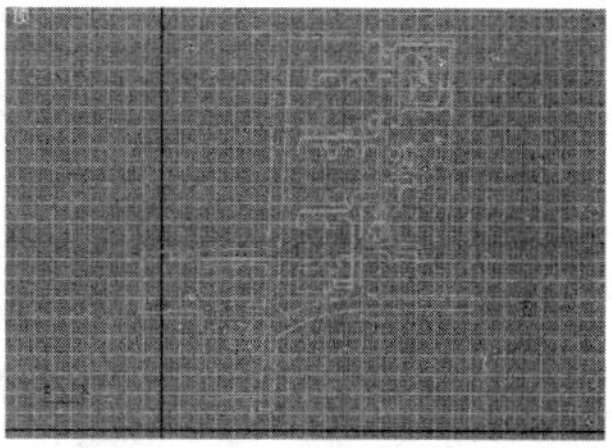

图 6.5　　　　图 6.6　　　　图 6.7

(10) 在【顶】视图右上角的顶上单击右键，在弹出的快捷菜单中选择✔显示栅格选择，隐藏【顶】视图的栅格显示，如图 6.8 所示。

(11) 其他视图的栅格隐藏方法同第 10 步。

(12) 使用【选择并移动】工具将导入的图样选中，在选中的图上单击右键，在弹出的快捷菜单中选择冻结当前选择选项即可冻结选中的图样。冻结后的效果如图 6.9 所示。

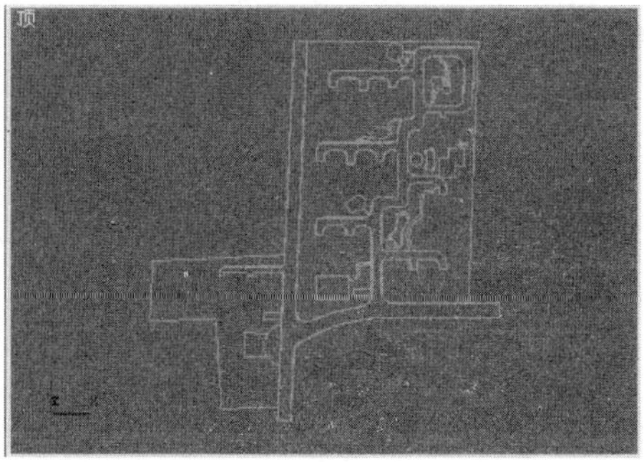

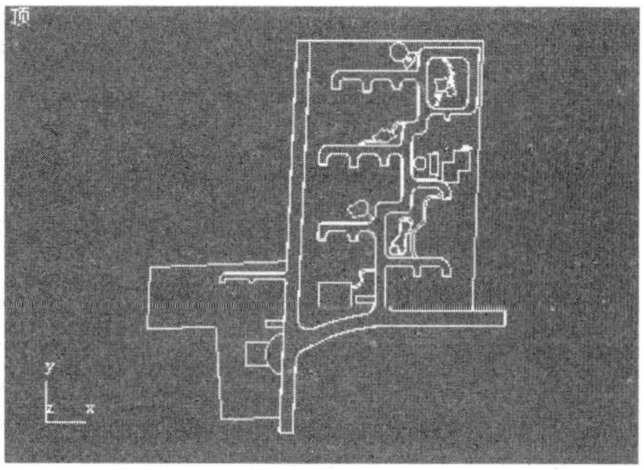

图 6.8　　　　图 6.9

提示： 在后面的操作中，为了方便，一般是每做一部分就冻结一部分，这样可以避免在操作中不小心对前面制作的对象进行误操作。在后面的讲解中冻结对象时，就不再叙述，而直接冻结。

2. 草地、路面和路基的制作

1) 制作草地

(1) 在浮动面板中单击【创建】按钮，单击【图形】按钮，单击 线 按钮，在【顶】视图中沿CAD图样绘制如图6.10所示的闭合曲线并命名为“草地”。

(2) 在浮动面板中单击【修改】按钮，转到【修改命令】面板。

(3) 单击 修改器列表 右边的按钮，在弹出的下拉列表中选择 挤出 选项，具体参数设置如图6.11所示。在各个视中的位置如图6.12所示。

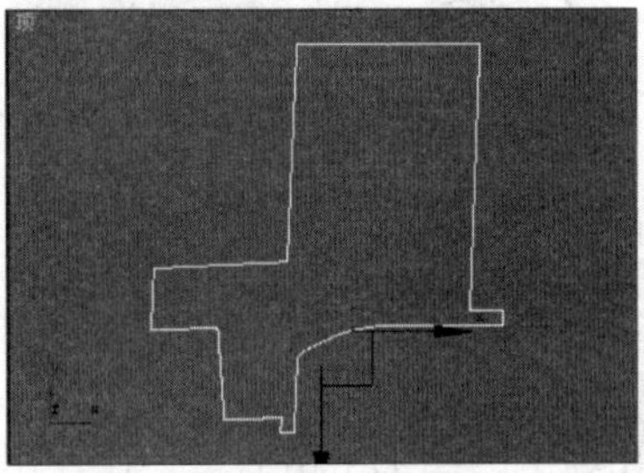

图 6.10

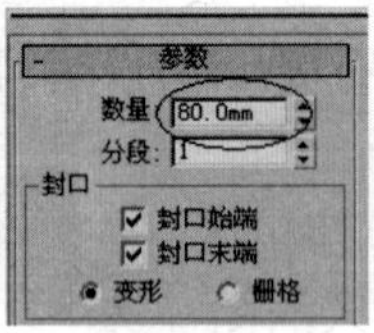

图 6.11

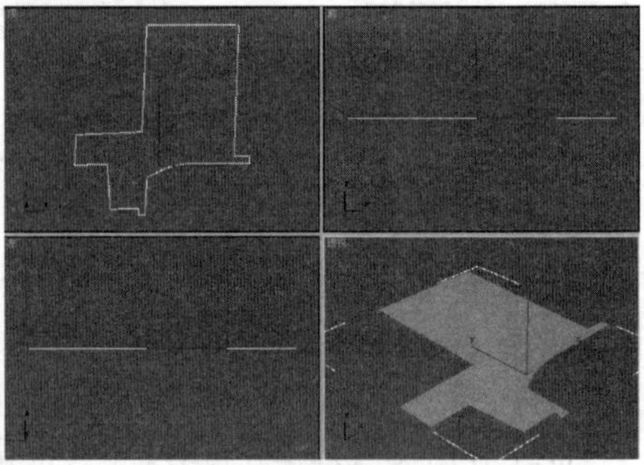

图 6.12

(4) 在菜单栏中单击【材质编辑器】按钮，弹出【材质编辑器】设置对话框。

(5) 在【材质编辑器】设置对话框中单击第1个示例球并命名为“草地材质”，如图6.13所示。

(6) 单击 漫反射 右边的按钮，弹出【材质/贴图浏览器】设置对话框，在【材质/贴图浏览器】设置对话框中双击 位图 选项，弹出【选择位图图像文件】设置对话框，具体设置如图6.14所示。

(7) 单击 打开(O) 按钮返回【材质编辑器】参数设置对话框，参数设置采用默认设置。

(8) 在【材质编辑器】设置对话框中单击【转到父对象】按钮返回上一级。

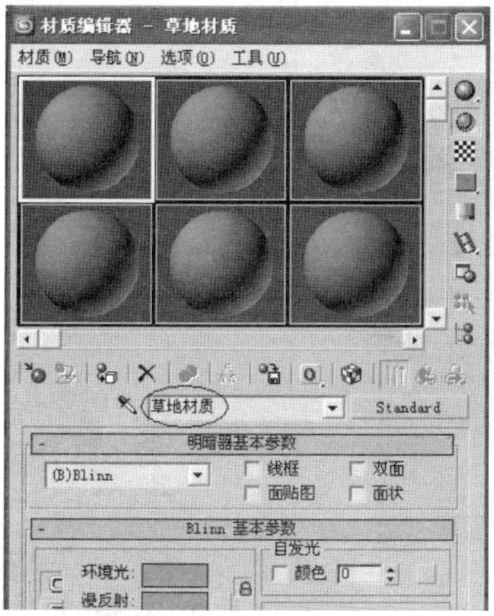

图　6.13

图　6.14

(9) 选中前面创建的“草地”对象。单击【将材质指定给选定对象】按钮，再单击【在视口中显示贴图】按钮即可在【透视】视图中显示贴图，如图 6.15 所示。

(10) 单击 修改器列表 右边的按钮，在弹出的下拉列表中选择 UVW 贴图 选项，具体参数设置如图 6.16 所示，最终效果如图 6.17 所示。

图　6.15

图　6.16

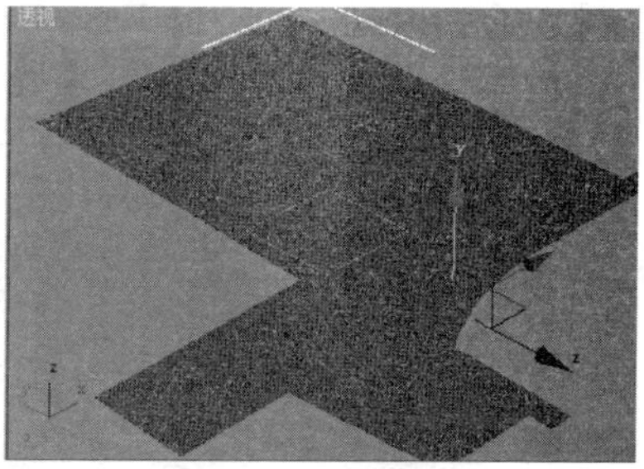

图　6.17

(11) 按 Ctrl+S 组合键保存文件。

2) 制作路面

(1) 在菜单栏中单击 文件(F) → 导入(I)... 命令，弹出【选择要导入的文件】设置对话框，具体设置如图 6.18 所示。

(2) 单击 打开(O) 按钮，弹出【AutoCAD DWG/DXF 导入选项】设置对话框，具体设置如图 6.19 所示。

(3) 单击 确定 按钮即可将 CAD 图样导入 3ds Max 9.0 中，在【顶】视图中的效果如图 6.20 所示。

(4) 在浮动面板中单击【修改】按钮，转到【修改命令】面板。

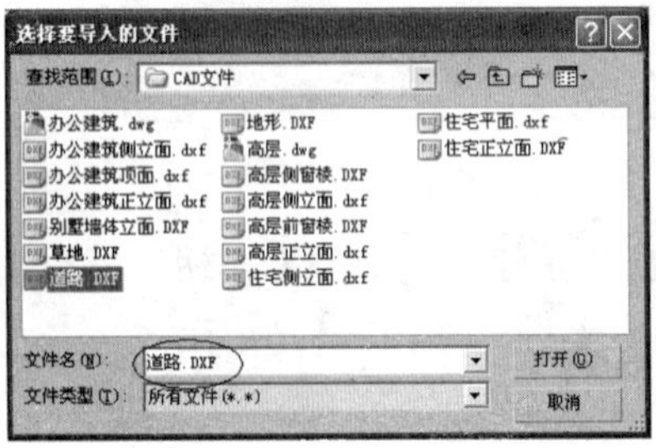

图 6.18

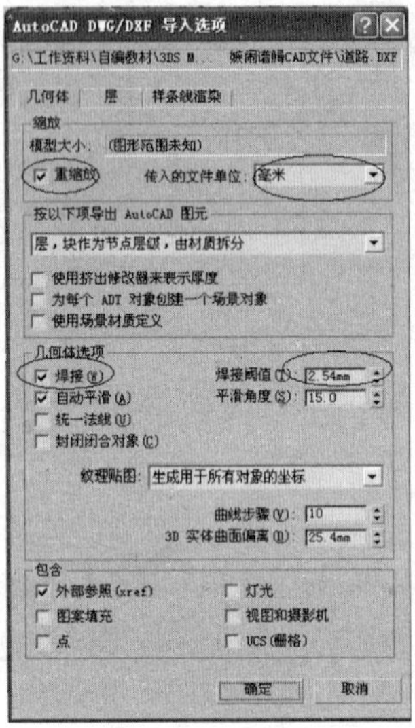

图 6.19

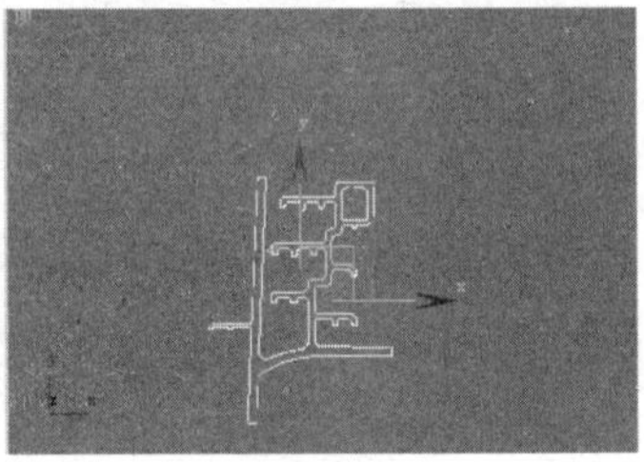

图 6.20

(5) 在浮动面板中单击【顶点】按钮，在【顶】视图中选中如图 6.21 所示的点。

(6) 按 Delete 键，将选中的顶点删除。最终效果如图 6.22 所示。

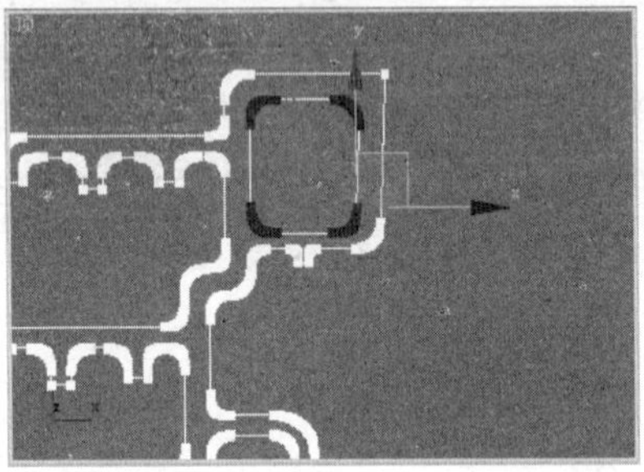

图 6.21

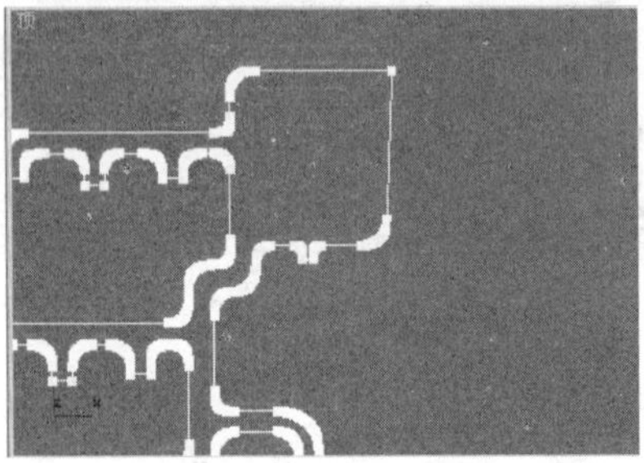

图 6.22

(7) 单击 修改器列表 右边的按钮，在弹出的下拉列表中选择 挤出 选项，具体参数设置如图 6.23 所示，去掉 封口始端 左侧的“√”，减少面数。调整好位置，在各个视图中的位置和最终效果如图 6.24 所示。

(8) 激活【透视】视图，单击工具栏中的【快速渲染】按钮即可得到如图 6.25 所示的效果。

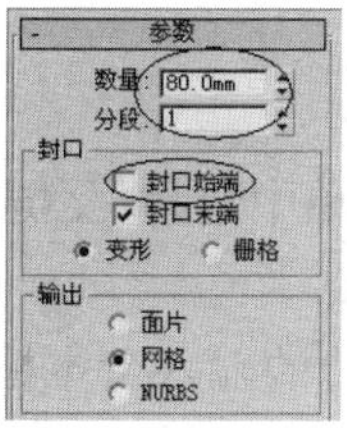

图　6.23

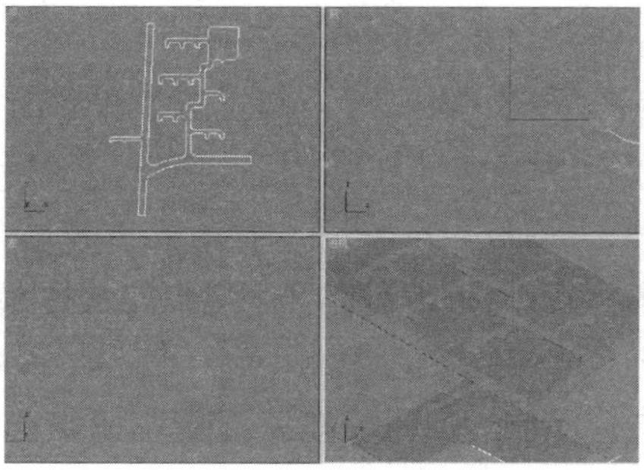

图　6.24

图　6.25

(9) 在菜单栏中单击【材质编辑器】按钮，弹出【材质编辑器】设置对话框。

(10) 在【材质编辑器】设置对话框中单击第 2 个示例球并命名为“路面材质”。

(11) 单击 漫反射: 右边的 按钮，弹出【材质/贴图浏览器】设置对话框，在【材质/贴图浏览器】设置对话框中双击 位图 选项，弹出【选择位图图像文件】设置对话框，具体设置如图 6.26 所示。

(12) 单击 打开(O) 按钮返回【材质编辑器】参数设置对话框，参数设置采用默认设置。

(13) 在【材质编辑器】设置对话框中单击【转到父对象】按钮返回上一级。

(14) 选中前面创建的“路面”对象。单击【将材质指定给选定对象】按钮，再单击【在视口中显示贴图】按钮即可在【透视】视图中显示贴图。

(15) 单击 修改器列表 右边的 按钮，在弹出的下拉列表中选择 UVW 贴图 选项，具体参数设置如图 6.27 所示。最终效果如图 6.28 所示。

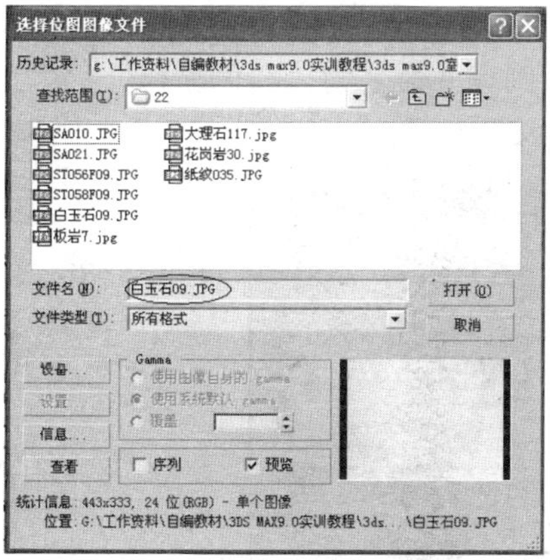

图　6.26

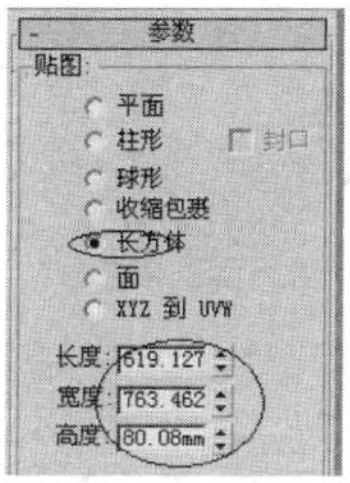

图　6.27

图　6.28

(16) 按 Ctrl+S 组合键保存文件。

3) 制作路基

(1) 按住 Shift 键的同时单击“路面”对象，弹出【克隆选项】设置对话框，具体设置如图 6.29 所示。

(2) 单击 确定 按钮即可复制一个“路基”对象。

(3) 在【修改命令】面板中的 挤出 上单击右键，在弹出的快捷菜单中选择 删除 选项，将【挤出】效果删除。

(4) 单击【样条线】按钮，单击 轮廓 按钮，在 轮廓 按钮右边的输入文本框中输入数值“150”并按 Enter 键。

(5) 单击 修改器列表 右边的按钮，在弹出的下拉列表中选择 挤出 选项，具体参数设置如图 6.30 所示，调整好位置，在各个视中的位置如图 6.31 所示。

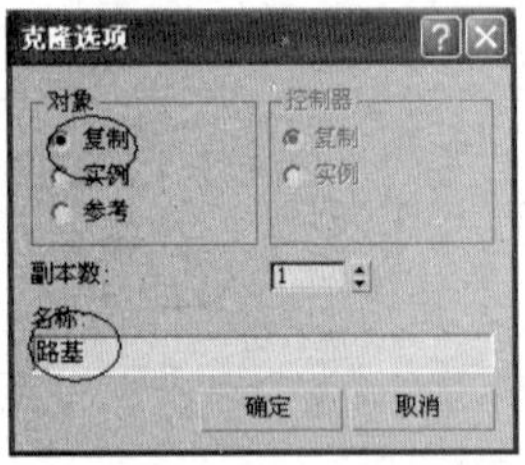

图 6.29

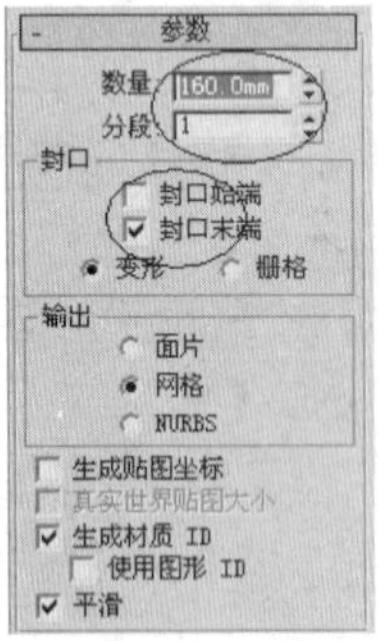

图 6.30

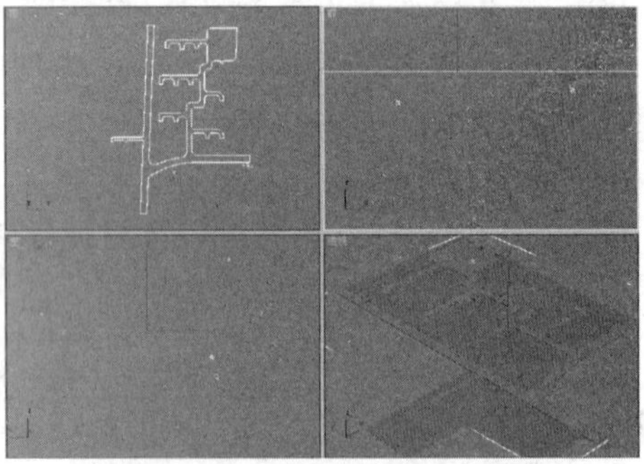

图 6.31

(6) 在菜单栏中单击【材质编辑器】按钮，弹出【材质编辑器】设置对话框。

(7) 在【材质编辑器】设置对话框中单击第 3 个示例球并命名为“白色涂料”。

(8) 具体设置如图 6.32 所示。

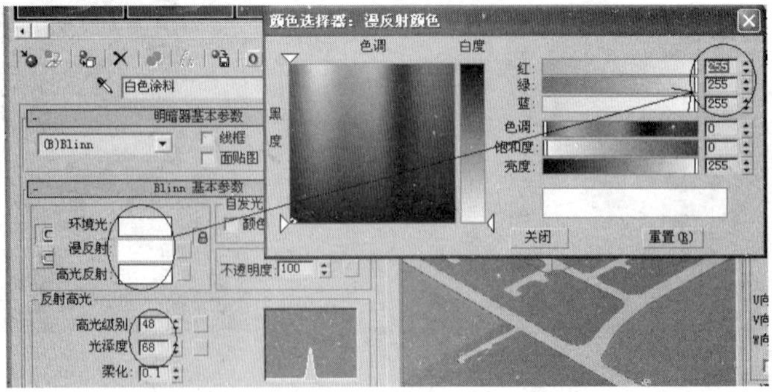

图 6.32

(9) 将“白色涂料”材质赋予 “路基”对象。最终效果如图 6.33 所示。

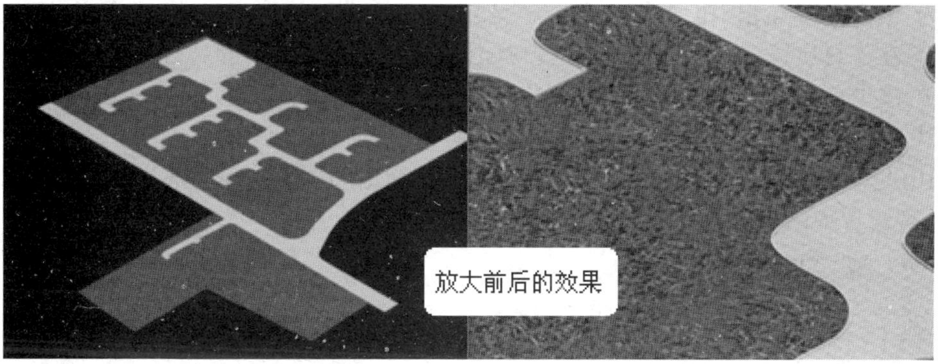

图　6.33

6.1.2　制作甬路和地面铺装

(1) 在浮动面板中单击【创建】按钮，单击【图形】按钮，单击 线 按钮，在【顶】视图中沿 CAD 图样绘制如图 6.34 所示的闭合曲线并命名为“甬路 01”。

(2) 在浮动面板中单击【修改】按钮，转到【修改命令】面板。

(3) 单击 修改器列表 右边的按钮，在弹出的下拉列表中选择 挤出 选项，具体参数设置如图 6.35 所示。调整好位置，在各个视中的位置如图 6.36 所示。

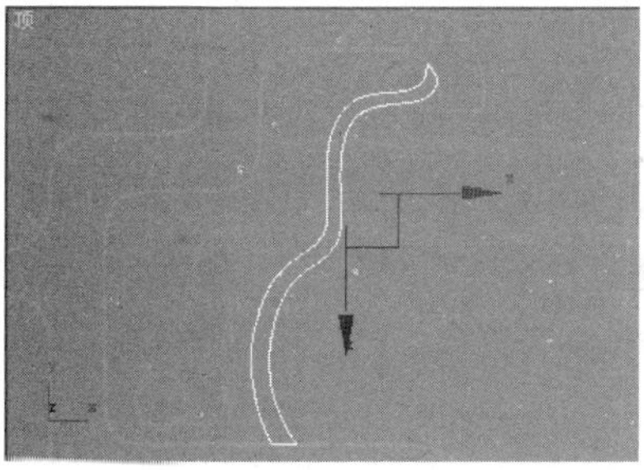

图　6.34

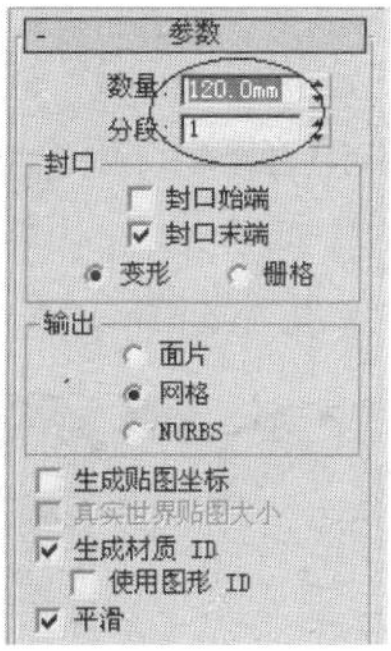

图　6.35

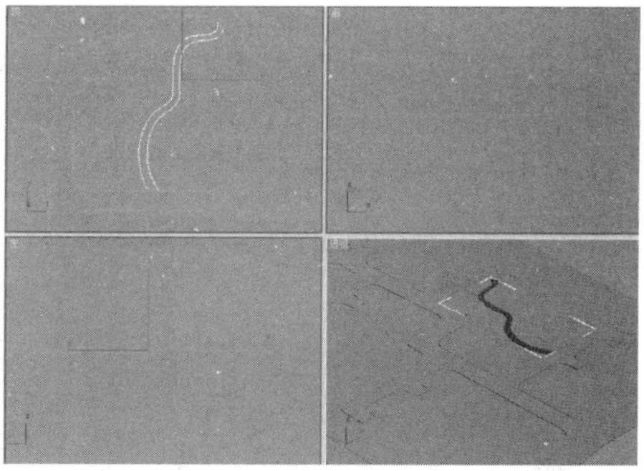

图　6.36

(4) 在菜单栏中单击【材质编辑器】按钮，弹出【材质编辑器】设置对话框。

(5) 在【材质编辑器】设置对话框中单击第 4 个示例球并命名为“甬路材质”。

(6) 单击 漫反射: 右边的按钮，弹出【材质/贴图浏览器】设置对话框，在【材质/贴图浏览器】设置对话框中双击 位图 选项，弹出【选择位图图像文件】设置对话框，具体设置如图 6.37 所示。

(7) 单击 打开(O) 按钮返回【材质编辑器】参数设置对话框，参数设置采用默认设置。

(8) 在【材质编辑器】设置对话框中单击【转到父对象】按钮返回上一级。

(9) 选中前面创建的“甬路 01”对象。单击【将材质指定给选定对象】按钮，再单击【在视口中显示贴图】按钮即可在【透视】视图中显示贴图。

(10) 单击 修改器列表 右边的按钮，在弹出的下拉列表中选择 UVW 贴图 选项，具体参数设置如图 6.38 所示。最终效果如图 6.39 所示。

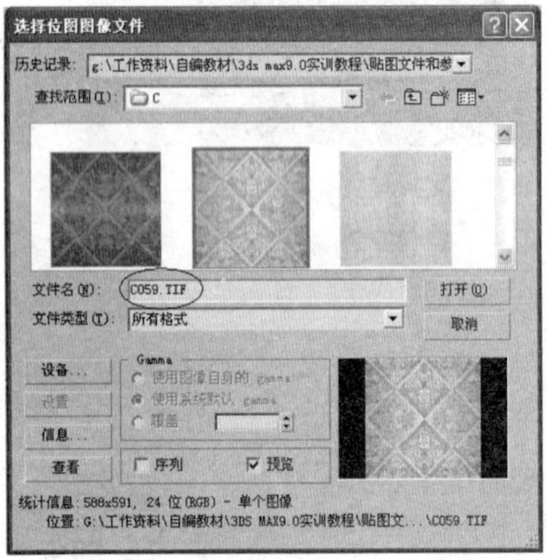

图 6.37

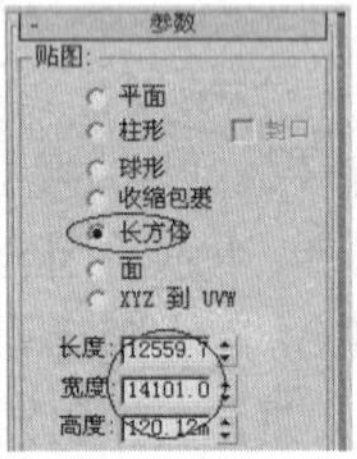

图 6.38

图 6.39

(11) 在浮动面板中单击【创建】按钮，单击【图形】按钮，单击 线 按钮，在【顶】视图中沿 CAD 图样绘制如图 6.40 所示的闭合曲线并命名为“铺装 01”。

(12) 单击 修改器列表 右边的按钮，在弹出的下拉列表中选择 挤出 选项，具体参数设置如图 6.41 所示。调整好位置，在各个视中的位置如图 6.42 所示。

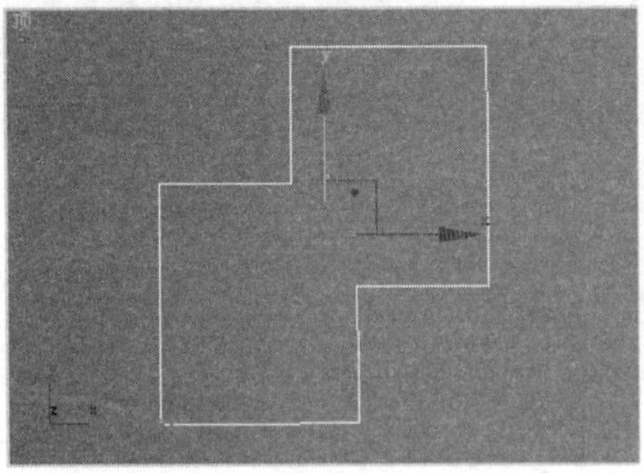

图 6.40

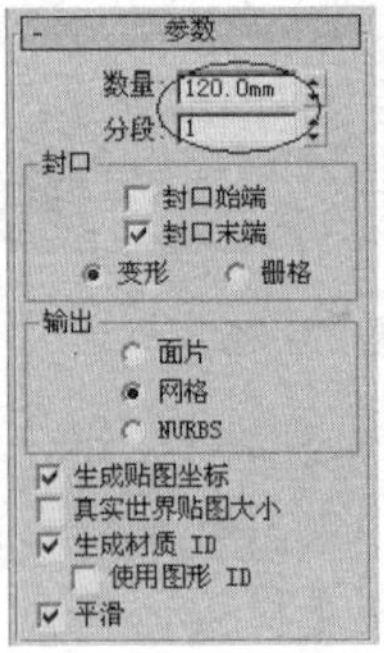

图 6.41

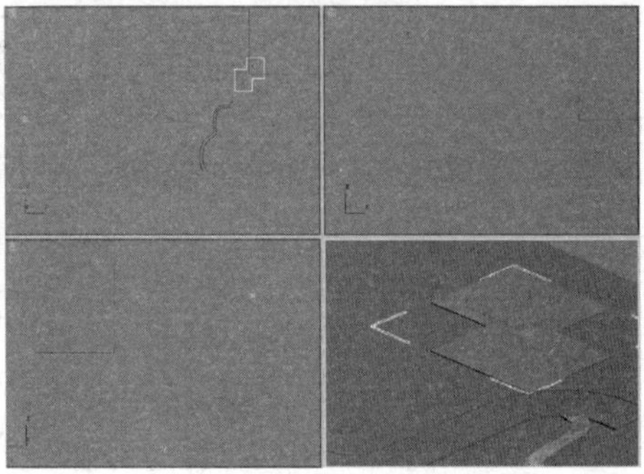

图 6.42

(13) 将“甬路材质”赋予“铺装 01”，单击 修改器列表 右边的▼按钮，在弹出的下拉列表中选择 UVW 贴图 选项，具体参数设置如图 6.43 所示。最终效果如图 6.44 所示。

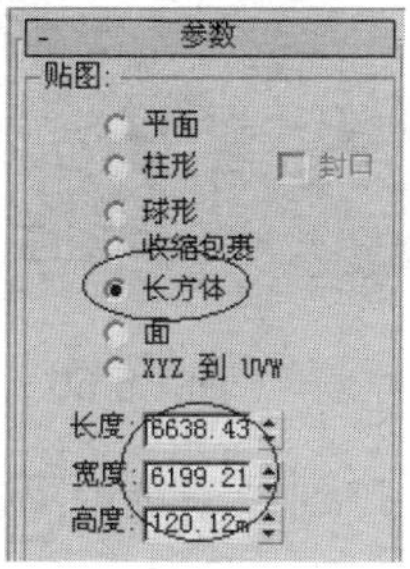

图　6.43

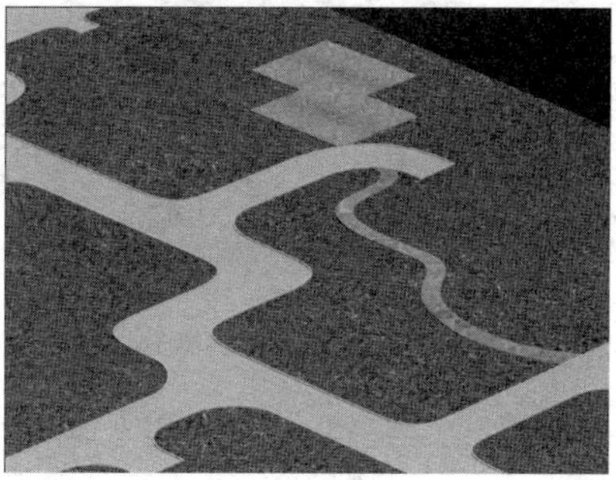

图　6.44

(14) 在浮动面板中单击【创建】按钮，单击【图形】按钮，单击 线 按钮，在【顶】视图中沿 CAD 图样绘制如图 6.45 所示的闭合曲线，分别命名为“铺装 02”、“铺装 03”、“铺装 04”、“铺装 05”和“铺装 06”。

(15) 全部选中，单击 修改器列表 右边的▼按钮，在弹出的下拉列表中选择 挤出 选项，具体参数设置如图 6.46 所示。调整好位置，在各个视中的位置如图 6.47 所示。

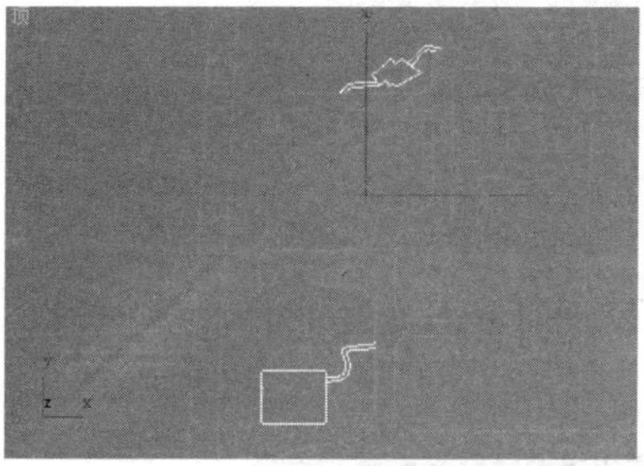

图　6.45

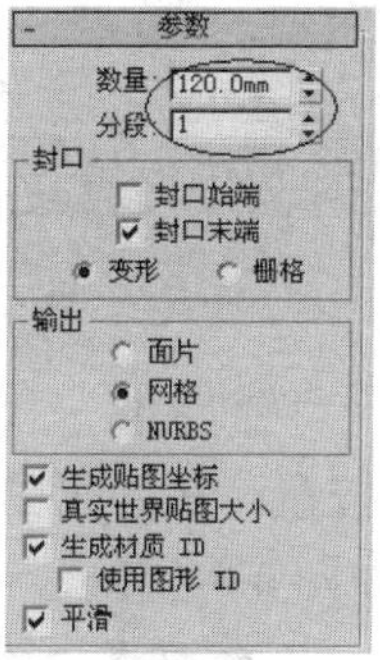

图　6.46

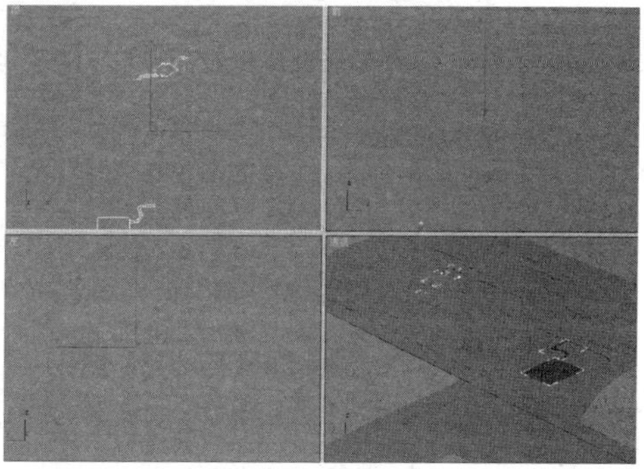

图　6.47

(16) 将“甬路材质”赋予“铺装 02”、“铺装 03”、“铺装 04”、“铺装 05”和“铺装 06”。

(17) 单击 修改器列表 右边的▼按钮，在弹出的下拉列表中选择 UVW 贴图 选项，具体参数设置如图 6.48 所示。最终效果如图 6.49 所示。

(18) 在浮动面板中单击【创建】按钮，单击【图形】按钮，单击 线 按钮，在【顶】视图中沿 CAD 图样绘制如图 6.50 所示的闭合曲线，分别命名为“铺装 07”、“铺装 08”和“铺装 09”。

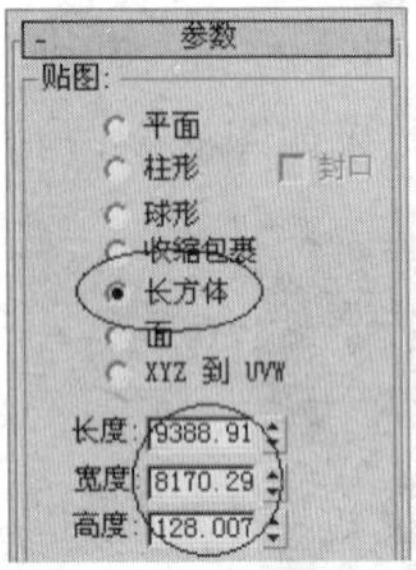

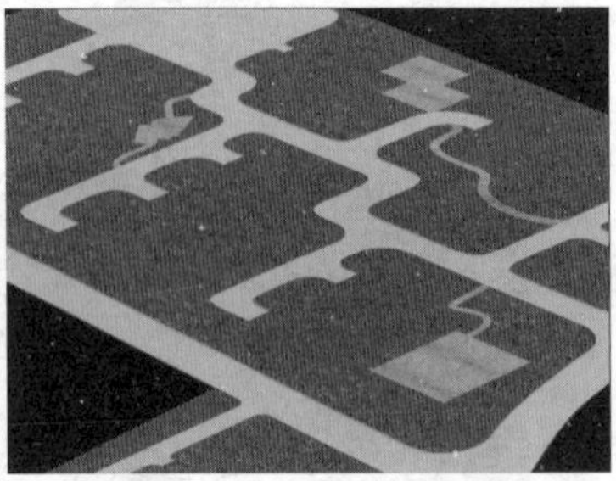

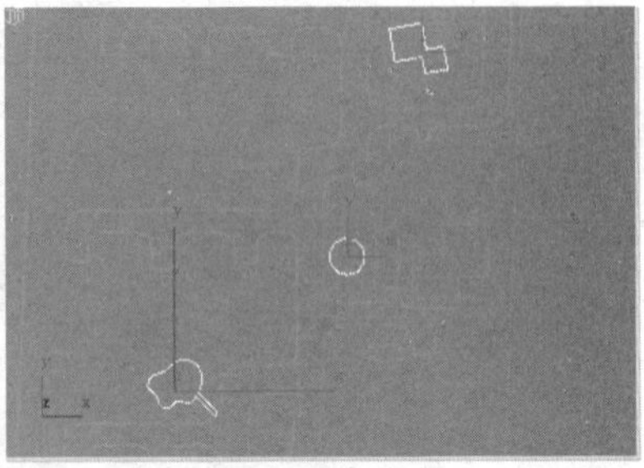

图 6.48 图 6.49 图 6.50

(19) 单击 修改器列表 右边的▼按钮，在弹出的下拉列表中选择 挤出 选项，具体参数设置如图 6.51 所示。调整好位置，在各个视中的位置如图 6.52 所示。

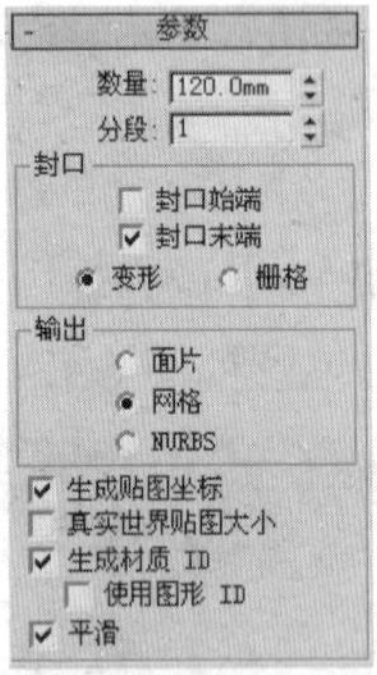

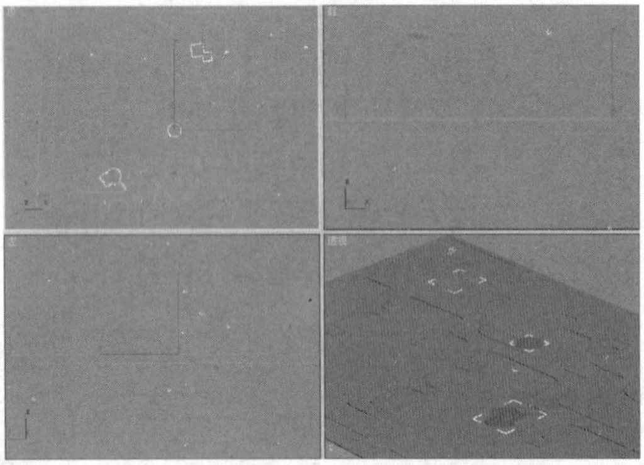

图 6.51 图 6.52

(20) 将“甬路材质”赋予“铺装 07”、“铺装 08”和“铺装 09”。

(21) 单击 修改器列表 右边的▼按钮，在弹出的下拉列表中选择 UVW 贴图 选项，具体参数设置如图 6.53 所示。最终效果如图 6.54 所示。

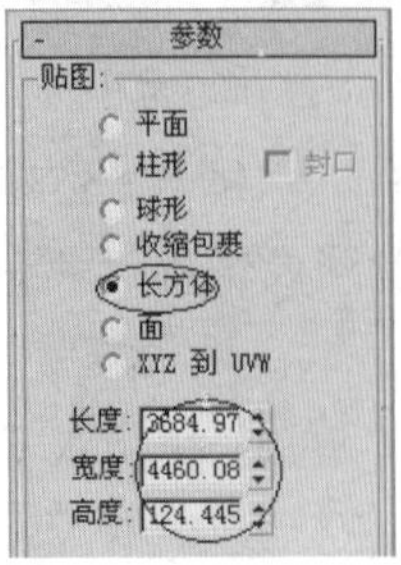

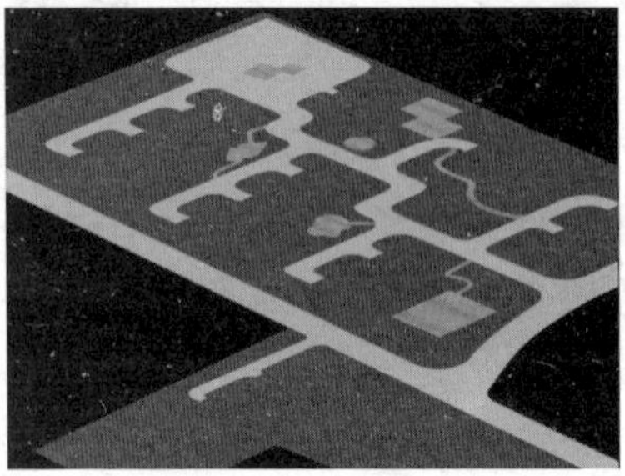

图 6.53 图 6.54

(22) 在浮动面板中单击【创建】按钮，单击【图形】按钮，单击 线 按钮，在【顶】视图中沿 CAD 图样绘制如图 6.55 所示的闭合曲线，分别命名为“石路 01”、“石路 02”、“石路 03”、……、“石路 19”。

(23) 确保所有“石路”被选中，单击 修改器列表 右边的按钮，在弹出的下拉列表中选择 挤出 选项，具体参数设置如图 6.56 所示。调整好位置，在各个视中的位置如图 6.57 所示。

图　6.55

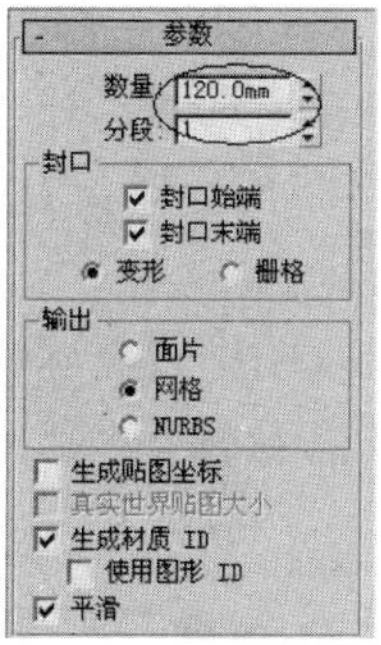

图　6.56

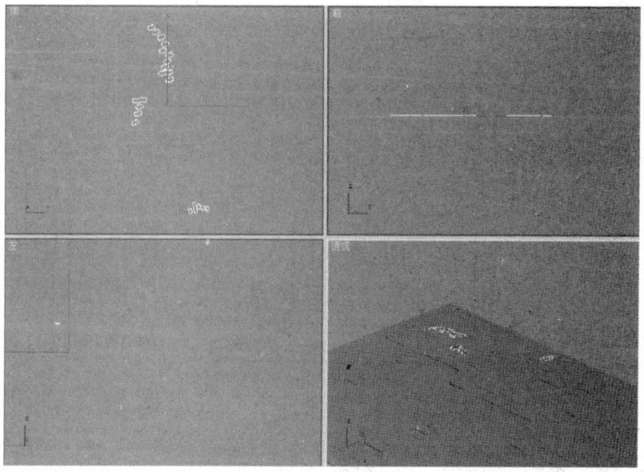

图　6.57

(24) 在菜单栏中单击【材质编辑器】按钮，弹出【材质编辑器】设置对话框。

(25) 在【材质编辑器】设置对话框中单击第 5 个示例球并命名为“石路材质”。

(26) 单击 漫反射: 右边的按钮，弹出【材质/贴图浏览器】设置对话框，在【材质/贴图浏览器】设置对话框中双击 位图 选项，弹出【选择位图图像文件】设置对话框，具体设置如图 6.58 所示。

(27) 单击 打开(O) 按钮返回【材质编辑器】参数设置对话框，参数设置采用默认设置。

(28) 在【材质编辑器】设置对话框中单击【转到父对象】按钮返回上一级。

(29) 选中前面创建的“石路”对象。单击【将材质指定给选定对象】按钮，再单击【在视口中显示贴图】按钮即可在【透视】视图中显示贴图。

(30) 单击 修改器列表 右边的按钮，在弹出的下拉列表中选择 UVW 贴图 选项，具体参数设置如图 6.59 所示。最终效果如图 6.60 所示。

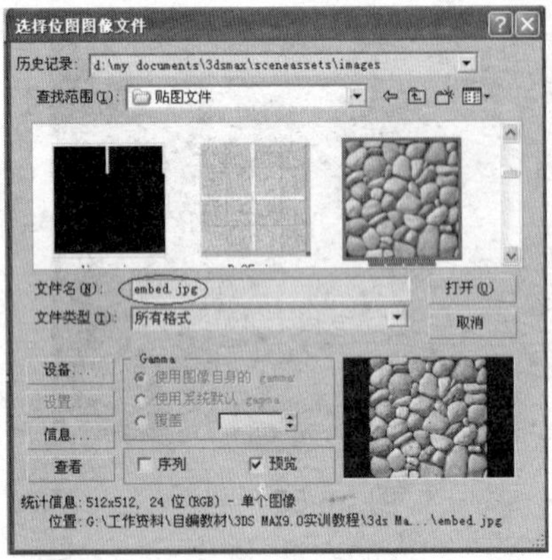

图 6.58

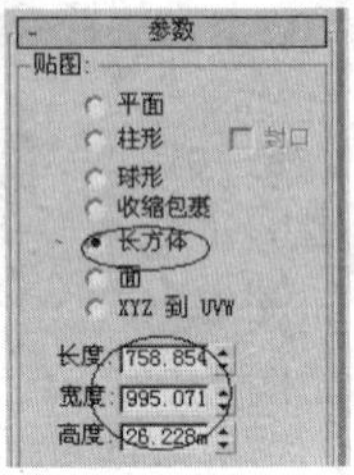

图 6.59

图 6.60

(31) 在浮动面板中单击【创建】按钮，单击【图形】按钮，单击 线 按钮，在【顶】视图中沿 CAD 图样绘制如图 6.61 所示的曲线。

(32) 在工具箱中的【捕捉开关】按钮上单击右键，弹出【栅格和捕捉设置】窗口，具体设置如图 6.62 所示。单击按钮关闭【栅格和捕捉设置】窗口。

(33) 单击【捕捉开关】按钮，单击 弧 按钮，在【顶】视图中将鼠标移到第 31 步绘制的曲线的起点处，按住左键不放的同时移动曲线的第二点松开鼠标，再移动鼠标直到绘制出如图 6.63 所示弧形时，单击鼠标左键即可。

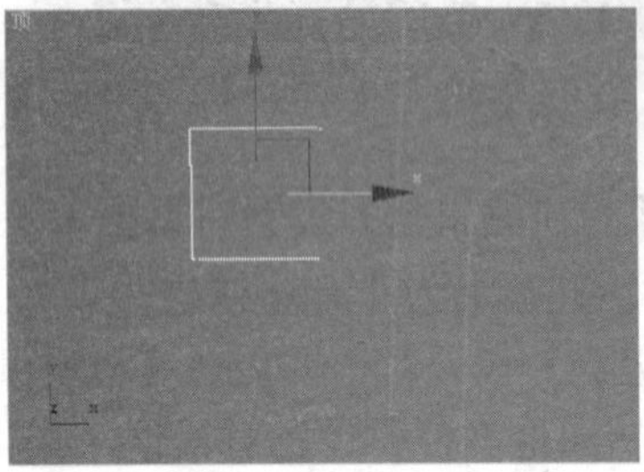

图 6.61

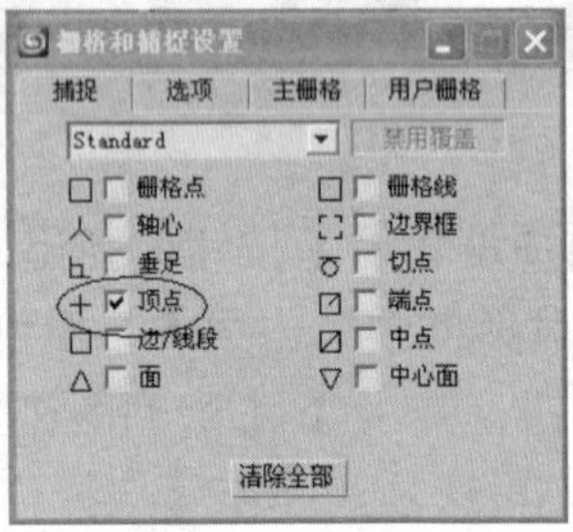

图 6.62

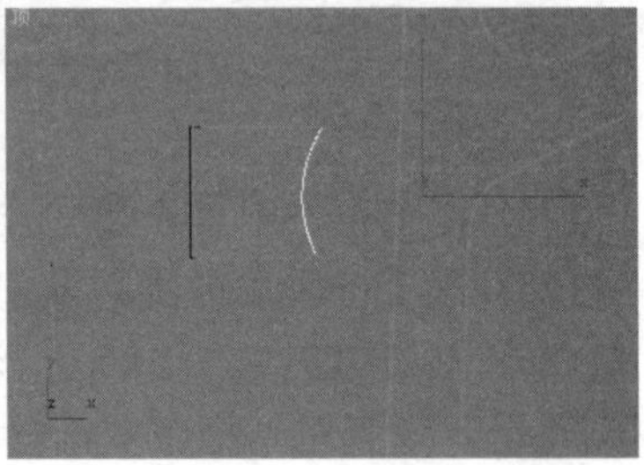

图 6.63

(34) 选中第(31)步绘制的曲线，在【修改命令】面板中单击【样条线】按钮，单击 附加 按钮，将鼠标移到第(33)步绘制的弧线上单击，即可将曲线与弧线附加在一起。

(35) 单击【修改命令】面板中【顶点】按钮，在【顶】视图中选中如图 6.64 所示的顶点。

(36) 在【修改命令】面板 焊接 右边的文本输入框中输入数值“5”，单击 焊接 按钮即可将所有选中的点焊接在一起，如图 6.65 所示。

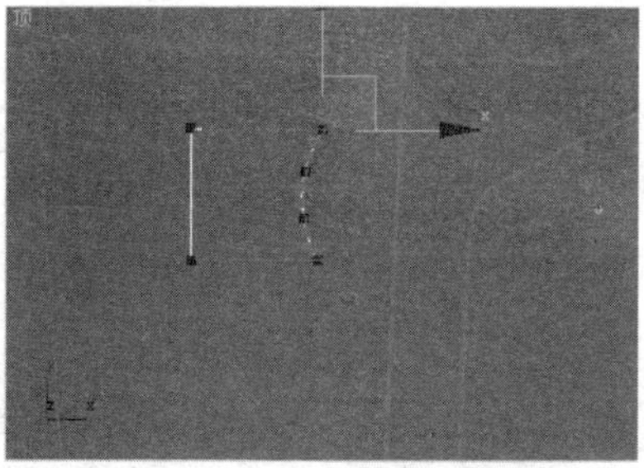

图　6.64

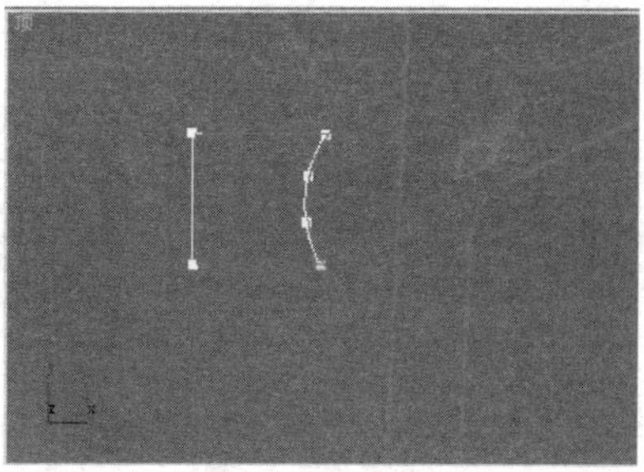

图　6.65

(37) 方法同上，再创建如图 6.66 所示的闭合图形。

(38) 选中两个闭合图形，单击 修改器列表 右边的按钮，在弹出的下拉列表中选择 挤出 选项，具体参数设置如图 6.67 所示。调整好位置，在各个视中的位置如图 6.68 所示。

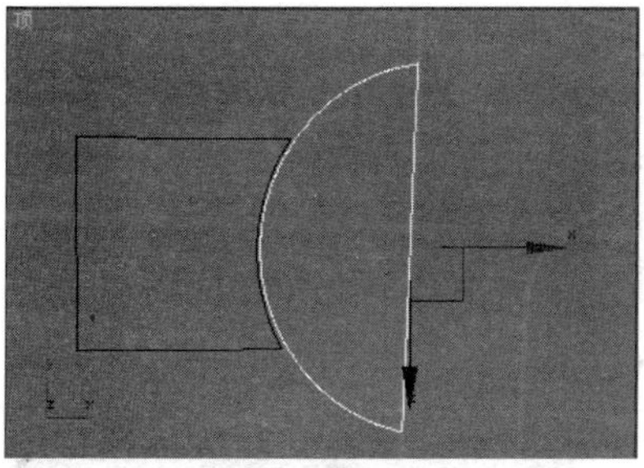

图　6.66

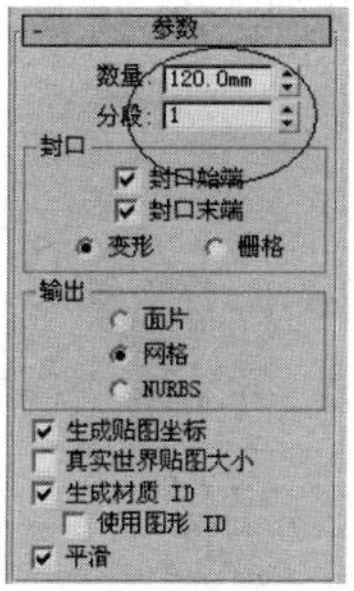

图　6.67

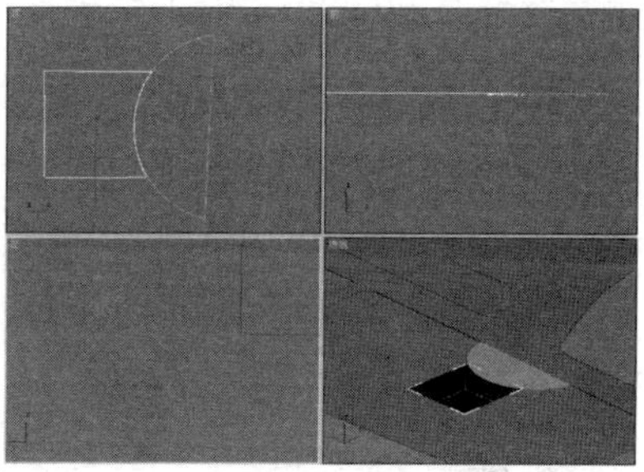

图　6.68

(39) 在菜单栏中单击【材质编辑器】按钮，弹出【材质编辑器】设置对话框。

(40) 在【材质编辑器】设置对话框中单击第 6 个示例球并命名为“大理石贴花”。

(41) 单击 漫反射: 右边的按钮，弹出【材质/贴图浏览器】设置对话框，在【材质/贴图浏览器】设置对话框中双击 位图 选项，弹出【选择位图图像文件】设置对话框，具体设置如图 6.69 所示。

(42) 单击 打开(O) 按钮返回【材质编辑器】参数设置对话框，参数设置采用默认设置。

(43) 在【材质编辑器】设置对话框中单击【转到父对象】按钮返回上一级。

(44) 选中前面创建的“半圆弧”对象。单击【将材质指定给选定对象】按钮，再单击【在视口中显示贴图】按钮即可在【透视】视图中显示贴图。

(45) 单击 修改器列表 右边的按钮，在弹出的下拉列表中选择 UVW 贴图 选项，具体参数设置如图 6.70 所示。最终效果如图 6.71 所示。

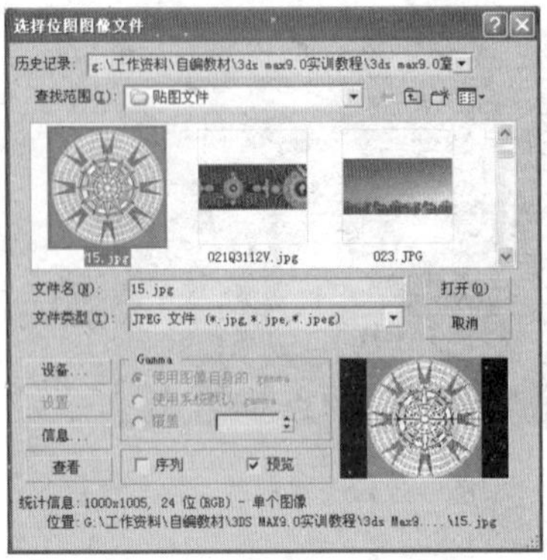

图 6.69

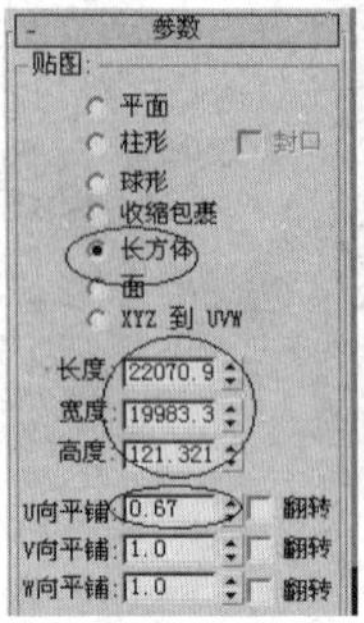

图 6.70

图 6.71

(46) 选中如图 6.72 所示的图形，将“甬路材质”赋予选中的对象。

(47) 单击 修改器列表 右边的 ▼ 按钮，在弹出的下拉列表中选择 UVW 贴图 选项，具体参数设置如图 6.73 所示。最终效果如图 6.74 所示。

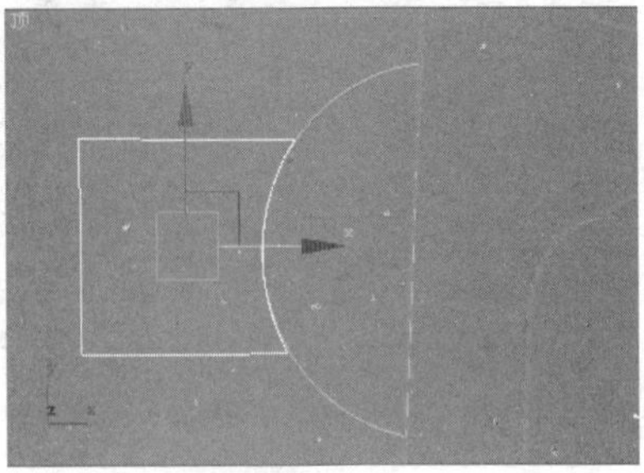

图 6.72

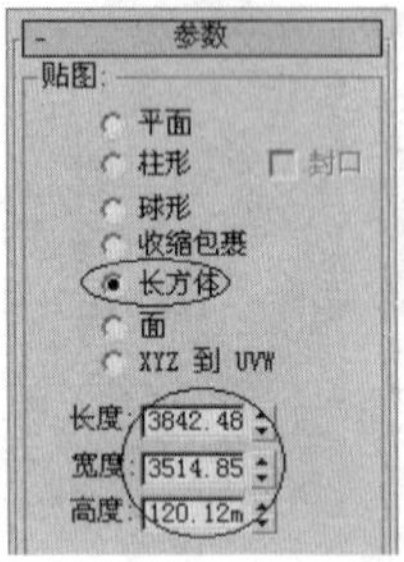

图 6.73

图 6.74

(48) 方法同上，制作如图 6.75 所示的效果。最终渲染效果如图 6.76 所示。

图 6.75

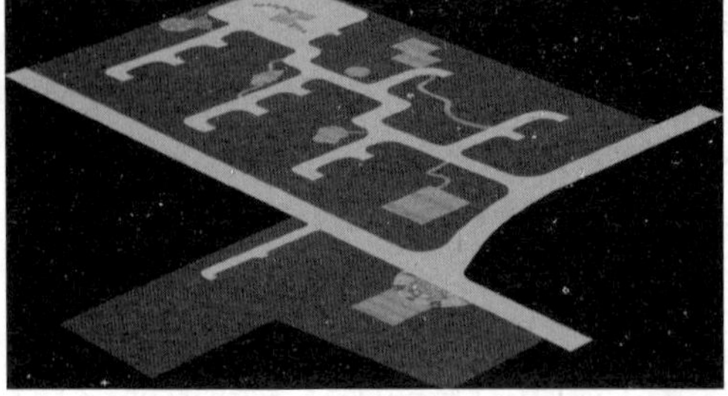

图 6.76

(49) 按 Ctrl+S 组合键保存文件。

6.1.3　制作花坛和水池造型

1. 制作花坛

(1) 在浮动面板中单击【创建】按钮，单击【图形】按钮，单击 线 按钮，在【顶】视图中沿 CAD 图样绘制如图 6.77 所示的闭合曲线，命名为“花坛 01”。

(2) 在【修改命令】面板中单击【样条线】按钮，在 轮廓 按钮右边的文本输入框中输入数值“320”，得到如图 6.78 所示的效果。

(3) 选中两个闭合图形，单击 修改器列表 右边的按钮，在弹出的下拉列表中选择 挤出 选项，具体参数设置如图 6.79 所示。

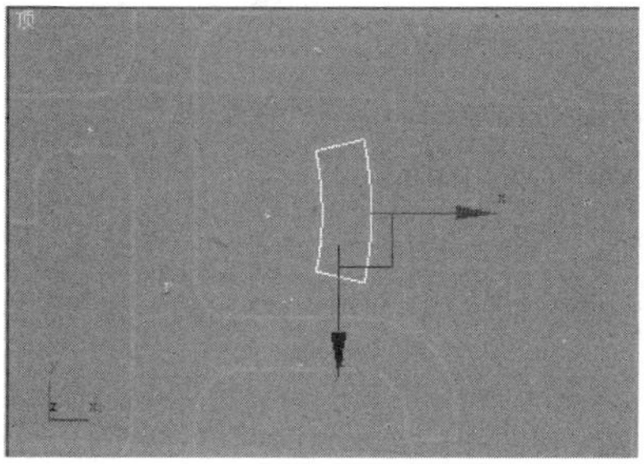

图　6.77

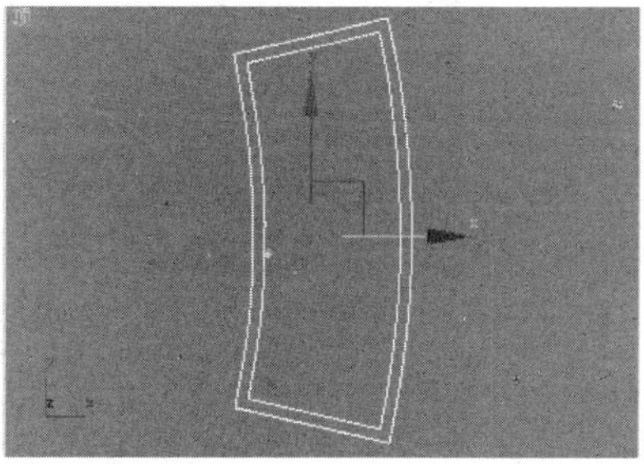

图　6.78

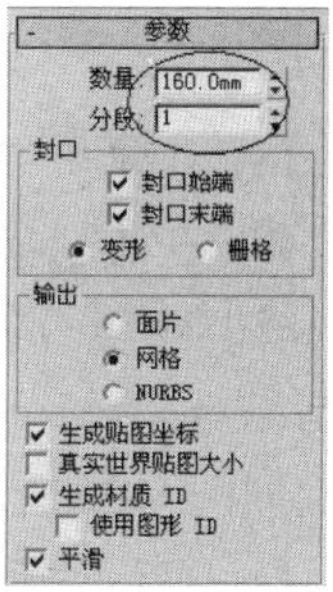

图　6.79

(4) 调整好位置，在各个视图中的位置如图 6.80 所示。

(5) 将“甬路材质”赋予“花坛 01”，最终效果如图 6.81 所示。

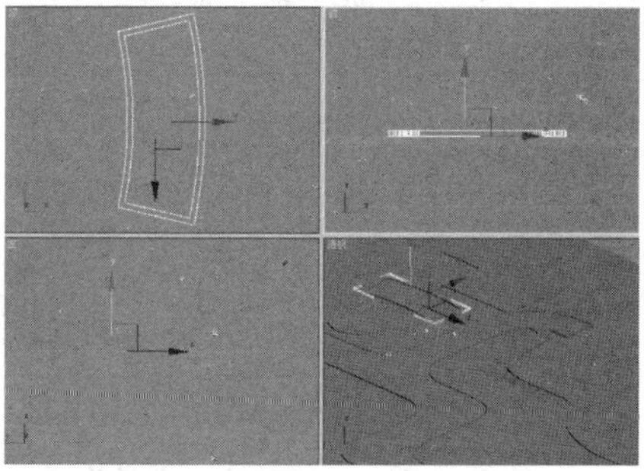

图　6.80

图　6.81

(6) 在浮动面板中单击【创建】按钮，单击【图形】按钮，单击 线 按钮，在【顶】视图中沿 CAD 图样绘制如图 6.82 所示的闭合曲线，命名为“花坛 02”。

(7) 选中两个闭合图形，单击 修改器列表 右边的按钮，在弹出的下拉列表中选择挤出选项，具体参数设置如图 6.83 所示。调整好位置，在各个视图中的位置如图 6.84 所示。

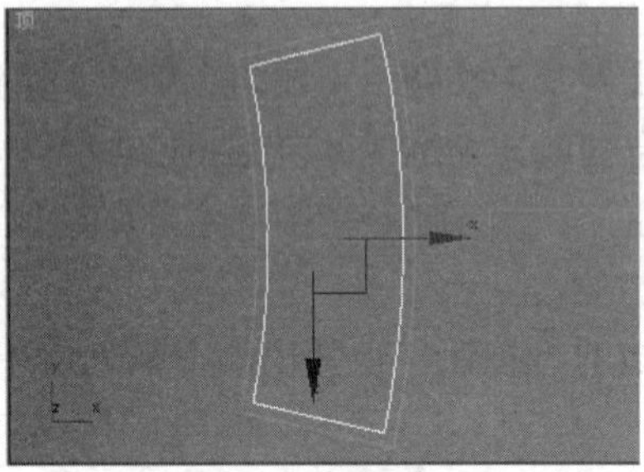

图 6.82

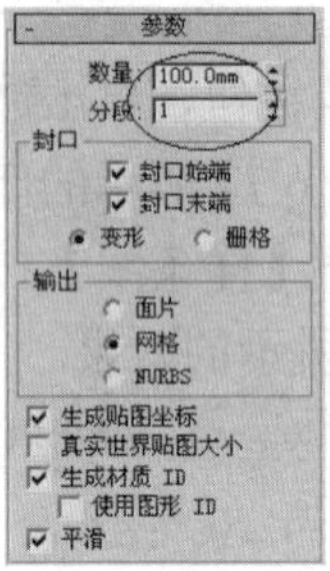

图 6.83

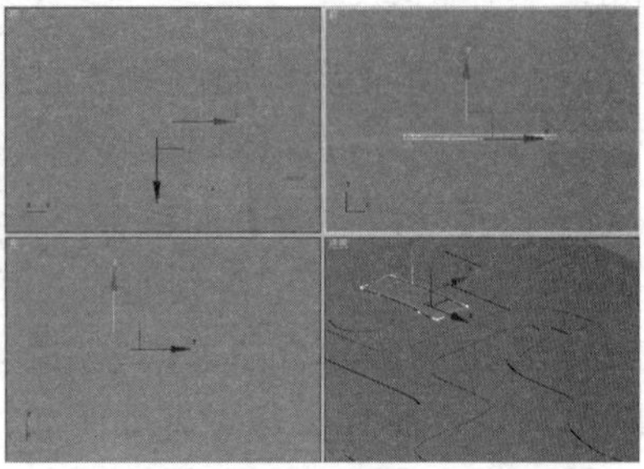

图 6.84

(8) 在菜单栏中单击【材质编辑器】按钮，弹出【材质编辑器】设置对话框。

(9) 在【材质编辑器】设置对话框中单击第 7 个示例球并命名为“花材质”。

(10) 单击漫反射:右边的按钮，弹出【材质/贴图浏览器】设置对话框，在【材质/贴图浏览器】设置对话框中双击位图选项，弹出【选择位图图像文件】设置对话框，具体设置如图 6.85 所示。

(11) 单击打开(O)按钮返回【材质编辑器】参数设置对话框，参数设置采用默认设置。

(12) 在【材质编辑器】设置对话框中单击【转到父对象】按钮返回上一级。

(13) 选中前面创建的“花坛 02”对象。单击【将材质指定给选定对象】按钮，再单击【在视口中显示贴图】按钮即可在【透视】视图中显示贴图。

(14) 单击修改器列表右边的按钮，在弹出的下拉列表中选择UVW 贴图选项，具体参数设置如图 6.86 所示。最终效果如图 6.87 所示。

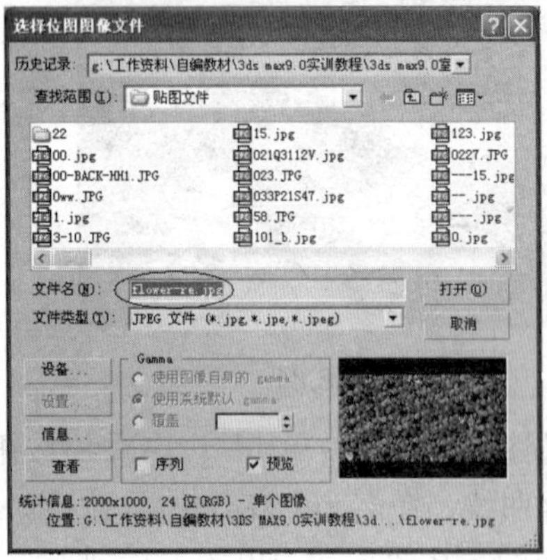

图 6.85

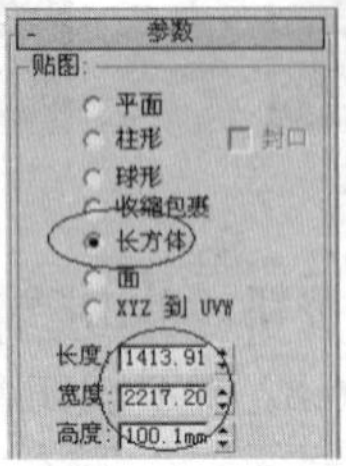

图 6.86

图 6.87

(15) 按 Ctrl+S 组合键保存文件。

2. 制作水池造型

(1) 在浮动面板中单击【创建】按钮，单击【图形】按钮，单击 圆 按钮，在【顶】视图中沿 CAD 图样绘制如图 6.88 所示的圆，命名为“水池 01”。

(2) 选中“水池 01”对象，单击【修改】按钮，转到【修改命令】面板。

(3) 单击 修改器列表 右边的按钮，在弹出的下拉列表中选择 编辑样条线 选项，再单击【样条线】按钮，在 轮廓 右边的文本输入框中输入数值“-350”，按 Enter 键即可得到如图 6.89 所示的效果。

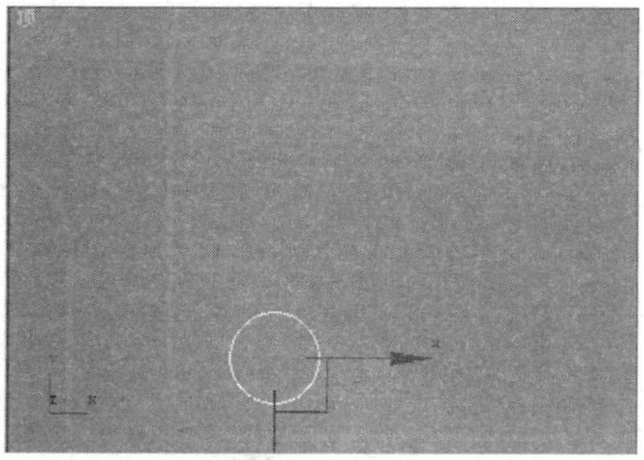

图　6.88

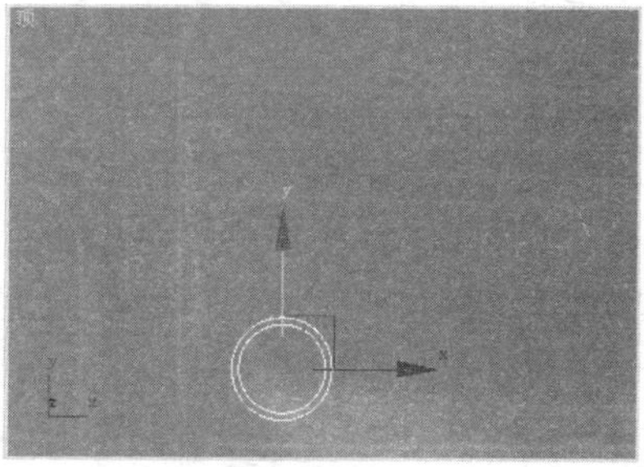

图　6.89

(4) 单击 修改器列表 右边的按钮，在弹出的下拉列表中选择 挤出 选项，具体参数设置如图 6.90 所示。

(5) 调整好位置，在各个视图中的位置如图 6.91 所示。最终渲染效果如图 6.92 所示。

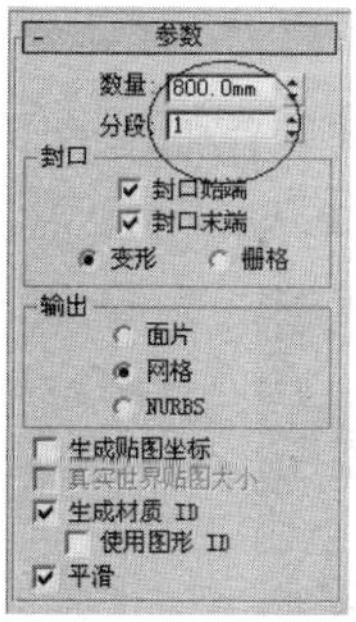

图　6.90

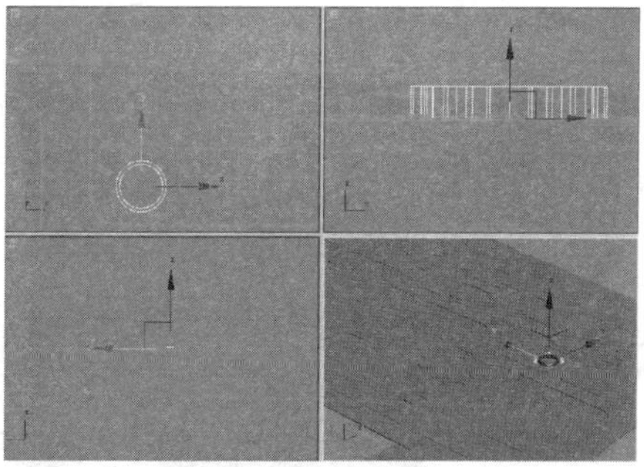

图　6.91

图　6.92

(6) 将“甬路材质”赋予“水池 01，单击 修改器列表 右边的按钮，在弹出的下拉列表中选择 UVW 贴图 选项，具体参数设置如图 6.93 所示。最终效果如图 6.94 所示。

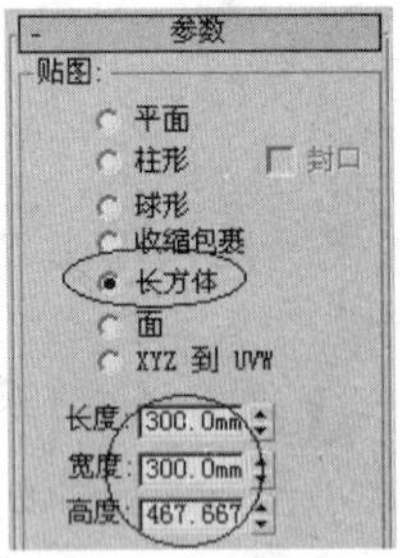

图 6.93

图 6.94

(7) 在浮动面板中单击【创建】按钮，单击【图形】按钮，单击 线 按钮，在【顶】视图中沿 CAD 图样绘制如图 6.95 所示的闭合曲线，命名为“水池 02”。

(8) 单击 修改器列表 右边的按钮，在弹出的下拉列表中选择 挤出 选项，具体参数设置如图 6.96 所示。调整好位置，在各个视图中的位置如图 6.97 所示。

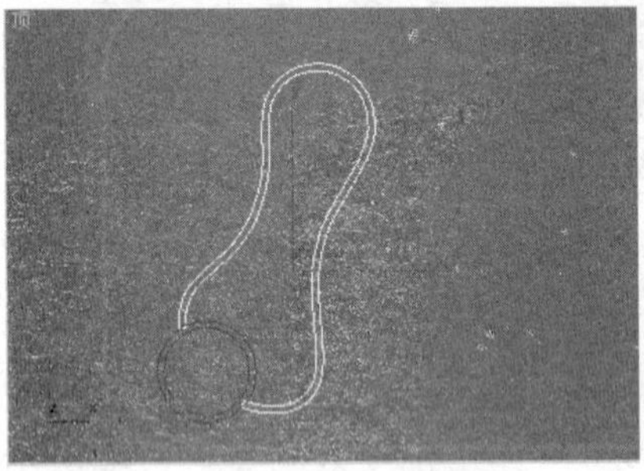

图 6.95

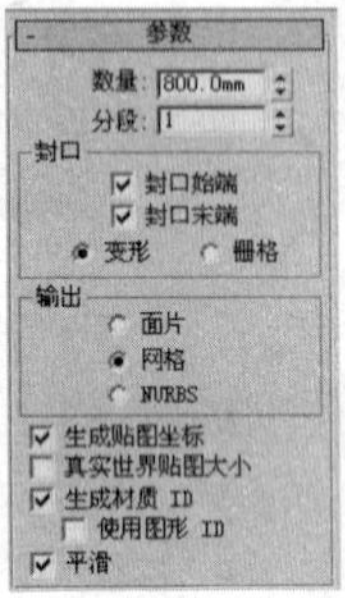

图 6.96

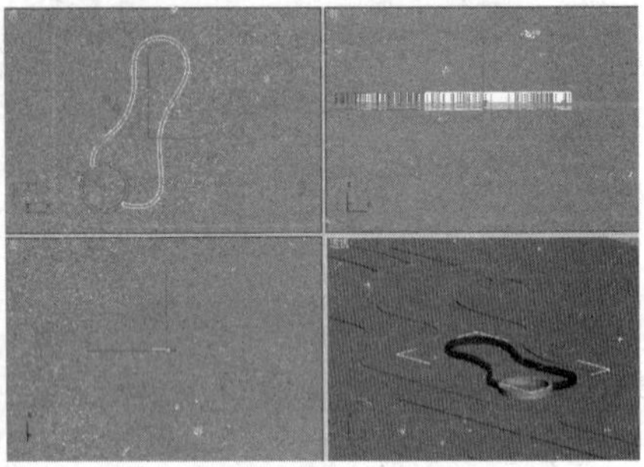

图 6.97

(9) 将“甬路材质”赋予“水池 02，单击 修改器列表 右边的按钮，在弹出的下拉列表中选择 UVW 贴图 选项，具体参数设置如图 6.98 所示。最终效果如图 6.99 所示。

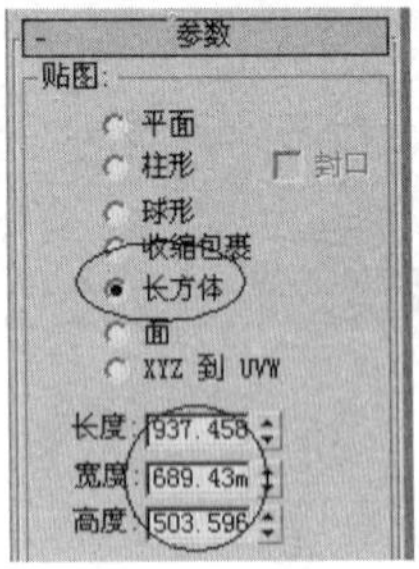

图 6.98

图 6.99

(10) 方法同上，在【顶】视图中绘制如图 6.100 所示的闭合曲线并命名为“水 01”和“水 02”。

(11) 单击 修改器列表 右边的 按钮，在弹出的下拉列表中选择 挤出 选项，具体参数设置如图 6.101 所示。调整好位置，在各个视图中的位置如图 6.102 所示。

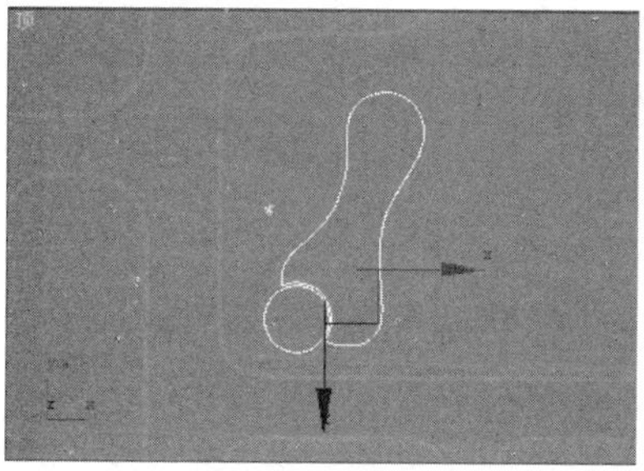

图　6.100

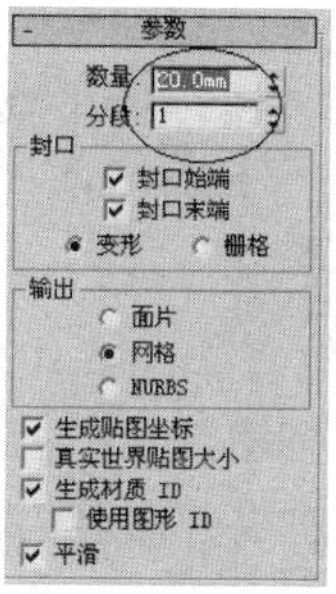

图　6.101

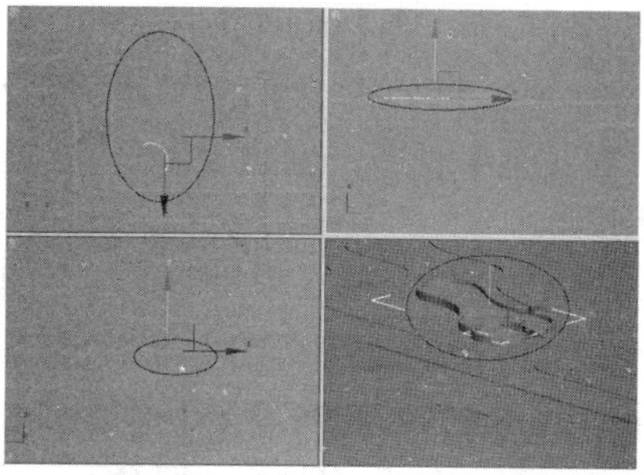

图　6.102

(12) 在【材质编辑器】设置对话框中单击第 8 个示例球并命名为“水材质”。

(13) 单击 漫反射: 右边的 按钮，弹出【材质/贴图浏览器】设置对话框，在【材质/贴图浏览器】设置对话框中双击 位图 选项，弹出【选择位图图像文件】设置对话框，具体设置如图 6.103 所示。

(14) 单击 打开(O) 按钮返回【材质编辑器】参数设置对话框，参数设置采用默认设置。

(15) 在【材质编辑器】设置对话框中单击【转到父对象】按钮返回上一级。

(16) 选中前面创建的“水 01”和“水 02”对象。单击【将材质指定给选定对象】按钮，再单击【在视口中显示贴图】按钮即可在【透视】视图中显示贴图。

(17) 单击 修改器列表 右边的 按钮，在弹出的下拉列表中选择 UVW 贴图 选项，具体参数设置如图 6.104 所示。最终效果如图 6.105 所示。

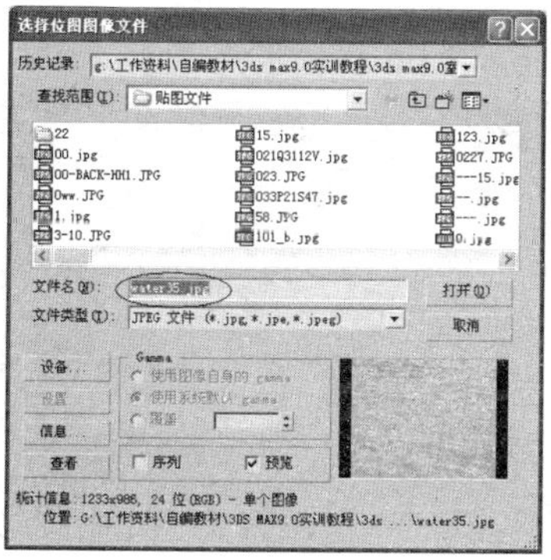

图　6.103

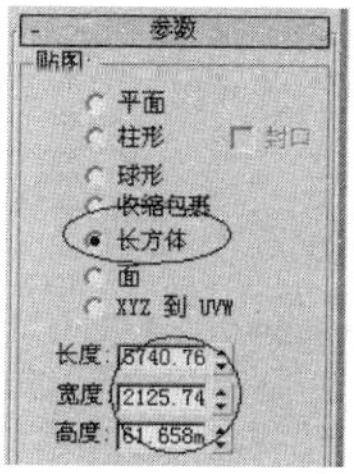

图　6.104

图　6.105

(18) 按 Ctrl+S 组合键保存文件。

6.1.4 制作地下车库入口

在一个小区中，地下车库是属于公共设施最基本的基础设施。在该案例中地下车库的制作比较简单，具体制作方法如下。

(1) 在浮动面板中单击【创建】按钮，单击【几何体】按钮，单击 长方体 按钮，在【顶】视图中创建一个长方体并命名为“地下车库 01”。具体参数设置如图 6.106 所示。

(2) 调整好位置，在各个视图中的位置如图 6.107 所示。

(3) 在浮动面板中单击【创建】按钮，单击【图形】按钮，单击 线 按钮，在【左】视图中绘制如图 6.108 所示的曲线并命名为“地下车库 02”(宽 1675，长 3184)。

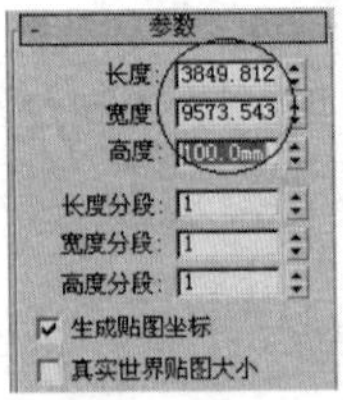

图 6.106

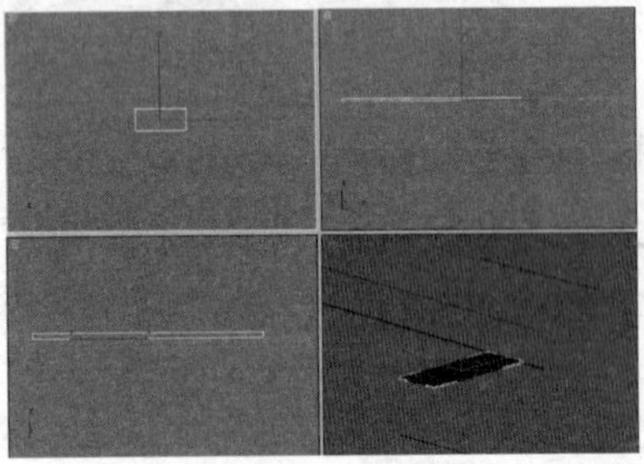

图 6.107

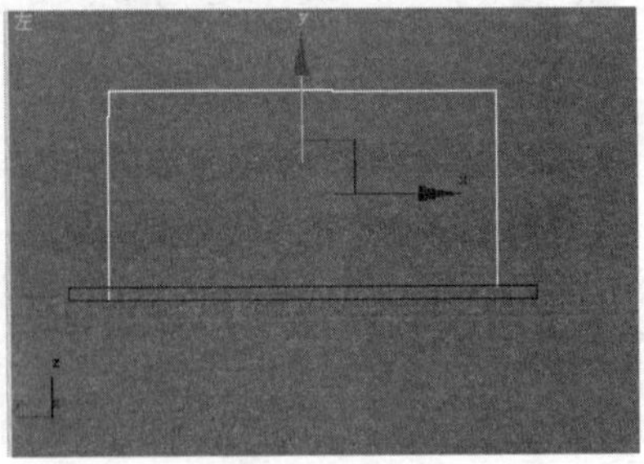

图 6.108

(4) 确保“地下车库 02”曲线被选中，单击【修改】按钮，转到【修改命令】面板。

(5) 单击【修改命令】面板中的【样条线】按钮，在 轮廓 右边的文本输入框中输入数值“-300”，按 Enter 键即可得到如图 6.109 所示的效果。

(6) 单击 修改器列表 右边的按钮，在弹出的下拉列表中选择 挤出 选项，具体参数设置如图 6.110 所示。调整好位置，在各个视图中的位置如图 6.111 所示。

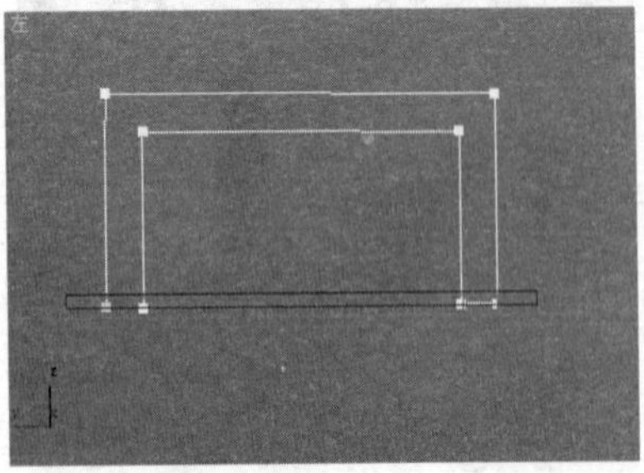

图 6.109

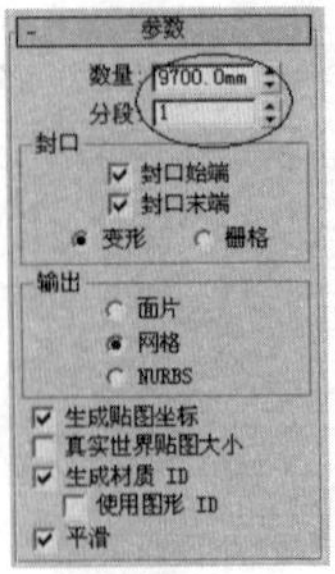

图 6.110

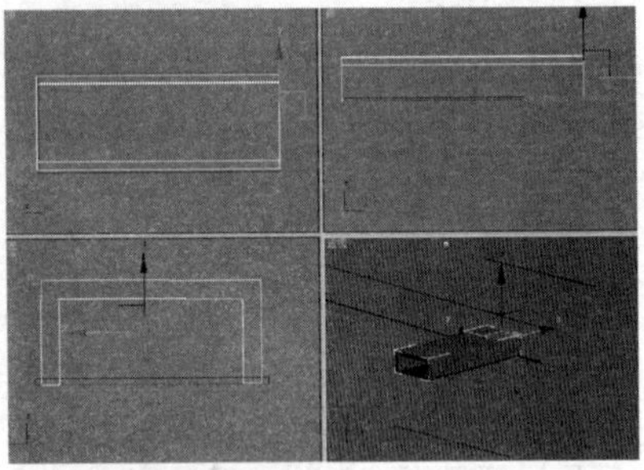

图 6.111

(7) 单击修改器列表右边的▼按钮，在弹出的下拉列表中选择编辑多边形选项。

(8) 在浮动面板中单击【顶点】按钮，使用【选择并移动】工具，在【前】视图中调整顶点的位置，最终效果如图 6.112 所示。

(9) 选中“地下车库 01”和“地下车库 02”两个对象，将“甬路材质”赋予选中的对象。

(10) 单击修改器列表右边的▼按钮，在弹出的下拉列表中选择 UVW 贴图 选项，具体参数设置如图 6.113 所示。最终效果如图 6.114 所示。

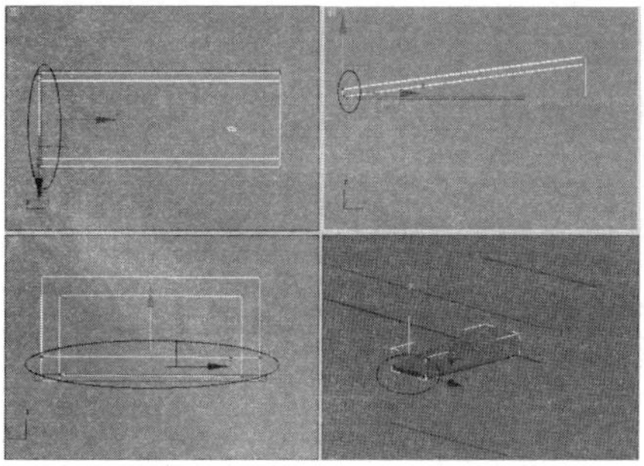

图　6.112

图　6.113

图　6.114

(11) 将“地下车库 01”和“地下车库 02”两个对象选中并成组为一个组合对象，命名为“地下车库”。

(12) 将“地下车库”以【实例】的方式复制 1 个，调整好位置，在各个视图中的位置如图 6.115 所示。

(13) 单击【透视】视图，使【透视】视图成为当前视图，在工具栏单击【快速渲染】按钮即可得到如图 6.116 所示的效果。

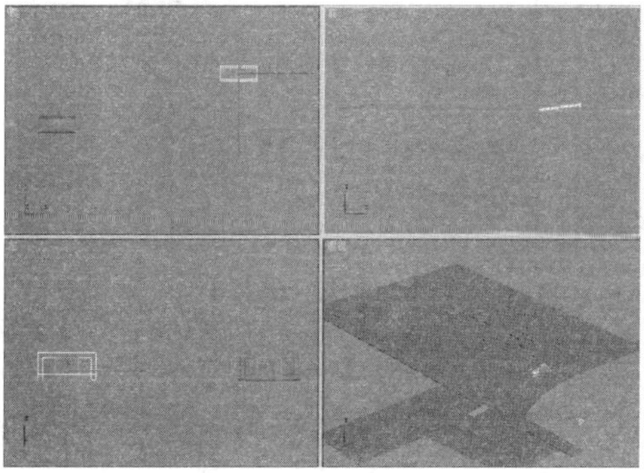

图　6.115

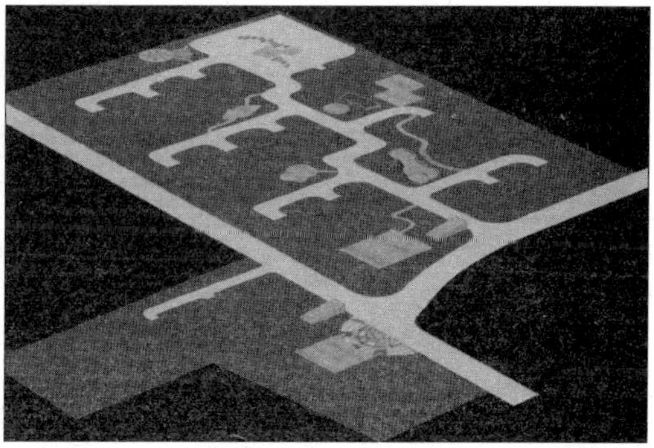

图　6.116

(14) 按 Ctrl+S 组合键保存文件。

6.2 场景整合

在小区中添加一些凉亭、石凳、遮阳伞和儿童娱乐设备等景观基础设施，能使整个小区呈现出更加和谐的人文环境。作为一个效果图制作人员，可以在平时多积累一些小区景观基础设施素材，需要时直接调用即可，这样可以大大提高工作效率。

一般情况下，在鸟瞰图中添加各种建筑景观基础设施，不需要效果图制作人员去考虑，因为设计师在设计时已经确定了位置，直接将景观基础设施对象按图样的要求调整好位置即可。

在前面已经详细介绍了小区鸟瞰图的制作，下面具体介绍场景的整合。

(1) 在菜单栏中单击文件(F)→合并(M)...命令，弹出【合并文件】设置对话框，在该对话框中选择需要合并的 3ds Max 文件，具体设置如图 6.117 所示。

(2) 单击打开(O)按钮，弹出【合并】设置对话框，在该对话框中选择需要合并的模型对象，具体设置如图 6.118 所示。

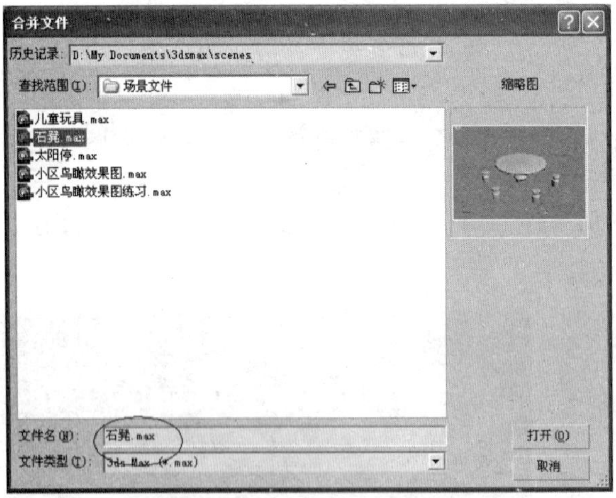

图 6.117

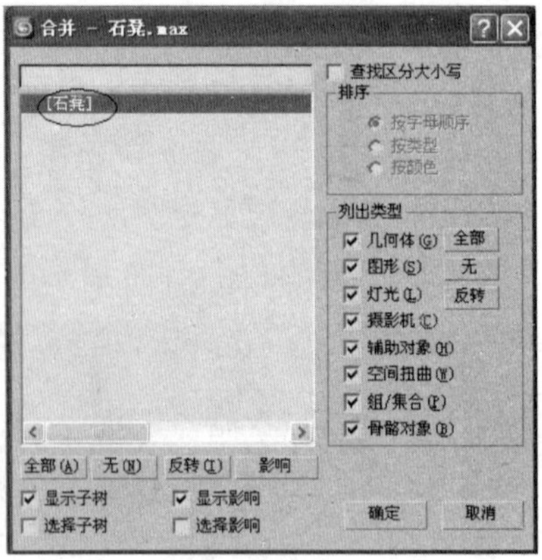

图 6.118

(3) 单击确定按钮即可将选中的对象导入场景中，使用【选择并移动】工具，对合并进来的对象在各个视图中调整好位置，如图 6.119 所示。最终渲染效果如图 6.120 所示。

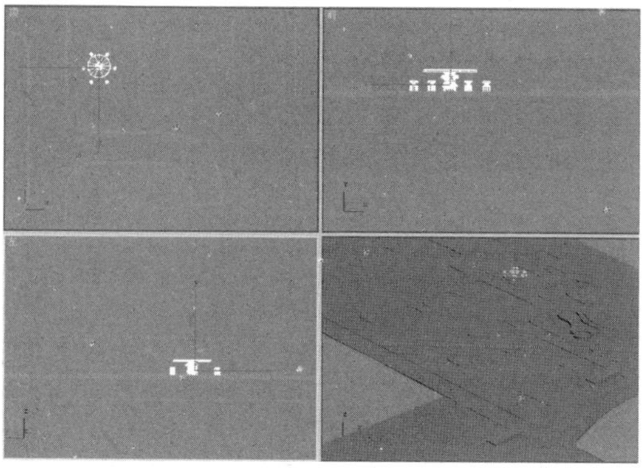

图 6.119

图 6.120

(4) 将合并进来的“石凳”以【实例】的方式复制两个并调整好位置，最终渲染效果如图 6.121 所示。

(5) 在菜单栏中单击 文件(F) → 合并(M)... 命令，弹出【合并文件】设置对话框，在该对话框中选择需要合并的 3ds Max 文件，具体设置如图 6.122 所示。

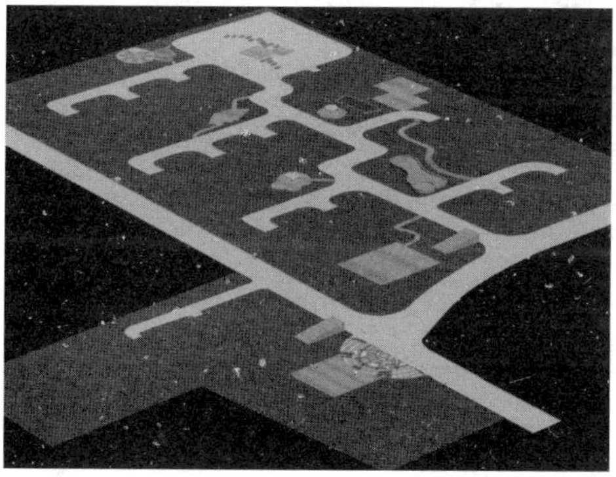

图 6.121

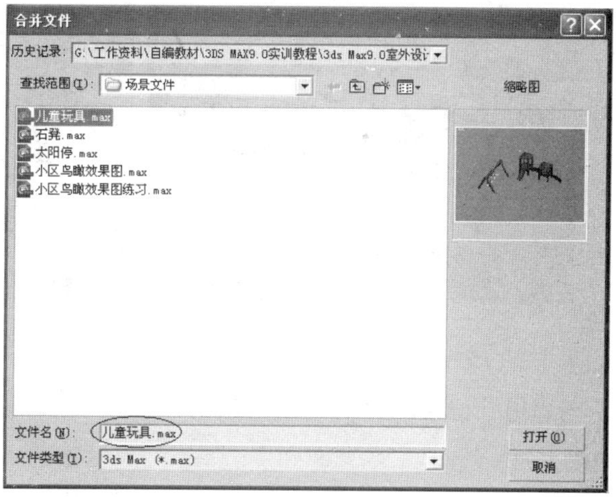

图 6.122

(6) 单击 打开(O) 按钮，弹出【合并】设置对话框，在该对话框中选择需要合并的模型对象，具体设置如图 6.123 所示。

(7) 单击 确定 按钮，弹出【重复材质名称】设置对话框，如图 6.124 所示，在该对话框中单击 自动重命名合并材质 按钮，将选中的对象合并到场景中。

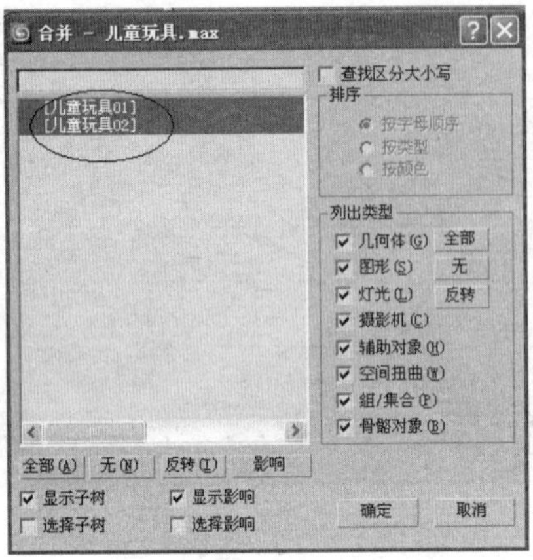

图 6.123

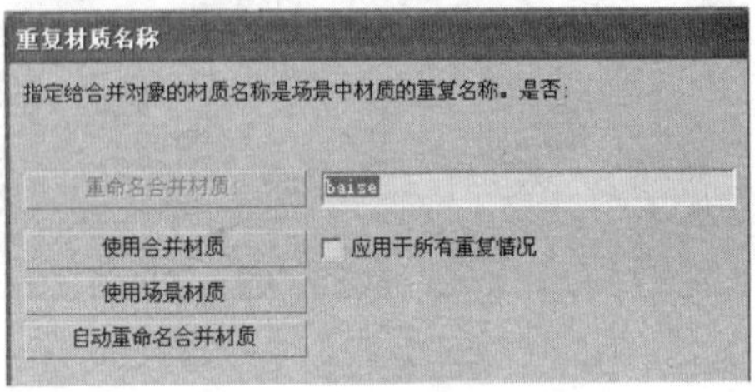

图 6.124

(8) 在各个视图中调整好位置，最终效果如图 6.125 所示。

(9) 方法同上，将其他对象合并到场景中，并调整好位置。最终效果如图 6.126 所示。

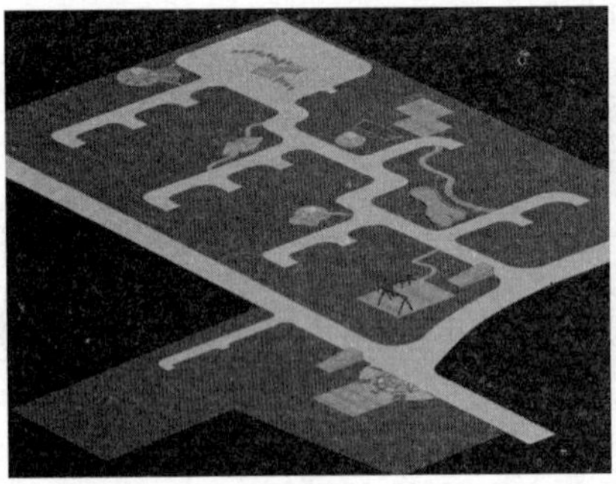

图 6.125

图 6.126

(10) 按 Ctrl+S 组合键保存文件。

6.3 摄影机和灯光的设置

在设置小区鸟瞰图摄影机时要注意，摄影机的视点要高，从而产生从高空向下俯视的效果，这样才能使观众了解整个小区的规划和建筑群之间的关系。

在设置小区效果图的灯光时，重点是表现小区的整体效果，不要局限于表现局部的光影变化，把所有建筑和基础设施作为一个整体来看，最好是将所有灯光照射到整个模型上。

1. 摄影机的设置

(1) 单击【创建】按钮，单击【摄影机】按钮，单击 目标 按钮，在【顶】视图中创建一盏目标摄影机，在各个视图中的位置如图 6.127 所示。

(2) 摄影机的具体参数设置如图 6.128 所示。

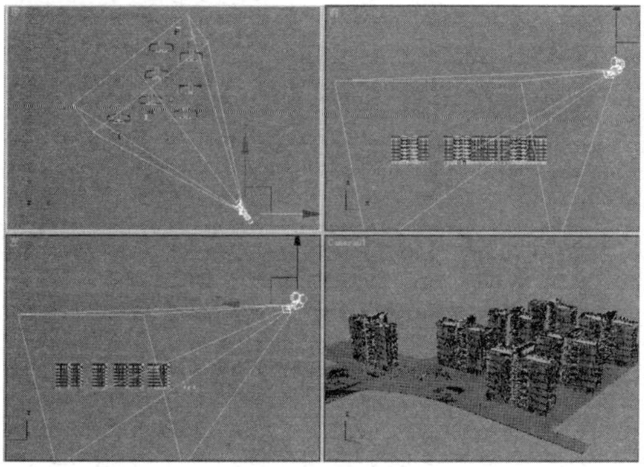

图　6.127

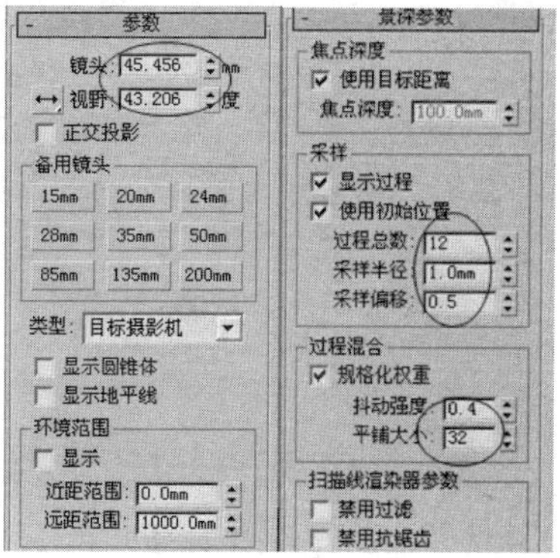

图　6.128

(3) 按 Ctrl+S 组合键保存文件。

2. 设置灯光

(1) 单击【创建】按钮，单击【灯光】按钮，单击 目标平行光 按钮，在【顶】视图中创建一盏目标平行光并命名为“主光灯”，在各个视图中的位置如图 6.129 所示。

(2) 具体参数设置如图 6.130 所示。

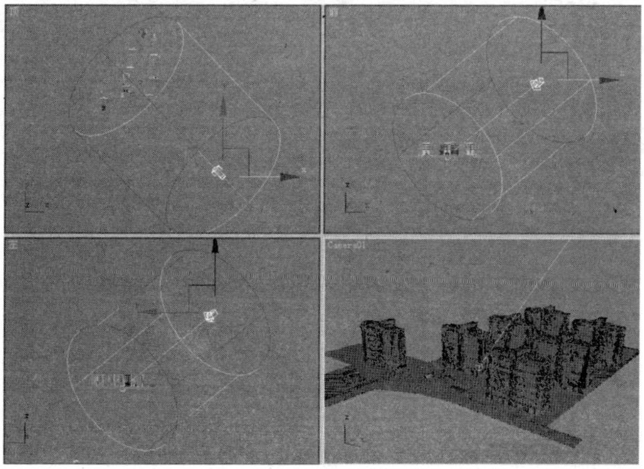

图　6.129

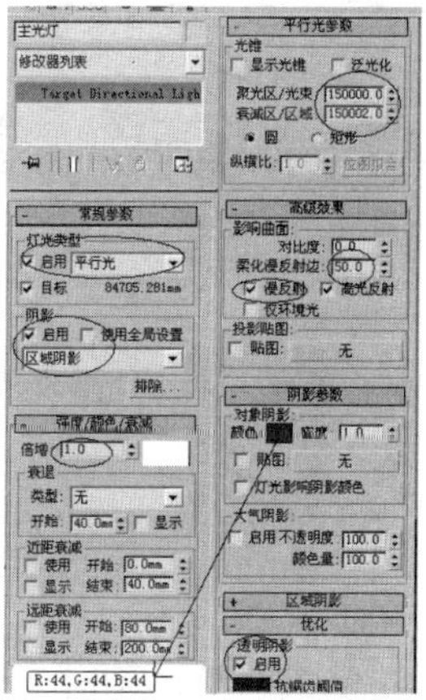

图　6.130

(3) 单击【创建】按钮，单击【灯光】按钮，单击 泛光灯 按钮，在【顶】视图中创建一盏泛光灯，命名为“辅助光 01”。

(4) 在各个视图中的位置如图 6.131 所示。具体参数设置如图 6.132 所示。

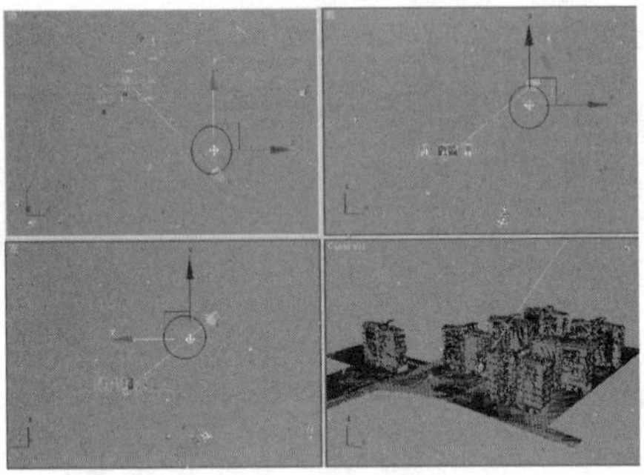

图 6.131

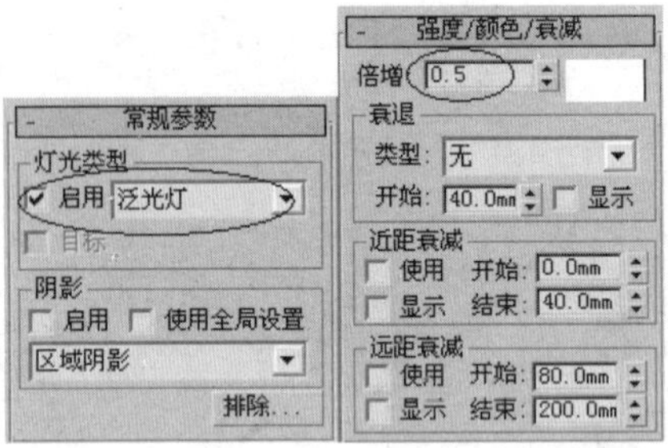

图 6.132

(5) 将“辅助光 01”以【实例】的方式复制两盏，系统自动命名为“辅助光 02”和“辅助光 03”，在各个视图中的位置如图 6.133 所示。

(6) 单击【摄影机】视图，使【摄影机】视图被激活，在工具栏中单击【快速渲染】按钮即可得到如图 6.134 所示的效果。

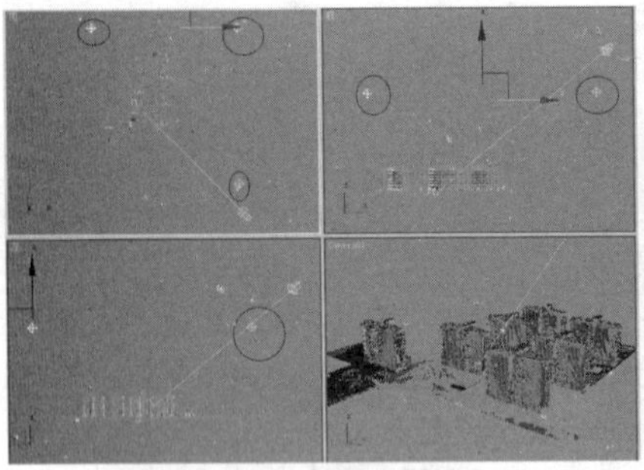

图 6.133

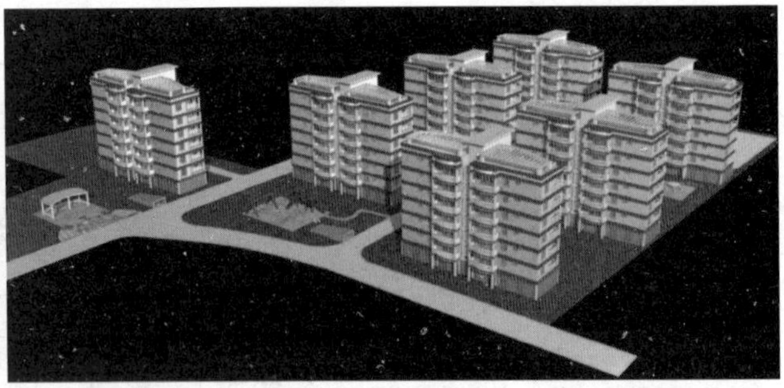

图 6.134

(7) 按 Ctrl+S 组合键保存文件。

6.4 鸟瞰效果图的渲染输出

在渲染鸟瞰效果图时，要将渲染输出的分辨率设置大一些，因为，鸟瞰效果图是表现整个小区的规划效果，要有足够的分辨率才能清楚地表现场景效果。

(1) 在工具栏中单击【渲染场景对话框】按钮，弹出【渲染场景：默认扫描线渲染器】设置对话框，具体设置如图 6.135 所示。

(2) 在【渲染场景：默认扫描线渲染器】设置对话框中单击 文件... 按钮，弹出【渲染输出文件】设置对话框，具体设置如图 6.136 所示。

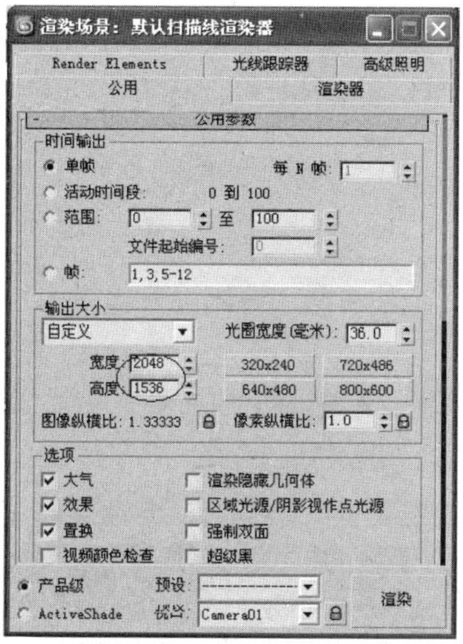

图　6.135

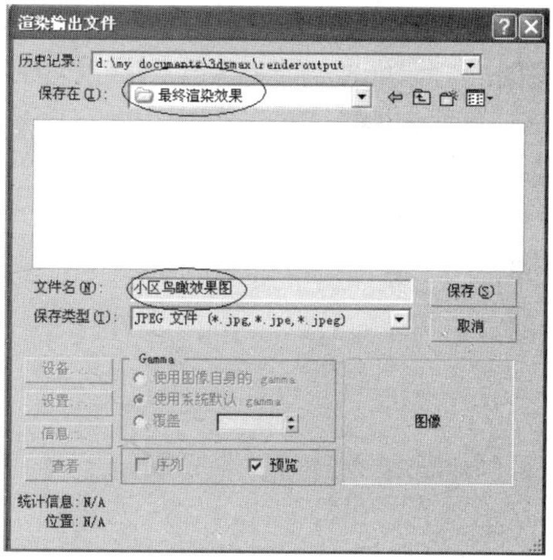

图　6.136

(3) 单击 保存(S) 按钮，弹出【JPEG 图像控制】设置对话框，具体设置如图 6.137 所示。

(4) 单击 确定 按钮，返回【渲染场景：默认扫描线渲染器】设置对话框，在【渲染场景：默认扫描线渲染器】设置对话框中单击 渲染 按钮即可得到如图 6.138 所示的渲染效果。

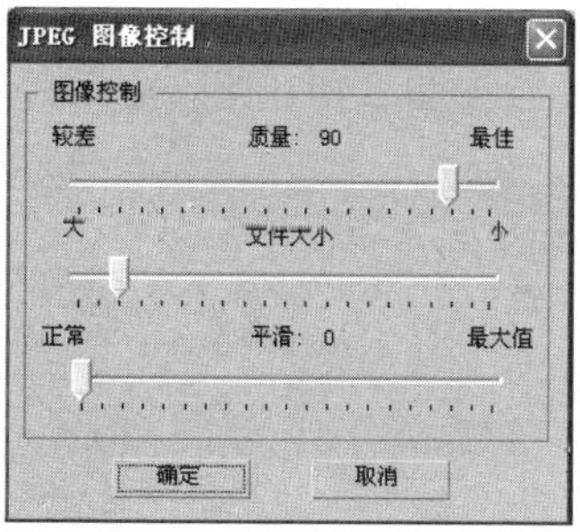

图　6.137

图　6.138

(5) 按 Ctrl+S 组合键保存文件，并退出 3ds Max 软件。

6.5 鸟瞰效果图的后期处理

鸟瞰效果图的后期处理主要包括完整的小区内绿化、小区外绿化、景观和画面整体协调等内容。很多初学者认为鸟瞰效果图的后期处理很难做，有一种无从下手的感觉。其实鸟瞰效果图的后期处理也不是初学者想象的那么难做，只要初学者清楚了需要制作的内容，把握住画面的整体效果，就能制作出很好的鸟瞰效果图。

(1) 启动 Photoshop CS3 软件。

(2) 单击 文件(F) → 新建(N)... 命令，弹出【新建】设置对话框，具体设置如图 6.139 所示。

(3) 单击 确定 按钮即可新建一个空白文件。

(4) 将“小区鸟瞰效果图.jpg”文件打开，并将其拖到新建的空白文件之中，如图 6.140 所示。

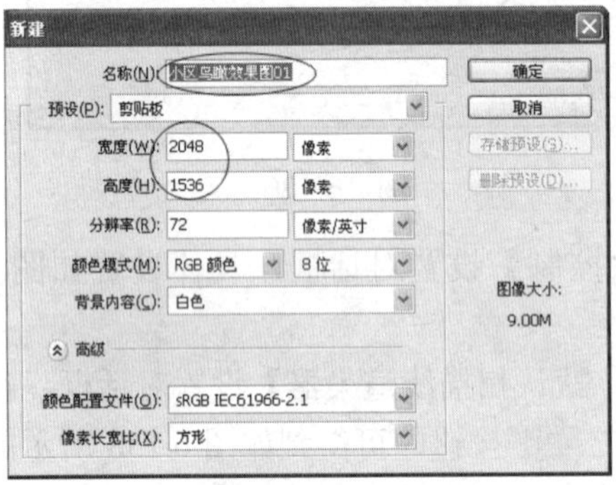

图 6.139

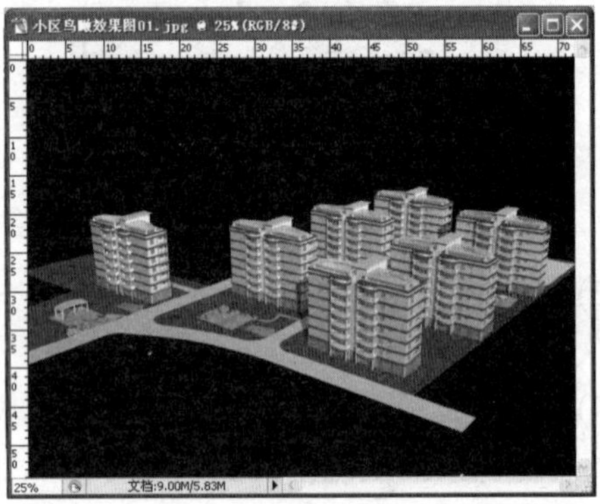

图 6.140

(5) 在工具箱单选【魔棒】工具，【魔棒】工具属性栏如图 6.141 所示。

图 6.141

(6) 在文件中的黑色位置单击，选中所有黑色的部分，如图 6.142 所示。按 Delete 键，将选中的黑色部分删除，最终效果如图 6.143 所示。

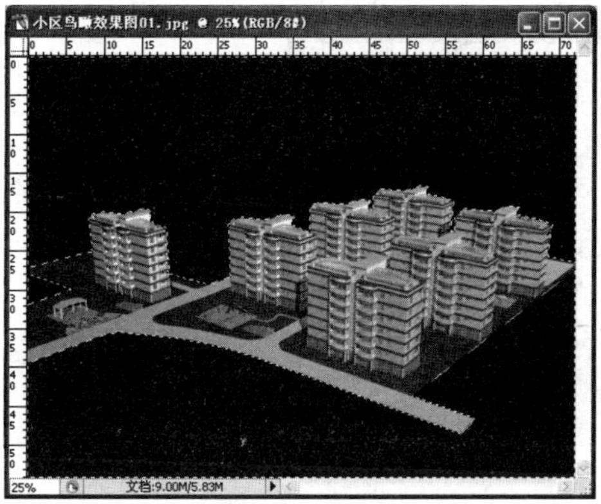

图　6.142

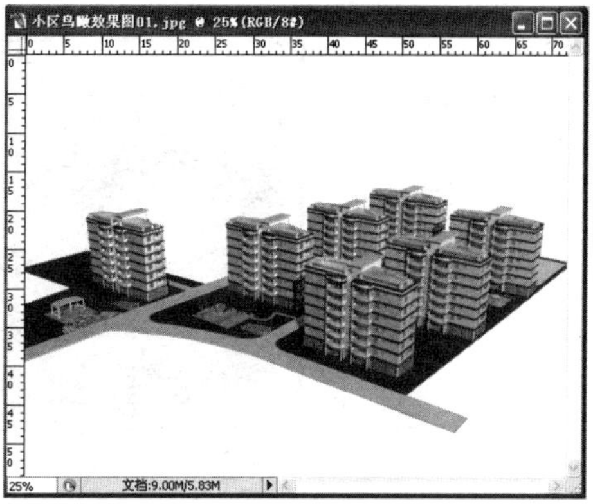

图　6.143

(7) 在菜单栏中单击图像(I)→调整(A)→曲线(V)...命令，弹出【曲线】设置对话框，具体设置如图 6.144 所示。

(8) 单击确定按钮，图像最终效果如图 6.145 所示。

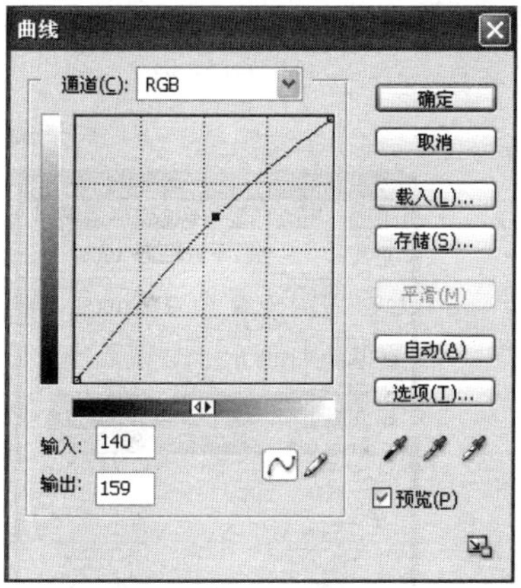

图　6.144

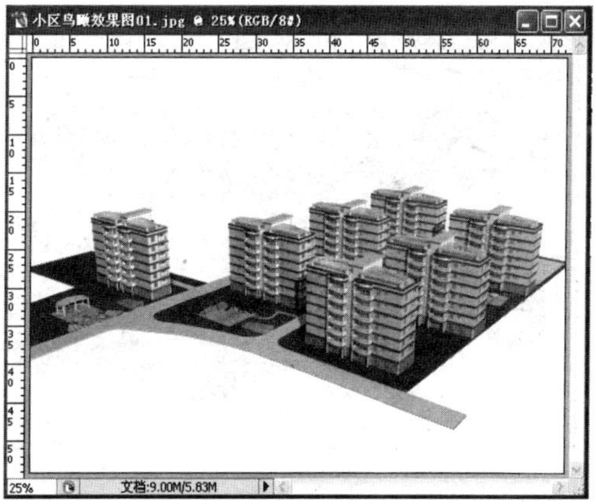

图　6.145

(9) 单击文件(F)→打开(O)...命令，弹出【打开】设置对话框，在【打开】设置对话框中选择需要打开的图片。

(10) 单击打开(O)按钮，打开如图 6.146 所示的图片。

图 6.146

(11) 将鼠标移到打开的图片上，按住鼠标左键不放的同时拖到“鸟瞰效果图后期处理01.psd”文件中松开鼠标，即可将图像复制到“鸟瞰效果图后期处理 01.psd”文件中。调整好位置，最终效果如图 6.147 所示。

(12) 在图层中的顺序如图 6.148 所示。

图 6.147

图 6.148

(13) 打开一张如图 6.149 所示的图片。

(14) 将鼠标移到打开的图片上，按住鼠标左键不放的同时拖到“鸟瞰效果图后期处理 01.psd”文件中松开鼠标，即可将图像复制到“鸟瞰效果图后期处理 01.psd”文件中，调整好位置。

(15) 在图层中的顺序如图 6.150 所示。

图　6.149

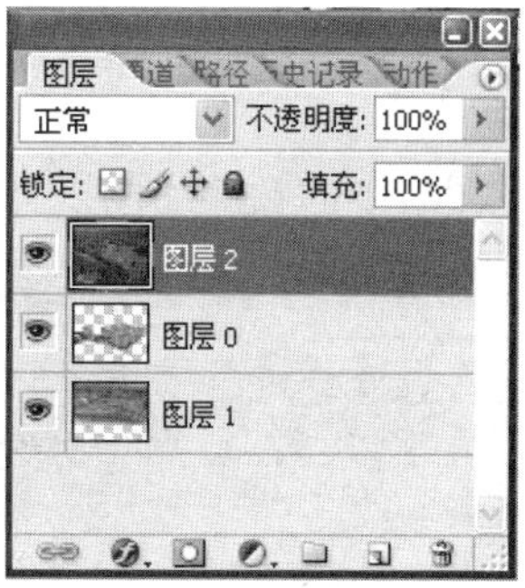

图　6.150

(16) 在工具栏中单选 【椭圆选框】工具，【椭圆选框】工具属性栏的具体设置如图 6.151 所示。

图　6.151

(17) 使用【椭圆选框】工具，将不需要的部分选中，按 Delete 键，将其删除，最终效果如图 6.152 所示。

(18) 打开一张如图 6.153 所示的图片。

图　6.152

图　6.153

(19) 将鼠标移到打开的图片上，按住鼠标左键不放的同时拖到“鸟瞰效果图后期处理 01.psd”文件中松开鼠标，即可将图像复制到“鸟瞰效果图后期处理 01.psd”文件中，调整好位置。

(20) 使用【椭圆选框】工具，将不需要的部分选中，按 Delete 键，将其删除，最终效果如图 6.154 所示。

(21) 在图层中的顺序如图 6.155 所示。

图 6.154

图 6.155

(22) 打开一张如图 6.156 所示的图片。

(23) 根据需要将人物拖到“鸟瞰效果图后期处理 01.psd”文件中，最终效果如图 6.157 所示。

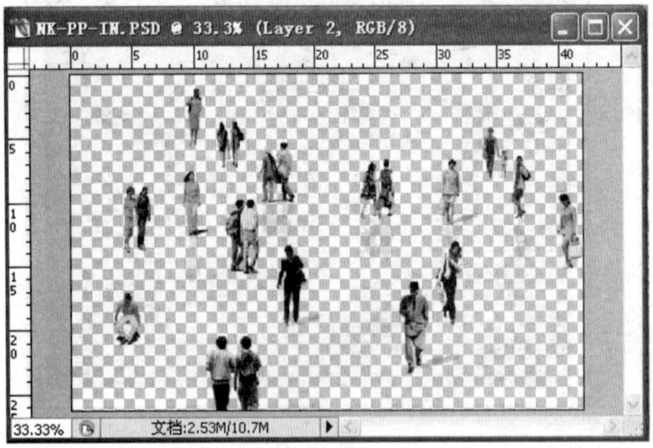

图 6.156

图 6.157

(24) 将“鸟瞰效果图后期处理 01.psd”图片放大，使用【椭圆选框】工具进行细节处理，最终效果如图 6.158 所示。

(25) 打开 3 张如图 6.159 所示的图片。

图　6.158

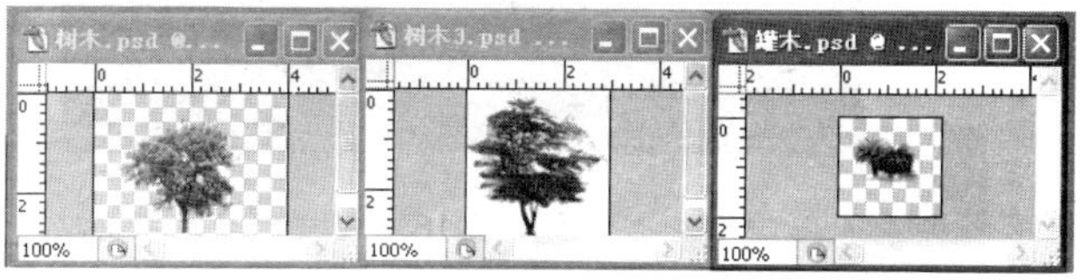

图　6.159

(26) 分别将 3 张图片中的“树”拖到“鸟瞰效果图后期处理 01.psd”文件中，调整位置并根据需要复制 *N* 棵树，最终效果如图 6.160 所示。

(27) 在菜单栏中单击 图层(L) → 合并可见图层([)　Shift+Ctrl+E 命令，合并所有可见图层，【图层】面板如图 6.161 所示。

图　6.160

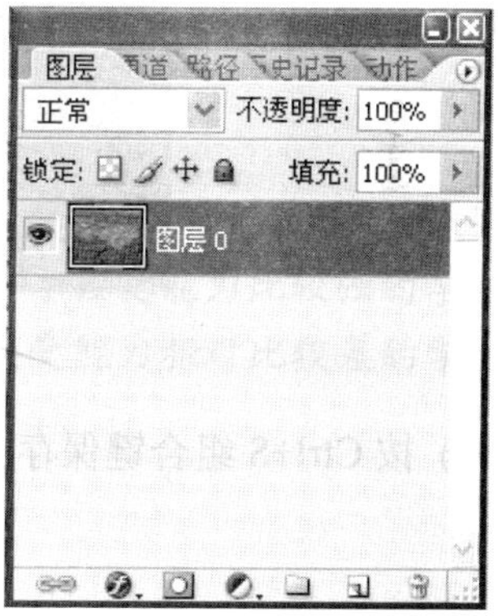

图　6.161

(28) 在菜单栏中单击 图像(I) → 调整(A) → 自动色阶(A) 命令，自动调整画面颜色，如图 6.162 所示。

(29) 在菜单栏中单击 图像(I) → 调整(A) → 曲线(V)... 命令，弹出【曲线】设置对话框，具体设置如图 6.163 所示。

参 考 文 献

[1] 王琦，元鑫辉，李成勇．Autodesk 3ds Max 9 标准培训教材[M]．北京：人民邮电出版社，2007.

[2] 高峰．3ds Max 8 建筑与室内设计经典 108 例[M]．北京：中国青年出版社，2006.

[3] 雷波．3ds Max 7 室外建筑艺术与效果表现[M]．北京：电子工业出版社，2005.

[4] 朱仁成，刘继文．3ds Max 7 中文版室内装潢艺术与效果表现[M]．北京：电子工业出版社，2006.

[5] 全国计算机信息高薪技术考试教材编辑委员会．3ds Max 8 中文版职业技能培训教程[M]．北京：科学出版社，2007.

[6] 全国计算机信息高薪技术考试教材编辑委员会．3ds Max 8.0 试题汇编[M]．北京：科学出版社，2007.

[7] 刘岳，马珀．3ds Max 5 中西式室内外工程特效设计[M]．北京：海洋出版社，2003.

[8] 鼎翰科技，尹新梅．抽丝剥茧——3ds Max 7/LightScape 3.2 室内装饰效果图设计[M]．北京：人民邮电出版社，2005.

[9] 袁紊玉，李茹菡．3ds Max 9+Photoshop CS2 园林效果图经典案例解析[M]．北京：电子工业出版社，2007.

[10] 贾云鹏．3ds Max in Animated Films/Tvs 三维动画制作基础[M]．北京：海洋出版社，2006.

[11] 高月，张妍．3ds Max 8 小区楼盘效果图经典案例解析[M]．北京：电子工业出版社，2006.